AF500006

PARIS. — IMPRIMERIE D'AMÉDÉE SAINTIN,
RUE SAINT-JACQUES, 38.

ABRÉGÉ

DU

GRAND DICTIONNAIRE DE TECHNOLOGIE,

OU NOUVEAU

DICTIONNAIRE DES ARTS ET MÉTIERS,

DE L'ÉCONOMIE INDUSTRIELLE ET COMMERCIALE;

PAR MM.

FRANCOEUR, ROBIQUET, PAYEN ET PELOUZÉ.

TOME QUATRIÈME.

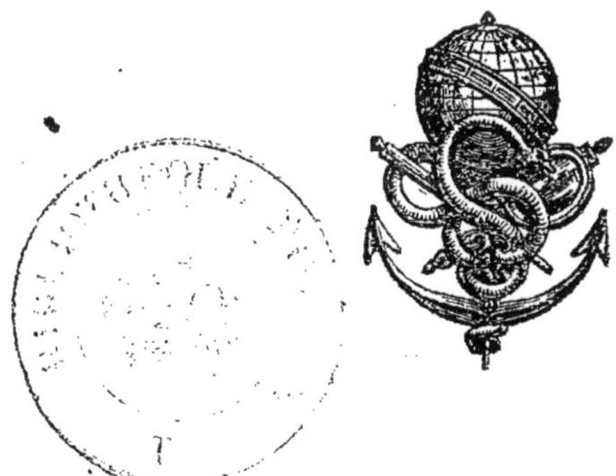

PARIS

THOMINE, LIBRAIRE, RUE DE LA HARPE, N° 88.

1836

ABRÉGÉ

DU

GRAND DICTIONNAIRE

DE TECHNOLOGIE,

OU NOUVEAU

DICTIONNAIRE DES ARTS ET MÉTIERS.

G

GÉLATINE. On a donné ce nom à une substance animale qui, mise en dissolution dans l'eau à l'aide de la chaleur, se prend en une masse tremblante par le refroidissement; elle peut *solidifier* ainsi plus de cinquante fois son poids d'eau à la température de 10 degrés au-dessus de zéro.

La substance organique susceptible de donner de la gélatine par sa dissolution dans l'eau bouillante est très répandue dans l'économie animale : les os en contiennent environ 0,36 de leur poids; la peau, les tendons, les membranes, la chair musculaire, en renferment une grande proportion.

La gélatine à l'état de pureté est incolore, diaphane, insipide, sans odeur, n'offre aucun des caractères d'acidité ni d'alcalinité, presque insoluble dans l'eau froide, très soluble dans l'eau bouillante : cette solution en refroidissant se prend en gelée plus ou moins consistante, suivant que la proportion de gélatine dissoute est plus ou moins forte. Une ébulition prolongée et sous une pression plus ou moins considérable altère la gélatine, la colore en jaune fauve, la rend plus soluble à froid, et diminue sa propriété de solidifier l'eau.

La gélatine en solution dans l'eau ou prise en gelée s'altère promptement à l'air, surtout lorsque la température de l'atmosphére est élevée; elle devient d'abord acide, puis éprouve successivement tous les phénomènes de la décomposition putride.

L'air privé d'humidité est sans action sur la gélatine sèche; aussi se conserve-t-elle fort longuement en cet état : cette substance n'éprouve aucune altération de la part des huiles, de l'alcool et de l'éther, et ne se dissout pas dans ces liquides. Sa solution aqueuse n'est troublée par aucun acide ni par les alcalis; l'alcool par sa réaction sur l'eau la précipite en partie lorsqu'elle n'est pas très étendue. Le tannin dissous précipite la gélatine en s'unissant avec elle, le composé qui se forme est d'un blanc grisâtre; il ne tarde pas à s'agglomérer en une masse molle, gluante, élastique, qui, exposée à l'air sec, perd son eau et devient dure et cassante : cette substance est alors imputrescible comme le cuir tanné, avec lequel elle a beaucoup d'analogie.

En faisant réagir l'acide sulfurique sur la gélatine, puis enlevant l'acide par la craie, etc., on peut obtenir une matière cristalline d'une saveur douce, analogue au sucre de raisin, mais qui ne fermente pas par une addition de levure.

La gélatine peut être obtenue des os par deux procedés différens qui chacun ont donné lieu à une industrie particulière : l'un consiste dans la dissolution des os à l'aide de l'eau chauffée sous la pression de deux ou trois atmosphères; l'autre dans l'élimination du phosphate et du carbonate de chaux, rendus solubles par l'acide hydrochlorique étendu d'eau.

Le premier de ces procédés est dû à l'observation de Papin, que les os sont ramollis, et la substance qui lie leur partie solide dissoute, lorsqu'on les a chauffés en vase clos jusqu'au point de soulever une soupape de sûreté.

Les os sont soumis à l'action de l'eau à la température de 121 à 135°, sous la pression de deux ou trois atmosphères pendant environ trois heures. Au bout de ce temps, on cesse l'échauffement, et on laisse refroidir toute la masse pendant une ou deux heures; ensuite on entr'ouvre le robinet supérieur, afin que la vapeur en sortant par cette issue diminue la tension intérieure; on peut alors soutirer le liquide gélatineux par la cannelle inférieure. On ajoute de l'eau bouillante sur le marc à trois reprises; on la laisse chaque fois macérer pendant une demi-heure, et on réunit ces eaux de lavage pour les ajouter dans une seconde opération sur des os neufs.

On extrait le marc *épuisé*, on l'étend à l'air pour le dessécher promptement, afin d'éviter la fermentation qui s'y manifesterait, puis on le réduit facilement en poudre dans un Moulin à meules verticales; il est alors très propre à l'engrais des terres, puisqu'il retient au moins la moitié de la matière animale que contenaient les os. Cet emploi des marcs m'a donné de très bons résultats dans la culture des céréales et celle des prairies artificielles.

Le liquide gélatineux est alors soutiré à clair et rapproché le plus rapidement possible, jusqu'en consistance sirupeuse, ou jusq'à ce que quelques gouttes, mises au frais sur un morceau de faïence ou de porcelaine, se prennent en gelée consistante; alors on entrepose, dans un vase entouré de corps mauvais conducteurs (tels sont une chaudière engagée dans une maçonnerie épaisse, un cuvier doublé intérieurement en cuivre et enveloppé à l'extérieur de plusieurs doubles de morceaux de drap ou de tapisseries, etc.). Au bout de cinq à six heures de repos, on décante le liquide, et si l'on veut en faire des tablettes de bouillon, on y ajoute un extrait de viande de bœuf et de légumes, puis on verse le mélange dans de petites caisses plates en ferblanc, que l'on porte à l'étuve pour les y faire dessécher.

Lorsque l'on veut mettre sous la forme de colle forte le liquide gélatineux, on y ajoute, afin de le mieux faire déposer, environ deux centièmes du poids de la colle sèche à obtenir d'Alun en poudre; on brasse bien fortement et on laisse reposer à chaud pendant environ six heures; au bout de ce temps on coule dans des caisses en bois imprégnées d'eau et placées dans un rafraîchissoir. Il faut que le liquide des os soit plus concentré que celui obtenu des rognures de peau, des tendons, etc., parce que la gélatine, dans le premier cas, ayant été plus sensiblement altérée par la température élevée à laquelle on l'a extraite, que dans le second, une bien plus grande proportion est devenue sirupeuse, incapable de se prendre en gelée, et contribuerait à faire couler les plaques de colle au travers des filets.

On pourrait peut-être introduire une modification utile dans l'extraction de la gélatine formée après le traitement des os dans la chaudière à pression, ou même après les avoir amollis dans la vapeur comprimée : ce serait de les passer alors sous une meule qui les réduirait facilement en une sorte de pâte, et de soumettre celle-ci à l'ébulition dans une chaudière ordinaire. Il est très probable que la matière gélatineuse en contact avec l'eau par un plus grand nombre de points, se dissoudrait en plus grande proportion et donnerait un produit plus considérable.

C'est à l'état de colle forte que l'on prépare la plus grande partie de la gélatine d'os ainsi obtenue. Cette colle a beaucoup moins de force d'adhérence que les colles fortes de belle qualité, dites *colles blondes*, *colle façon anglaise*, ou *façon de Givet*, etc.; elle se dissout en grande partie dans l'eau froide, forme peu de gelée, et ne paraît convenir que pour l'apprêt des draps.

Cent parties en poids d'os tels qu'on les achète donnent en grand de 12 à 15 parties de colle forte ou de gélatine sèche, suivant que les os sont plus ou moins humides et plus ou moins faciles à traiter. (1)

Fabrication de la gélatine par l'acide hydrochlorique. — On commence par laver les os à l'eau froide, afin, d'enlever les matières étrangères qui pourraient absorber de l'acide en pure perte; on les met ensuite dans un baquet, puis on verse dessus un mélange d'un poids égal au leur, d'ACIDE HYDROCHLORIQUE du commerce à 22 degrés Baumé, et d'environ quatre fois ce poids d'eau. Ce liquide acide doit marquer 6 degrés. Il est indispen-

---

(1) On a généralement abandonné ce procédé, parce qu'il a été constaté que l'eau à une température supérieure à 100° altère la gélatine.

sable de mettre les baquets où la dissolution s'opère à l'abri du soleil; sans cette précaution, on s'exposerait à faire dissoudre même la matière animale. Il se pourrait que dans les pays chauds la température élevée de l'atmosphère (même à l'ombre) fût capable de produire le même effet; il faudrait, pour l'éviter, étendre l'acide jusqu'à 4 ou 5 degrés.

L'amolissement des os doit être soigneusement surveillé : non-seulement une élévation de température, mais encore un excès d'acide peut déterminer la solution complète de la substance animale, et il n'y aurait plus aucun parti à en tirer. Si l'on ne mettait pas la dose nécessaire d'acide, il resterait du phosphate de chaux non dissous; dans ce cas, il suffirait de passer les os dans un ou plusieurs autres bains d'acide faible, et de les y laisser jusqu'à ce que leur amollissement fût au point convenable.

Lorsque l'opération a éte bien conduite et les proportions utiles employées, les os sont en général suffisamment attaqués au bout de dix jours; il est facile d'en juger à leur amollissement. On soutire alors la solution acide, contenant de l'hydrochlorate et du phosphate de chaux, plus, une petite quantité de matière animale dissoute, et quelques millièmes d'hydrochlorate de magnésie, de fer et de manganèse.

On remplace cette solution par un poids égal à celui des os employés, d'un mélange d'acide hydrochlorique et d'eau, marquant un degré à l'aréomètre, qu'on laisse réagir pendant environ vingt-quatre heures. La première solution engagée dans les interstices de la matière animale se trouvant d'une densité bien plus grande que l'acide faible que l'on ajoute, tend à gagner le fond du vase, et l'acide se substitue à sa place; il réagit sur le phosphate de chaux non attaqué et le dissout. On soutire encore cette solution, on laisse égoutter, et on la remplace par de l'eau claire, qui s'insinue à son tour dans les os amollis, en étendant et déplaçant en partie la dernière solution acide.

Les deux premières solutions soutirées retiennent un excès d'acide libre : afin d'épuiser leur action dissolvante et de les charger de tout le phosphate de chaux qu'elles peuvent dissoudre, on les passe successivement sur une quantité d'os intacts, égale à la première. On traite ensuite ces os de la même manière que les premières, mais en employant une quantité d'acide moindre d'environ un vingtième; et comme ce vingtième dont on diminue la dose suffit pour former le deuxième bain à un degré, il en résulte qu'un poids donné d'acide hydrochlorique à 22° suffit pour amollir un poids égal d'os.

Lorsque les os sont amollis, on les immerge dans l'eau comme nous l'avons dit; on les y laisse tremper pendant quelques heures, afin que l'eau puisse étendre et déplacer la solution acide; on soutire alors la solution affaiblie, et on la remplace par une nouvelle quantité d'eau; celle-ci étend d'avantage encore la solution acide, et en entraîne une grande partie. On réitère ces lavages six ou huit fois, et lorsque l'on a intérêt à ménager l'eau, on repasse successivement la solution soutirée d'un baquet dans un autre baquet d'où l'on vient d'extraire une solution plus forte. L'épuisement de l'acide est surtout difficile pour la partie des os fortement imprégnée de graisse : aussi réserve-t-on ces parties pour la fabricaion de la colle, et pour neutraliser l'excès d'acide, on ajoute quelques petits fragmens de marbre dans la chaudière où se fait la dissolution de la matière animale.

Lorsque l'on peut disposer d'un cours d'eau vive, on est plus assuré d'éliminer la totalité de la solution acide engagée dans la substance animale organisée : on la plonge dans le courant après l'avoir enfermée dans des paniers, des filets, des canevas ou toiles claires. L'eau se renouvelle continuellement dans les interstices de cette matière, et l'on ne retire celle-ci qu'après s'être assuré qu'elle ne retient plus d'acide en excès. Pour cela, il faut qu'en coupant plusieurs morceaux transversalement, et posant la tranche sur la langue, elle ne développe aucun goût acide, ou que, plaçant sur cette tranche humide un papier teint avec du bleu *tournesol*, la couleur de celui-ci ne soit pas virée à l'instant en rouge.

Enfin, si manquant d'eau vive, on n'était pas parvenu à *désacidifier* complètement les os amollis, on pourrait les faire tremper dans une solution de carbonate de soude étendue; on formerait ainsi du carbonate de chaux insoluble et de l'hydrochlorate de soude (solution de sel marin); et en supposant qu'après le lavage il pût rester une petite quantité de ce dernier sel, on sait que sa présence n'offre aucun inconvénient dans les substances alimentaires.

La matière *gélatineuse* préparée avec tous les soins convenables, conserve quelquefois une mauvaise odeur; cela peut tenir à la présence d'une huile nauséabonde et de l'hydrogène sulfuré dans l'acide muriatique du commerce. Il importe donc beaucoup de se procurer cet acide aussi pur que possible.

Dans les expériences faites avec les précautions convenables, on obtient de la plupart des os environ 0,29 de substance animale insoluble dans l'acide hydrochlorique faible, qui produisent environ 0,26 de gélatine.

Lorque l'on opère en grand, il n'est guère possible d'obtenir, terme moyen, de 100 kilogrammes d'os, plus de 25 à 27 kilogrammes de substance organisée, et en faisant dissoudre celle-ci, 0,22 à 0,24 de gélatine.

Lorsque l'on a obtenu ainsi la matière animale des os à l'état humide, on peut la convertir en gélatine en la traitant par l'eau bouillante, ou la dessécher telle qu'elle se trouve, afin de la conserver et d'en dissoudre, au moment de s'en servir, la quantité dont on en a besoin.

On garde plus particulièrement sous cette dernière forme la substante extraite des os de pieds de moutons. Voici comment on la prépare : dès que ces os amollis ont été suffisamment lavés, on tranche les deux bouts de manière à séparer de chaque extrémité la partie spongieuse, qui est imprégnée de la matière grasse, et qui a contracté par cette cause un goût désagréable; elle ne peut donner qu'une solution trouble. Ces parties éliminées servent à fabriquer la COLLE FORTE.

Le tube qui reste est coupé en deux, longitudinalement; les lanières ainsi obtenues sont plongées dans l'eau bouillante pendant quelques minutes, puis on les étend sur des filets dans un SÉCHOIR, d'où on ne les retire que quand ils sont complètement secs. Si le temps était un peu humide, on achèverait la dessication dans une ÉTUVE.

On obtient des produits de meilleure qualité en essuyant avec du linge sec les lanières au sortir de l'eau bouillante, ou les roulant dans un grand sac de toile. Par ce moyen on élimine encore une petite quantité de matière grasse adhérente. Il s'en détache par des frottemens une pellicule intérieure, qui paraît être l'une des couches concentriques dont sont formés les cylindres de ces os; on s'en sert dans la fabrication de la gélatine dissoute ou de la colle forte. Quelquefois afin de mieux déguiser la forme des os, qui pourrait dégoûter certains consommateurs, on coupe les cylindres gélatineux des tubes amollis transversalement, en tranches peu épaisses, qui présentent des anneaux cylindriques, ou l'on divise les lanières en fragmens rectangulaires.

Enfin, pour que l'apparence soit encore plus agréable et la conservation plus complète, on trempe le tissu des os, sous l'une des formes ci-dessus, dans une solution chaude de gélatine; celle-ci, en desséchant, constitue une sorte de vernis qui s'oppose efficacement aux influences atmosphériques.

Lorsque l'on a extrait les tissus celluleux alimentaires des *os plats*, tels que les bouts des côtes, les *omoplates*, etc., il faut les fendre avant de les tremper dans l'eau bouillante, afin de degager la matière grasse (diploé) qu'ils renferment, et l'ôter plus complètement à l'aide du linge sec.

Lorsque la substance animale des os doit être convertie directement en gélatine alimentaire, il ne faut pas la faire dessécher; on la porte toute humide dans une chaudière, on ajoute moitié de son poids d'eau; on recouvre le tout d'un couvercle, puis on fait chauffer graduellement jusqu'à l'ébullition, que l'on soutient pendant plusieurs heures. On peut accélérer beaucoup l'opération, en portant au double la pression de l'atmosphère, et obtenant ainsi dans la chaudière une température plus élévée, correspondante à cette pression.

Lorsque la dissolution est opérée, on soutire dans un FILTRE garni d'un faux fond en toile métallique; le liquide filtré tombe dans un cuvier doublé en cuivre intérieurement, et garni à l'extérieur de corps mauvais conducteurs du calorique, tels que des morceaux de drap, ou tapis de laine. On couvre ce cuvier, afin d'éviter les déperditions de chaleur. On laisse ainsi déposer à chaud pendant cinq ou six heures; au bout de ce temps on soutire à clair, on coule dans des caisses oblongues; on laisse la gélatine se prendre en masse dans un endroit frais, on la coupe en plaques, on pose celle-ci sur les *filets*, etc. Toute cette partie de l'opération se fait de la même manière que pour la Colle forte.

La totalité de la substance animale ne se dissout pas dans l'eau bouillante sous la pression atmosphériqe, ni même sous une pression plus élevée. Le résidu insoluble se compose de matière albumineuse des enveloppes des vaisseaux sanguins, et surtout d'une combinaison de graisse et de chaux. Ce sont ces substances qui, restées insolubles après un grand nombre de traitemens dans la marmite de Papin, et des lavages réitérés, avaient fait penser que ce dernier procédé était incapable d'enlever toute la matière *gélatinense* des os.

Afin d'éviter que cette gélatine ressemble à la colle forte par la marque des filets sur les quels elle repose, on peut la placer sur un canevas de fil; mais le plus ordinairement on modifie de la façon suivante la fin du procédé : la solution de gélatine obtenue est coulée dans des moules plats en fer-blane; on porte ceux-ci à l'étuve, où ils restent jusqu'à ce que la gélatine soit assez ferme pour ne plus recevoir d'impression; alors on achève de la faire sécher sur des toiles claires. On ajoute quelquefois à la gelée des sucs de carottes, d'ognons, du jus de viande, afin d'imiter la saveur du bouillons : on la nomme alors *tablettes de bouillon.*

Le procédé que nous venons de décrire pour la fabrication de la gélatine s'applique aussi à la préparation de la colle vendue en gelée, dite Colle *au baquet*, et à celle de la Colle forte. On peut apporter beaucoup moins de soins pour obtenir ces deux produits; il suffit, en effet, d'amollir les os par le procédé que nous avons indiqué (on ne prend pas la peine d'en éliminer la graisse ni les dernières portions de solution acide; celles-ci facilitent même sensiblement la dissolution à chaud de la subtance animale), et de les traiter absolument de la même manière que les *rognures* de peaux et les tendons préparés à la chaux dans la fabrication de la Colle forte.

Si l'on veut préparer la gelée tremblante, ou colle au baquet, on fait dissoudre la matière animale des os (sèche, ou son équivalent en gélatine humide) dans dix fois son poids d'eau à chaud; on ajoute environ 2 pour 100 d'alun, afin qu'elle se détériore moins promptement, surtout pendant les chaleurs; on laisse déposer dans la chaudière ou dans le cuvier, doublé comme nous l'avons dit plus haut; on tire au clair dans de petits baquets garnis d'anses en corde, et placés dans un endroit frais. Lorsque la colle est prise en gelée, on la transporte chez les marchands ou les consommateurs, qui la conservent à la cave jusqu'au moment de l'employer. P.

Gelée. On donne ce nom à diverses substances de nature très diverses, entre les particules des quelles se trouve une quantité considérable d'eau qui leur communique une consistance tremblante. Nous ne nous occuperons ici que des gelées employées en médecine ou comme matières alimentaires.

Préparation des gelées alimentaires au moyen de l'acide pectique. — Le mode de préparation que nous allons indiquer a été publié par M. Braconnot, sur la demande de plusieurs médecins, qui se proposaient d'essayer l'usage des gelées de cet acide, dans les cas où il est utile de tromper l'appétit des malades. En effet, elles peuvent y être propres, en raison de la faible proportion de substances solides qu'elles renferment.

On réduit la racine charnue employée (carottes, navets, betteraves) en pulpe, à l'aide d'une râpe; on exprime le suc; le marc est lavé avec de l'eau de pluie filtrée. On délaie dans l'eau en quantité suffisante pour former une bouillie claire; on ajoute de la potasse ou de la soude caustique; on fait bouillir pendant un quart d'heure, on passe au travers d'une toile, on lave à l'eau de pluie bouillante; on réunit la liqueur, on décompose le pectate alcalin qu'elle contient par une quantité suffisante de muriate de chaux, en solution étendue d'eau. La gelée trés abondante ainsi obtenue est égouttée sur une toile et bien lavée; on fait bouillir le magma dans de l'eau aiguisée d'acide muriatique; on jette tout sur un filtre, on lave à grande eau, et l'on obtient ainsi l'acide pectique pur. Si l'on employait de l'eau qui contînt du sulfate de chaux, l'acide pectique se précipiterait en formant une combinaison triple insoluble. Voici les proportions dés matières à employer dans cette opération :

Marc de navet ou de carotte exprimé...	50
Potasse ou soude caustique..........	1
Eau.............................	300

L'eau de lavage n'est sans pas comprise dans ce dosage indiqué par M. Braconnot.

Pour obtenir des gélées aromatisées avec diverses essences, on délaie une partie d'acide pectique en gelée bien égoutté, dans trois parties d'eau distillée; on le sature, et on dissout avec une petite quantité de soude ou de potasse (on reconnait le point de saturation à l'aide du Papier tournesol rougi); on fait chauffer, on ajoute 3 parties de sucre trituré avec l'aromate choisi; on ajoute à la liqueur, pour décomposer le pectate, une petite quantité d'acide sulfurique étendu, et ayant à peu près la force du vinaigre : on agite le mélange, qui, après quelques instans de repos, se prend en gelée consistante.

En ajoutant dans la solution de l'acide pectique par la potasse, du sucre qu'on fait fondre à l'aide de la chaleur, et ensuite de l'alcool aromatisé avec diverses substances, on obtient des gelées alcooliques aromatisées, qui acquièrent de la consistance avec le temps, et sont plus agréables que celles préparées avec l'ictyocolle.

Il est toutefois probable que les gelées d'acide pectique ne seront pas préférées à celles de gélatine pour le service des tables tant que le mode de leur préparation ne sera pas simplifié, et dans aucun cas elles ne sauraient être recommandées comme substances nutritives.

C'est à la présence de l'acide pectique que les *gelées* de *pomme*, de *groseilles*, ainsi que celles de *coings*, doivent leur consistance gélatineuee. Ces préparations, déjà anciennement connues, sont faciles à obtenir; elles ont l'avantage de réunir à la forme voulue la saveur agréable et l'arôme du fruit d'où chacune d'elles tire son nom.

M. Braconnot propose d'employer l'acide pectique dissous par la potasse, et formant ainsi un pectate soluble, comme contre-poison de la plupart des sels métalliques, tels que ceux de plomb, de cuivre, de zinc, d'antimoine, de mercure, qui sont précipiés complètement à l'état insoluble par ce pectate. Il en excepte cependant le *Deuto*-Chlorure de Mercure (*sublimé corrossif*), le nitrate d'argent et tartrate de potasse et d'antimoine (*émétique*).

Gelée de lichen. On laisse macérer le lichen pendant vingt-quatre heures dans de l'eau froide, à laquelle on ajoute une petite quantité de carbonate de potasse ou de soude; au bout de ce temps on change cinq à six fois l'eau dans laquelle il baigne, on porte à l'ébullition, que l'on soutient jusqu'à ce que la presque totalité soit dissoute; on verse le tout dans une chausse de laine, puis on fait rapprocher vivement le liquide, dans lequel on a ajouté une quantité de sucre suffisante pour en rendre le goût agréable. Le mélange liquide se prend en masse de consistance gélatineuse par le refroidissement. Une partie de lichen et une partie de sucre donnent 4 parties, en poids, de gelée.

Gelée de coings. Cette gelée que l'on regarde comme stomachique, et dont on fait d'ailleurs une assez grande consommation comme aliment de luxe, en raison de son goût agréable, se prépare de la manière suivante; il faut employer :

Coings................	3
Sucre................	3
Eau................	5

On cueille les coings avant qu'ils aient atteint leur maturité complète, on les frotte avec un linge ou avec une brosse, pour enlever le duvet insipide qui les recouvre, puis on les coupe par quartiers, dont on extrait les pepins et la matière mucilagineuse qui les environne. Il faut avoir le soin de plonger les coings dans l'eau dès qu'ils sont coupés, afin d'éviter que le contact de l'air ne les fasse noicir.

On fait chauffer jusqu'à l'ébullition l'eau dans laquelle plongent les quartiers de coings, et l'on soutient à cette température jusqu'à ce qu'ils cèdent facilement sous la pression du doigt. D'un autre côté, l'on a clarifié du SUCRE et rapproché le sirop jusqu'à la preuve du *boulet*; on verse la décoction de coings dans ce sirop, et l'on continue de faire rapprocher le tout vivement, jusqu'à ce qu'en mettant une goutte du liquide sur un morceau de verre ou de porcelaine froid, elle se prenne en gelée en quelques secondes. On verse le liquide dans des terrines, on l'y laisse refroidir pendant deux heures, et on le met dans des pots, au fond desquels on a placé trois ou quatre petits morceaux de zeste de citron coupés minces. La gelée de pommes se prépare à peu près de la même manière.

Gelée alimentaire de gélatine. Si l'on en excepte la gelée de pieds de veaux et celle de diverses viandes, que l'on obtient dans l'art culinaire par la décoction aqueuse de ces substances, on ne prépare guère d'autres gelées de ce genre, que celle dite de *corne de cerf*. Nous indiquerons le procédé y relatif, que l'on suit encore dans les officines; il s'appliquerait avec autant de succès à la râpure d'os frais, et particulièrement a celle de la partie osseuse des cornes de bœuf, inhérente à leur crâne.

On lave la râpure du bois du cerf (on peut se la procurer chez les TABLETIERS) en la tenant immergée pendant quelques secondes dans l'eau bouillante; on jette l'eau de lavage, que l'on remplace par de l'eau propre; on porte le tout à l'ébullition, que l'on soutient pendant six à sept heures, jusqu'à ce que la matière osseuse soit devenue très friable. On peut accélérer la dissolution de la substance animale en élevant d'avantage la température avec la pression. On jette le mélange sur une toile; le liquide coule au travers, on presse le marc égoutté, puis on fait évaporer jusqu'à ce que l'on ait reconnu que quelques gouttes posées sur une assiette froide y acquièrent la consistance gélatineuse voulue; alors on ajoute des blancs d'œuf battus ou délayées vivement; on laisse bouillir, et au moment où l'ébullition se manifeste, on exprime le jus d'un citron : la coagulation de l'albumine est alors complète. On passe le tout au travers d'un blanchet, puis on met dans des pots de 4 onces, au fond de chacun desquels on a versé une cuillerée de café de vin d'Espagne, et une autre d'eau de canelle. Pour obtenir 4 onces de gelée, on emploie 2 onces de râpure de corne (1) et une once de sucre.

Les gelées alimentaires de gélatine se préparent plus facilement encore en employant, soit l'ictycoolle, soit la GÉLATINE sèche obtenue des os par l'acide hydrochlorique, ou préparée par la dissolution des rognures de porchemin blanc.

On laisse tremper dans l'eau froide l'une des trois substances ci-dessus indiquées, jusqu'à ce qu'elle soit bien amollie et gonflée, ce qui peut durer cinq à six heures pour la gélatine sèche, et de dix à douze heures pour la colle de poisson. Pendant le temps de cette macération, on change l'eau deux ou trois fois (2); au bout de ce temps on jette l'eau qui baigne la substance gélatineuse, et on la remplace par celle qui doit opérer la dissolution; on fait chauffer jusqu'à l'ébullition : la solution doit alors être complète On laisse un peu refroidir, on ajoute le sucre et du blanc d'œuf battu dans l'eau; on remet sur le feu, et dès que l'ébullition se manifeste de nouveau, on exprime du jus de citron, ou l'on verse quelques gouttes de solution d'acide nitrique ou tartrique : on passe le tout au travers d'un blanchet, puis on verse dans des pots ou des verres à pattes. Ces gelées sont ordinairement aromatisées, soit avec des zestes de citron ou d'orange, soit avec de la vanille ou des pétales de fleurs d'oranger, mises avec l'eau qui doit dissoudre la gélatine, soit par de l'eau de fleurs d'oranger, du rhum, du vin de champagne, que l'on ajoute dans la dissolution claire et filtrée avant qu'elle soit refroidie.

---

(1) Il ne faut pas confondre les *cornes* de cerfs ni la partie interne des *cornes* de bœufs, qui, les unes et les autres, sont de nature osseuse, avec la corne proprement dite (la partie extérieure des cornes de bœufs, des *ergots* de divers animaux, des ongles de bœufs et des sabots de chevaux), d'où l'on ne saurait extraire de la gélatine.

(2) On pourrait faire tremper beaucoup moins long-temps si l'on était pressé; mais alors la dissolution à chaud serait moins prompte.

Pour donner aux gelées de l'une des trois matières gélatineuses indiquées assez de consistance, il faut employer en été 2 parties d'ictyocolle, ou 5 à 6 de gélatine sèche, pour 100 parties de gelée à obtenir; dans les temps froids, il suffit de faire dissoudre, pour la même quantité de gelée, une partie et demie de colle de poisson, ou 4 parties et demie de gélatine sèche. P

GENOU (*Arts mécaniques*). Toutes les fois qu'une partie convexe porte sur une concave où elle est emboîtée, de manière à permettre à l'une de rouler sur l'autre, on donne à l'assemblage le nom de *genou*.

Nous décrirons, comme exemple, le *genou de graphomètre et de boussole*. A la partie inférieure de l'instrument est une courte tige, terminée par une boule en cuivre. Le haut du pied porte un cylindre de cuivre terminé par deux *coquilles*; ce sont deux pièces distinctes concaves en cuiller, dont l'une fait corps avec le cylindre, et l'autre est libre et lui est opposée par sa concavité. C'est entre ces deux coquilles, évidées latéralement, qu'entre la boule, où elle est serrée comme entre deux mâchoires, à l'aide d'une vis de pression, qui rapproche l'une de l'autre.

Genou de Cadan. Il est formé d'une pièce en bois ou en cuivre N (fig. 19, pl. 14), qu'on appelle *noix*, et qui a la forme de deux cylindres se pénétrant à angles droits; les axes B et B' de ces cylindres sont l'un au-dessus de l'autre, et évidés à jour de part en part, pour livrer passage à un arbre ou boulon, terminé à un bout par un pas de vis où est engagé un écrou. Lorsque l'écrou *eé* ne serre pas son cylindre, le boulon y peut tourner librement, mais ce mouvement est arrêté aussitôt qu'on serre fortement l'écrou. La disposition rectangulaire de ces deux axes permet à chaque cylindre un mouvement de bascule, et par la combinaison de ces deux rotations, on peut donner au plan de l'instrument une situation parfaitement horizontale. V. PLANCHETTE.

Les montres marines qu'on veut maintenir dans une position horizontale et rendre indépendantes des agitations du vaisseau, sont de même suspendues à deux axes rectangulaires : leur boîte est garnie de deux pivots horizontaux diamétralement opposés, qui portent sur des trous pratiqués à un anneau. Cet anneau a lui-même deux pivots semblables, mais situés à 90 degrés des premiers, et portant sur deux tourillons d'une boîte extérieure. Quelque situation qu'on donne à cette boîte, le poids du chronomètre suffit pour faire pirouetter le mouvement sur ses deux pivots, et l'anneau pareillement sur les siens, en sorte que la montre marine demeure sans cesse horizontale et immobile, comme si elle était fixée sur un meuble en repos. FR.

GIBERNE. Boîte dans laquelle le soldat met ses cartouches ; elle est faite d'un morceau de bois de noyer ou de charme, au milieu duquel on creuse un trou rectangulaire. Sur chaque bout, on perse 15 trous ronds de calibre, dans lesquels on met autant de cartouches, la balle en-dessous. Ainsi, chaque giberne peut contenir 60 cartouches. Cette boîte est enveloppée d'un cuir noir qui se ferme par un couvercle, et qui garantit tout l'intérieur de la pluie et même du feu. E. M.

GIROUETTE. V. VENT. FR.

GLACES. Les détails de cette fabrication sont immenses ; nous ne pourrons les décrire que sommairement.

Choix de la terre. — Une des premières et des plus utiles précautions à prendre, est de choisir l'argile propre à la fabrication des fours et des creusets ; elle doit être assez réfractaire pour ne pas se vitrifier et se ramollir par l'action du feu, et assez ductile pour recevoir et conserver la forme qu'on veut lui imprimer. Il faut la rejeter si elle fait effervescence avec les acides, parceque, dans ce cas, elle contient de la terre calcaire qui provoquerait sa fusion. M. Loysel recommande d'essayer sa qualité refractaire, d'abord en exposant à un feu violent des bâtons et des creusets de cette argile, qui ne doivent ni fléchir ni se trouer; secondement en faisant vitrifier dans les mêmes creusets une livre d'argile de cuite avec 10 onces d'alcali : si l'argile résiste à cette double épreuve, on en conclut qu'elle est bonne.

Il est, au reste, certaines terres argileuses dont l'expérience a depuis long-temps constaté les bonnes qualités; telle est celle de *Forges-les-Eaux*, dont on fait constamment usage à Saint-Gobin ; celle de *Songeons*, etc.

Préparation de l'argile; son mélange avec le ciment. — On n'emploie jamais l'argile telle qu'on la trouve dans la nature, il faut la rendre moins capable de retenir l'humidité et moins agglutinative, sans trop l'amaigrir. Pour cela, on la mêle avec de l'argile cuite provenant de vieux fours ou de vieux creusets, dont on a séparé avec soin les matières vitreuses. L'argile cuite se nomme *ciment;* on l'emploie pour construire les fours et pour fabriquer les creusets, et l'on a soin de le réduire en poudre fine passée au tamis de soie, pour que la pâte soit bien homogène. Tantôt on mêle à l'argile partie égale de ciment, tantôt 3 parties d'argile, 5 parties de ciment; cela dépend de la ténacité et de la viscosité de l'argile.

Avant de mêler l'argile au ciment, on la fait sécher, on la concasse pour en séparer les matières étrangères, et notamment les pyrites martiales, et l'on achève de la purifier par la lotion. A cet effet, on introduit l'argile dans des caisses de 10 pouces de profondeur ; on verse dessus de l'eau, en quantité suffisante pour qu'indépendamment de celle que l'argile absorbe, elle soit recouverte de 2 pouces de ce liquide, et après avoir agité le mélange, on le laisse en repos pendant vingt-quatre heures. On voit nager à la surface une matière d'apparence graisseuse et de l'oxide de fer; on décante et l'on verse de nouvelle eau, qu'on laisse reposer et que l'on décante comme la première. Après cette opération, on délaie l'argile dans de l'eau, on la remue, et l'on fait passer le mélange liquide à travers un tamis de crin; les substances légères non argileuses restent sur le tamis, les matières pesantes demeurent au fond des caisses. L'argile délayée qui a passé par le tamis porte le nom de *coulis*.

Tuiles propres à la construction des fours, dites pièces de four. — On moule l'argile *composée* pour la construction des fours, c'est-à-dire pétrie avec une suffisante quantité de ciment, en tuiles de divers échantillons (1). Autrefois on employait les tuiles encore molles, on les frappait incessamment de légers coups de battes, jusqu'a ce qu'elles fussent devenues assez dures pour ne plus céder à l'action de la batte. Cette opération donnait lieu à de graves inconvéniens, dont le moindre était une perte de temps considérable. L'humidité ne pouvant sortir qu'avec peine de ces tuiles fortement comprimées et chauffées ensuite, faisait pour se réduire en vapeur un effort tel, qu'il en résultait des gerçures, même des crevasses, qu'il fallait réparer; et comme le procédé de réparation était à peu près le même que celui de construction, les mêmes accidents se renouvelaient sans cesse : il fallait huit à dix mois, quelquefois une année pour que le four construit fût en état de servir. Le procédé actuellement en usage consiste à substituer aux tuiles molles des tuiles sèches, que l'on place les unes à côté des autres, et que l'on unit à l'aide du coulis, seul mortier dont on use dans cette construction; par là le battage est exclu, et l'on conçoit que le travail est plus prompt et la dessication plus facile : aussi un mois suffit-il pour l'une en l'autre opération.

Le four terminé, on construit à son extérieur, et attenant à chacun de ses angles, quatre fourneaux, que l'on nomme *arches*. Ces arches communiqnent au four par leur intérieur, et en reçoivent une chaleur suffisante pour opérer en partie, sinon en totalité, la recuisson des creusets, qui y sont toujours déposés long-temps avant qu'on les emploie. Trois de ces arches, exclusivement destinées à cet usage, sont nommées *arches à pots*; la quatrième est appelée *arche à matières*, parce qu'elle sert à

(1) Lorsqu'on a mêlé le ciment en poussière fine à l'argile humectée, on se sert d'un moyen depuis long-temps et encore aujourd'hui en usage, qui consiste à pétrir le mélange avec les pieds nus, ce qu'on appelle *marcher la terre*. Plusieurs ouvriers foulent successivement l'argile humide placée dans de grands cadres ou bâches à rebord, tandis que d'autres la retournent de temps en temps pour en renouveller les surfaces, jusqu'à ce que le mélange soit exact et que toutes ses parties soient suffisamment homogènes.

la dessication de celles-ci avant leur enfournage. Chaque arche, outre son ouverture principale, nommée *gueule*, en a une autre cintrée que l'on nomme *bonnard*, et par laquelle on fait du feu dans l'arche elle-mêmc, lorqu'on le juge nécessaire pour la recuisson des pots; pratique qui n'est plus aujourd'hui en usage. La durée d'un four est ordinairement d'une année, au plus de quatorze mois; celle des arches, qui ne sont point exposées à une aussi forte chaleur, est de trente ans au moins. Ainsi, on reconstruit les fours un grand nombre de fois, sans qu'il soit besoin de reconstruire et de réparer les arches. On trouvera plus bas la description des principales parties, soit intérieures, soit extérieures du four de fusion et de ses arches.

Creusets, ou pots et cuvettes. — Dans les travaux pour la fabrication des glaces, on emploie deux sortes de creusets, les *pots* et les *cuvettes* : les premiers servent à contenir les matières à fondre et à les conserver long-temps à l'état de fusion; les autres reçoivent le verre fondu, qui achève de s'y affiner; on le verse de celle-ci pour le couler en glaces. Quatre pots contiennent la matière pour huit petites cuvettes, ou pour quatre moyennes. Ces dernières sont employées pour les glaces de grande dimension, par exemple 100 pouces et au-dessus. Depuis peu on construit des fours à six pots et à douze cuvettes de trois grandeurs, qu'on désigne sous noms de *petites*, *moyennes*, et *grandes*. Les petites sont un carré parfait, les moyennes et les grandes un carré long. Vers le milieu de leur hauteur, on ménage un enfoncement ou hoche de 2 ou 3 pouces de largeur, et d'un pouce de profondeur, nommé *ceinture* de cuvette : c'est par là qu'on les saisit avec des tenailles, ou plutôt qu'on les *embarre*. Cette ceinture règne sur les quatre côtés des petites cuvettes, qui peuvent être placées indifféremment sur toutes leur faces; dans les autres la ceinture ne s'étend que le long des deux grand côtés, parce qu'elles ne peuvent être retournées. Une fois placé dans le four de fusion, un pot n'est jamais dérangé; on ne l'en ôte que quand il est cassé et qu'il s'agit de le remplacer par un autre. Les arches à pot sont continuellement remplies de pots et de cuvettes, destinés à remplacer les creusets hors de service, et la chaleur modérée et non interrompue qu'ils y éprouvent les rend plus aptes à soutenir ensuite la chaleur du four de fusion.

On fabrique les pots *au moule* et *à la main*. L'une et l'autre méthode étaient employées autrefois; la première est entièrement abandonnée. La méthode à la main, quoique plus difficile et exigeant des ouvriers plus habiles et plus exercés, attendu qu'ils manquent du point d'appui qu'offre le moule, est la seule en usage aujourd'hui, parce qu'elle donne des résultats plus satisfaisans. Après avoir chargé le *fonceau* ou la rondelle de bois sur laquelle le pot doit être construit, et qui est plus large que lui de quelques pouces tout autour, d'une couche d'argile préparée, de 3 pouces d'épaisseur, l'ouvrier y adapte circulairement des pains ou pâtons de cette terre, qu'il place les uns au-dessus des autres, en les pétrissant avec beaucoup d'adresse, sans autre secours que ses mains, et de manière que depuis le cul du pot jusqu'à son bord, c'est-à-dire dans toute l'étendue du jable ou de la flèche, l'épaisseur en soit progressivement et régulièrement diminuée dans toutes ses parties, jusqu'à celle d'un pouce; ce qui exige une habitude contractée dès l'enfance. On s'y prend de la même manière pour la fabrication des cuvettes. Les uns et les autres doivent être desséchés avec précaution. La dessication doit être lente, faite à l'air et long-temps à l'avance, pour éviter les gerçures et les fendillemens. Dans le cas où des circonstances exigeraient qu'on les séchât artificiellement, la chaleur de l'atelier de dessication doit être graduée avec soin, et de manière qu'elle soit opérée par la température du lieu, et non par l'action immédiate du feu. On juge que les creusets sont secs par la couleur blanchâtre qu'ils prennent, et par le son qu'il rendent lorsqu'on les frappe légèrement

Avant de parler des substances qui entrent dans la composition de la matière propre à la fabrication des glaces, du choix qu'on y doit apporter et des préparations qu'elles exigent, il nous semble indispensable de faire connaître la forme, soit extérieure, soit intérieure du four de fusion, ainsi que les différentes pièces dont il est composé. Cette connaissance acquise, il sera facile de suivre la série des opérations qui se succèdent depuis le moment où l'on commence à chauffer la matière, jusqu'à celui où elle est amenée à l'état de glace.

Description de la halle et du four de fusion. On nomme *halle* le bâtiment ou atelier dont le four de fusion occupe le centre. Quand l'atelier est assez grand pour contenir deux fours, le centre reste vide, et les fours sont placés à égale distance de cet espace et des extrémités du bâtiment. Il règne le long des deux murs longitudinaux de la halle, solidement construits en pierre de taille, des ouvertures semblables à celles des fours ordinaires. Ces fours, destinés à la recuisson des glaces lorsqu'elles ont été coulées, portent le nom de *carqaises.* Leurs planchers sont élevés de 2 pieds et demi au-dessus du sol de la halle, pour qu'ils soient de niveau avec les tables où l'on coule les glaces. Leur longueur, quelquefois de 30 pieds, et leur largeur de 20, doivent être telles que les six, huit et même dix glaces que l'on y fait entrer, puissent y être placées toutes les unes à côté et à la suite des autres. L'ouverture de devant se nomme *gueule* de la carquaise, et celle de derrière, qui s'ouvre dans une galerie extérieure, *gueullette.* On chauffe la carquaise au moyen d'un fourneau de forme carrée, qui régne le long de ses parois, et qu'on appelle *tisar.*

Le four de fusion est un carré en briques, établi sur de bonnes fondations, ayant 8 à 10 pieds sur chacune de ses faces, et s'élevant intérieurement en une voûte ou couronne d'environ 10 pieds de hauteur. A chaque angle de ce carré sont construits quatre petits fours ou arches également voûtés à l'intérieur, et communiquant au four de fusion par des ouvertures carrées, longues et étroites appelées *lunettes*, et par lesquelles elles reçoivent une chaleur forte, quoique bien inférieure à celle du four; les arches sont disposées de manière que deux des côtés extérieurs du four demeurent libres dans leur entier, tandis que les deux autres côtés, sur lesquels les arches empiètent, ne conservent entre ces arches qu'un espace d'environ 3 pieds. Dans cet espace des deux petits côtés du four, sont ménagées deux ouvertures principales de la même largeur, qui portent le nom de *tonnelles;* elles sont destinées à l'introduction des pots et du combustible.

En regardant par les tonnelles dans l'intérieur du four, on voit régner à droite et à gauche le long des deux côtés laissés libres à l'extérieur par les arches, deux banquettes ou *sièges*, d'au moins 30 pouces de hauteur et de largeur.

Ces sièges étant destinés à supporter les pots et les cuvettes remplis de matière, et parconséquent un poids considérable, sont terminés en talus du haut en bas; construction qui leur donne beaucoup de solidité. Les talus des deux sièges se prolongent vers le milieu du four, et se rapprochent au point qu'il ne reste plus entre eux qu'un espace de 6 à 10 pouces qui est l'âtre du four; cet âtre est percé d'un trou rond qui donne passage à la plus grande partie du verre qui peut provenir d'un pot fracturé, ou s'écouler, pendant que l'on transvase la matière fondue, des pots dans les cuvettes.

Aux deux grands côtés parallèles et extérieurs du four, sont pratiquées d'autres ouvertures bien moins grandes que celles des tonnelles, et que l'on nomme *ouvreaux*. Les moins élevés, les ouvreaux d'*en bas* ou *à cuvettes*, parcequ'ils sont consacrés à l'introduction des cuvettes, sont très exactement de niveau avec la partie supérieure des sièges et avec le sol de la halle. Des plaques de fonte servent de prolongement à ces ouvreaux, facilitent l'introduction et la sortie des cuvettes. Ils sont cintrés a pleins cintres comme les tonnelles, et ont 18 pouces de largeur lorsque les cuvettes en ont 16.

Les ouvertures plus élevées et plus petites, les *ouvreaux* d'en haut ou à *trejeter*, parcequ'ils servent à transvaser la matière, sont au nombre de trois, ils sont placés à 31 ou 32 pouces de hauteur, il devient facile par ces ouvreaux de travailler également dans les pots et les cuvettes. Celui du milieu se nomme plus spécialement *ouvreau à enfourner*; mais on enfourne également par ceux de côté, cela dépend de la grandeur du four et de la disposition des creusets. Anciennement les pots occupaient toujours le milieu des sièges, et les cuvettes les deux extrémités.

Aujourd'hui les pots sont adossés aux deux piliers qui séparent les ouvreaux, d'où il résulte qu'au lieu de se toucher, il y a entre eux un espace occupé par une ou plusieurs cuvettes selon la grandeur de celles-ci. On conçoit que si les tonnelles et les ouvreaux restaient constamment ouverts, on ne parviendrait point à donner au four la chaleur nécessaire à la fusion de la matière et à son affinage. Les ouvreaux se bouchent au moyen de tuiles qui en ont la forme ; on les met en place, et on les ôte à l'aide de deux trous qui y sont pratiqués, et qui correspondent aux deux branches d'un instrument fourchu, appelé *cornard*, qui est supporté par un essieu et deux roues de fer, et terminé par deux mains que des ouvriers font mouvoir pour enlever la tuile.

De tout temps on n'avait employé que le bois pour alimenter les fours de fusion destinés à la fabrication des glaces ; depuis quelques années on se sert avec un avantage presque égal de charbon de terre. On voit dans le même atelier à St.-Gobain deux fours, dont l'un est alimenté avec le bois et l'autre avec le charbon, et l'on n'aperçoit aucune différence entre la qualité du verre fourni par l'un et par l'autre. Il n'est point vrai, comme on l'avait prétendu, que l'usage du charbon de terre impose la nécessité de travailler à pots couverts pour éviter la coloration de la matière, et celle d'augmenter la proportion de l'alcali, pour suppléer à la chaleur que les creusets couverts ne pouvaient atteindre. On ne les couvre point en employant le charbon, et on obtient absolument le même succès en laissant séjourner la matière deux ou trois heures de plus dans les pots et les cuvettes. Quant à la construction des fours où l'on brûle du charbon au lieu de bois, elle est la même, à deux légères différences près. La première est l'inutilité de la glaie et de ses pièces, qui sont remplacées par un mur de briques et de mortier qui bouche du haut en bas toute l'ouverture de la tonnelle ; on ménage seulement, vers le milieu de cette fermeture, un trou carré ou tisar, assez grand pour donner passage à la pelle au moyen de laquelle on verse le charbon. La seconde différence consiste en ce que l'âtre plein du four à bois est remplacé, dans le four à charbon, par une grille nécessaire pour activer la combustion, et pour donner issue au résidu incombustible.

Composition du verre. Ce n'est plus, comme autrefois, par le seul tâtonnement que l'on prépare la composition du verre. Les progrès de la Chimie, la découverte d'un procédé pour la fabrication de la soude artificielle, qui permet d'obtenir cet alcali dans un état toujours à peu près semblable, les moyens plus sûrs que l'on possède de juger de sa pureté, ont rendu presque entièrement neuve cette partie si importante de l'art de fabriquer les glaces. A l'aide de l'ALCALIMÈTRE (*V.* ce mot.), ou seulement d'un acide sulfurique dont la capacité, pour saturer une quantité donnée de soude pure, est bien connue, on détermine avec exactitude le degré de la soude avant de l'employer, et l'on en conclut la quantité précise de sable vitrifiable qu'on doit y mêler pour obtenir une vitrification parfaite.

Comme la soude artificielle ne contient point d'oxide de fer, et peu ou point de charbon, il n'est nullement besoin d'oxide, de manganèse ou d'arsenic pour brûler le charbon et blanchir le verre, ni d'ajouter d'azur ou verre de cobalt pour neutraliser la couleur jaune que le peroxide de fer donnait au verre, lorsqu'on employait la soude des végétaux.

Enfin, la soude provenant du sel marin ne renfermant qu'une faible quantité d'hydrochlorate et de sulfate de soude, si abondans dans les meilleures soudes du commerce, on ne connaît presque plus aujourd'hui ces matières impures qu'on désignait dans les manufactures de glaces sous le nom de *sel* ou *fiel* de verre, et qui, pour être volatilisées, exigeaient une fusion longtemps prolongée, et un interminable affinage. La petite quantité de charbon que contient le sel de soude de première cuite, loin d'être nuisible au succès de l'opération, est nécessaire pour décomposer le sulfate de soude qu'il a retenu; lors même qu'il arrive que des proportions un peu considérables de sulfate, par exemple dix centièmes, se trouvent dans ce sel, il est à propos d'ajouter un peu de charbon pour en achever la décomposition.

Proportions des matières à mélanger. Lorsque, par les moyens ci-dessus indiqués, on est parvenu à déterminer exactement la quantité réelle d'alcali qu'une soude renferme, on y mêle du sable purifié par des lotions convenables. L'expérience journalière a démontré qu'une partie de sel de soude pur suffit pour vitrifier parfaitement 3 parties de sable siliceux de la butte d'Aumont, près Senlis, que l'on emploie de préférence à tous les autres. On sait, au reste, que le degré de chaleur influe beaucoup sur la vitrification, et qu'on supplée par son intensité au défaut d'une petite portion d'alcali. Ce qui le prouve, c'est qu'une très forte chaleur occasione toujours la déperdition d'une portion d'alcali, et que, nonobstant cette perte, le verre n'en est pas moins beau. L'analyse du verre de glace le plus parfait a constamment offert à M. Vauquelin une quantité de soude inférieure à celle employée à sa fabrication, c'est-à-dire qu'elle lui a toujours donné moins d'une partie. D'après ce fait bien constaté, on a adopté l'usage d'ajouter, pour 100 parties de *casson* ou *calcin* (1), que l'on mêle à la composition, un centième d'alcali, pour compenser la perte que le vieux verre ne manque pas d'éprouver par une fusion long-soutenue.

Aux proportions d'alcali et de sable ci-dessus indiquées, et indépendamment du calcin qu'on peut avoir à sa disposition, on ajoute de la chaux éteinte soit à l'air, soit avec l'eau strictement nécessaire à la pulvérisation, en quantité équivalente au septième de la quantité du sable. La chaux ajoute à la qualité du verre, elle le rend moins altérable à l'air et moins fragile; elle a de plus l'avantage de contribuer, avec le charbon que contient la soude ou que l'on y ajoute, à la décomposition du sulfate de soude, et à augmenter ainsi la proportion de l'alcali. Les quantités de matières que nous venons d'indiquer, convenablement mélangées, donnent constamment les résultats les plus avantageux. On a essayé, dans quelques manufactures, de substituer au sel de soude la potasse, qui donne, à la vérité, un verre plus

(1) On entend par *calcin* le verre pur et non coloré, qui provient de l'écrémage ou du curage des cuvettes, des bavures ou des rognures de glaces, et que l'on mêle sans inconvénient à la composition.

blanc, tandis que celui fabriqué avec la soude a toujours une teinte verdâtre; mais on a été forcé d'y renoncer, par raison d'économie.

Lorsque le mélange de soude, de sable, de chaux et de calcin a été opéré convenablement, on a coutume de le faire sécher dans l'arche à matières, mais on a reconnu que cette pratique n'était point indispensable; on s'est assuré que l'humidité qu'il peut contenir se dissipe presque au moment de l'introduction dans le four, et qu'en outre la couche de verre qui tapisse la paroi intérieure des pots empêche que l'humidité du mélange puisse leur nuire. Aussi quelquefois, surtout lorsqu'on est pressé de fabriquer, non-seulement on ne soumet plus la matière à la fritte, mais même on se dispense de la faire dessécher, et on l'enfourne de suite daus les pots, ce qui s'appelle *fondre à cru la matière*.

Dans les premiers instans de la fusion, la masse est opaque, à cause des grains de sable qui n'y sont qu'interposés; mais à mesure que les matières étrangères viennent se réunir en écume à la surface et se dissiper en fumées épaisses, elle acquiert de la transparance. A cette écume succèdent de petites bulles qui se réunissent en *bouillons*, selon le langage technique, et ce n'est que quand les unes et les autres ont disparu, que le verre est fin ou *affiné*.

Affinage. Selon l'ancien usage, on fondait et l'on affinait dans les pots, et ce n'était que lorsque l'affinage était achevé qu'on versait la matière dans les cuvettes, où elle ne restait que trois heures, temps nécessaire pour le dégagement des bulles d'air introduites par le versement, et pour donner à la matière la consistance convenable à la *coulée*. Aujourd'hui le temps requis pour la fusion et le raffinage est également partagé entre les pots et les cuvettes. On laisse séjourner la matière seize heures dans les pots, et seize heures dans les cuvettes : au bout de ces trente-deux heures, elle est propre à être coulée. Pendant les deux ou trois dernières heures, on cesse de tiser ou d'ajouter du combustible; on bouche tous les ouvreaux, on laisse ainsi la matière prendre la consistance requise; opération qu'on désigne sous la dénomination d'*arrêter le verre*, ou de *faire la cérémonie.*

Curage. L'action de transvaser le verre des pots dans les cuvettes, porte le nom de *tréjetage.* Avant de tréjeter, on soumet les cuvettes à l'opération du *curage,* qui a pour but d'en ôter le verre qu'elles ont retenu, ou les ordures qui pourraient y être tombées après la coulée. Retirées rouges du four par les moyens qui seront bientôt décrits, on les place sur une plaque de tôle ou *ferrasse*, auprès d'un baquet plein d'eau. Les ouvriers, armés de grappins, instrumens de 6 pieds de long, aplatis à l'une de leurs extrémités, et offrant un tranchant, enlèvent promptement le verre mou et le jettent dans l'eau : le curage achevé, on replace les cuvettes dans le four, et après quelques instans de chauffe, on procède au tréjetage.

Coulée. Pendant que le verre s'affine ou atteint son degré de perfection, on se prépare à l'opération la plus importance, la *coulée*, celle dont le succès est le complément de toutes les opérations préliminaires qui ont déjà coûté tant de travaux et tant de soins. Déjà depuis plusieurs heures on a échauffé, au moyens de son tisar, le four ou la carquaise destinée à recevoir les glaces, et en opérer la recuisson; il faut que la chaleur de son plancher soit à peu près la même que celle des glaces encore rouges qu'on doit y placer. Une température trop inégale pourrait en occasioner la fracture : il faut aussi que son étendue soit suffisante pour que toutes les glaces que la coulée doit produire puissent y être placées les unes à côté des autres. La carquaise étant convenablement échauffée, on roule vers sa gueule, à l'aide de leviers, la table sur laquelle on va couler la matière, et on la dispose de manière que sa surface soit soit exactement de niveau avec le plancher de la carquaise.

Table servant à la coulée. La table est une masse de bronze ou métal à canon d'environ 10 pieds de long sur 5 pieds de large et 6 à 7 pouces d'épaisseur, soutenue par un pied de charpente sur trois roues de fonte, qui en facilitent le déplacement. Le rouleau sert à étendre la matière; il a 5 pieds de longueur sur 1 de diamètre; quoique très épais, il est creux à son milieu. Le même rouleau ne peut servir que pour deux glaces, après quoi on le remplace par un autre : sans cette précaution, le rouleau, trop et surtout inégalement échauffé, dilaterait inégalement aussi certains points de la troisième glace, et causerait inévitablement sa rupture. Des deux côtés de la table, dans sa longueur il y a deux tringles également en bronze destinées à supporter le rouleau pendant le trajet qu'il parcourt, et dont l'épaisseur détermine celle que la glace doit avoir. La table convenablement disposée, on s'occupe de dresser la potence, dont la fonction est de soulever et de tenir suspendue la cuvette, depuis l'instant où on l'amène du four de fusion jusqu'à celui où on la vide sur la table. Ce soulèvement et cette suspension s'opèrent au moyen d'un bras de fer garni de poulies, maintenu horizontalement, et qui tourne avec elle.

Les choses étant ainsi disposées, tous les ouvriers s'empressent de concourir en silence, et avec la célérité qu'elles demandent, aux manœuvres dont l'ensemble constitue la coulée. Deux d'entre eux amènent et placent rapidement en face d'un des ouvreaux d'en bas le petit chariot à cuvettes; c'est une barre de fer fourchue, dont les branches correspondent aux deux trous pratiqués dans la tuile qui bouche l'ouvreau. Cette barre, montée sur un essieu et deux roues de fonte, se prolonge et se divise en deux branches terminées par des poignées, à l'aide desquelles les ouvriers meuvent la fourche, enlèvent la tuile et la posent debout contre la paroi extérieure du four. A peine sont-ils retirés, que deux autres poussent dans l'ouvreau l'extrémité du *chariot à tenailles*, destiné à saisir la cuvette par la ceinture, ou plutôt à l'*embarrer*. Au même moment, un troisième ouvrier s'occupe, avec une *pince à élocher*, à détacher la cuvette de son siége, auquel elle adhère souvent par le verre qui y est répandu : dès qu'elle peut être soulevée, elle est tirée hors du four. Deux fortes branches de fer, réunies par un boulon, comme deux lames de ciseaux qui s'écartent ou se rapprochent, et se fixent à volonté par une clavette, soutenues sur un essieu et deux roues de fonte, puis terminées en arrière par deux branches à poignées, qui servent à les mouvoir, constituent le chariot à tenailles. Cette description convient presque entièrement au *chariot à ferrasse,* sur lequel on place la cuvette dès qu'elle est sortie du four; la seule différence est que sur les barres de fer qui, au lieu de tenailles, forment la queue de ce chariot, est fixée à demeure une plaque de tôle nommée *ferrasse,* sur laquelle on pose la cuvette pour la transporter à l'endroit du curage ou de la coulée.

A peine la cuvette est-elle placée sur la ferrasse du chariot, qu'on lui fait rapidement parcourir l'espace qui la sépare de la potence. On passe ensuite autour de sa ceinture la tenaille que nous avons décrite, et l'on accroche au bras de la potence les chaînes par lesquelles elle se trouve suspendue; c'est dans cette position qu'on procède à l'écrémage de la cuvette, au moyen d'un instrument en cuivre qu'on nomme *sabre*, parce qu'il a à peu près la forme de cette arme; chaque portion de la matière enlevée par le sabre est jetée dans la *poche du gamin :* on donne ce nom à une cuillère de cuivre plus petite et plus courte que celle à tréjeter, qui est tenue par un petit garçon chargé de la vider sur-le-champ dans un baquet, dont l'eau reste pendant quelque temps aussi rouge que si elle était dans la machine de Papin. Après l'écrémage, la cuvette est soulevée et balayée rapidement par-dessous et sur le côté par lequel elle doit être penchée, pour ôter les cendres qui peuvent y adhérer; puis, au moyen des doubles poignées de la tenaille qui la suspend, on la conduit en lui faisant faire une portion de cercle jusqu'à la table, où elle est saisie par les ouvriers qui doivent la renverser. Quelques instans auparavant, on a amené le rouleau sur les tringles, vers l'extrémité de la table qui touche à la carquaise. Les ouvriers chargés de la cuvette s'entendent pour ne commencer à la renverser qu'à l'extrémité gauche du rouleau, et ne finir que lorsqu'elle est parvenue à l'extrémité droite. Pendant qu'ils s'y disposent, et au moment de verser, deux ouvriers placent en dedans de la tringle de chaque côté, c'est-à-dire entre la tringle et la matière, deux instrumens en fer appelés *mains*, destinés à empêcher que le verre se répande au delà de la tringle, et donne lieu à des bavures; tandis qu'un troisième ouvrier promène sur la table *la croix à essuyer*, entourée d'un linge, pour enlever la poussière et les petits corps qui pourraient s'interposer entre la table et la matière.

Dès que la matière est entièrement coulée, deux ouvriers l'étendent sur la table, en conduisant le rouleau sans trop de précipitation, jusqu'au delà de la glace formée.

Au même instant la cuvette vide et encore rouge de feu est reconduite vers la potence, débarrassée de la tenaille, reposée sur le chariot à ferrasse, et replacée dans le four, pour être, bientôt après, curée de nouveau et remplie de nouvelle matière sortant des pots. Si pendant que le rouleau marche, et dans la matière sur laquelle il n'a pas encore passé, deux ouvriers armés de grapin aperçoivent des *larmes* de verre, et qu'ils aient assez de dextérité pour les enlever avec leur outil, il leur est alloué une légère rétribution. On les récompense ainsi du serviee qu'ils ont rendu, en préservant la glace d'un défaut qui aurait diminué d'autant plus sa valeur, qu'il se serait trouvé plus près de son centre. Les larmes contenues dans la matière proviennent ordinairement de petites portions de verre fondu qui tombent de la voûte du four, et qui, à cause de leur plus grande pesanteur, occupent le fond des cuvettes.

Tandis que la glace est encore rouge et ductile, on relève avec un outil environ 2 pouces de sa partie opposée à la carquaise, et dans sa largeur; cette portion rebroussée est ce qu'on appelle la *tête de la glace;* c'est contre la partie extérieure de la tête qu'on applique la pelle ayant la forme d'un râteau sans dents, avec laquelle on pousse de suite la glace dans la carquaise, pendant que deux autres ouvriers appuient sur la partie intérieure de la tête, une perche de bois de 8 pieds de longueur, nommée *grillot,* pour maintenir la glace dans sa position horizontale, et l'empêcher d'être soulevée. On laisse la glace quelques instans auprès de la gueule de la carquaise pour lui laisser prendre plus de consistance; après quoi, au moyen d'un très long instrument de fer, dont l'extrémité a la forme d'un *y*, et qui en effet porte ce nom, on la pousse plus loin et on l'arrange à l'endroit qu'elle doit occuper, pour faire de la place à celle qui va lui succéder.

Quelque nombreuses que soient les manœuvres qui ont lieu depuis le moment où la cuvette est tirée du four jusqu'à celui où la glace coulée est poussée dans la carquaise, elles s'exécutent toutes en moins de 5 minutes; tant il règne de silence, d'ordre, de régularité dans les opérations. Chacun sachant bien ce qu'il doit faire, et ne s'occupant que de ce qui lui a été confié, tout se fait avec promptitude et sans confusion.

Lorsque toutes les glaces de la même coulée ont été placées dans la carquaise, on en *marge*, c'est-à-dire on en bouche tous les orifices avec des plaques de tôle qu'on entoure et que l'on assujettit avec de la terre glaise. Avec cette précaution, le refroidissement s'opère lentement et également dans toutes leurs parties, aucun corps, aucun courant d'air ne pouvant avoir accès dans l'intérieur du four.

Après l'entier refroidissement, on retire les glaces les unes après les autres avec précaution, en les maintenant dans leur position horizontale, jusqu'à ce qu'elles soient tout-à-fait hors de la carquaise. Dès qu'une des glaces est retirée entièrement, les ouvriers placés d'un même côté baissent rapidement et également la bande qu'ils tiennent, tandis que les autres lèvent la bande opposée, jusqu'à ce que la glace soit posée de champ sur deux chevrons rembourrés en paille et en toile, nommés *coëte*. Dans cette position verticale, on passe au dessous de la bande inférieure de la glace, trois bricoles ou sangles de 4 pieds de long, garnies de cuir dans leur milieu, et terminées par des poignées de bois; on les dispose de manière que l'une embrasse le milieu de la glace, et les autres ses extrémités; alors les ouvriers saisissant les poignées des bricoles, portent la glace en se serrant contre elle, et d'un pas égal, dans le magasin.

C'est là qu'à l'aide d'un diamant brut à rabot et d'une règle à équerre, on retranche d'abord la tête de la glace, et qu'ensuite, après un examen attentif de toutes ses parties, et la considération de ses défauts ou de ses imperfections, on détermine les coupures qu'on doit y faire, la grandenr qu'elle doit avoir, soit en long, soit en large, et dont on tient note avec exactitude. Les rognures ou bandes que l'on en détache, mises à part, brisées et pulvérisées, constituent en grande partie le calcin que l'on ajoute avec tant d'avantage à la composition.

Les glaces amenées à cet état sont loin encore du degré de perfection qu'on y recherche, il faut les soumettre subséquemment à plusieurs autres opérations, telles que le *douci*, le *poli*, l'*étamage*, etc., qu'on va décrire. L..... R.

GLACES *(arts mécaniques)*. Nous nous proposons d'expliquer le travail mécanique des glaces, qu'on appelle le *dégrossi*, ou *l'adouci*, le *poliment* et la *mise au tain* des glaces.

Au sortir du four à recuire, qu'on nomme *carquaise*, les glaces sont de suite équarries à leur plus grande dimension possible, si elles ne présentent, dans toute leur étendue, aucun défaut grave; mais si l'on y aperçoit de grosses bulles d'air, des taches ou quelques défectuosités que le travail subséquent ne pourrait pas faire disparaître, on les coupe au moyen du rabot à diamant par ces endroits; et les morceaux qui en résultent servent à faire des glaces d'un plus petit volume. Ces glaces, grandes et petites, ainsi *apprêtées*, sont transportées, avec les précautions convenables, dans les ateliers où elles doivent subir le travail mécanique.

L'établissement de Saint-Gobin envoie ses glaces, soit à Chauny, qui n'en est qu'à une demi-lieue, où l'on a formé une grande usine de polissage mécanique, soit aux ateliers de la rue de Reuilly, à Paris.

Du dégrossi et du douci. L'atelier où s'exécute ce travail est composé d'un nombre considérable de tables en pierres bien dressées et placées isolément comme un billard, dans une position horizontale, à 2 pieds de hauteur environ; elles ont la forme rectangulaire, et sont de grandeurs différentes, proportionnées à la dimension des glaces, qu'elles doivent toujours déborder un peu. Elles sont portées ou par des piliers en pierre, ou par des bâtis en bois de charpente; elles sont environnées d'un châssis en bois, dont le bord supérieur ne s'élève pas tout-à-fait à leur niveau, et qui laisse sur tout le contour entre lui et la pierre un intervalle de 3 à 4 pouces, dont nous verrons l'usage tout à l'heure.

Une glace brute, lorsqu'elle n'est pas pas coulée sur une table neuve, a toujours la face qui est du côté de la table, plus rabotteuse que l'autre, c'est par celle-là qu'on commence le dégrossissage. A cet effet, on scelle la face la plus unie sur la table de pierre, au moyen de plâtre coulé. Souvent, au lieu d'une seule glace, on en scelle plusieurs à côté les unes des autres, dont les dimensions n'excèdent pas celle de la pierre; mais on a soin de choisir des glaces dont l'épaisseur est la même.

On prend ensuite une ou plusieurs glaces brutes ayant environ le tiers ou le quart en superficie de la glace posée sur la table; on les fixe, avec du plâtre coulé, sur la grande base de moellon taillée en pyramide quadrangulaire tronquée, dont le poids est proportionné à l'étendue, environ une livre par pouce carré. Ce moellon pyramidal, s'il est d'une petite dimension, porte à chacun de ses angles de la base supérieure, une cheville ou boule, par où les ouvriers le saisissent pour la manœuvre; mais quand il est de la plus grande dimension, on y adapte horizontalement une roue de construction légère, de 8 à 10 pieds de diamètre, dont la circonférence est formée d'un morceau de bois arrondi, de manière à pouvoir être saisi à la main.

Ces dispositions étant faites, le moellon gros ou petit, suivant la dimension de la glace à dégrossir, est posé sur celle-ci, glace contre glace, ayant soin de jeter entre elle du gros sable ou grès mouillé; alors deux ouvriers, placés debout vis-à-vis l'un de l'autre, dans le sens de la plus grande dimension de la table, tirent et poussent alternativement le moellon, qu'ils font en même temps tourbillonner sur lui-même, à l'aide des poignées ou de la circonférence de la roue dont il est muni. Ces ouvriers ont soin de régler le mouvement du moellon, de manière à établir un frottement égal sur tous les points de la glace. Lorsque le grès qui sert de mordant n'a plus d'action sur les glaces; ils en mettent de nouveau de plus en plus fin, à mesure que le travail s'avance. Le grès usé ou devenu trop fin par le broyage continuel qui a lieu entre les deux glaces, est amené par le mouvement même du moellon qui sert de molette, sur les bords de la glace inférieure, d'où il tombe par terre à travers l'intervalle ménagé à cet effet entre les bords de la table de pierre et son châssis en bois. Le contour extérieur de cet appareil se trouve ainsi garanti de toute saleté.

Les glaces fixées au moellon n'étant que le tiers et même le quart des glaces inférieures, se trouvent dégrossies beaucoup plus vite que ces dernières, et cela dans un ordre inverse de leur superficie. On remplace celles du moellon par d'autres glaces brutes, aussitôt qu'on s'aperçoit que les premières sont suffisamment travaillées; pour ne pas avoir ce changement à faire, on fixe quelquefois au moellon des glaces, ou morceaux de glaces très épais, qu'on veut beaucoup amincir.

Le premier côté étant fait, on retourne les glaces, tant de la table que du moellon, pour travailler la deuxième face de la même manière : mais ici les ouvriers ont un autre soin à avoir; c'est que cette face doit être rigoureusement parallèle à la première, ce qui se mesure avant de les enlever de dessus les pierres.

Poliment. Cette division de travail se fait dans des ateliers particuliers, munis de grandes et de petites tables en pierres, sur lesquelles, comme pour le travail du dégrossi, on scelle les glaces avec du plâtre coulé, qu'on colore légèrement en rouge avec un peu de vermillon, afin de mieux faire ressortir les défauts que le poli doit faire disparaître. Mais avant d'effectuer ce scellement, les glaces sont posées tout simplement sur une table garnie d'une pièce d'étoffe de laine de couleur, drap ou flanelle. Sur cette premiere glace, on en promène une autre du même volume pendant quelques heures, en variant le mouvement de la glace supérieure tantôt à droite et tantôt à gauche, après avoir mis entre elles de l'émeri très fin délayé dans beaucoup d'eau; c'est une espèce de second douci, que les ouvriers appellent *savonnage*, bien qu'il n'y entre point de savon. Cette opération, qui se fait successivement sur les deux faces des glaces, a pour objet de les dégraisser et de les disposer à prendre plus facilement le poli.

La glace est fixée sur une table sans rebords; les ouvriers, qui sont ordinairement deux pour une même glace, placés vis-à-vis l'un de l'autre dans le sens de la plus petite dimension, font glisser dessus chacune une polissoire, qu'ils tirent et poussent devant eux avec leurs bras, à la plus grande distance possible. Ces polissoires sont formées d'un plateau de bois de figure rectangulaire, d'un pouce d'épaisseur, sur 15 de long et 4 ou 5 de large; leurs surfaces inférieures ou *frottantes* sont garnies d'un morceau de feutre ou d'étoffe de laine cloué sur le contour vertical; elles sont chargées d'une forte masse de plomb ou de fonte de fer, ayant le même plan horizontal, mais dont l'épaisseur est double ou triple. Cette masse métallique est traversée horizontalement, et tout près d'un de ses bouts, par une cheville en bois, par laquelle l'ouvrier la saisit pour la manœuvrer.

Le mordant qu'on emploie est du sulfate de fer calciné, ou rouge d'Angleterre, délayé dans l'eau; on en a de divers numéros, dont les plus gros servent à ébaucher, et les plus fins à finir le poli. C'est par les bords de la glace qu'on en commence le poliment, en faisant passer la polissoire également et successivement partout. La durée de ce travail est à peu près la même que pour le douci.

Le premier côté de la glace étant terminé, on la tourne sens dessus-dessous, pour travailler de même l'autre face : alors elle est transportée au cabinet de visite.

Les murs et le plafond de ce cabinet sont peints en noir; il n'est éclairé que d'un côté par des fenêtres plus larges que hautes, pratiquées dans le haut, près du plafond, de sorte que la lumière n'y pénètre que sous un angle moindre de 45°; une table, d'une dimension suffisante pour les plus grandes glaces, occupe le milieu du cabinet; elle est couverte d'un drap ou tapis noir, sur lequel on pose à plat et successivement des deux côtés, la glace dont on fait la visite; on voit, par réflexion, jusqu'aux moindres défauts qui s'y trouvent. S'ils sont de nature à pouvoir être effacés par l'opération du poliment plus long-temps continuée, on les reporte à l'atelier; on ne les scelle point comme auparavant sur les tables; on les pose simplement sur celles qui sont garnies d'étoffe de couleur, et puis on passe la polissoire sur les endroits reconnus défectueux.

Ce sont les glaces d'une dimension médiocre qui sont les plus défectueuses, car on ne coule point directement de petites glaces; toutes proviennent des débris des grandes, dont les défauts multipliés et inhérens à la matière n'ont pu disparaître entièrement par les divisions qu'on en a faites.

L'équarrissage des glaces brutes a besoin d'être rectifié, soit pour la dimension, soit pour la netteté des brods. Ce n'est qu'après le poli achevé qu'on s'en occupe. Alors le diamant glissant le long d'une règle, fait une trace bien plus régulière, et il s'ensuit une rupture plus franche de la bande superflue.

Nous venons de voir comment s'exécute le travail à bras d'hommes du *dégrossi*, du *douci* et du *poliment* des glaces. En y réfléchissant un peu, on sent bien vite qu'il est de nature à être facilement exécuté par des machines même assez simples, mues par un moteur quelconque.

Qu'on se figure un axe vertical en fonte de fer d'une très grande force, d'une longueur de 10 à 12 pieds, ayant la faculté de tourner sur lui-même dans une grande crapaudine placée au bas et dans un très fort collier qui maintient le haut; et que sur le bout supérieur de cet axe portant une large ambase, on fixe la table en pierre même sur laquelle les glaces brutes sont fixées à leur tour par le moyen ordinaire; ensuite imaginons que, par un mécanisme facile à concevoir, on imprime un mouvement de rotation continu à cet axe; il est évident que la glace se mouvra dans un plan horizontal avec la même vitesse angulaire que l'axe; et si en même temps on en pose une autre dessus scellée à un moellon, ayant à la fois deux mouvemens, l'un de translation dans le sens du rayon de la glace inférieure, et l'autre de rotation sur lui-même; il en résultera un frottement entre les deux glaces, qui, au moyen du grès mouillé qu'on y projettera, usera les inégalités, les dressera, et doucira, comme dans le cas du travail à bras d'hommes, mais avec une bien plus grande promptitude.

L'appareil destiné à polir est beaucoup plus simple; les glaces sont fixes comme dans le cas du travail à la main; les polissoires seules ont un mouvement de va-et-vient et latéral, qui leur fait parcourir successivement et uniformément tous les points de la glace. Je ne décrirai point ici ce mécanisme, qu'on peut d'ailleurs établir de plusieurs manières.

Mise au tain. On appelle ainsi l'opération de l'étamage, qui consiste à appliquer une feuille d'étain sur l'une des faces d'une glace. Jusque là les glaces, quoique polies, n'ont point la propriété de réfléchir les objets; seulement elles sont devenues plus transparantes : on les emploie, dans cet état comme carreaux de vitre dans les palais, les hôtels, les voitures, etc.

L'atelier où se fait l'étamage des glaces est spacieux, fort élevé et bien éclairé; il est au rez-de-chaussée, à proximité du magasin des glaces polies, qu'on ne met au tain qu'au fur et à mesure des demandes. Il est garni d'un grand nombre de tables en pierre de liais, grandes et petites, parfaitement dressées; elles portent sur leurs contours en saillie supérieure un rebord, et en dedans de ce rebord une rigole qui va aboutir, par une légère pente, à une gargouille percée à l'un des coins. Ces tables sont posées sur un essieu en bois passant en dessous par le milieu, dans le sens longitudinal, autour duquel essieu, prolongé de côté et d'autre, elles tournent facilement, de manière à pouvoir leur faire prendre depuis la position horizontale, jusqu'à une position inclinée de 12 à 15°, par le moyen d'un coin qu'on retire ou qu'on avance à volonté. Ces tables sont pourvues de brosses, de balais à main, de règles en verre, de rouleaux d'étoffe de laine, d'un ou de plusieurs morceaux de flanelle, d'un grand nombre de poids en pierre ou en fonte.

L'ouvrier étameur, placé debout devant sa table, du côté du coin, en balaie et essuie la surface avec le plus grand soin, dans toute l'étendue que doit occuper la glace qu'il doit mettre au tain : alors, prenant une feuille d'étain disposée pour cela, il la fait joindre exactement au moyen d'une brosse qu'il passe dessus et qui en détruit les plis. Il met dans ce moment la table de niveau, et puis, versant une petite quantité de mercure, qu'il étend sur la feuille d'étain avec un rouleau d'étoffe de laine, cette feuille s'en pénètre, et se trouve pour ainsi dire dissoute. Plaçant deux règles à droite et à gauche sur les bords de la feuille, il verse au milieu une quantité de mercure suffisante pour former partout une couche de l'épaisseur d'une pièce de cinq francs; écartant avec un linge l'oxide ou autres ordures dont le bord de cette couche, de son côté, est recouvert; l'étameur y applique aussitôt le bord d'une feuille de papier, qui s'avance sur le mercure d'environ 6 lignes. Pendant ce temps, un autre ouvrier s'est occupé d'essuyer très exactement la face de la glace qui doit être étamée; il l'apporte et la remet au maître ouvrier, dont il devient l'aide, si la glace est d'un grand volume. Ce maître ouvrier la couche, faisant porter le bord antérieur d'abord sur la table, et puis ensuite sur la bande de papier; poussant alors la glace en avant, il a soin de la faire glisser de manière que ni l'air, ni la légère couche d'oxide qui recouvre le mercure, ne puissent s'introduire sous la glace : celle-ci, arrivée à sa place, l'ouvrier l'y fixe par un poids posé de son côté, qui porte à la fois et sur une table et sur la glace, et incline un peu la table pour faire écouler la plus grande partie du mercure, qui se rend par la rigole dans un vase placé sous la gargouille. Au bout de cinq minutes, il couvre la glace d'une pièce de flanelle, et la charge d'un grand nombre de poids, qu'il y laisse pendant ving-quatre heures, en augmentant peu à peu l'inclination de la table. Au bout de ce temps, la glace en est retirée pour être portée sur des tables de bois façonnées en pupitre, dont un des bouts pose à terre, tandis que l'autre est soutenu, à diverses hauteurs, par des cordes attachées au plafond. De cette manière, on gradue jour par jour la pente de la glace, qu'on finit par mettre tout-à-fait dans une position verticale. Pour bien égoutter les grandes glaces, il faut un mois; dix-huit ou vingt jours suffisent pour les glaces d'un médiocre volume.

La feuille d'étain étant et devant être toujours plus grande que la glace qu'elle doit couvrir, on en coupe le débord avec une lame de couteau, avant d'enlever la glace de dessus sa table à tain.

E. M

GLOBES (*Arts mécaniques*). Corps sphérique sur lequel on représente les configurations des continents terrestres ou les constellations. On les emploie dans l'enseignement.

Le globe est le plus ordinairement construit en carton, que l'on moule sur des globes en bois. On taille d'abord une feuille de carton mince en forme de plusieurs *fuseaux*, ordinairement vingt-quatre. Nous avons indiqué au mot Aréostat la manière de dessiner ces fuseaux, qui sont des bandes étroites allant en pointes aux deux bouts. On fixe une boule en bois de rayon convenable, et l'on enduit sa surface avec du savon humide; on imbibe les fuseaux de carton et on les applique sur la boule d'un pôle à l'autre. Ce carton mouillé, obéissant au coup qu'on lui donne, s'applique exactement. On recouvre ainsi une moitié de la boule, et on serre un ruban contourné en cercle, selon l'équateur.

On taille d'autres fuseaux de carton qu'on imbibe d'eau et de colle de farine, et qu'on applique sur les premiers pour y faire une seconde couche; et l'on a soin que ceux-ci recouvrent d'un tiers chacun des premiers, pour ne pas laisser apercevoir les joints. On met de même une troisième couche avec les mêmes précautions; on enduit le tout de colle; chaque fois on laisse sécher. Comme le savon empêche le carton d'adhérer au moule, il sera facile de retirer celui-ci et d'avoir un hémisphère creux en carton; mais avant on trace tout autour un cercle avec un Trousquin convenablement ouvert, pour marquer tout le carton qu'on doit couper, comme excédant l'hémisphère.

Ces calottes de carton étant séchées, rognées et détachées du moule, on frotte le cercle qui les limite avec une râpe, pour élargir son épaisseur et donner plus de prise à la colle forte qui doit les joindre deux à deux. Un axe de bois, vulgairement appelé *os de mort*, parcequ'il est délié à son milieu, a pour longueur le diamètre intérieur de la boule, et sert à assembler ses deux calottes : les bouts sont arrondis en sphère, et l'on y réserve à chacun une douille qui doit passer à travers les pôles des calottes. Dans les grands globes, ce soutient intérieur ne suffirait pas; on y soude quatre bras, en croisillons perpendiculaires a l'axe pour maintenir la soudure des deux calottes.

On fixe l'axe avec de la colle forte, d'abord au pôle intérieur de l'une des calottes, puis au pôle intérieur de l'autre; de la colle et de petites pointes arrêtent ainsi le croisillon. Quand la colle est sèche, on répare, c'est-à-dire qu'on râpe les saillies de la soudure; puis on bouche les petits creux avec un mastic composé de 8 pains de blanc de doreur, en poudre fine, et d'une livre de colle de Flandre fondue dans l'eau a feu doux, et passée au tamis, le tout bien broyé à chaud. On enduit la boule de ce mastic à plusieurs couches, et l'on fait ensorte que le globe, en tournant sur ses deux pivots, soit en contact perpétuel avec un cercle de cuivre, qui racle et enlève le mastic excédant. Les dernières couches doivent ètre fort claires, comme une eau blanche, qui polit la surface. Le tout bien séché est d'une consistance très dure.

Le globe étant ainsi façonné, il conviendra de s'assurer s'il est exactement sphérique, en le faisant tourner sur ses pivots, pour tracer l'*équateur* sur la surface, en présentant un stylet ou un crayon fin au point de 90° sur le cercle de cuivre. Ensuite on divise l'équateur en 24 parties égales, et on marque au crayon les limites des 24 fuseaux, toujours en prenant pour guide le cercle de cuivre, qui sert comme ferait une règle pour tracer une ligne droite sur un plan. Il importe aussi que la boule soit tellement équilibrée sur ses pointes, dans toute position, qu'un hémisphère n'emporte par l'autre par son poids. La manière de lester le globe pour l'amener à satisfaire à cette condition, est une des parties les plus difficiles de l'opération, parce qu'elle a dû ètre faite par prévoyance, avant de coller ensemble les deux calottes.

Il s'agit maintenant de tracer sur le papier les fuseaux, qu'on doit ensuite coller sur le globe, chacun à la place qui lui convient.

On place ensuite chaque étoile en son lieu sur son fuseau, d'après son ascension droite et sa déclinaison, ou chaque ville principale à sa longitude et sa latitude : ces deux coordonnées se tirent des catalogues connus. On dessine sur chaque fuseau les sinuosités des cours de rivières, des rivages maritimes, etc. Ce dessin doit être fait sur le papier avec une telle précision, que lorsqu'on collera chaque fuseau sur le globe de manière à mettre en coïncidence les bords latéraux, ces contours se continuent avec régularité sans jarrets, ni solutions de continuité. Quand on est parvenu à donner au dessin ce degré d'exactitude, on le grave fidèlement sur cuivre, pour en tirer, par l'impression, autant d'épreuves qu'on veut : on découpe ensuite chaque fuseau pour le coller sur le globe. On imbibe ces bandes par derrière avec de la colle d'amidon, en faisant coïncider avec soin leurs bords et les limites au crayon tracées d'avance, comme il a été dit, et aussi en faisant convenir les parallèles avec ceux de l'épreuve : on fait prêter le papier autant qu'il est nécessaire, en le frottant avec un brunissoir. Les fuseaux étant collés, on recouvrira la boule avec une couche du même encollage. Le papier mouillé acquiert plus de dimensions, et il faut prévoir cet effet dans la construction du dessin, pour que le papier ne gode, ni ne se déchire lorsqu'on veut l'appliquer sur le globe.

L'encollage qu'on a mis le rend propre à recevoir des couches de vernis ; aussi faut-il que la colle soit claire, pour qu'elle ne se gerce pas et ne fendille pas le vernis.

Il reste à adapter le globe sur sa monture ; son axe entre dans des trous diamétralement opposés d'un cercle de cuivre ou de carton, qui doit avoir un diamètre intérieur très peu plus grand que celui du globe.

Ce *cercle méridien* est maintenu dans deux encoches pratiquées à un cercle horizontal, lequel est lui-même retenu à un pied central par deux ou quatre quarts de cercles inférieurs, disposés en potence. Cet *horizon* doit aussi affleurer le globe, et avoir le même diamètre que lui. FR.

GLU. Substance visqueuse, filante, adhérant avec force à la plupart des corps qui la touchent, ce qui la fait employer avec succès à la chasse des oiseaux. Elle est d'ailleurs très mal connue quant à sa nature chimique.

Pour préparer la glu, on coupe en morceaux les branches du houx, puis on les fait bouillir dans l'eau ; on prend la deuxième écorce qui s'en détache alors facilement, on la pile dans des mortiers; on place la substance ainsi broyée dans des pots à la cave où elle doit rester humectée jusqu'à ce que les progrès d'une fermentation spontanée la rendent très visqueuse, ce qu'on reconnaît à une odeur particulière que développe la matière en macération, la glu est alors formée; pour l'obtenir pure, on la lave dans l'eau et on la bat sous le pilon.

Lorsqu'on veut tendre des *gluaux*, on s'impreigne les mains d'huile, on prend dans l'une d'elles un volume de glu égal à celui d'une noix, et l'on en frotte successivement les branches d'un buisson, de telle manière que l'oiseau ne puisse s'y reposer sans engluer ses plumes.

On conserve la glu dans des pots enduits d'huile intérieurement.

GLUTEN. On a donné ce nom à la substance grisâtre, molle et élastique qui reste dans les mains, lorsqu'on mêle de la farine de froment avec de l'eau de manière à la réduire en une pâte épaisse, et qu'on malaxe cette pâte sous un filet d'eau jusqu'à ce que celle-ci cesse de devenir laiteuse.

Le gluten, tel que nous le connaissons, n'est point un principe immédiat pur; il contient toujours de l'albumine, une substance résineuse et une petite quantité de la plupart des substances avec lesquelles il était renfermé dans le froment.

Il n'a pas de saveur bien sensible; il s'étend comme une membrane et répand une odeur spermatique; soumis à l'action de la chaleur, il perd peu à peu l'eau qui le gonflait, diminue beaucoup de volume et devient très dur et cassant. Une température plus élevée le décompose à la manière des matières azotées, et détermine la production d'une quantité considérable de carbonate d'ammoniaque. On trouvera à l'article *farine*, des considérations plus étendues sur le gluten et des réflexions, sur le rôle que cette substance nutritive joue dans la préparation du pain.

GLYPTIQUE. *Voy*. GRAVURES SUR PIERRES FINES. FR.

GNOMONIQUE. Des lignes sont tracées sur une surface; une aiguille, ou *style*, projette son ombre sur des parties qui varient avec la marche du soleil, et indique les heures successives en se portant sur ces lignes : Tel est l'appareil qu'on appelle un *cadran solaire*. La science qui apprend à tracer ces *lignes horaires* et à fixer le style dans leurs situations relatives est la *gnomonique*, science qui fait le sujet de traités fort étendus. Ce n'est pas dans un article qu'il est possible de poser des règles qui doivent se prêter aux diverses formes des surfaces et à leurs orientations. Nous nous bornerons à indiquer un procédé pour construire un cadran solaire sur un mur, en supposant que ce mur a reçu d'abord les préparations propres à conserver les traits.

On se procurera une bonne montre et un *cadran horizontal* construit pour la latitude du lieu, ou pour une latitude peu différente (car la situation du style et celle des lignes horaires change avec les parallèles); puis on orientera ce cadran devant le mur. Cette opération consiste à poser le cadran bien horizontal, ce qu'on fait avec un *niveau* à bulle d'air, et à le tourner de manière que sa ligne de midi se confonde avec le méridien (1).

Cela fait, tendez un fil le long du style du cadran, en l'appliquant sur l'arête dont l'ombre indique les heures : ce fil ira rencontrer le plan du mur en un point qui est le *centre du cadran*, point où se croisent toutes les lignes horaires, et le style

---

(1) Pour remplir cette condition, on met, le matin, le cadran d'accord avec l'heure de la montre ; supposons que ce soit à 8h 30'; lorsque, le soir, le soleil sera revenu à la même hauteur, ou à la même distance de l'autre côté du méridien, il sera 3h 30'; si le cadran marque cette heure en même temps que la montre, il est bien orienté. Dans le cas contraire, admettons que la montre marque 3h 38', quand le cadran indique 3h 30'; on imputera l'erreur de 8' *par moitiés* à la montre et au cadran, c'est-à-dire qu'on conclura que l'une avance de 4' sur le soleil, et que l'autre retarde de 4'. On tournera donc un peu le cadran pour lui faire indiquer 4' de plus, et l'orientation sera bonne. Les jours suivans, on fera bien de vérifier ce résultat, en comparant les indications du cadran avec celles de la montre, qu'on aura aussi mise à l'heure, et qui sera au *temps vrai* et non au *temps moyen*. Voy. ÉQUATION.

du nouveau cadran. De plus, on fixera le style dans la direction exacte de ce fil; ce sera cette arête qui, par son ombre, indiquera les heures.

Tendez ensuite le fil, en le couchant sur une des lignes horaires du cadran horizontal, et marquez sur le mur le point où ce fil ira le rencontrer : ce point sera l'un de ceux de la même ligne horaire sur le nouveau cadran; et comme on a un autre point de cette ligne, savoir le centre, une ligne droite tirée par ces deux points sera cette ligne horaire. On répétera cette opération pour toutes les autres lignes horaires.

Il se peut que le fil tendu sur le style du cadran horizontal n'aille rencontrer le mur qu'en un point trop élevé, pour que la construction puisse se faire; dans ce cas on recourt au procédé suivant pour marquer les lignes horaires, et l'on réduit le style à une portion de la longueur qu'on soutient par des bras de fer, en avant du mur; il faut seulement que ce style ait sa direction telle, qu'elle coïndice avec une égale longueur du fil tendu le long du style du cadran horizontal.

On peut encore se présenter la nuit avec une bougie devant l'appareil, et faire tomber l'ombre sur une ligne horaire du cadran horizontal; dans cette position de la bougie, l'ombre marquera la ligne horaire sur le mur. Ce procédé est surtout commode lorsqu'on veut tracer un cadran sur une surface courbe, car tout ce qu'on vient de dire pour trouver la position du style convient encore dans ce cas.

Il arrive souvent qu'au lieu d'une aiguille, on se sert d'une plaque percée d'un petit trou, et soutenue par des bras de fer, au devant du mur; l'heure est donnée par le centre du disque lumineux que projette sur le cadran le rayon solaire passant par ce trou. La seule condition à remplir dans ce cas, est que le trou de la plaque soit sur la direction du style, c'est-à-dire que cette plaque soit enfilée par le style, ou par le fil qui en donne la direction, ainsi qu'il a été expliqué.

Souvent on réduit le cadran à la seule ligne méridienne, qui est une verticale tracée sur le mur. Il suffit alors de placer le style dans une position quelconque, telle que son ombre tombe sur cette verticale à midi de temps vrai, un jour de l'année. On est assuré que tout autre jour, l'ombre coïncidera avec cette même ligne à midi.

Il est inutile de dire que lorsqu'on établira le cadran horizontal en avant de la surface qui doit recevoir un cadran solaire, on le fixera afin qu'il ne puisse être déplacé avant la fin de l'opération, et qu'on ne le placera ni trop près, ni trop loin de cette surface, ce qui rendrait le cadran trop étroit ou trop large pour l'espace qu'on lui destine. FR.

GOMME. La gomme est un produit végétal que l'on rencontre dans un grand nombre de plantes; mais il en est peu qui en fournissent assez abondamment pour qu'on en puisse faire la récolte avec avantage; et d'ailleurs, bien que ce produit soit regardé par les chimistes comme toujours identique, qu'elle qu'en soit l'origine, il est certaines de ses propriétés qui se trouvent assez modifiées pour qu'on ne puisse en confondre les différentes espèces dans l'emploi. Ainsi, par exemple, un des caractères essentiels de la gomme, est d'être soluble dans l'eau, et de communiquer de la viscosité à ce liquide; mais il s'en faut de beaucoup que toutes les gommes jouissent de la même solubilité, et elles varient singulièrement aussi par rapport à la consistance qu'elles donnent à l'eau. On ne peut donc pas se servir indifféremment de telle ou telle espèce, soit qu'il s'agisse d'obtenir beaucoup de gomme en solution dans une petite quantité de véhicule, soit qu'on veuille se procurer un mucilage très consistant : il en est de même par rapport à quelques autres qualités. Ainsi, on voit que l'on a réuni, sous le nom générique de *gomme*, un certain nombre de corps dont les caractères principaux sont semblables, mais qui offrent des différences notables dans le degré d'intensité de ces caractères.

On appelle *gomme*, en général, un produit végétal solide, de cassure nette et souvent vitreuse, d'une saveur fade et douceâtre, plus ou moins soluble dans l'eau, et susceptible de lui donner de la viscosité, c'est-à-dire de faire mucilage. Lorsque cette solution est étendue sur une surface, elle forme, par sa dessiccation, un vernis solide que la chaleur ordinaire ne ramollit point. Le sous-acétate de plomb la précipite de sa solution aqueuse, et l'esprit de vin y produit le même effet; mais dans ce dernier cas la séparation a lieu seulement en raison de l'insolubilité de la gomme dans l'alcool, et elle se précipite dans son état de pureté, tandis qu'avec l'acétate de plomb, la précipitation est le résultat d'une combinaison insoluble qu'elle forme avec l'oxide métallique. La gomme, traitée par de l'acide nitrique bouillant, produit une certaine quantité d'un acide particulier blanc, pulvérulent, fort peu soluble, que l'on nomme *mucique*. Soumise à l'action du feu, la gomme se fond, se boursoufle et se noircit; elle donne tous les produits que fournissent en mêmes circonstances les matières végétales ordinaires, si l'on en excepte une petite proportion d'ammoniaque, que les substances végétales azotées seules peuvent donner.

Dans le commerce on confond sous la même dénomination de *gomme*, des substances qui n'ont aucune analogie avec les vraies gommes; ainsi, ce que l'on nomme *gomme élémi*, *gomme copale*, etc., ne sont autres que de véritables résines; la *gomme ammoniaque* et la *gomme gutte* sont des gommes-résines; la *gomme élastique* est un corps particulier. Ici nous ne nous occuperons que des gommes proprement dites, et nous renverrons pour les autres à leurs articles spéciaux.

Parmi les véritables gommes, il en est plusieurs qui méritent de fixer notre attention, parce qu'elles sont très usitées, soit dans la Médecine, soit dans les Arts; et celle qui, sous ce point de vue, doit occuper le premier rang, est nécessairement la gomme arabique, puisqu'elle est la plus anciennement connue, et qu'elle forme pour ainsi dire le type du genre; mais il est à noter ici que ce que l'on débite aujourd'hui dans le commerce sous cette dénomination, consacrée par un long usage, n'est pas la véritable gomme arabique, mais bien la gomme Sénégal. Cette erreur provient de ce que, dans l'origine, la gomme nous était apportée de l'Arabie par la voie d'Égypte; mais depuis que les Hollandais ont fait connaître la gomme Sénégal en Europe, et que l'on s'est convaincu, par l'expérience, qu'elle était supérieure en qualité, on lui a généralement accordé la préférence;

et néanmoins, comme l'ancien nom a toujours subsisté, on l'applique indifféremment à ces deux sortes qui sont fournies l'une et l'autre par des *mimosa*. Celle qui vient d'Arabie est produite par le *mimosa nilotica* de Linnée, *acacia vera* de Tournefort. On en distingue deux variétés, la *gomme turique*, qui est en morceaux généralement petits, très blancs, fendillés, extrêmement secs et friables : l'autre est appelée *gomme gedda;* elle est en morceaux plus volumineux et plus colorés. Quoique très solubles l'une et l'autre, elles sont en général moins *fondantes* que la gomme Sénégal; elles contiennent une espèce de mucosité qui se délaie mal dans l'eau, et qui se dépose au fond des vases, de telle sorte qu'il est difficile d'en concentrer la solution sur le feu sans que le mucilage adhère aux parois et n'y subisse un commencement de carbonisation. C'est un des principaux motifs qui déterminent les pharmaciens à lui préférer la gomme Sénégal.

La gomme Sénégal est fournie par la *mimosa Senegal*, Linnée, *acacia senegalensis*, Wildenow : on en fait un très grand usage en Médecine et dans les arts. Telle qu'elle nous arrive dans le commerce, elle est composée de morceaux de forme variée, mais en général arrondie, et d'une couleur qui diffère depuis le blanc parfait jusqu'au rouge brun; elle contient aussi des masses plus ou moins volumineuses, auxquelles on donne le nom de *marrons*, et qui sont formées par l'agglomération de petits morceaux d'une gomme molle, auxquels sont agglutinés des débris d'écorces et d'autres impuretés. On rencontre encore, dans cette gomme en sorte, des morceaux de *bdellium*, *gomme résine*, dont la surface est comme affleurie, la cassure terne et la saveur amère. Les pharmaciens l'enlèvent avec le plus grand soin, en raison même de cette saveur désagréable.

Nous avons remarqué, dans le commencement de cet article, que les différentes espèces de gommes variaient entre elles par leur solubilité; mais nous devons ajouter que ce caractère diffère quelquefois pour une même espèce, et l'on trouve en effet dans le commerce certaines variétés de gomme Sénégal qui ne sont pas complètement solubles; lorsqu'on les delaie dans l'eau, elles laissent déposer un sédiment visqueux, qui en rend l'évaporation difficile. M. Vauquelin pense que cette portion qui se sépare doit son insolubilité à la présence d'un sel calcaire peu ou point soluble, tel est le malate de chaux; et comme la plupart des gommes, même les plus solubles, contiennent une petite quantité de chaux, il présume que dans ce cas elle y est à l'état de sel soluble, d'*acétate*, par exemple. Ce qu'il y a de positif, c'est que les gommes contiennent en quelque sorte d'autant moins de chaux qu'elles sont plus solubles. On a remarqué aussi que plus elles sont solubles, et plus elles contiennnnt d'acide libre, car elles en contiennent toutes.

La gomme qui découle dans nos contrées sur les pruniers, les cerisiers, et autres arbres qui portent des fruits à noyaux, se rapproche beaucoup, par ces caractères physiques, des gommes que nous venons de d'écrire. Au moment où elle s'exsude, elle est liquide, incolore; mais par son séjour prolongé au contact de l'air, elle acquiert de la couleur à mesure qu'elle prend de la consistance. Elle est beaucoup plus soluble que les espèces précédentes, et le mucilage qu'elle forme avec l'eau est épais, mais elle se délaie plutôt dans l'eau qu'elles ne s'y dissout réellement, et l'on peut s'en convaincre facilement en filtrant le liquide et l'évaporant. Elle n'est point usitée en Médecine, et fort peu dans les Arts.

Parmi les espèces dont nous n'avons point encore fait mention, la *gomme adraganthe* mérite seule d'être citée, en raison de son utilité dans les Arts. Ses caractéres et ses propriétés diffèrent tellement de ceux qui appartiennent aux autres espèces, qu'il suffit d'avoir pu les observer une seule fois, pour ne plus les confondre. Cette gomme, attribuée long-temps et fort mal à propos à l'*astragalus tragacantha*, L., découle spontanément de deux petits arbrisseaux qui croissent dans l'Asie-Mineure, ce sont l'*astragalus verus* d'Olivier, et l'*astragalus gummifer* de Labillardière.

La gomme adraganthe est toujours opaque ou légèrement translucide; elle est tantôt blanche, tantôt jaunâtre; sa forme est en lanières ou filets élastiques, et comme contournés, ce qui dénote qu'elle n'a pu s'exsuder qu'avec difficulté : elle est fort peu soluble dans l'eau, mais elle lui communique beaucoup de consistance, aussi s'en sert-on avec grand avantage pour faire des mucilages, et c'est sous ce rapport que les pharmaciens et les confiseurs en font un usage si fréquent. On l'emploie avec succès pour l'apprêt des rubans, des dentelles et de quelques autres tissus, enfin, on en fait usage aussi dans la fabrication des toiles peintes, pour l'application de certaines couleurs délicates. R.

GOMMES RÉSINES. Ce sont des produits végétaux qui s'exsudent spontanément ou par suite d'incisions pratiquées à la partie extérieure de certaines plantes lactescentes. Ces sucs concrets naturels ne peuvent pas être rangés au nombre des principes immédiats, parcequ'ils ne sont point d'une composition homogène, et qu'ils participent tout-à-la-fois, comme leur nom l'indique, et de la nature des résines et de celle des gommes, ou du moins qu'ils contiennent une certaine quantité de chacun de ces corps; et c'est à la réunion de ces deux élémens dans un même véhicule aqueux qu'est due en général cette lactescence des sucs propres de certains végétaux; la résine s'y trouve divisée ou suspendue, et comme dissoute au moyen de la gomme. Les gommes résines ne sont donc autre chose que le produit de l'évaporation spontanée de ces sortes d'émulsions naturelles, et il résulte de leur composition même que l'on ne peut les dissoudre intégralement dans un véhicule ou trop aqueux ou trop alcoolique, parceque, dans un cas, il y une certaine quantité de résine éliminée, et que, dans l'autre, c'est au contraire un peu de gomme qui se trouve séparée. Ainsi, leur véritable dissolvant est un alcool très divisé et bouillant : c'est le meilleur moyen qu'on ait à employer pour leur purification.

Les gommes résines ont été considérées, dans l'origine, comme uniquement composées de gomme et de résine; mais à mesure que la science de l'analyse s'est perfectionnée, on y a découvert un assez grand nombre d'autres substances, et l'on sait, surtout depuis les travaux de MM. Braconnot et Pelletier fils, que la nature de ces produits naturels est beaucoup plus compliquée qu'on ne l'avait imaginé d'abord. Ainsi la plupart d'entre elles contiennent, outre la gomme et la résine qui en forment la base, de l'huile volatile, de la bassorine, des malates de chaux et de potasse, du ligneux, quelquefois de l'amidon, de la cire, etc. ; et les proportions respectives de ces élémens varient suivant les espèces de gommes résines.

Parmi les gommes résines connues, il n'en est qu'un très petit nombre qui méritent d'être citées ici, soit par l'usage fréquent qu'on en fait en Médecine, soit parce qu'elles sont de quelque utilité dans les Arts; de ce nombre se trouvent l'*assa-fœtida*, l'*euphorbe*, la *gomme gutte* et la *scammonée*.

L'*assa-fœtida* est produit par le *ferula assa-fœtida*, plante ombellifère de la pentandrie digynie de Linnée, qui croît spontanément en Perse. On récolte cette gomme résine en faisant des incisions au collet de la racine ; il en découle un suc laiteux assez épais, qui se concrete à l'air. Cette substance, pour nous d'une odeur si forte et si désagréable, d'une saveur âcre, amère et si rebutante, paraît avoir des attraits pour les Orientaux, qui en font, nous disent les voyageurs, l'objet de leurs délices, et qui s'en servent comme d'un condiment des plus agréables : aussi la récolte s'en fait-elle avec une sorte d'appareil et de pompe. Quoi qu'il en soit, l'assa-fœtida, que quelques auteurs nomment le *stercus diaboli*, nous est envoyé en lames détachées et très pures, ou plus souvent en masses considérables, d'une consistance un peu molle, et qui présentent dans leurs cassures des lames d'un blanc jaunâtre un peu transparantes, et qui, par le contact de l'air et de la lumière, ne tardent point à acquérir une couleur rosée : on attribue cette propriété remarqable à la résine. L'assa-fœtida contient d'après l'analyse de Pelletier, près de 4 pour 100 d'une huile volatile, source probable de l'odeur fétide de cette gomme résine, surtout lorsqu'elle est récente.

L'assa-fœtida est très employé en Médecine, parce qu'il est regardé comme un puissant antihystérique, et l'on s'en sert beaucoup aussi dans la Médecine vétérinaire.

L'*euphorbe* est fourni par trois plantes de la même famille l'*euphorbia antiquorum*, l'*euphorbia officinum* et le *canariensis* :

c'est surtout ce dernier qui produit presque tout l'euphorbe que nous recevons maintenant dans le commerce. Cet arbrisseau croît dans les îles Canaries ; il a une tige articulée, pulpeuse, et munie sur les angles d'épines géminées : elle est, en général, assez semblable à celle des *cactus ;* mais, outre les différences que présentent les fleurs et les fruits de ces deux genres de plantes, ces *euphorbia* se distinguent surtout par le suc laiteux et corrosif qui en découle lorsqu'on y fait des incisions.

L'euphorbe, tel que nous le recevons dans le commerce, s'exsude spontanément à la base des aiguillons géminés dont la plante est recouverte, et se concrète à leur surface ; et de là vient que les lames de cette gomme résine sont percées de trous dans toute leur longueur, où l'on retrouve encore ces aiguillons. L'euphorbe est ordinairement en petites larmes de la grosseur d'un pois, irrégulières, jaunâtres, demi-transparentes, sans odeur prononcée : mais si l'on en respire la poudre, en quelque petite quantité qu'elle soit, elle produit sur les membranes un effet excitant des plus violens, et c'est ce qui rend sa pulvérisation si dangéreuse pour ceux qui en sont chargés.

L'euphorbe n'est usité maintenant que comme un vésicant des plus énergiques.

La *gomme gutte* a été long-temps attribuée au *cambogia gutte* de Linnée ; mais on la rapporte généralement maintenant, d'après Kœnig, au *guttœfera vera*, *stalagmitis cambogioides*, Murray, arbre qui croît dans la presqu'île de Camboge et dans l'île de Ceylan. Le suc en découle par incision ou par suite de la rupture des feuilles ou des rameaux.

La gomme gutte nous est envoyée en gros magdaléons cylyndriques d'un brun jaunâtre à l'extérieur, jaune rougeâtre dans l'intérieur, d'une cassure nette et brillante, mais opaque ; inodore, peu sapide : la poudre est d'un beau jaune ; délayée avec l'eau, elle forme une émulsion de même teinte, qui, appliquée sur le papier, s'y dessèche facilement, et y forme un vernis d'un jaune doré éclatant ; aussi l'emploie-t-on avec grand avantage pour la miniature : sa résine, extraite et purifiée par l'esprit de vin, donnerait également avec l'huile une très belle couleur.

En Médecine, on se sert de la gomme gutte comme d'un purgatif des plus énergiques ; les confiseurs l'emploient pour colorer certaines boissons, mais ils ne devraient jamais en faire usage.

La *scammonée* est un suc gommo-résineux, qui nous est envoyé du Levant; dans le commerce on en reçoit de deux sortes, sous les dénominations de *scammonée d'Alep*, et de *scammonée de Smyrne*. La première est plus estimée, on l'attribue au *convolvulus scammonia*, qui croît dans la Syrie, la Mysie et la Cappadoce. Pour l'extraire, on dégage le collet de la racine de toute la terre qui l'environne, on enlève la tige par une section oblique, et l'on place à la base de cette section uu petit vase en terre ou une coquille pour recevoir le suc qui découle; on réunit le suc de plusieurs racines, et on le laisse sécher au soleil : c'est là la scammonée la plus pure ; elle est en masse poreuse d'un gris cendré, friable, d'une odeur de laitage aigri, donnant une émulsion verdâtre avec la salive ; délayée dans l'eau, elle y reste presque entièrement en suspension, et ne laisse que fort peu de résidu ; ce caractère est un des meilleurs qu'on puisse employer pour en reconnaître la pureté, car il n'arrive que trop souvent qu'on l'altère en y ajoutant différentes substances étrangères qui ne pouvant partager son degré de solubilité, se déposent au fond du liquide.

La scammonée qui nous vient de Smyrne est d'une qualité inférieure. Elle est plus dense, d'une pâte plus homogène, d'une cassure terne, d'une odeur analogue à celle d'Alep, et comme elle très souvent falsifiée.

Enfin, il y a dans le commerce une troisième sorte de scammonée dite en *galettes* ou de Montpellier. On y incorpore différentes substances purgatives.

La bonne scammonée est employée avec avantage en Médecine comme un excellent purgatif. R.

GOND. Morceau de fer plié en équerre, destiné à supporter et faire tourner une porte, un contre vent. La *tête du gond* est une partie cylindrique, souvent prise à la forge dans le morceau de fer qui forme le gond entier; d'autres fois elle est rapportée et soudée à angle droit dans le *corps*, partie qui porte à un de ses bouts la *tête*, et dont l'autre extémité est scellée ou fixée dans le montant qui doit la recevoir, à l'aide d'une tige pointue ou à scellement fourchu. La tête reste en dehors et reçoit la *penture* qui est fixée à la porte et roule sur le repos que présente le gond. La penture est un morceau de fer plat cloué sur la porte et dont le bout est forgé en anneau où entre la tête du gond. Le mouvement d'un panneau de porte pesante est ordinairement fait dans une *crapaudine*. (*Voy.* ce mot.) FR.

GONIOMÈTRE (*arts mécaniques*). Instrument de minéralogiste qui sert à mesurer les angles des cristaux. Lorsqu'un corps passe lentement de l'état aériforme ou liquide à l'état solide, les molécules similaires qui le composent, en cédant à leur attraction réciproque, se tournent dans des positions semblables et s'espacent symétriquement entre elles. C'est dans cet arrangement régulier des particules intégrantes d'un corps que consiste la structure cristalline; elle se manifeste à nos sens par différens caractères qui la distinguent de l'agrégation confuse ou structure irrégulière. Ce qui se rapporte à la formation des cristaux ne peut être exposé ici; nous nous bornerons à parler du *clivage*.

Toute masse homogène, à structure cristalline, est traversée par des fissures planes dans une multitude de sens, suivant lesquels les molécules adhèrent entre elles avec plus ou moins de force. Si l'on essaie de la briser par la percussion, l'effet du choc se propageant avec beaucoup d'avantage dans les directions de la moindre cohérence, agrandit les fissures naturelles qui existent dans ces directions, les rend sensibles par les reflets qu'il développe à l'intérieur et par les stries qu'il fait naître à la surface, et souvent détermine la division du corps suivant des surfaces planes, lisses et éclatantes. Ce mode particulier de cassure a reçu le nom de CLIVAGE, et les faces qu'il met à découvert se nomme *plans de clivage* ou *joints naturels*. Les directions de clivage sont toujours en petit nombre, et, dans la même espèce, se trouvent inclinées entre elles sous des angles constans. Un cristal susceptible d'être clivé, peut être partagé en lames plus ou moins épaisses, à faces parallèles, au moyen de divisions successives opérées dans le même sens : on dit alors qu'il a la *structure laminaire*. Il peut offrir ce genre de structure dans un seul sens, ou dans plusieurs sens à la fois. Si le nombre et la direction des clivages sont tels que les fragmens qu'on détache du cristal soient terminés de toutes parts par des plans, sa structure est alors *polyédrique*. Les différences que présentent les clivages dans leur nombre, leurs inclinaisons respectives, leur éclat, la facilité et la netteté avec lesquelles on les obtient, sont autant de caractères qui servent à distinguer les minéraux cristallisés.

Lorsque les minéraux à structure polyédrique ont tous leurs clivages également nets et faciles, on remarque que les plans de ces clivages se coordonnent symétriquement alentour d'un point ou d'un axe central, en sorte qu'on peut obtenir de leur réunion un solide dont toutes les faces soient égales et semblables. Ce solide intérieur est appelé *forme primitive*, parcequ'il est le type dont on peut faire dériver toutes formes polyédriques extérieures des cristaux de la même espèce, lesquelles formes sont susceptibles de varier à l'infini. La connaissance de ces diverses formes constitue ce qu'on appelle la *Cristallographie ;* parcequ'en divisant méthodiquement chacun de ces cristaux, il est possible d'en retirer ce même solide intérieur, placé en son centre comme une sorte de noyau : on substitue souvent ce nom de *noyau* à celui de forme primitive.

Les formes primitives dont toutes les faces sont égales et semblables sont les suivantes : le tétraèdre régulier, le cube, l'octaèdre régulier, le dodécaèdre rhomboïdal, le rhomboïde, le dodécaèdre bipyramidal à triangles isoscèles, l'octaèdre à base carrée, et l'octaèdre à base rhombe. Or, deux formes primitives différentes pouvant quelquefois donner naissance à deux systèmes de cristallisation parfaitement identiques, il en résulte que deux espèces minérales peuvent présenter les mêmes formes extérieures, et être distinguées l'une de l'autre par le caractère tiré du clivage ou de la forme primitive. Tels sont, par exemple, le spath fluor et la galène, dont l'un a un octaèdre et l'autre un cube pour noyau.

Les minéraux dont la cristallisation s'est opérée lentement et sans aucun trouble se montrent ordinairement sous des formes polyédriques, analogues à celles des solides de Géométrie. Ces formes sont régulières, ou du moins *symétriques*, c'est-à-dire composées de faces égales et parallèles deux à deux. Elles sont variables à l'infini dans la même espèce. Comme un minéral n'est qu'un assemblage de molécules semblables réunies par l'affinité, l'accroissement se fait par la juxta-position de nouvelles molécules qui viennent s'appliquer à sa surface, sous l'influence de l'attraction, et en présentant leurs faces les plus favorables à cette force : la configuration dépend de la manière dont ces molécules se groupent, et de leur forme propre.

Une même substance peut s'offrir sous une multitude de formes cristallines différentes, qui paraissent, au premier abord, n'avoir aucun trait de ressemblance entre elles, et qui, lorsqu'elles sont du même genre, se distinguent par les mesures diverses de leurs angles; la simple observation de ces formes extérieures ou secondaires peut servir à déterminer la forme primitive elle-même.

Ces formes secondaires composent autant de variétés, qui sont fixes, et qu'on retrouve partout les mêmes avec des valeurs d'angles parfaitement identiques, pour une même espèce minérale, à même température. C'est du moins ce que l'on conclut d'une comparaison faite avec soin de tous les cristaux d'une même espèce, c'est-à-dire composée des mêmes élémens chimiques.

C'est principalement de la mesure des angles que se tirent leurs caractères distinctifs. L'invariabilité des angles dans chacune des formes propres à une même espèce donne à leur mesure une très grande importance, parce qu'elle est susceptible d'être prise avec beaucoup de précision, avec des *goniomètres*, dont nous allons expliquer la construction, et dont on comprend l'usage. Cette valeur angulaire est comme un point à peu près fixe et immobile au milieu des causes diverses qui font varier les autres caractères minéraux.

Delà résulte un mode de classification qui sert de base à la Cristallographie. Il ne suffirait pas de dire qu'un minéral cristallise en dodécaèdre pour donner la connaissance qu'on désire; il faut en outre avoir la mesure de ses angles, puisque la même forme secondaire, sauf les angles qui sont différens, peut résulter de noyaux très divers.

Le plus simple des goniomètres, inventé par Garangeot, est formé de deux lames d'acier réunies par un axe autour duquel elles peuvent tourner, pour se disposer en X ouvert sous toutes les inclinaisons. Ces lames sont égales et à bords exactement parallèles; on les ouvre de manière à appliquer leur bord ou tranchant, chacun sur l'une des deux faces contiguës dont on veut évaluer l'angle dièdre, le plan des lames étant perpendiculaire à ces faces ou à l'arrête commune. Ces lames, ainsi ouvertes, sont retenues par le frottement, de manière à conserver l'angle d'ouverture; on les place sur un rapporteur en cuivre, l'axe de rotation posé sur le centre, et on lit sur l'arc divisé l'angle dont il s'agit.

Mais on a perfectionné cet appareil en fixant les deux lames au centre même du rapporteur. Ce centre porte un axe au boulon perpendiculaire au limbe; les lames sont percées à jour d'une fenêtre longitudinale; l'axe de même calibre que la largeur de ses fenêtres égales, entre dans l'espace vide qu'elles laissent, et un bouton à vis qui surmonte cet axe sert à presser ces lames l'une sur l'autre. On voit que lorsque cette vis est desserrée, les lames peuvent glisser sur l'axe dans le sens de leur longueur, et laisser saillir, au delà du centre, des talons dont l'étendue est variable à volonté. C'est dans l'ouverture que forment ces talons ou parties saillantes qu'on place l'angle dièdre du cristal proposé.

Pour rendre ce petit instrument très portatif, on est dans l'usage de briser la demi-circonférence au 90e degré, en y pratiquant une charnière perdue, qui est invisible quand l'arc est étendu ; on le maintient dans cette situation en serrant le limbe par une vis de pression, sur un petit bras qui est en dessous, et tourne autour de l'axe central. Le limbe, ainsi brisé en deux arcs de 90 degrés qui peuvent s'appliquer l'un sous l'autre, se loge dans une petite boîte que le minéralogiste porte dans sa poche.

Cet instrument ne peut donner que les degrés, ou au plus les demi-degrés, attendu que son rayon n'est que de 4 centimètres.

Le *goniomètre de Malus* consiste en un cercle horizontal, porté sur un axe vertical, assemblé de manière à permettre au cercle de tourner horizontalement : cet axe, en forme de colonne, est porté par un trépied muni de *vis à caler*, qu'on manœuvre jusqu'à ce que le cercle soit exactement horizontal, ainsi que l'atteste un Niveau à bulle d'air. Au centre de ce cercle est une Alidade mobile, armée d'un Vernier, qui permet de lire, à la minute, tous les mouvemens de rotation qu'on lui imprime. On fixe, sur cette alidade, et près du centre de rotation, avec un peu de cire, le cristal qu'on veut soumettre à l'expérience. Sur le côté est placée une petite Lunette, dont le foyer porte deux fils d'araignée qui se croisent à angle droit, l'un vertical et l'autre horizontal.

Il faut d'abord que l'arête qui limite les deux faces cristallines dont on demande l'angle dièdre, soit exactement verticale; voici comment on s'assure que cette condition est remplie. On place l'instrument près d'une fenêtre d'où l'on découvre au loin quelque ligne verticale, telle que la barre d'un paratonnerre, l'aiguille du coq d'un clocher ou d'une girouette, une corne de muraille, de cheminée, ou de croisée ; cette ligne se peint sur la surface miroitante du cristal, et s'y réfléchit : en tournant l'alidade dans une direction convenable, on amène aisément cette image dans la position où elle est visible avec netteté dans la lunette, et s'y peint en coïncidence avec le fil vertical ; du moins cette épreuve sera possible si l'arête du cristal est elle-même verticale, et il sera facile, par des essais, de planter celui-ci sur la cire, dans la situation qui remplit cette condition. On répète la même expérience pour l'autre face de l'angle dièdre, et on est certain que, si elle réussit pour ces deux faces, l'arète qui leur est commune est verticale.

Cela fait, on lira l'arc parcouru par l'alidade de la première position à la seconde, c'est-à-dire la quantité angulaire dont elle a tourné depuis la position où l'objet vertical éloigné est visible dans la lunette et en coïncidence avec le fil, jusqu'à celle où il remplit de nouveau cette condition, les faces réfléchissantes étant successivement celle de l'angle dièdre proposé. La valeur de cet angle est le supplément à 180° de l'arc décrit par l'alidade.

Quand le cristal est très petit la réflexion des images ne se fait plus avec assez de facilité; « on se sert alors du *Goniomètre de Wollaston* qui est fondé sur le même principe que celui de Malus. *Voy.* le grand Dictionnaire technologique. FR.

GOUDRON. On nomme ainsi une huile noirâtre, obtenue par l'altération qu'éprouvent les bois résineux distillés à une haute température : la plus grande partie du goudron employé dans le commerce se retire du pin maritime (pinus maritima); on en extrait cependant aussi du pin sauvage, du pin cembro, du pin mugho, du pain d'Écosse, du pin austral, du pin d'Alep, etc.

Quand ces arbres sont arrivés à l'époque à laquelle ils ne peuvent plus produire de térébenthine, on en prend le bois fendu en bûches et qu'on sèche. Le *four* dans lequel se fait l'extraction du goudron est formé de trois parties principales, l'aire, la cave ou récipient, et la gouttière. L'aire est une surface circulaire, un peu concave, présentant une ouverture ronde au centre, carrelée depuis cette ouverture jusqu'aux deux tiers du rayon, et couverte d'ailleurs dans tout son pourtour d'argil battue. La cave est une fosse placée à quelques décimètres au dessoûs de l'aire et garnie dans tout son intérieure de madriers équarris et parfaitement joints entre eux. Enfin la gouttière est un conduit qui s'adapte à l'ouverture de l'aire, et qui établit une communication entre elle et la fosse.

D'après M. Thénard, à qui nous empruntons la description succincte de cet appareil, quand on veut extraire le goudron, on commence par implanter sur l'aire, à l'orifice de la gouttière, une longue perche verticale; après quoi l'on place le bois tout autour de la perche, à peu près de la même manière que le font les charbonniers.

On établit ainsi quatre à cinq lits les uns sur les autres, qui vont en se rétrécissant, de manière à former une sorte de cône tronqué. Ce cône qui varie beaucoup dans ses dimensions, soit en largeur, soit en longueur, prend le nom de *bûcher;* on le couvre de gazon et vingt-quatre heures après, la perche étant retirée, on y met le feu au moyen de copeaux que l'on place dans des ouvertures pratiquées à l'entour du bûcher et à fleur de l'aire, en ayant soin de boucher chaque ouverture quelque temps après l'inflammation des copeaux.

La térébenthine s'écoule peu à peu du bois, abandonne une une partie de son essence et se rassemble sur l'aire dont on tient la gouttière bouchée. La térébenthine s'altère, se colore en noir, se tranforme en goudron, et se sépare de l'eau et de l'acide acétique que le bois en ce décomposant peut former; ce n'est que vers le troisième jour qu'on ouvre la gouttière pour la première fois, et à dater de cette époque, on l'ouvre deux ou trois fois par jour.

On se sert avec avantage du goudron pour enduire les bois et les préserver ainsi de l'action de l'humidité. La plupart des bateaux et des navires en sont recouverts : cette application se fait à chaud, autant que possible par un temps sec et sur des parties non humides, afin que l'enduit, ou carené, conserve plus d'épaisseur. On lui donne ordinairement une deuxième couche, et l'on ajoute pour celle-ci du brai gras, ou goudron dont la plus grande partie de l'huile essentielle a été évaporée. Les cordages se goudronnent à peu près de la même manière. C'est aussi avec du brai gras dissous à chaud dans le goudron, que l'on opère le *calfatage* des vaisseaux. On prépare le brai gras en soumettant le goudron à une ébullition prolongée, à l'air libre, et quelquefois en y ajoutant de la Résine dite *brai sec*, jusqu'à ce que le résidu ait la propriété d'acquérir de la consistance en refroidissant. Ce produit doit être dur, un peu cassant à froid, susceptible de s'amollir par la chaleur de la main, et de s'étirer alors en fils allongés ou contournés entre les doigts : on ne l'essaie guère autrement dans le commerce, et l'on cherche à reconnaître, par l'odeur en quelque sorte plus résineuse qu'il développe, le goudron du *Nord*, qui nous vient de Suède, de Russie, et qui est préféré à celui des autres contrées. Il ne paraît pas toutefois que cette préférence acquise soit fondée sur des observations certaines.

Le préjugé en faveur du goudron et du brai gras du Nord a déterminé les fabricans et les marchands de ces produits à les emballer dans des tonneaux ou *gonnes* semblables aux emballages du Nord et de la même contenance, en sorte qu'aujourd'hui presque la totalité se vend en détail comme venant des pays septentrionaux, et que ce préjugé doit se perpétuer.

La préparation du brai gras peut se faire d'une manière plus avantageuse que par le procédé ci-dessus indiqué; il suffit, pour cela, de distiller le goudron dans un grand alambic (retorte ou cornue) en cuivre, et de pousser l'opération jusqu'à ce que le résidu ait acquis une consistance convenable, ce que l'on reconnaît en en soutirant une petite quantité, la refroidissant dans l'eau, et l'étirant entre les doigts. On peut, au reste, avancer plus ou moins la distillation et donner au résidu la consistance ordinaire, par une addition d'une plus ou moins grande quantité de résine.

On peut encore obtenir le brai gras lorsqu'on traite, dans la préparation du goudron, des bois très résineux, en séparant le produit le plus chargé de résine, et augmentant un peu sa consistance par une ébullition ménagée. Le brai obtenu par l'un des procédés indiqués ci-dessus peut-être avantageusement employé dans la confection d'un MASTIC propre à la construction des terrasses, des citernes, des carrelages exposés à l'eau, etc., à préserver de l'infiltration des eaux pluviales les plaies faites en supprimant les grosses branches des arbres. Le produit volatil recueilli dans la distillation du goudron se compose d'ACIDE ACÉTIQUE impur. (*V.* ce mot), dit *acide pyroligneux*, et d'une huile qui, épurée, peut être utilement employée dans l'ÉCLAIRAGE et la Peinture, la préparation de quelques vernis, etc.

(*Voy.* Huiles essentielles de *térébenthine*, de *goudron*, de *houille*, des *matières animales*, etc.)

Le goudron a été autrefois très employé dans la Médecine et l'art vétérinaire; on lui attribuait surtout des propriétés utiles très actives contre les maladies pulmonaires et cutanées. L'eau de goudron, ainsi que les solutions aqueuses de plusieurs huiles essentielles, paraissent avoir produit de bons effets dans ces affections et dans quelques autres cas : il est du moins certain qu'elle a une action marquée sur l'organisme, et que son usage ne peut être nuisible. Ce médicament, comme beaucoup d'autres d'abord très vantés, est presque totalement tombé en désuétude aujourd'hui. P.

GOUVERNAIL (*Arts mécaniques*). C'est une partie extérieure du navire ou d'un bateau, qui est formée de pièces de bois très solidement jointes, en figure de triangle tronqué, disposé verticalement à l'arrière, et mobile sur des gonds et des pentures, pour lui pouvoir faire prendre toutes les directions obliques relativement à l'axe longitudinal, mais sans cesser d'être vertical. Le gouvernail sert à diriger le vaisseau.

A l'*Étambot* sont assujétis les gonds de rotation, et le gouvernail, qui se termine en coin de ce côté, y a la même épaisseur que l'étambot. La partie qui touche à l'étambot est en chêne; le reste, qu'on nomme le *safran*, est de sapin. En haut du gouvernail est assemblée une longue pièce de bois de chêne horizontale, qu'on nomme *timon*, *barre* ou *gousset* : cet assemblage se fait par une mortaise dans laquelle entre le haut du gouvernail; la barre sert à mouvoir le gouvernail.

La *tamise* ou *tamisaille* est une pièce de bois arquée qu'on fixe sous le second pont, dans la sainte-barbe, sur laquelle glisse la barre du gouvernail lorsqu'on la fait mouvoir. La hauteur du gouvernail d'un vaisseau est une fois et un tiers l'épaisseur de la quille, plus la hauteur de l'étambot, et environ 5 à 6 décimètres pour l'ajustement de la barre. Sa largeur en bas est du douzième de celle du vaisseau; à la flottaison, le gouvernail n'a que les trois quarts de cette quantité; 6 décimètres plus haut, il n'a que la moitié; enfin, en haut il n'a guère que le tiers de la largeur d'en bas. Au reste, ces dimensions ne sont point obligatoires; et les bateaux de rivières, qui n'ont pas de quille, ont leur gouvernail d'une étendue beaucoup plus considérable, parce que le service qu'on en attend, qui est de faire pirouetter le bateau, ne rencontre pas dans le courant du fleuve une force aussi considérable que celle que donne la vitesse due à la force du vent sur les voiles.

Pour faire tourner le gouvernail, le pilote des bateaux se contente d'en pousser la barre, en s'appuyant sur le bout et s'aidant de la force des reins. Le pont est garni d'une suite de taquets en bois où ses talons trouvent prise; et un bâton que tient le pilote, et qu'il arc-boute à ces taquets d'une part, et au bout de la barre de l'autre (ou à un bout de corde en anneau attaché à la barre), maintient la direction voulue. Mais dans les navires, où l'on a besoin de plus de force, on se sert d'un appareil mécanique qui consiste en une roue de 3 à 4 pieds de diamètre, placée verticalement sous le *gaillard*, transversalement au navire, et dont l'axe horizontal est parallèle à la quille. A la barre du gouvernail sont attachées deux cordes qui passent sur des poulies arrêtées aux deux côtés du navire, et reviennent ensuite, à l'aide de poulies, couler parallèlement dans un tube vertical, pour s'enrouler en sens contraire sur l'arbre de cette roue. Lorsqu'on fait tourner la roue dans un sens, l'une de ces cordes se lâche et se déroule, tandis que l'autre se raidissant, vient s'enrouler sur l'arbre. La force du timonier est ainsi multipliée par le rapport du rayon de la roue à celui de l'arbre, et en outre par la longueur de la barre. (*Voy.* Roue et Levier.) Fr.

GRADUATION (*arts mécaniques*). La division des lignes droites et des arcs de cercle en parties égales, peut se faire avec un compas à pointes très fines : mais quand les intervalles sont si resserrés qu'il faut pour les voir s'aider de verres optiques, on recourt toujours aux machines à diviser, lorsqu'on veut partager une ligne droite en divisions égales; par exemple, quand on veut faire une échelle de thermomètre ou de baromètre, ou diviser un mètre en centimètres et millimètres, on se sert de la machine que nous allons décrire.

Sur une table bien solide sont fixés un ou deux ponts C, C′ (fig. 1, pl. 17); souvent on les fait de deux pièces ou *mâchoires*, qu'on peut serrer l'une contre l'autre à volonté, par des vis latérales qui passent de l'une à l'autre : ces mâchoires sont excavées en creux sphérique, où est modérément serrée une boule R. Cette boule est portée sur l'axe d'une vis TV, engrenant dans un écrou V mobile, avec un chariot M qui y est attaché. Ainsi, en faisant tourner la tête T de la vis, celle-ci mène l'écrou, et le chariot M va ou vient dans le sens de l'axe RV de la vis, sur la table, où il est guidé entre deux coulisses ou taquets.

On suppose que la vis est construite avec soin, que ses pas sont très égaux et réguliers; d'où il suit qu'un tour entier fait marcher l'écrou d'une quantité égale au pas de la vis, d'un millimètre, par exemple, si la vis a été fabriquée en conséquence. Les fractions de tours sont mesurées sur un cadran O (fig. 2), nommé *micromètre*, à l'aide d'une pièce fixe qui rase le contour de la tête de la vis, divisée en parties égales; l'on peut ainsi très facilement fractionner jusqu'aux millième de millimètre, et même moins encore, surtout si le pas de la vis est très fin. Le chariot mobile porte un *tracelet* T qui avance graduellement avec lui, et est susceptible de se mouvoir d'avant en arrière, et de haut en bas, par deux articulations rectangulaires qu'il faut faire très justes, sans ballottage ni flexion. On a fixé la pièce à diviser sur la table parallèlement à l'axe de la vis, et le tracelet est muni à son extrémité d'une pointe d'acier bien fine et bien tranchante, ou mieux encore d'un diamant fin et mordant; le jeu de bascule du tracelet marque le trait sur la pièce fixe, et, faisant ses empreintes successives, accomplit toutes les divisions demandées.

Le tracelet doit avoir des mouvemens périodiques d'étendue déterminée, pour que les traits soient tous égaux; un arrêt sur lequel il butte l'empêche de dépasser une limite fixée; et comme souvent on veut que de certains traits soient plus longs (comme de 10 en 10, ou de 5 en 5) pour faciliter la lecture, on met deux buttoirs inégaux, dont l'un fait place à l'autre aux tours désignés par l'effet d'un échappement mû par la vis. Ces buttoirs sont simplement deux fils de laiton raidis en avant.

La vis doit être très régulière et en acier trempé; il est bien difficile d'en faire une qui remplisse ces conditions et ne se déjette pas à la trempe. Il faut aussi que l'écrou soit très exactement moulé sur la vis, pour qu'il n'y ait aucun *temps perdu;* on nomme ainsi un repos dans lequel la vis tourne un peu sans faire marcher l'écrou : on sent, en effet, que dans ce cas son mouvement révolutif ne serait plus la mesure de l'espace décrit par le tracelet. C'est ce qu'on obtient par le *rodage*, en faisant marcher, sur le tour, la vis sur son écrou, après les avoir enduits d'*emeri* très fin, pour que les deux surfaces en contact s'usent l'une sur l'autre, et s'appliquent exactement. L'écrou est fait de deux pièces ou mâchoires égales et opposées, qu'on serre sur la vis, à mesure qu'il en est besoin, par des vis latérales ou des ressorts, afin que l'écrou, usé continuellement et de plus en plus, par le frottement de la vis, arrive au degré de justesse exigé.

Malgré ces soins, il est bien difficile qu'une vis un peu longue soit dans les conditions voulues; celles dont on se sert ont 3 décimètres au plus; on ne peut donc subdiviser que cette longueur, et pour pousser l'opération plus loin, il faut faire rétrograder le chariot de toute sa marche, et transporter la pièce de manière à remettre exactement en coïncidence la pointe du tracelet sur le dernier trait obtenu. On ne doit compter sur la précision de la machine que nous venons d'exposer, que quand on ne veut diviser que de courtes échelles, parce qu'on n'a besoin que d'une vis de quelques centimètres de long.

On a coutume, pour diviser en parties égales de grandes longueurs, telles qu'un mètre ou deux, d'y marquer d'abord des traits équidistans à l'aide du compas à verge, puis de subdiviser les espaces ainsi déterminés en se servant de la machine qui a été décrite : on trouve alors la vérification de l'opération dans les traits déjà formés d'abord.

Au reste, pour se mettre à l'abri des erreurs de cette machine, on l'a perfectionnée, en ne se fiant pas à la régularité de la vis qui mène le chariot. Ramsden garnit la ligne latérale de ce chariot d'une crémaillère, dans laquelle engrène une vis taillée en pas sur une longueur de 2 centimètres environ, dont les extrémités de l'arbre tournent dans des coussinets fixés à l'établi sur lequel traîne le chariot. Pour qu'on puisse monter sur l'arbre de la vis une roue destinée à donner toutes sortes de subdivisions, ainsi qu'on l'a expliqué ci-devant, M. Gambey a imaginé de donner à l'arbre une longueur de 3 à 4 décimètres pour en faire saillir la tête en avant du bord de l'établi, et l'armer de la roue micrométrique. La vis et la crémaillère sont usées ensemble l'une par l'autre, et elles se moulent si exactement ensemble, que leur marche simultanée acquiert la plus grande régularité. Cependant ce mécanisme présente encore de petites imperfections, surtout pour diviser une longueur un peu grande, telle qu'un mètre.

Lorsque les artistes veulent diviser en parties égales des lignes droites, pour des objets de commerce qu'ils sont forcés de livrer à bas prix, il ne peuvent se servir de procédés délicats, et se contentent de divisions principales au compas, et d'y intercaler d'autres divisions à vue. C'est un moyen trop grossier pour le recommander.

Pour les mesures linéaires du commerce, telles que pieds, décimètres, etc., qu'on livre à très bon compte, les divisions sont frappées sur le bois avec un *peigne ;* c'est un instrument en acier garni de dents tranchantes à la distance convenable, qui marquent sur le bois des traits et des chiffres, qu'on emplit ensuite de noir. Comme l'effet du choc est de casser quelquefois les dents, et que d'ailleurs quand celles-ci sont émoussées, il est difficile de les affûter sans changer la distance des tranchans, M. Kutsh a imaginé de faire toutes les dents de pièces séparées, qu'on assemble comme des caractères d'imprimerie, et qu'on serre dans une châsse en fer avec des vis, après qu'on s'est assuré que les tranchans sont à la distance requise. C'est ainsi que cet habile ingénieur fait ces doubles décimètres en buis qui porson nom dans le commerce, et dont on admire la belle exécution.

Quand à l'art de marquer des divisions à des distances inégales, mais réglées par des nombres calculés, on peut se servir aussi des appareils ci-devant exposés; mais M. Kutsh préfère le procédé suivant, qui est très simple. Il fixe sur un établi la pièce à diviser, et une règle d'acier partagée en millimètres, de manière que les deux surfaces supérieures soient dans un même plan horizontal, et que les deux bords, l'un marqué de divisions, l'autre à diviser, soient parallèles et très voisins; puis il promène le long du mètre une petite équerre d'acier, sur le bord de laquelle est tracé un VERNIER, de manière à porter la ligne de foi sur les divisions successives, conformément à une table donnant les nombres de centièmes et de millièmes à laisser entre les espaces. L'équerre a en dessous un taquet parallèle au bord qui porte sur le bord de la régle à diviser, glisse sur la longueur et en dirige la marche. Quand à la manière de diviser les arcs et circonférences de cercle en degrés, la machine est établie sur les mêmes principes. *Voy.* l'art. DIVISER. FR.

GRAISSES *(arts chimiques)*, Matières onctueuses, molles ou concrètes, remplissant, chez les animaux, les cellules d'un tissu léger nommé *cellulaire* ou plutôt *adipeux;* on les trouve le plus ordinairement à la surface des intestins, dans la duplicature membraneuse de l'épiploon, autour des reins, au-dessous de la peau, à la surface des muscles, à la base du cœur, à la partie postérieure du globe de l'œil, etc.

Les graisses sont insolubles dans l'eau et plus légères que ce liquide, inflammables lorsqu'on en approche un corps en ignition, et qu'elles sont suffisamment échauffées; elles rancissent à l'air et à la lumière, et deviennent alors capables de rougir les couleurs bleues végétales par la formation d'acides dont la nature sera indiquée plus bas.

Le moyen d'extraire une graisse est simple : on enlève le tissu adipeux qui la contient, on le coupe par morceaux, qu'on lave en les malaxant dans l'eau froide, pour en ôter le sang, et qu'on fait chauffer à une douce chaleur avec une petite quantité d'eau; la graisse se fond et se sépare de ses membranes, qui se resserrent et se dessèchent. Lorsqu'elle a acquis de la transparence, et qu'une petite portion jetée sur les charbons ardens ne pétille plus, on la coule à travers un linge; refroidie et figée, on l'enlève par couches avec une spatule, et par ce moyen on l'isole de l'eau qui peut y être restée, et qui, plus pesante que la graisse, occupe le fond du vase, puis on la fond au bain-marie, et on l'emploie ou on la conserve pour l'usage.

Toutes les graisses sont incolores lorsqu'elles sont pures; quand elles ne le sont pas, elles peuvent différer par la couleur : il en est de blanches, comme celles de porc, de mouton, de veau, d'oie, etc.; il en est de jaunes, comme les graisses d'homme et de jaguar : la couleur de ces dernières est due, selon M. Chevreul, à un principe soluble dans l'eau, susceptible de se décomposer à 100°, par l'action réunie de l'air et de l'eau.

Les graisses diffèrent encore par l'odeur, la consistance et la fusibilité. L'odeur est nulle dans la graisse d'homme, faible dans celles de mouton et de porc, prononcée, sans déplaire, dans la graisse d'oie, forte et désagréable dans celles d'ours et de jaguar. M. Chevreul attribue l'odeur de celles-ci à un principe particulier et volatil. En général, les graisses sont peu consistantes chez les animaux carnivores, tandis que chez les herbivores, elles ont beaucoup plus de solidité. Leur fusibilité n'est point la même, soit qu'elles proviennent d'animaux d'espèces diverses, soit qu'elles proviennent de différentes parties du même animal, ou d'animaux de même espèce morts subitement ou après une longue maladie. La fusibibilité des graisses varie de 27 à 66° : on va voir qu'elle dépend de leur composition.

On avait toujours considéré les graisses comme des principes immédiats; c'était une erreur. M. Chevreul a reconnu que chacune d'elles est constamment formée de deux principes immédiats, qu'il a le premier séparés l'un de l'autre par les procédés suivans :

En traitant 3 parties de graisses par 100 parties d'alcool à 0,816 de densité et bouillant, la dissolution est complète; par le refroidissement, il se dépose une substance solide et cristallisée en petites aiguilles soyeuses, dont la fusibibilité varie de 38 à 50°. L'alcool retient une autre substance qui se réunit à sa surface sous la forme d'une huile, liquide même au-dessous de zéro. M. Chevreul a nommé la première substance *stéarine*, de *στέαρ*, *suif;* et la seconde *élaine*, d'*ἔλαιον*, *huile :* on lui substitue aujourd'hui le nom d'*oléine*, dérivé plus simple du mot latin *oleum.*

M. Chevreul a retrouvé ces deux substances dans les huiles; et dans un Mémoire sur l'analyse de l'huile d'olive, lu à la Société philomatique, et inséré dans le Bulletin de la Société, il a décrit un autre procédé pour les séparer. Ce procédé consiste à enfermer le corps gras dans plusieurs doubles de papier non collé, et à le soumettre au froid et à l'action de la presse. On retrouve la stéarine solide dans le papier, qui reste imprégné de l'oléine, qu'on peut en extraire ensuite, soit par l'alcool, soit au moyen de la presse, après l'avoir humecté d'eau tiède.

M. Braconnot, ne connaissant pas la communication faite par M. Chevreul à la Société philomatique, a imaginé, de son côté, ce procédé d'imbibition, et l'a appliqué également à l'analyse des graisses et des huiles.

Qu'on use de l'un ou de l'autre de ces procédés, on ne parvient pas toutefois à isoler parfaitement ces substances et à les obtenir dans l'état de pureté; la stéarine retient toujours un peu d'oléine, et l'oléine un peu de stéarine.

Il est facile de concevoir maintenant que la consistance variée des graisses dans leur état naturel, et leur fusibilité à divers degrés de chaleur, doivent dépendre de la quantité respective des deux principes immédiats qui les constituent : en effet, d'un excès de stéarine doit résulter plus de consistance, et d'un excès d'oléine plus de fluidité.

En examinant avec plus de soin qu'on avait fait avant lui, l'action des alcalis sur les graisses dans l'opération où elles se saponifient, M. Chevreul s'est assuré que la stéarine et l'oléine se convertissent en trois acides particuliers et fixes, qu'il a nommés *margarique, stéarique et oléique*, et dont la combinaison avec les alcalis forme des *margarates*, des *stéarates* et des *oléates*. Les acides margarique et stéarique sont solides et cristallisables à la température ordinaire; l'acide oléique a la fluidité de l'huile, et ne se cristallise qu'à quelques degrés au-dessous de zéro. Les acides margarique et stéarique ont tant d'analogie entre eux, que M. Chevreul les a long-temps considérés comme le même acide, et ce n'est qu'après un examen scrupuleux qu'il s'est déterminé à en faire deux acides distincts : leurs principales différences consistent en ce que l'acide margarique est fusible à 60 degrés, tandis que l'acide stéarique ne se fond qu'à 70, et en ce que, d'après leur analyse élémentaire, le premier renferme environ un centième et demi d'oxigène de plus que le second.

M. Chevreul a observé, en outre, que pendant la saponification ou la conversion des principes immédiats des graisses, il se produisait : 1° un principe de saveur sucrée, non susceptible de fermenter, qu'il a nommé *glycérine* (c'est le principe doux des huiles, que l'illustre Schéele avait reconnu dans l'eau exprimée des emplâtres faits avec les oxides de plomb); 2° quelquefois des principes soit colorans, soit odorans, volatils et de nature acide. Ces principes restant constamment avec l'oléine, rendent ce principe immédiat des graisses plus difficile à purifier que la stéarine.

A ces résultats, aussi neufs qu'importans, MM. Braconnot, Dupuy, Bussy et Lecanu, ont ajouté des faits d'un grand intérêt pour l'histoire chimique des graisses. Le premier, recommandable par un grand nombre de travaux interressans en tout genre, a constaté que l'action des acides sulfurique et nitrique sur les graisses et les huiles donnait lieu a des produits à peu près identiques avec ceux que fournit la saponification; seulement il n'a point remarqué que ces produits fussent acides. Il a de plus observé que la graisse devenue rance par une exposition à l'air pendant plusieurs années, avait acquis tous les caractères des produits fournis et par la saponification et par les acides concentrés, lorsqu'elle avait été privée, par l'eau chaude ou l'alcool, des principes acides et volatils qui sont la cause de sa rancidité. Ces résultats ont été confirmés par M. Chevreul, qui a reconnu, dans la graisse exposée pendant un an à l'action de l'oxigène, l'existence des acides volatils et des acides gras de la saponification.

M. Dupuy, pharmacien, ayant obtenu en 1823, par la distillation des huiles de lin et de pavots, un produit solide dont il ne reconnut point la nature, communiqua ce fait à M. Thénard, qui l'a rappelé dans son Rapport sur un Mémoire récemment lu par ce pharmacien à l'Académie des Sciences.

En 1825, MM. Bussy et Lecanu, plus heureux que M. Dupuy, en s'occupant après lui de la distillation des mêmes huiles, ainsi que de celles d'amandes douces, de l'axonge et de suif, s'assurèrent que ce produit solide, entièrement soluble dans l'alcool, n'était autre chose que de l'acide margarique mêlé d'acide oléique; fait extrêmement remarquable, qui prouve que la chaleur produit les acides gras, comme le font les acides sulfurique et nitrique, la saponification, l'air et l'oxigène; ainsi, comme ils l'observent, la propriété de convertir les corps gras en acides margarique et oléique, est loin d'être limitée aux seuls alcalis, comme on l'avait cru d'abord, et l'on pourrait au contraire inférer, des expériences faites sur les graisses, que les acides gras doivent être produits dans toutes les circonstances capables de déranger l'équilibre qui existe entre les élémens de la stéarine et de l'oléine. En soumettant a la distillation, des corps gras inaltérables par les alcalis, ils n'en ont obtenu aucune portion d'acide margarique ni d'acide oléique; nouvelle preuve d'analogie entre les principaux résultats de la distillation et de la saponification. Indépendamment des acides margarique et oléique, MM. Bussy et Lecanu ont obtenu, de la distilation des corps gras formés de stéarine et d'oléine, des acides sébacique et acétique, de l'eau, de l'huile volatile, une matière odorante volatile, non acide et soluble dans l'eau, de l'huile empyreumatique et une matière jaune.

Les acides stéarique et margarique, purs ou mélangés, sont d'un blanc éclatant et d'une solidité moyenne entre le suif et la cire; ils brûlent facilement, avec une flamme vive, et sont parfaitement inodores. Ces propriétés ont fait concevoir l'espérance de les employer utilement dans les Arts, et d'en fabriquer une espèce de bougies de bonne qualité. Déjà même cette espérance est au moins en partie réalisée par les soins de M. Cambacérès (1); autorisé par un brevet d'invention, il a commencé la fabrication des bougies dites *oxigénées*, formées d'un mélange de ces acides gras. Ces bougies, d'une grande blancheur et d'une forme presqu'aussi nette que les bougies de cire, ont pu être essayées comparativement avec celles-ci. On assure qu'elles donnent une lumière plus vive que les bougies de cire, mais qu'elles brûlent plus vite et durent moins long-temps. C'est à l'expérience journalière qu'il appartient de prononcer sur leurs qualités respectives, et sur l'utililé et l'économie qu'on peut en retirer.

L'emploi de ces acides gras dans les Arts nous fait un devoir d'entrer dans quelques détails sur les moyens de les obtenir. Deux procédés principaux peuvent être mis en usage; l'un consiste à décomposer les savons, l'autre à distiller les graisses. Dans le premier cas, on verse dans la dissolution de savon un léger excès d'acide hydrochlorique, qui en décompose les sels, c'est-à-dire les stéarates, les margarates et les oléates, en s'emparant de leurs bases : les trois acides gras séparés viennent nager à la surface du liquide aqueux; on les enlève, on les lave à l'eau bouillante, et après les avoir enfermés dans des sacs de toile, et les avoir humectés d'eau tiède, on les soumet à la presse pour en isoler l'acide oléique. Ce procédé est beaucoup préférable à celui qui nous reste à décrire, en ce que l'on obtient : 1° la totalité des acides contenus dans le savon; 2° un mélange d'acides stéarique et margarique, qui, moins fusible que ce dernier acide isolé, est par là plus propre à la fabricarion des bougies. Ainsi, ce procédé réunit tout ce qu'on peut désirer, savoir la quantité et la qualité du produit. La seule difficulté de manipulation qu'il présente, est que, malgré les lavages réitérés, on ne peut avec

(1) La fabrique de bougies oxigénées établie par M. Cambacérès est située rue Saint-Merry, n° 14; le brevet qu'il a obtenu est du 10 février 1825.

l'eau enlever aux acides les dernières portions de potasse : sans doute la petite quantité que le corps gras retient, lui communique la faculté d'attirer l'humidité de l'air, et fait pétiller sa flamme. Au reste, il paraît certain que M. Cambacérès est parvenu à surmonter cet obstacle au succès de son entreprise, car ses bougies ne pétillent point.

La fabrication des bougies stéariques prend depuis quelques années un grand développement. On saponifie le suif dans une autoclave par un lait de chaux, et on décompose le savon calcaire par de l'acide sulfurique très étendu d'eau.

Le second procédé consiste à distiller les graisses. Le produit solide recueilli, lavé et soumis à la presse, comme on a dit ci-dessus, donne la matière grasse privée de son acide oléique; mais, il faut l'avouer, ce procédé a plus d'un inconvénient: d'abord, pendant la distillation, il s'exhale une odeur âcre, pénétrante, qui provoque la toux et excite les larmes; en second lieu, le grand nombre de produits gazeux et volatils qui se forment aux dépens de la graisse, diminue beaucoup la quantité du produit solide, enfin, le produit obtenu et purifié avec soin par la presse et l'imbibition, de son acide oléique, est constamment fusible un peu au-dessous de 60°, ce qui ferait présumer, avec quelque fondement, qu'il ne contient pas d'acide stéarique, dont la moindre portion devrait diminuer la fusibilité du mélange. Ce serait donc de l'acide margarique pur, dont la grande fusibilité nuirait à la qualité des bougies. D'un autre côté, ce fait bien constaté nous semblerait d'une grande importance, en ce qu'il prouverait incontestablement que le produit de la distillation des graisses diffère de celui de la saponification par l'absence de l'acide stéarique, et que par conséquent ils ne sauraient être identiques. Ces réflexions suffisent pour motiver la nécessité de faire un examen plus approfondi des produits solides obtenus par les deux procédés.

Les graisses dont la saveur est agréable, comme le beurre, les graisses d'oie, de porc et de pied de bœuf, sont employées comme aliment ou assaisonnement : les deux dernières servent le plus ordinairement à faire des fritures. La graisse improprement nommée *huile de pied de bœuf*, se prépare en faisant bouillir dans l'eau, jusqu'à parfaite cuisson, les pieds de bœuf séparés de leurs cornes : elle vient se rassembler à la surface du liquide; on l'enlève et on la met dans des réservoirs, où elle se dépure par le repos. Cette graisse ne se figeant que difficilement, est préférée, dans beaucoup de cas, pour le graissage des mécaniques.

Nous ne dirons rien en particulier du beurre, de l'axonge et du blanc de baleine, dont la préparation, la conservation et les usages ont été amplement décrits dans ce Dictionnaire, aux articles AXONGE, BEURRE et BLANC DE BALEINE.

On a pendant long-temps regardé la graisse d'ours, dont la couleur est jaunâtre, l'odeur forte, et la consistance peu considérable, comme jouissant de la propriété de faciliter la pousse des cheveux : il est même encore des praticiens qui en prescrivent l'emploi. On attribuait la même vertu à la graisse ou moelle de bœuf, qui, dans la parfumerie, faisait la base des pommades pour les cheveux et les préparations cosmétiques : aujourd'hui on y a entièrement renoncé, et les parfumeurs lui ont substitué avec avantage la graisse de veau, qui, par sa blancheur et son peu de disposition à rancir, lui est infiniment préférable. Lorqu'ils veulent en diminuer la solidité, ils y mêlent de la graisse de porc, en proportion du degré de consistance qu'ils désirent.

Les graisses, et notamment l'axonge, le beurre et la graisse de mouton, fondus avec l'huile d'olive font la base des médicamens connus en pharmacie sous le nom de *pommades*, d'*onguens*, d'*emplâtres* dont ils servent à augmenter la solidité. C'est dans la même vue d'ajouter à leur solidité, qu'on les mêle aux huiles dans la fabrications des SAVONS. (*Voy.* ce mot.)

A cause de la grande quantité de carbone et d'hydrogène qui entre dans leur composition, les graisses peuvent suppléer avec succès les huiles et le charbon de terre; dans l'emploi qu'on en a indiqué au mot ÉCLAIRAGE.

En général on donne aux graisses qui ont le plus de solidité le nom de *suif;* aussi dit-on *suif de mouton*, *suif de bœuf.* Ces deux graisses sont d'un fréquent emploi dans les Arts, soit seules, soit à l'état de mélange; elles servent à la fabrication des chandelles. Les chandeliers s'occupent de les extraire, de les blanchir, d'en augmenter la solidité, en les fondant à une douce chaleur, après y avoir mêlé du nitre, de l'alun, du sel marin, quelquefois un peu d'acide nitrique. (*Voyez*, pour plus de détails, les mots CHANDELIERS, CHANDELLES.)

On sait que les suifs de mouton et de bœuf mélangés servent à graisser les essieux de voitures; ce que l'on sait moins, c'est l'emploi qu'on fait d'un semblable mélange dans les machines à vapeurs, pour défendre les tiges des pistons de l'oxidation, qui, sans cette précaution, amènerait promptement leur destruction. A la partie supérieure de ces tiges, toujours en mouvement, est adapté une espèce d'entonnoir rempli de cette graisse, que la chaleur de l'appareil maintient toujours à l'état liquide. Cette graisse, coulant peu à peu le long de la tige, en revêt incessamment la surface, qu'elle préserve ainsi de l'humidité.

On adoucit le frottement de tous les cylindres destinés à tourner continuellement sur leur axe, en les recouvrant du stuffenbox, ou boîtes d'étoupes : on nomme ainsi du chanvre tordu et imprégné de la plus grande quantité possible d'un mélange de suif de bœuf et de mouton. Ce chanvre est contenu et maintenu dans une sorte de boîte ou de gobelet; un écrou à vis, placé sur le même plan horizontal, est destiné à presser le chanvre selon le besoin; à mesure que, par l'effet du mouvement, la graisse s'épuise au contact du cylindre, on serre l'écrou, et l'on continue ainsi de temps en temps, jusqu'à ce qu'il ne puisse plus être rapproché d'avantage. Chaque fois qu'on presse l'écrou, la graisse du chanvre est exprimée vers la surface du cylindre, comme le serait l'eau d'un éponge. La pression totale une fois achevée, et la graisse manquant, on est obligé d'imbiber le chanvre de nouvelle graisse, ou de le renouveler entièrement, dans le cas où il serait usé par un long frottement.

Les corroyeurs font également usages des suifs de bœuf et de mouton, pour donner à leurs cuirs le liant et l'élasticité qu'on y recherche; mais avant d'être employé, ce suif subit une préparation qui le rend plus propre à l'emploi qu'on en veut faire. Cette préparation consiste à chauffer ces graisses (et l'on prend pour cela les plus impures) de manière à les priver non seulement de toute humidité, mais même à en décomposer une partie, et à mettre à nu du charbon, qui se mêle à la masse et la noircit. Par ce traitement, la graisse acquiert tout à la fois de la solidité et une teinte noire, qualités nécessaires à l'usage auquel les corroyeurs la destinent. L*** R.

GRILLAGE DES TISSUS (*arts mécaniques*). Les fils de coton sont toujours barbus, plus ou moins, selon l'habileté du filateur, et l'apprêt qu'on leur donne ne suffit pas pour les lisser : les filamens qui ne sont pas engagés dans le corps du fil ne sont que couchés et collés contre lui; ils se redressent aussitôt qu'on lave la toile, dont la surface alors devient cotonneuse. Dans plusieurs circonstances, on en fait usage dans cet état; mais il faut que le corps du tissu soit à découvert et parfaitement uni, dans les calicots qu'on destine à l'impression, dans les toiles de ménage pour linge de table, de corps, etc.

On ne pouvait pas ici appliquer les procédés du tondage des étoffes de laine; les toiles de cotons n'ont ni assez de corps, ni assez d'élasticité pour supporter l'action des *forces*. D'ailleurs, ce n'est pas seulement la surface qu'il faut unir, mais encore ce sont les interstices, les mailles du tissu, qu'il faut dégager du duvet qui les obstrue.

On enlève ces filaments en grillant les tissus, avec des appareils à gaz hydrogène, ou à esprit de vin, dont la flamme ne salit, ni ne roussit les étoffes.

La forme de ces appareils peut varier de plusieurs manières; mais il y a des conditions indispensables à remplir. La flamme doit être produite partout avec la même intensité sur une ligne droite, dont la longueur puisse se proportionner à la largeur des tissus. De plus, si la flamme venait tout simplement frapper la surface du tissu, avec la seule tendance qu'elle a naturellement à s'élever, elle brûlerait sans doute le duvet dont cette surface est couverte, mais celui des interstices ne serait pas atteint. On a déterminé la flamme à traverser le tissu, en établissant au dessus un tirage par le vide, où l'air se précipite et entraîne avec lui la flamme.

A (fig. 4, pl. 17), Tuyau horizontal en cuivre étamé, occupant le bas de l'appareil ; le gaz hydrogène produit par la distillation de l'huile y arrive. *Voy.* ÉCLAIRAGE AU GAZ.

BB′, Tuyaux en cuivre, adaptés latéralement au tuyau A et par dessous les tuyaux *flambeurs* CC′ ; ils sont de chaque côté au nombre de cinq, chacun muni d'un robinet *aa′*.

CC′, Tuyaux que nous nommons *flambeurs*, parce que c'est de ces tuyaux que s'échappe la flamme *bb′* à travers une multitude de petits trous percés en ligne droite dans la partie supérieure.

DD′, Tuyaux dans lesquels la flamme *bb′* se précipite à travers une fente pratiquée dans toute leur longeur à la partie inférieure.

E, Grand tuyau horizontal correspondant au milieu de l'appareil, dans la partie supérieure : sur le milieu X de ce tuyau, en est ajusté un autre qui va aboutir à une espèce de machine pneumatique, au moyen de laquelle on aspire fortement l'air contenu dans tout le système de tuyaux E, D, D′ et tous les tuyaux FF', qui établissent la communication entre eux. Ces tuyaux FF', garnis en *cc'* de robinets, sont au nombre de dix, cinq de chaque côté.

GG′, Deux paires de cylindres en bois revêtus de futaine, disposés en laminoirs ; ils tournent sur leurs axes dans le sens des flèches, et entraînent dans leur mouvement la pièce d'étoffe *dd′*, avec une vitesse d'environ un mètre par seconde. La paire de cylindres G′ est la seule commandée par des engrenages; la première paire G est libre sur ses tourillons, et ne fait qu'obéir au mouvement que lui imprime la pièce d'étoffe tirée par le laminoir G′. Il convient de remarquer ici que les cylindres inférieurs, dans chaque paire, sont embrassés, de 3 pouces en 3 pouces, par des fils de lin de couleur, qui circulent avec eux. L'objet de ces fils est de servir de guide au chef de la pièce quand on commence le travail.

HH′, Paires de brosses placées en avant des flammes *bb′*, pour relever le duvet.

II', Frottoirs en bois garnis de futaine, placés derrière les flammes, pour éteindre les ètincelles que la toile pourrait entraîner avec elle. Les brosses et le dessus de ces frottoirs se retirent pour passer la pièce.

Supposons que l'appareil est en activité; que le gazomètre fournit le gaz avec la pression convenable; que la machine pneumatique fait une espèce de vide dans le système des tuyaux qui lui correspondent; que tous les robinets, ou du moins ceux qui correspondent à la largeur de la pièce, sont ouverts; qu'on a mis la toile en circulation : alors on allume le gaz sur les deux rangées, dont la flamme, entraînée par l'air qui se précipite dans les tuyaux DD', traverse la toile, sans lui causer aucun dommage, à cause de la rapidité avec laquelle cette toile circule. Le flambage est quelquefois terminé en un seul voyage, quand l'étoffe a été bien dégorgée et bien séchée; mais ordinairement on passe les calicots deux fois, en changeant les côtés, c'est-à-dire en mettant dessus dans le second passage, la face qui était dessous dans le premier. Les toiles fines, les mousselines, les tulles ou bobinets passent quatre fois, mais avec une vitesse double; car le mécanisme qui les fait circuler est susceptible de prendre toutes les vitesses qu'on veut.

Les cendres du duvet que la flamme entraîne dans les tubes DD' finiraient par les obstruer, si l'on n'avait pas soin de faire agir par un mouvement de va et vient, dans le sens de la longueur de ces tubes, une espèce de brosse ou d'écouvillon fait de fils de laiton.

Il y a plusieurs moyens de produire l'espèce de vide dont on a besoin : on l'obtiendrait très bien par des soufflets *aspirateurs* jouant alternativement et sans cesse. Samuel Hall a fait usage de trois cuves renversées plongeant dans des baches pleines d'eau.

L'appareil adopté pour le flambage à l'esprit de vin est beaucoup plus simple. La condition essentielle est de maintenir l'esprit de vin à une très basse température jusqu'à son arrivée dans le tuyau où la combustion a lieu. Ainsi, il est mis dans un réservoir placé dans l'intérieur d'un réfrigérant, où l'on renouvelle fréquemment l'eau. (*Voy.* fig. 5).

AA', Réservoir dans lequel on met l'esprit de vin, qu'on introduit par l'entonnoir *a*, et qu'on retire par le robinet *b*. De petits tuyaux *cc* implantés verticalement sur la branche A', lesquels sont garnis de robinets, portent l'esprit de vin dans le tuyau brûleur B.

C, Réfrigérant qui enveloppe le réservoir d'esprit de vin; on l'entretient plein d'eau froide au moyen d'un grand réservoir supérieur : on retire cette eau, quand elle devient chaude, par le robinet *d*.

Les mèches placées dans toute la longueur du tuyau brûleur B, sont d'asbeste; elles sont contenues dans une mince feuille d'argent repliée sur elle-même, ayant un pouce de large; elle est percée d'une multitude de trous, par lesquels l'esprit de vin arrive à la mèche.

Tout le reste de cet appareil est comme dans celui au gaz, et son travail est aussi satisfaisant. On ne pourrait pourtant pas, comme avec le gaz, brûler à flamme renversée. E. M.

GRILLAGE DES MINES (*arts chimiques*). On a pour but, dans cette opération, soit de séparer des minerais les substances volatiles qu'ils contiennent, tel que le soufre, l'arsénic et l'eau, soit de détruire la force de cohésion qui unit leurs molécules, et par là de les rendre plus friables.

Ainsi, par le grillage, les sulfures de plomb et d'antimoine perdent au moins en partie leur soufre; les arséniures de cobalt et de nickel, la plus grande portion de leur arsénic; les hématites ou peroxides de fer natif, l'eau qu'elles renferment, et la force de cohésion qui s'opposait à leur pulvérisation.

Il y a plusieurs moyens de procéder au grillage des minerais.

Tantôt on se contente d'étendre le minerai concassé, comme le sulfure d'antimoine, sur le sol d'un fourneau à réverbère, et de le chauffer avec ménagement, pour que la matière n'entre point en fusion, et on l'agite de temps en temps avec un ringard, pour en renouveler les surfaces.

Tantôt, et le plus souvent, comme on le fait pour le sulfure de plomb, on moule le minerai bocardé et lavé, en petites mottes, au moyen d'un peu d'argile, et l'on place des mottes sur un lit de bois, auquel on met le feu. Le tas est ordinairement entouré de trois petites murailles, et abrité par un hangar.

On agit de même avec le sulfure de cuivre, si ce n'est que l'on n'ajoute point d'argile au minerai concassé, et qu'on le soumet à plusieurs grillages successifs.

On fait usage d'un autre apparcil pour le grillage du sulfure de cuivre, quand on veut agir sur une quantité considérable, par exemple, sur 250 à 300 mille kilogrammes. On dispose le minerai concassé en pyramides tronquées, sur un lit de bois. Les plus gros morceaux sont placés au centre, et les plus petits à la surface, mêlés avec un peu de terre. Au milieu de la pyramide est un canal vertical, par lequel on jette des tisons embrasés; le combustible prend feu, et le met peu à peu au soufre. Ce grillage dure quelquefois un an, mais il est plus complet : il en résulte des oxides de cuivre et de fer, de l'acide sulfureux et du soufre, que l'on recueille dans des cavités pratiquées au sommet, et dans lesquelles il se sublime.

Dans les travaux en petit, on se sert d'espèces de capsules en terre, nommées *têts à rôtir*, pour griller les sulfures et les arséniures, jusqu'à ce que, à la chaleur rouge, il ne se dégage plus de vapeurs.

L***** R.

GRAPHOMÈTRE (*arts mécaniques*). Instrument qui sert à mesurer les angles que forment les lignes dirigées dans l'espace, d'une station à deux signaux éloignés. Il est formé d'un limbe demi-circulaire divisé en degrés, et même quelquefois en fractions plus petites, selon la grandeur du diamètre, qui est ordinairement de 4 à 5 pouces, mais qui en a jusqu'à 15 et 18, lorsqu'on le destine à de grandes opérations. (*Voy.* fig. 3, pl. 17).

Perpendiculairement au limbe et vers son bord sont fixées deux pinnules dont le crin (*Voy.* le mot PLANCHETTE) et la fenêtre déterminent le diamètre AB qui passe par le zéro de la graduation; car cette direction, ou *ligne de foi*, doit passer exactement par le centre O du demi-cercle. Une règle LL, portant aussi deux pinnules à ses extrémités, est un peu plus courte que la distance entre les deux premières : cette règle est fixée à un axe de rotation central, et s'applique sur le limbe. Lorsqu'on la fait tourner, elle peut se diriger selon tous les diamètres du demi-cercle, même sur celui qui porte le zéro. A ses deux bouts, qui affleurent l'arc divisé en s'appliquant sur le limbe, on voit les divisions d'un Vernier, qui, par la coïncidence de quelqu'un de ses traits avec ceux du limbe, donne les petites fractions de la graduation de cet arc.

Il est d'une grande importance, pour l'exactitude de l'instrument, que, 1° le centre de l'axe de rotation soit celui du demi-cercle divisé; 2° la ligne de foi des pinnules fixes passe par le zéro de la graduation et par le centre; 3° que celle des pinnules de la règle mobile passe aussi par le centre. On dirigera le rayon zéro à l'un des signaux, et maintenant l'instrument fixé dans cette position, on fera tourner l'alidade jusqu'à ce que sa ligne de foi se porte vers l'autre signal : ces directions s'obtiennent en mirant par la fente d'une des pinnules, et faisant coïncider en apparence, avec l'objet, le crin tendu dans la fenêtre opposée.

Pour manœuvrer aisément le graphomètre, on le monte sur un pied à trois branches, à l'aide d'un Genou (fig. 3 *bis*) à noix et à coquilles, qui permet de faire prendre au demi-cercle toutes les positions, même la verticale; car l'angle à mesurer est quelquefois vertical, comme lorsqu'on veut prendre la *hauteur* d'un sommet de montagne, de clocher, d'édifice, etc.

Lorsqu'on veut que le graphomètre soit horizontal, ce qui est le cas le plus ordinaire, on se sert du Niveau à bulle d'air. On en a deux, qui ont leurs axes à angles droits n et n', et qui sont fixés à l'instrument : on tourne la noix du genou jusqu'à ce qu'on soit arrivé à laisser chaque bulle au milieu du tube; on est assuré qu'alors le limbe est horizontal, et que les bulles resteraient au milieu des tubes dans toutes les situations que ce limbe prendrait en tournant sur sa douille. Dans cet état les angles mesurés sont *réduits à l'horizon*, c'est-à-dire que les rayons qui vont des visières aux mires sont projetés sur un plan horizontal. Un petit défaut d'horizontalité dans le limbe serait de nulle importance pour cette réduction.

On arme encore le graphomètre d'une petite Boussole, dont le diamètre portant la ligne *nord* et *sud* N S, ou le zéro de la division de son cercle, est parallèle à celui du limbe. Cette pièce sert à orienter les plans, et même à diriger les pinnules fixes vers des points invisibles, lorsqu'on sait à quelle graduation la Boussole doit répondre. (*Voy.* ce mot).

Comme les objets éloignés sont souvent difficiles à voir, on remplace les pinnules, surtout dans les grands graphomètres, par des Lunettes armées de deux fils en croix à leur foyer, l'un perpendiculaire, l'autre parallèle au plan. Pour la facilité des observations, il convient que chaque lunette soit montée sur un pied, et ait un mouvement de bascule perpendiculaire au limbe, parce que sans cela on ne pourrait pas voir les objets situés hors de son plan. A la rigueur, une seule lunette fixée à l'alidade suffirait, puisqu'on pourrait la diriger aussi bien selon le rayon zéro, que suivant tout autre; mais on n'aurait aucune garantie que, dans le mouvement de l'alidade, l'instrument est resté immobile. Comme la rotation des pièces se fait à frottement, il est assez difficile de pointer juste aux signaux; mais on garnit l'alidade de Vis de rappel, qui servent aux petits mouvemens. (*Voy.* cet article). FR.

GRAVEUR. La *gravure* est un art qui, par le secours du dessin, et à l'aide de traits creusés sur des matières dures, imite les formes, les ombres et les lumières des objets visibles, et peut en multiplier les empreintes par le moyen de l'impression.

Ce que l'imprimerie a fait pour les Sciences, la gravure l'a fait pour les Arts; elle a rendu aux anciens peintres d'Italie, en conservant et en multipliant leurs ouvrages, le même service que l'imprimerie a rendu aux anciens auteurs.

On distingue plusieurs sortes de *gravures*, suivant les procédés qu'on emploie dans les différentes manières de graver. Nous allons les faire connaître chacun séparément.

Gravure en bois. On commence par dessiner son sujet à l'encre sur la planche préparée, puis, avec des outils fort tranchants, on enlève le bois. Tout ce qui y reste en creux doit donner les lumières sur l'estampe. On réserve en saillie les traits et les hachures, qui doivent exprimer les mouvements, les formes et les ombres.

La gravure étant terminée, on la porte sur une presse d'imprimerie en lettres, et les épreuves sont tirées comme on tire les feuilles d'un livre.

On distingue la *gravure en bois* en quatre espèces : celle qui est de relief et est soumise à la presse typographique ; la *gravure en creux;* celle qu'on emploie pour les estampes, les vignettes et l'impression ; et enfin, la *gravure en clair-obscur*, ou *gravure en camaïeu*.

De toutes ces espèces de *gravures en bois*, celle qui demande le plus de connaissances, qui est la plus délicate et la plus parfaite, c'est celle des estampes; les autres n'étant, à proprement parler, que des ébauches de celle-ci.

Les estampes en *clair-obscur*, ou en *camaïeu*, sont faites par le moyen de plusieurs planches en bois, imprimées successivement sur la même feuille; la première ne porte que les contours et les ombres; la seconde les demi-teintes ; la troisième est conservée pour les lumières.

Gravure en taille-douce, ou *au burin*. Pour graver au burin, on commence par tracer sur le cuivre les contours et les formes de son sujet, avec un instrument fort acéré et très coupant, que l'on nomme *pointe sèche;* puis, à l'aide du Burin, autre instrument d'acier très coupant et à quatre faces, on entame le cuivre et l'on y trace des sillons plus ou moins profonds, plus ou moins larges. Ces sillons sont appelés *tailles*.

Depuis qu'on a imaginé la *gravure à l'eau-forte*, le graveur au burin emploie ce procédé pour commencer sa planche, qu'il avance autant qu'il est possible, et il termine au burin.

Gravure à l'eau-forte. Cette sorte de gravure est ainsi nommée à cause de l'usage que le *graveur* fait de l'acide nitrique, vulgairement appelé *eau-forte*. On prend un cuivre parfaitement plan, bien poli; on frotte la planche avec du blanc d'Espagne en poudre et un morceau de peau, puis avec un linge bien propre, afin d'enlever de la surface toutes les parties grasses; on applique ensuite le vernis.

Pour composer le *vernis de Callot* on prend deux onces d'huile de lin la plus claire, deux gros de benjoin en larmes, de la cire vierge de la grosseur d'une petite noix; on fait fondre le tout à chaud, et l'on fait bouillir jusqu'à réduction d'un tiers, en remuant continuellement avec un petit bâton. Le vernis fait, on le conserve dans un pot de faïence ou de porcelaine à large ouverture. Ce vernis, qui a une certaine fluidité, s'étend facilement sur la planche.

On prend la planche par ses bords avec un ou plusieurs étaux à main; selon sa grandeur; on la fait chauffer légèrement sur un feu de charbon médiocre; et lorsqu'elle est suffisamment chaude (il ne faut pas que le vernis fume), on y applique le vernis avec la barbe d'une petite plume ou avec un pinceau, et on l'étend délicatement, en n'en mettant que le moins qu'il est possible. Pour bien étendre ce vernis, on fait un tampon avec du taffetas, dans lequel on met un peu de coton en roue, et l'on passe légèrement ce tampon sur les places où il y a trop de vernis, pour le conduire là où il y en a trop peu.

Cela fait, on enfume le vernis à l'aide de trois ou quatre petites bougies de cire jaune qu'on allume, en les tenant en paquet, et l'on reçoit la fumée sur le vernis, en commençant par les bords et allant successivement jusqu'au milieu. Lorsque le noir est bien égal sur toute la surface, on fait cuire le vernis. Pour cela, on met la planche sur le feu, du côté opposé au vernis, et l'on fait chauffer jusqu'à ce qu'il ne fume plus. Il faut saisir le moment propice, sans quoi on s'exposerait à brûler le vernis, qui ne tiendrait plus. On essaie avec un petit bâton dès qu'on voit fumer; si le vernis s'attache au bâton, il n'est pas assez cuit.

Outre le *vernis de Callot*, dont nous venons de parler, qu'ils appellent *mou*, les graveurs ont un vernis plus *dur;* c'est le même, dans la composition duquel ils ajoutent une plus grande quantité de cire. Ils en font une boule, qu'ils enveloppent de taffetas; et lorsque la planche est chaude, ils en frottent le métal : le vernis se liquéfie, il passe à travers le taffetas et s'attache à la planche. Ils opèrent ensuite comme nous l'avons expliqué

En faisant dissoudre le vernis dur ou le vernis mou dans de l'essence de térébenthine, et y ajoutant une quantité suffisante de noir de fumée, on obtient un composé liquide, que le gra-

6.

veur nomme *petit vernis*, qu'il conserve dans une fiole bouchée, et dont il se sert pour réparer les places sur lesquelles les vernis précédens n'auraient pas bien pris. Il l'applique avec un pinceau.

La planche en cet état ne présente plus d'un côté qu'une surface noire et unie, sur laquelle il s'agit de tracer le dessin qu'on veut graver.

Pour cela, on commence par calquer exactement le dessin, soit sur du papier glace, soit sur du papier vernis qui est très transparent. Le calque terminé, on le frotte avec un doigt de gant, d'une poudre impalpable, formée de parties égales de sanguine et de mine de plomb. Cette poussière entre dans les tailles faites sur le papier et y reste; on enlève l'excédant qui ne s'est pas fixé.

On pose le calque sur le vernis de la planche, de manière que ces deux surfaces se touchent; alors le dessin est renversé, la gravure le présente de même, et les épreuves qu'elle fournira seront toutes semblables au dessin.

Alors on *décalque*, c'est-à-dire qu'avec la même pointe qui a servi a faire le calque, on passe sur tous les traits de ce calque, mais à l'envers, et les traits rouges se déposent sur le vernis noir de la planche. On ôte le calque, et avec la pointe, on enlève le vernis, afin de découvrir le cuivre sur tous les traits du dessin.

Ce travail terminé, on borde la planche avec une cire, composée de parties égales de cire vierge et de résine en poudre; on fond, et on ajoute un peu de sain doux.

Lorsqu'on veut s'en servir, on en forme une espèce de cylindre de la grosseur d'un doigt et d'une longuer indéterminée; on le place sur le bord de la planche, en le comprimant entre les doigts, et on en forme une muraille d'un pouce environ de hauteur; on pratique une gouttière à un des angles. Cette opération terminée, on verse sur le vernis l'eau-forte, qui doit ronger le cuivre dans toutes les places où il est découvert.

L'acide nitrique dont le graveur se sert pour cette opération doit être à 32° (Baumé); on y ajoute ordinairement un tiers d'eau pure; cependant, cette quantité varie selon la température et selon que les traits sont plus ou moins rapprochés ou déliés; car l'acide nitrique agit avec d'autant plus d'énergie, qu'il y a une plus grande quantité de traits plus près les uns des autres. On se sert aussi *d'eau-forte à couler* qui contient du vinaigre, et mord plus doucement en balançant la planche.

On examine de temps en temps l'effet, et pour cela on nettoie les tailles avec un pinceau nommé *blaireau*. Si l'on s'aperçoit que certaines parties sont assez mordues, on enlève l'eau-forte, on lave la planche avec de l'eau pure, on frotte cette place avec le charbon à polir, on enlève le vernis, et l'on recouvre ces places avec du *petit vernis*, sauf à reprendre ensuite au burin la partie qu'on a été obligé de recouvrir; on remet ensuite l'eau-forte pour achever de faire mordre la planche, ce que l'on répète jusqu'à ce que tout soit terminé. L'opération dure 2, 3, et jusqu'à 4 heures. Alors on retire l'eau-forte, on lave la planche, on la fait légèrement chauffer; la bordure se détache facilement à la main. Pour nettoyer la planche, on y verse de l'essence de térébenthine, qu'on étend avec un chiffon; elle dissout le vernis, et on l'enlève; on frotte ensuite tout le cuivre avec un chiffon et de l'huile d'olive ou du suif.

On termine ensuite ensuite la gravure au burin, qui donne l'expression et la vie au dessin.

Gravure sur acier. — Le procédé pour graver sur des planches d'acier est le même que pour le cuivre, avec quelques modifications. On chauffe très peu la planche pour la vernir; quand le dessin est tracé avec la pointe, on fait mordre par l'acide hydrochlorique, ou par la dissolution aqueuse de sublimé corrosif (1). Cette action met à nud le charbon, qui forme une boue qu'on enlève au blaireau, pour qu'elle n'empâte pas les traits. Le mordant ne reste que quelques minutes, et on l'observe avec soin en balançant la planche: son action est très vive.

---

(1) *L'eau-forte* dite *à couler*, est composée de 6 onces de sel ammoniac, 6 onces de sel commun, 4 onces de vert-de-gris, qu'on pile ensemble et qu'on fait bouillir durant trois à cinq minutes, dans un litre de fort vinaigre. On laisse refroidir et déposer à vase clos.

On ne grave sur acier que des choses de peu de prix, et qu'on veut publier à grand nombre; ces planches tirent jusqu'à 60 et 80 mille exemplaires.

La gravure à la manière noire diffère entièrement de celle au burin ou à l'eau-forte, par ses procédés et par ses effets. Au lieu que, dans ces deux manières, on passe de la lumière aux ombres, en donnant peu à peu de la couleur et de l'effet à la planche; dans la *manière noire*, au contraire, on passe des ombres aux lumières, et peu à peu on éclaircit sa planche. Le cuivre de la manière noire est tellement préparé, que le fond y est totalement noir et couvert d'un grain velouté, égale et partout moelleux. Sur ce fond ainsi préparé, le *graveur* trace son sujet, et, avec des instruments propres à ce genre de gravure, il enlève peu à peu le fond, suivant les places, et en proportion du plus ou du moins de lumière qu'il veut répandre sur son estampe.

La gravure en plusieurs couleurs se fait avec plusieurs planches qui doivent représenter le même sujet, et qu'on imprime chacune avec sa couleur particulière sur le même papier. Pour produire un plus grand effet, et pour conserver plus longtemps ces épreuves, et les faire mieux ressembler à la peinture, on passe par-dessus un vernis pareil à celui que l'on met sur les tableaux.

Gravure en pierres fines. — L'artiste travaille et use la pierre pour y former en creux ou en relief les objets qu'il veut dessiner. Il se sert pour cela d'une pointe de diamant; d'une espèce de tour appelé *touret*; d'une *bouterolle*, petit rond de cuivre ou de fer émoussé propre à entamer la pierre, à l'aide d'émeril, de poudre de diamant, de tripoli, de potée d'étain, etc. Comme nous ne devons traiter que la partie mécanique de l'art, nous ne dirons rien de plus sur ce sujet. (*Voy.* CAMÉES.)

Gravures des monnaies et des médailles. — Elle se fait de la même manière, et l'on se sert des mêmes outils.

L'ouvrage des graveurs en acier se commence ordinairement par les poinçons qui sont en relief, et qui servent à faire les creux des *matrices* ou *carrés*. Quelquefois on travaille d'abord en creux, mais dans les occasions seulement où ce qu'on veut graver à peu de profondeur.

Le graveur dessine ses figures et ensuite les modèle en cire blanche, suivant la grandeur et la profondeur qu'il veut donner à son ouvrage; c'est d'après cette cire que se grave le *poinçon*, qui est un morceau de fer bien acéré, sur lequel, avant de tremper, on ciselle en relief la figure que l'on veut graver, et frapper en creux sur la matrice ou carré.

La figure étant parfaitement finie, on achève de graver le reste de la médaille, comme les moulures de la bordure, les grenettes, les lettres, etc. Quand le carré est entièrement achevé, on le trempe, puis on le découvre, on le frotte avec la pierre, et on le polit à l'éméri à l'huile.

Le carré, à cet état peut être porté au BALANCIER.

Gravure en caractères. Le procédé est à peu près le même que les précédents. (*Voy*. CARACTÈRES D'IMPRIMERIE)

Gravure de la musique. Sur une planche d'étain d'environ une ligne d'épaisseur, planée et polie, le graveur prend avec un compas la mesure des parties, des distances et des lignes.

Lorsqu'il y a des paroles dans la musique, c'est par là qu'on doit commencer; c'est l'affaire d'un graveur en lettres, qui opère comme le *graveur en taille-douce*; il les grave au burin.

Les signes des portées se gravent avec un instrument appelé *couteau*; ensuite, avec un outil à trois carres, appelé GRATTOIR; on ébarbe ces lignes, on les polit avec le BRUNISSOIR. Cela fait, on pose la planche sur un marbre plan et bien uni, pour y frapper, aux endroits convenables, toutes les différentes figures de la musique, avec des poinçons, au bout desquels elles sont gravées en relief.

Les liaisons, les pauses, les demi-pauses, les acolades, se gravent avec l'échoppe. Ces opérations faites, on polit la planche.

FR.

GREFFE, opération qui consiste à introduire une partie vivante d'un végétal dans l'écorce d'un autre qui nourrit la première des sucs qu'elle lui fournit, et en produit le développement. Pour qu'une greffe réussisse :

1° Le *sujet* qui la reçoit et l'alimente doit avoir de l'analogie avec l'espèce greffée, c'est-à-dire que les mouvements de la sève y soient les mêmes, ce qui force à greffer l'une sur l'autre des plantes de même espèce, ou de même genre; ainsi le prunier, l'amandier, l'abricotier, le cerisier et le pêcher peuvent être greffés mutuellement.

2° Il faut choisir une portion d'écorce d'une végétation vigoureuse, garnie d'un œil bien conformé, et l'introduire sous l'écorce du sujet, en contact immédiat avec elle; *les libers doivent coïncider exactement.*

3° On doit choisir les instants de l'année où les deux végétaux sont à l'époque où la vie a le plus d'activité;

4° Il faut agir avec assez de promptitude pour que les plaies du sujet et de la greffe ne soient pas desséchées ou altérées par l'air, le soleil, etc.

Le but de la greffe est, 1° de conserver et multiplier les variétés et les espèces d'arbres fruitiers, d'arbres à fleurs, etc., dont on veut propager la culture; car l'espèce du sujet se perd, et celle de sa greffe se substitue à la première;

2° D'accélérer de plusieurs années l'époque de la fructification;

3° D'embellir les fleurs des arbres, ou d'accroître la grosseur ou la qualité des fruits, ou enfin d'augmenter les profits de la culture; car la greffe a pour résultats ces divers avantages.

La *greffe par approche* consiste à laisser les deux végétaux enracinés par leurs pieds, à rapprocher deux branches après y avoir fait des plaies bien nettes et proportionnées à leur grosseur, traversant jusqu'à l'aubier, et même le bois; à réunir ces plaies, en ne laissant entre elles que le moins de vide possible, et faisant coïncider les feuillets de liber en un grand nombre de points; à fixer les deux branches par des ligatures et un tuteur, pour que le vent n'y produise aucun dérangement.

Pour pratiquer la *greffe en fente*, on coupe un rameau ou *scion* boiseux de la dernière pousse, garni d'au moins un œil (ordinairement deux à cinq); puis, après avoir coupé le sujet transversalement pour en abattre la tête, on entaille le tronc dans le sens des fibres longitudinales, et après avoir aminci le bas du scion en sifflet ou biseau, on l'insère dans la fente, en faisant coïncider avec soin les deux libers : on abrite ensuite du contact de l'air; etc. Si le sujet est un vieux tronc, on peut y faire un grand nombre de fentes, et placer autant de greffes, qui reforment une tête à l'arbre; et c'est ce qu'on appelle *greffer en couronne.*

La greffe en écusson, se fait en enlevant à une branche d'arbre un *écusson* ou lambeau d'écorce pourvu d'un œil; on incise en forme de T l'écorce du sujet, et on soulève légèrement la plaie pour mettre le bois à nu sans déchirer l'écorce, qui alors est abreuvée de sève; enfin on insère l'écusson dans ce vide, et on le recouvre exactement pour mettre les deux libers en contact immédiat, et on fait une ligature avec de la laine.

Quand l'œil s'est développé dans ces différentes greffes, on supprime toutes les branches du sujet, et on protége la jeune pousse contre le vent, le soleil, etc. FR.

GRELIN. (*Voy.* CORDES.) FR.

GRUAU. On donne ce nom à plusieurs substances alimentaires grossièrement broyées, et plus particulièrement aux graines des céréales mondées, et quelquefois concassées ou arrondies. On appelle encore ainsi la farine du froment, séparée par un premier broyage léger de la partie corticale (son) du grain, ou encore la première repasse de la farine obtenue dans la MOUTURE ÉCONOMIQUE. C'est avec cette *farine de gruau*, très blanche, que l'on prépare un pain plus recherché, dit *pain de gruau.* Enfin, on a étendu cette désignation à la pâte de pomme de terre ou de fécule, cuite et mise en petits grains.

En Irlande et dans plusieurs parties de l'Allemagne et de la Suisse, on fait une grande consommation de gruau d'avoine pour la nourriture des hommes : cette substance alimentaire, facile à digérer, et à laquelle le nom de *gruau* parait avoir d'abord été consacré, est surtout employée en France et en Angleterre comme aliment des malades et des enfans en bas âge; elle est peu propre à être convertie en pain, ce qui a fait renoncer à son emploi dans les pays où l'on ne connaît pas encore qu'elles ressources offrent les préparations convenables du gruau.

M. Mathieu de Dombasle, en rappelant tout le parti qu'on en tire dans plusieurs contrées, a publié le procédé suivant, usité en Thurgovie.

On met un peu d'eau au fond d'une chaudière, puis on la remplit d'avoine, dans la même proportion que pour la cuisson des pommes de terre à la vapeur : on chauffe graduellement sans remuer l'avoine ; on implante un bâton en bois blanc jusqu'au fond de la chaudière, et l'on reconnaît que l'opération est à son terme, dès que dans toute la masse la température s'est assez élevée pour qu'en retirant le bâton on ne remarque plus de traces d'humidité sur aucune de ses parties. La coction, pour une chaudière contenant environ un hectolitre, s'opère en une demi-heure ou trois quarts d'heure.

On retire alors le feu, on vide la chaudière, puis on la remplit comme la première fois, avec la même quantité d'eau et d'avoine ; on continue ainsi jusqu'à ce que l'on ait préparé assez d'avoine pour compléter une fournée : on la porte alors dans un four, que l'on a un peu réchauffé au sortir du pain cuit. On tient le four clos pendant vingt-quatre heures.

Dans cette dernière opération, l'avoine n'est pas seulement desséchée ; il paraît qu'elle éprouve une sorte d'altération analogue à celle du MALTAGE, c'est-à-dire qu'une certaine quantité d'amidon devient soluble en se convertissant en matière mucilagineuse et sucrée, et que le grain légèrement torréfié a acquis une teinte un peu roussâtre. Il paraît que le gruau ainsi préparé est un aliment plus léger que celui provenant d'avoine seulement desséchée sans torréfaction.

L'avoine retirée du four est portée dans un moulin ordinaire à farine, mais dont les meules, horizontales, sont maintenues suffisamment espacées pour briser l'enveloppe corticale sans écraser le grain ; celui-ci, au lieu de tomber dans un bluteau, passe dans un ventilateur ou van mécanique, semblable aux TARARES ordinaires. Le courant d'air que détermine la rotation des ailes du ventilateur sépare la balle du grain : on crible celui-ci, et l'on sépare pour les reporter au moulin les grains non dépouillés de leur écorce. L'avoine ainsi mondée est ensuite réduite en gruau dans un moulin ordinaire, disposé comme pour la fabrication de la semoule. Il est important de choisir, pour cette préparation, des meules en pierre dure non susceptible de s'é-

elle va passer successivement sur les poulies I, J, que portent le bout supérieur du fût et la *tête* X de la grue; elle est soutenue entre ces deux poulies par deux rouleaux *a*, et son extrémité *b* est armée d'un crochet, au moyen duquel on saisit les colis, soit directement, soit à l'aide d'une *elingue*[1]. En tournant la manivelle, on imprime, au moyen du pignon et de la roue d'engrenage, un mouvement de rotation au treuil, qui entraîne à son tour la chaîne, et par conséquent le fardeau attaché à son extrémité. S'il est question de le descendre d'un peu haut, on ne se sert point des engrenages, dont la vitesse est toujours lente. On fait désengrener le pignon en tirant l'axe qui le porte dans le sens de sa longueur; alors on modère le mouvement rétrograde du treuil, en faisant agir le frottoir sur la roue du frein, à l'aide du levier K.

Le fardeau étant suspendu en l'air, on l'amène vis-à-vis le point où il doit être déchargé, en faisant tourner la grue sur elle-même dans son collier et sa crapaudine, dont les centres doivent être exactement dans la même verticale. Le plan du collier est fixé contre un pilier en pierre de taille; ce n'est qu'après la pose et le scellement de ce collier, qu'on détermine la position de la crapaudine avec un fil à plomb.

Le calcul de la puissance de ces machines est facile à faire, d'après les lois de l'équilibre dans les rouages. Supposons le rayon de la roue E $= a =$ 18 pouces, celui du pignon F $= b =$ 3 pouces, celui du treuil D $=$ C $=$ 4 pouces, et la longueur de la manivelle $= d =$ 12 pouces, la puissance appliquée à cette manivelle $=$ P, et le poids à soulever accroché à la chaîne $= q$; on a la proportion $\frac{P}{q} = \frac{bc}{ad} = \frac{3^p .4}{18.\ 12} = \frac{1}{18}$, c'est-à-dire qu'une livre appliquée à la manivelle en tient 18

(1) Corde à nœud coulant dont on entoure les masses qu'on veut monter ou descendre.

en équilibre; mais dans le cas du mouvement, il n'en faut compter que 12, parce que le tiers de la puissance se trouve absorbé par les frottements, inévitables dans toute machine. Par la même raison, le poids montera dix-huit fois moins vite que la vitesse imprimée à la manivelle. Un seul homme peut donc charger ou décharger des colis du poids de 1000 à 12000 liv., si toutefois le travail n'est que momentané.

Lorsqu'on a de très lourds fardeaux à soulever, on fait les grues à doubles engrenage (fig. 7), pour en multiplier la puissance, c'est-à-dire qu'on ajoute encore une roue et un pignon du même diamètre que les précédents. L'axe à manivelle devient un axe intermédiaire qui, outre le pignon F, porte cette deuxième roue L, et par l'autre côté une roue à frein y, représentée par la fig. 8. Un cercle en fer mince, mais large, dont un des bouts est fixé en x, sur la pièce immobile en fonte M, et l'autre à l'extrémité du levier e, entoure, sans la toucher, la roue y, mais qu'il presse de toutes parts quand on vient à soulever ce même levier e.

D, Pignon monté sur l'axe des manivelles. Cet axe glisse, comme dans le premier cas, dans ses collets, de manière à pouvoir faire engrener le pignon, tantôt avec la roue E, quand la première puissance suffit pour vaincre la résistance, tantôt avec la roue L, quand le double engrenage est nécessaire; ou bien à la tirer tout-à-fait hors des roues, lorsque, rendant la liberté au treuil, on veut laisser descendre le poids, modéré dans sa chute par le frein seulement, qu'on fait agir à l'aide du levier e.

Le rapport de la puissance à la résistance dans cette machine à double engrenage sera $\frac{P}{q} = \frac{bcr}{ads}$, r étant le rayon du pignon D, et s le rayon de la roue L; mais ayant supposé les roues et les pignons égaux, nous avons $r = c$ et $s = a$; donc $\frac{P}{Q} = \frac{bc^2}{a^2d} = \frac{3.16}{324.12} = \frac{1}{81}$. Le rapport de la puissance à la résistance est ici comme 1 : 81 pour l'équilibre; mais pour établir le mouvement, il ne faut guère compter que sur les deux tiers, ou 60, tout au plus.

Les grues qui font sur elles-mêmes une révolution complète, sont placées dans un puits de 12 pieds de profondeur environ, dont le fond porte la crapaudine R et l'entrée un collier S en fonte, dans lesquels le fût, garni d'un tourillon et d'un manchon métallique, pose et tourne librement. C'est contre la partie de ce fût, qui s'élève au dessus de terre, et dont la longueur est à peu près égale à celle qui est dans le puits, qu'on fixe les moises B et le lien C, dont l'étendue mesurée horizontalement est de 15 pieds; de sorte que le fût, qui n'a réellement que 24 ou 26 pieds, se trouve en avoir près de 36, par rapport au point d'application du fardeau, qu'on peut supposer être en z, agissant dans une direction horizontale à l'aide d'une poulie de renvoi, sur laquelle passerait la chaîne. Il faut donc que le *fût*, à l'endroit du collier, et successivement dans tous ses autres points, ait une force proportionnée aux poids qu'on veut soulever, qui peuvent être, quand il s'agit de pierres indivisibles, de 8 à 10,000 kilogrammes. Tout se passe ici comme dans un levier du premier genre, où le point d'appui serait au tiers de la longueur. On aura donc, sous le poids de 10,000 kilogrammes agissant à l'extrémité, une poussée latérale au collier, égale à la somme de 10,000 kil. + 20,000 kil. de la réaction qui a lieu sur la crapaudine, c'est-à-dire 30,000 kilogrammes. On sent que pour résister à cet effort sans danger de rupture, et même sans plier beaucoup, il faut que le fût, s'il est en bois, porte une très forte dimension, bien qu'on le choisisse parmi les meilleures qualités de chêne. L'expérience a prouvé qu'il fallait un arbre de 22 pouces de diamètre, quand on ne l'arme pas de barres de fer; mais ordinairement on prend cette dernière précaution. On met sur les côtés du fût (fig. 7) deux fortes barres du meilleur fer, corroyées en fuseau méplat, portant vis-à-vis le collier 7 à 8 pouces de large, sur 16 à 18 lignes d'épaisseur, lesquelles barres sont embrassées par le manchon, par des frettes, et recouvertes en haut par les *joues* ou *fardes*, qu'on ajoute pour former la dimension nécessaire à la longueur du treuil : alors 19 ou 20 pouces au collet suffisent. Le manchon de fonte qui le garnit porte 16 à 18 lignes d'épaisseur, sur 18 à 20 pouces de haut; son contour extérieur doit être tourné; son diamètre extérieur a donc près de 23 pouces de diamètre. Il éprouverait, quelque bien graissé qu'il fût, un frottement considérable, qu'on aurait de la peine à vaincre quand la grue serait chargée : c'est pour cela que, faisant un autre manchon en fonte, d'un diamètre intérieur de 4 pouces de plus que le diamètre extérieur du premier manchon, ayant un rebord dans sa partie inférieure, et dont la surface intérieure est tournée, on interpose dans l'intervalle de ces manchons, dont l'un est fixe et l'autre mobile avec la grue, une ceinture de rouleaux en fer, tournés du diamètre de 2 pouces sur un pied de long. Alors le frottement dans ce collier, n'étant plus que du second degré, ne présente qu'une résistance fort peu considérable, tant que la poussière ou autres ordures ne viennent pas gêner le mouvement des rouleaux. C'est pour cette raison qu'on doit recouvrir très soigneusement toute cette partie du mécanisme.

Dans la plupart des grues, pour les faire pivoter sur elles-mêmes, on se contente d'attacher une corde à la chaîne tout près du fardeau, par laquelle on l'a fait venir où l'on désire; mais il existe un mécanisme au moyen duquel les mêmes hommes qui manœuvrent la grue produisent ce mouvement en tournant une manivelle. Une grande roue d'engrenage (fig. 7) n° 1, formée de deux pièces, est fixée horizontalement et concentriquement au collier, à une hauteur de 4 à 5 pouces au dessus du sol; un pignon 2, dont l'épaisseur est au moins double de celle de la roue, engrène celle-ci, et est porté par le bout inférieur de l'axe vertical 3, tenu dans des coussinets que présentent des bras en fonte 4, fixés de part et d'autre contre le mât de la grue. Sur le haut de cet axe est une roue d'angle 5, que conduit un pignon 6, porté par l'axe horizontal 7, au bout duquel est la manivelle 8. Il est évident qu'en faisant tourner la manivelle, le pignon 6 parcourra la circonférence de la roue fixe n° 1, et fera en même temps pirouetter la grue. Il est à remarquer que, quelque fort que soit le mât, il fléchira toujours un peu par l'effet du fardeau, d'où il résultera que l'axe 7 faisant partie du système des bras 4, s'élevant en proportion de la flexion, ferait sortir le pignon 6 de son engrenage, s'il n'avait pas l'épaisseur que nous avons indiquée.

Indépendamment de ces grandes grues, on en fait des petites en fer pour le service des magasins; les unes sont à potence et placées à demeure; mais la plupart sont portatives. Placées au rez-de-chaussée, leur corde ou chaîne va passer sur une poulie suspendue contre la devanture du toit; elles font le service de tous les étages.

Grues a roue a chevilles et a tympan. C'est particulièrement dans l'exploitation des carrières de pierre qu'on fait usage de ces sortes de grues. Le treuil, formé d'un très fort morceau de bois, est porté par deux chevalets en travers au dessus du puits d'exploitation. Sur l'un des bouts de ce treuil, en dehors du support, est fixée une grande roue portant 20 à 24 pieds de diamètre, en bois de charpente, dont le contour est garni de chevilles espacées de 18 en 18 pouces. Un échafaud, d'une hauteur telle que les hommes debout placés dessus, ont leurs têtes au niveau du treuil, est construit en avant de cette roue; ces hommes agissant sur les chevilles, tant avec leurs pieds qu'avec leurs mains, employant par conséquent leur poids et leur force musculaire, la font tourner dans le sens qu'il faut pour enrouler le câble autour du treuil, qui monte alors la masse qui y est suspendue. Le calcul en est fort aisé : on a $AP = BQ$, A étant le rayon de la roue, P l'effort fait par les hommes, B le rayon du treuil, et Q le poids de la pierre. On fait ici abstraction du poids du câble, qui, d'ailleurs, diminue à mesure qu'on monte. Ainsi, en supposant que la roue ait 12 pieds de rayon, le treuil 6 pouces, et que la pierre pèse 10,000 livres, il faudra, pour la faire monter, que les hommes exercent une puissance équivalente d'abord, pour l'équilibre, à 416 livres; et plus, pour le mouvement, 140 livres environ, ensemble 556 livres. Il faudra donc au moins six hommes.

Les roues à tympan (celles dans lesquelles les animaux marchent) appliquées aux grues, n'offre aucun avantage, leur construction est d'ailleurs plus dispendieuse que celle des roues à chevilles.

GRUE A TREUIL DIFFÉRENTIEL. *Voy.* l'art. CHÈVRE. E. M.

GUITARE (*arts mécaniques*). Instrument de musique qu'on fait raisonner en pinçant des cordes. Sur une capacité sonore formée de planches minces, sont tendues plusieurs cordes à des degrés convenables aux sons qu'elles doivent rendre.

La capacité est une boîte presque ovale, ayant deux dépressions latétales, à peu près comme une caisse de violon, excepté qu'il n'y a point d'angles, tout étant arrondi; l'ovale, un peu resserré vers le milieu, forme deux ventres, dont celui qui tient au manche est un peu plus petit. Les deux *tables* sont planes et parallèles; les côtes ou éclisses ferment la boîte tout à l'entour, en suivant les sinuosités dont on vient de parler. La table de dessus est en sapin; elle est percée à jour d'une rose ou cercle de 8 à 9 centimètres de diamètre, qu'on décore de diverses dentelures ou mosaïques en ébène, nacre, etc.; ce trou circulaire est destiné à laisser sortir les vibrations de l'air. Les éclisses et la table de dessous sont en érable, en acajou, etc.

Vers le haut de l'ovale est solidement collé un manche, absolument comme un VIOLON, excepté qu'il est beaucoup plus long et plus large. Ce manche est recouvert dans toute sa longueur d'une *touche*, sorte de plaque d'ébène parallèle aux cordes, sur laquelle on pose les doigts, en appuyant sur les cordes pour les accourcir et leur faire rendre le ton qu'on désire. Le manche de la guitare est une simple tablette percée de trous où entrent les chevilles, et qui est rejetée un peu en arrière, comme si le prolongement de la touche etait légèrement coudé. En haut du manche est collé transversalement le *sillet*; c'est une petite barre en ivoire, creusée de cannelures peu profondes où portent les cordes sonores : c'est à compter du sillet que la corde vibre lorsqu'on l'attaque *à vide*, c'est-à-dire lorsqu'on ne l'accourcit pas en y posant les doigts. Les chevilles tournent dans les trous percés à la partie supérieure du manche; elles y entrent par-dessous; le bout est saillant de l'autre côté, pour que la corde s'y enroule.

Sur la surface de la table supérieure, vers le bas, est fixé le *chevalet*; c'est une barre transversale, retenue à la table par des chevilles, percée de trous où l'on introduit le bout de la corde; à ce bout on fait un grand nœud, et l'on rebouche le trou par une cheville de même calibre, qui y entre à frottement et porte un sillon longitudinal, pour laisser la corde sortir, sans cependant que le nœud puisse y entrer. Chaque corde a sa cheville qui la retient. Le bord supérieur du chevalet est élevé au dessus de la table de 5 à 6 millimètres; les cordes y passent chacune dans un sillon, et c'est à compter de ce rebord du chevalet que les vibrations s'accomplissent. On comprend par cette description que les cordes sonores, attachées au chevalet d'une part, et à leur cheville de l'autre, portant vers leurs bouts sur le sillet et le rebord du chevalet, et tendues parallèlement à la table et à la touche, fort proche de celles-ci, résonnent lorsqu'on les attaque avec le bout des doigts, et produisent des accords. Jusqu'ici la guitare n'est qu'une espèce de violon, d'une forme un peu plus étendue, dont on tire des sons en pinçant les cordes : mais voici en quoi surtout ces deux instruments diffèrent.

Le manche est très long, afin de pouvoir se prêter à tous les accords; aussi, pour jouer de l'instrument, ne le tient-on pas comme un violon; on pose la caisse sur les genoux, et le manche est tenu et entouré par la main gauche dans une situation inclinée, la table et les cordes tournées en devant, tandis qu'avec la main droite on pince les cordes avec trois doigts alternativement; l'annulaire et l'auriculaire sont appuyés pour soutenir le poignet sur la table. La main gauche peut parcourir à volonté toute la longueur du manche sans éprouver de gêne. Les cordes sont très près de la touche et de la table, et le chevalet fort bas, afin que le peu de son que l'on peut tirer du pincé soit rendu avec toute l'intensité possible.

Comme la longueur du manche rendrait la justesse des tons fort difficile à obtenir, on fixe tout le long du manche des sillets transversaux, qui sont autant d'arrêts d'où les vibrations partent; on les dispose par demi-tons, à des intervalles réglés, dont on trouvera la loi au mot MONOCORDE. Les doigts ne se posent pas sur ces sillets, mais dans l'intervalle de l'un à l'autre; pourvu qu'un doigt presse la corde dans cette étendue, il est indifférent que ce soit ici ou là, parce que la corde aura pour origine de sa partie vibrante, non le point où pose le doigt, mais le sillet qui est en avant.

Ces sillets se font en petites barres d'ivoire collées et peu saillantes sur la touche; ou en entourant le manche par une chanterelle doublée qu'on serre fortement, et qu'on arrête à sa place en faisant un double nœud : le manche est ainsi coupé transversalement en cases où l'on pose les doigts.

La guitare a en général cinq cordes, rendant à vide les sons ascendants *la, ré, sol, si, mi;* le *la* et le *ré* sont donnés par des cordes filées à base de soie (*Voy.* CORDES FILEÉS); ce sont les tons graves. Le *la* est le son même que rend un violon lorsqu'on met un doigt sur la grosse corde filée. Le *mi* est rendu par la corde la plus fine, nommée *chanterelle,* à l'unisson de celle du violon à vide. Beaucoup d'artistes ajoutent une sixième corde filée rendant le *mi* grave à la double octave inférieure.

Les chevilles portent au bout une fente, dans le sens de leur axe, où l'on engage la corde, en la contournant pour qu'elle se prenne sous le premier tour, dont elle enroule le canon.

La caisse de la guitare à 10 à 11 centimètres de profondeur. La table supérieure est renforcée par trois barres tranversales en bois, dont celle qui est sous le chevalet est la plus importante, puisqu'elle soutient la tension des cordes. Une seconde barre est selon le diamètre du cercle de la petite panse; la troisième est au milieu de la rose, et par conséquent interrompue au milieu par le vide qu'elle laisse; cette rose est placée à peu près à la partie déprimée de l'ovale. La table inférieure a aussi trois barres de renfort placées à peu près de même que les supérieures, outre une barre longitudinale. FR.

H

HACHE-PAILLE. (*Arts mécaniques.*) Il est reconnu que la paille et l'avoine sont les meilleurs aliments pour conserver les chevaux dans un bon état de santé; aussi en Perse, en Turquie, en Espagne, etc., nourrit-on ainsi ces utiles quadrupèdes. Mais pour que la paille puisse être mangée et digérée, il est indispensable qu'elle soit réduite en petits fragments; de là l'usage des instruments destinés à hacher la paille. Tantôt on n'y emploie que des coupoirs manœuvrés par une pédale; tantôt on se sert de machines plus compliquées, qui sont surtout nécessaires lorsqu'on doit nourrir un grand nombre de chevaux. Le peu d'espace qui nous est réservé nous force de ne pas décrire ces appareils, et nous renvoyons au grand dictionnaire de technologie où on les trouvera exposés avec détail. Fr.

HAQUET (*arts mécaniques*). Voiture à deux roues et à deux brancards longs, forts et très rapprochés l'un de l'autre, sur laquelle on transporte dans l'intérieur des villes, les marchandises en tonneaux. Cette voiture, à laquelle on attelle quelquefois plusieurs chevaux en file, a une Limonière fixée à articulation contre une des extrémités des brancards; de sorte que ceux-ci, posés en équilibre sur l'essieu, peuvent s'incliner en arrière jusqu'à ce que leurs extrémités opposées touchent à terre. C'est dans cette position inclinée qu'on charge ou qu'on décharge le haquet, à l'aide d'une corde double, dont les bouts s'enveloppent sur un treuil placé horizontalement près de la limonière, sur le bout des brancards. Ce treuil, prolongé en dehors du brancard du côté du montoir où se tient toujours le *haquetier*, porte une tête frettée, traversée en croix par deux forts bâtons servant de leviers, à l'aide desquels un homme seul fait monter un ou plusieurs tonneaux à la fois le long des brancards du haquet, jusqu'à ce que le centre de gravité de la charge se trouve à peu près au dessus de l'essieu. Il l'arrête provisoirement à cet endroit avec une cheville de fer qu'il introduit dans un des trous pratiqués de distance en distance le long d'un des brancards. Lâchant le treuil, il va chercher de la même manière d'autres tonneaux, qui viennent à leur tour pousser les premiers. La charge glisse très aisement sur les brancards, parce qu'ils sont garnis de fer poli, jusqu'à ce qu'ils reprennent leur position horizontale, dans laquelle le haquetier les maintient avec une forte cheville de fer qu'il introduit dans des trous correspondants percés à la fois dans les brancards et la limonière.

Le déchargement est encore bien plus facile, puisqu'il ne s'agit que de rendre aux brancards leur position inclinée en arrière et de laisser glisser les tonneaux jusqu'à ce que le dernier chargé touche à terre : alors, faisant avancer les chevaux, tous les autres tonneaux sont successivement mis à terre sans qu'on ait à craindre le moindre accident.

C'est au célèbre Pascal qu'on doit l'invention de cette voiture, qui offre un moyen extrêmement simple et commode de charger et de décharger les marchandises. *Voy. ma mécanique*, nº 127.

FR.

HARPE. (*arts mécaniques*). Instrument de musique composé de cordes à boyau de grosseurs, longueurs et tensions différentes, qui sont disposées parallèlement en avant d'une caisse sonore, et qu'on fait raisonner en les pinçant. La forme de la harpe est à peu près celle d'un triangle dressé debout sur le sommet d'un de ses angles; à ce sommet il y a un pied, sorte d'empatement qui sert de soutient. L'un des côtés du triangle est vertical, l'autre oblique; le troisième, qui ferme en haut le triangle, est courbé en S allongée. Le côté vertical est une sorte de colonne qu'on décore de dorures, et qu'on surmonte d'un chapiteau : ce montant est creux dans sa longueur; c'est une espèce de tuyau que traversent de part en part des tringles de fer tirées par des *pédales*, qu'on voit saillir au pourtour du pied.

Le second côté du triangle, porté obliquement sur le pied, est une caisse plus renflée par le bas, et faite en bois sec et sonore : la face intérieure est la *table d'harmonie*, consistant en une planchette de sapin très mince, percée de trous qui forment quatre rosaces, deux à deux, en face l'une de l'autre, en bas et vers le haut de la caisse. Le long de cette table, et selon sa ligne du milieu, est une forte tringle de bois solidement fixée aux deux bouts, pour résister au tirage des cordes tendues; sur cette tringle sont alignés de petits crochets de fer pour servir d'attache à l'un des bouts des cordes vibrantes.

Le côté qui ferme le triangle en haut est une boîte courbée, qu'on nomme *bande*, dans laquelle sont cachées des séries de leviers, dont nous expliquerons l'usage. En haut de la bande, des chevilles d'acier perçent de part en part, et dépassent les deux faces opposées : elles servent à attacher et à tendre les cordes à la manière de celles des pianos.

On voit donc que les cordes sonores sont toutes parallèles et disposées dans le plan vertical de l'instrument. Les unes, rapprochées de la colonne, sont les plus grosses et les plus longues, elles rendent les tons graves : les 6 ou 8 premières sont filées en laiton, pour augmenter leur masse, et produire des sons plus graves, avec une moindre longueur pour une égale tension; les autres, en se rapprochant de l'angle opposé la colonne, décroissent graduellement de grosseur et de longueur, et rendent des sons de plus en plus aigus.

Les cordes de la harpe sont de différentes couleurs, pour que le musicien les reconnaisse de suite, et ne soit pas exposé à attaquer l'une pour l'autre : tous les *ut* sont rouges, les *fa* bleus, et les autres cordes blanches. Il y a en tout 40 à 42 cordes, formant environ six octaves. Ordinairement le son le plus grave est *sol*, ou même *fa* à l'unisson du son le plus grave du forté-piano; quelquefois on descend jusqu'au *mi* bémol. Les autres cordes suivent l'ordre diatonique de la gamme majeure en *mi* bémol, c'est-à-dire qu'on ne peut jouer sur ces cordes à vide que les morceaux de la musique écrits avec trois bémols à la clef; savoir ; *si*, *mi* et *la*.

Pour jouer de la harpe, il faut être assis et étendre les deux mains sur chaque face du plan vertical, selon lequel les cordes sont rangées, la droite d'un côté, la gauche de l'autre, de manière à embrasser la caisse sonore, qu'on penche légèrement sur son empatement; on maintient cette base avec les pieds. Les doigts des mains se promènent sur les cordes, en les pinçant, de manière à former divers accords au choix du musicien. L'angle supérieur, opposé à la colonne, est placé près de l'épaule droite. La main gauche, qui attaque les cordes de basse, suit les accords écrits sur la clé de *fa*; la droite, qui pince les petites cordes, est guidée par une ligne de musique écrite sur la clef de *sol :* l'exécutant lit ces deux lignes à la fois. Cela n'empêche pas que souvent les mains ne changent de clef, et par conséquent de cordes, comme au forté-piano.

La harpe étant à sons fixes, n'est accordée que par *tempérament* (*Voy.* ACCORDEUR, tome 1, pag. 73, et CORDES, tome 2, pag. 401), comme le FORTÉ-PIANO : mais ce dernier instrument présente bien plus de difficulté pour être mis d'accord, parce que chaque octave est composée des dièses et bemols, ou de douze sons, tandis que la harpe n'en a que sept; et d'ailleurs, ici on n'a qu'une seule corde pour chaque ton, tandis que le forté en a deux ou trois à l'unisson (en tout 216 cordes). Aussi la harpe n'exige-t-elle pas le secours d'un artiste spécialement appliqué à cette opération; chaque musicien accorde lui-même son instrument.

Venons-en maintenant au mécanisme de Nadermann pour changer de ton. A l'empatement sont pratiquées des fentes verticales d'où l'on fait saillir les sept *pédales;* ce sont les bouts aplatis de leviers en acier, qu'on attaque avec les pieds. Lorsqu'on abaisse l'une de ces pédales, elle tire une tringle de fer qui est logée dans le tuyau creusé selon la longueur de la colonne. Cette tringle est attachée en haut, au bout d'une lame d'acier cachée dans la bande, et faisant aussi fonction de levier, qui tire le *sabot;* on nomme ainsi un petit morceau de laiton taillé en virgule, enfilé sur une cheville d'acier qui est implantée perpendiculairement à la bande où elle pénètre. Le levier tire cette cheville et la fait rentrer dans la boîte de la bande jusqu'à ce que le sabot se trouve assez rapproché pour peser sur la corde au dessus de laquelle il était élevé sans la toucher : il la presse donc alors sur la bande. Un peu au dessous de ce sabot est une petite pièce de cuivre fixée au bord inférieur de la bande et faisant fonction de *sillet;* la corde, pressée par le sabot, s'infléchit et se loge dans un sillon sur cette pièce de cuivre, et la vibration de la corde ne compte plus que de ce point. On dispose chaque sabot au point qui doit produire un demi-ton.

Chaque corde a son sabot, le levier qui le meut, et sa pédale; en sorte que la corde qui, par exemple, rend à vide le *fa* naturel, donne le *fa* dièse lorsqu'on attaque la pédale du *fa*. Il n'y a que sept tringles et sept pédales, parce que le mécanisme gouverne toutes les notes de même nom, ainsi la pédale du *fa* change en *fa* dièse les *fa* naturels de toutes les octaves, parce que la même tringle tire à la fois tous les sabots des *fa*, attendu qu'elle est attachée à toutes les lames de leurs leviers. Quant au mécanisme qui produit tous ces effets, il est aisé de s'en faire une idée exacte, sans qu'il soit besoin de le figurer ici.

Lorsqu'on cesse de peser sur une pédale, elle se relève d'elle-même à l'aide d'un ressort, et le sabot lâche de suite sa corde; le plus souvent on reste quelque temps dans un même ton; pour soulager les pieds de l'exécutant, on peut faire rester le sabot fixé à la corde; on ménage sur le côté de la fente verticale de mouvement où joue la pédale, une autre fente horizontale de repos, où l'on pousse cette pièce; ce mouvement lui est permis, par la construction de son axe de rotation : dans cette position, la pédale reste fixe; on peut cesser de la presser des pieds, sans que les sabots lâchent leur corde.

S. Erard a inventé une harpe *à double mouvement*, sur un plan entièrement neuf, et a réussi non seulement à donner plus de justesse aux sons, mais encore à rendre l'instrument plus facile à jouer; il a disposé l'appareil de manière que chaque note a son dièse et son bémol, sans cependant employer un plus grand nombre de pédales.

Au lieu d'un sabot, il place sur la bande du côté gauche, en lieu convenable, un petit cercle de cuivre qui affleure la surface verticale, et peut pirouetter sur un axe central perpendiculaire à cette face, lequel passe immédiatement sous la corde. Ce disque, nommé *tourniquet*, porte deux goupilles saillantes du côté gauche de la bande, entre lesquelles la corde passe sans les toucher. Mais quand on attaque une pédale, ce cercle pirouette sur place, et les deux goupilles qui étaient dans une direction oblique, se placent verticalement, et saisissent la corde, qui fait un petit zigzag à chaque goupille : cette corde est donc accourcie.

Outre ce tourniquet mobile, il y en a un second plus bas que le premier, destiné à pirouetter à son tour, pour accourcir davantage la corde. Chaque corde a ainsi ses deux tourniquets, qui peuvent tourner indépendamment l'un de l'autre. Lorsqu'on pèse sur une pédale, le disque supérieur entre en rotation; mais si l'on pèse davantage pour abaisser la pédale au plus bas, le second tourniquet pirouette à son tour et accourcit encore plus la corde. Chaque pédale est donc susceptible de deux effets; celle du *la* bémol, par exemple, donne *la* naturel et *la* dièse, suivant qu'on presse la pédale jusqu'à un premier arrêt, ou jusqu'à un second. Chaque corde rend ainsi un ton naturel, dièse et bémol, précisément comme, avec le doigt, on rend les mêmes sons sur un violon, c'est-à-dire en accourcissant plus ou moins une même corde, pour que la même pédale fasse ainsi tourner tantôt l'un, tantôt l'autre des tourniquets, selon qu'on appuie plus ou moins sur la la pédale. *Voy.* les Bulletins de la société d'encouragement. Janvier 1835, p. 20, pl. 608. FR.

HAUTBOIS. Instrument de musique qu'on joue, comme la clarinette, en soufflant dans une ANCHE. Il est formé de trois pièces percées d'un canal continu en forme de tube évasé, qu'on ajuste bout à bout, comme cela se pratique pour la FLUTE. La première et la plus étroite reçoit l'anche; elle s'assemble avec la suivante par le moyen d'un renflement creusé en gorge nommé *noix*, et est percée de trois trous; la seconde, qui entre de même dans la noix de la troisième, est percée de cinq trous, dont deux sont fermés par des clefs; la troisième, plus grosse que les précédentes, se termine par un *pavillon*, qu'on appelle aussi *patte*, sorte d'entonnoir qui est au bout, et est percé de deux trous, l'un vis-à-vis de l'autre; on ferme l'un d'une clef, parce qu'on trouve que certains sont aigus sont plus justes; leur distance à l'anche détermine le ton le plus grave de l'instrument, qui est un *ut* naturel. On aurait un *si* en bouchant les deux trous de la patte.

Tous ces trous, percés perpendiculairement à l'axe, vont se rendre dans le tuyau longitudinal qui règne dans tout l'instrument, depuis l'anche jusqu'au pavillon, et qu'on nomme la *perce*. Ce tube étroit à un bout, va en s'élargissant graduellement jusqu'au pavillon. L'instrument présente son tube sonore, comme s'il était d'une seule pièce.

Des deux clefs, celle qui bouche le septième trou à compter de l'anche, reste fermée tant qu'on ne l'attaque pas ; car alors elle bascule et ouvre ce trou. La clef du huitième trou est plus longue, et ce trou reste au contraire toujours ouvert, si ce n'est quand on pose le doigt sur la clef pour la faire basculer et boucher ce trou. C'est avec le petit doigt de la main droite qu'on fait jouer ces deux clefs : l'index, le médium et l'annulaire ferment les trous 4, 5 et 6; les mêmes doigts de la main gauche bouchent les trous 1, 2, 3, les plus rapprochés de l'anche. Ces trous sont comme ceux de la flûte, excepté qu'ils sont de plus en plus élargis du côté de la patte. Les trous 3 et 4, bouchés par l'annulaire de la main gauche et l'index de la droite, ne sont point simples comme les autres, mais doubles, c'est-à-dire qu'il y a deux petits trous conjugués au même étage : lorsqu'on ne débouche que l'un de ces trous, on a le demi-ton, parce que la vitesse du vent est diminuée : pour avoir le ton plein, il faut ouvrir les deux trous.

Maintenant, au lieu de deux clefs, le hautbois en a neuf, fermant autant de trous destinés à ouvrir le passage à l'air en divers endroits du canal sonore, afin de couper la colonne vibrante en un plus grand nombre de points. Nous ne dirons rien ici sur cette théorie, qui a déja été suffisamment développée aux articles Accordeur et Cordes.

Le *cor anglais*, ou *voix humaine*, est un hautbois d'un diapason à la quinte au dessous; le *bariton* est à l'octave au-dessous du hautbois; la longueur et le calibre de la perce sont propres à produire ces effets. *Voy.* Son et Basson. Fr.

HAUTE-LISSE. (*Arts mécaniques.*) Espèce de tapisserie qu'on fabrique en plaçant la chaîne verticalement. *Voy.* Tapisserie. Fr.

HÉRISSON. En Mécanique, c'est une roue portant des dents sur son contour extérieur, engrenant dans une lanterne, un pignon, ou une autre roue placée dans le même plan qu'elle; ou bien qui conduit une chaîne dite à la Vaucanson. Aujourd'hui on fait ordinairement ces roues en fonte avec des dents en bois, plantées solidement dans les mortaises ménagées dans la fonte, où on les retient avec des chevilles de fer. Fr.

HERSE. Instrument d'agriculture dont on se sert pour unir et émietter la surface d'un terrain labouré, et pour enfouir la semence. Les herses ont la forme d'un triangle, d'un carré long ou d'un trapèze, présentant une surface d'environ quatre mètres. Le bâti se compose d'un encadrement et de traverses en bois fortement assemblés, dans lesquelles sont plantées vingt-cinq à trente dents de fer ou de bois, à égale distance les unes des autres, et légèrement inclinées dans le sens du mouvement qu'on donne à la herse. On place ordinairement sur le côté opposé aux dents, qu'on nomme dos de la herse, deux barres en bois dans le sens du mouvement; elles servent non seulement à consolider le bâti de la herse, mais encore de traîneau pour la conduire aux champs.

Les herses triangulaires sont les plus simples et les plus usitées. On les tire par un anneau de fer placé à l'angle antérieur. Les dents sont plantées dans les côtés obliques et dans des pièces intermédiaires disposées parallèlement à un des côtés, de manière que dans leur ensemble elles ne laissent entre elles, dans le sens de la marche, qu'un espacement d'environ 3 pouces.

Les herses carrées ou en trapèzes sont formées de cinq barres parallèles ou à peu près, maintenues à égales distances par deux traverses faisant avec elles des angles droits. On les tire par un des angles. Leur marche se fait dans le sens de la diagonale.

Nous ferons la remarque qu'on ne doit jamais fixer des dents dans les traverses, parce que l'effort que les dents éprouvent dans la terre les ferait infailliblement fendre. E. M.

HORLOGES. (*Arts mécaniques.*) Machines destinées à mesurer le temps, et à donner l'heure dans les églises, palais, châteaux et manufactures, avec une forte sonnerie, pour être entendue au loin, et de grands cadrans à l'air libre et sur les murs.

Si nous entreprenions ici de décrire les pièces d'une horloge, et de montrer comment chacune fonctionne, nous serions forcés de faire des redites. Une horloge est composée de deux parties distinctes, savoir d'un mouvement de pendule ordinaire, et d'une sonnerie qui en est indépendante, excepté à l'instant où une détente dégage le poids moteur qui fait partir les marteaux. De ces deux parties la première sera le sujet de notre article Pendule, et la seconde de notre article Sonnerie. Fr.

HOUILLE. (*Charbon de terre.*) On désigne sous ces noms une substance minérale, composée, dans des proportions variables, de charbon, de bitume et d'huile essentielle; quelques centièmes de son poids sont formés d'oxides terreux, de sulfure de fer, de différens sels, de matière azotée, de débris organiques. Les houilles ont, en général, une couleur noire plus ou moins éclatante, une cassure inégale, lamelleuse ou schisteuse, une densité qui varie de 1,16 à 1,6. L'hectolitre de houille en morceaux pèse 80 à 90 kilogrammes. Soumise à la distillation, la houille donne des huiles empyreumatiques, de l'eau presque toujours ammoniacale, des gaz inflammables, et un résidu solide charbonneux appelé *coke*.

Quand une houille se fond ou se ramollit en se décomposant par l'action de la chaleur, ce qui est le cas le plus fréquent, qu'elle laisse d'ailleurs un coke boursoufflé, on l'appelle *houille grasse*. Elle est dite *houille sèche* quand elle conserve sa forme et que sa poussière ne s'agglomère pas.

On attribue, en général, la formation de la houille à la décomposition des matières organiques enfouies dans le sein de la terre. Elle ne se rencontre jamais dans les premières formations ni dans les plus récentes : elle appartient aux terrains secondaires. On la trouve généralement à leur base, en *amas*, en *couches*, en *masses*, rarement en *filons*, dans les dépôts arénacés désignés par les noms de *terrains houillers*, des grès et des schistes, et dans les terrains houillers du calcaire.

La découverte d'une couche de houille ne consiste pas seulement à en reconnaître l'affleurement : il faut s'assurer si elle a assez d'épaisseur pour être exploitée avec profit, si sa direction, son inclinaison, sa puissance, sont constantes, etc.

La houille ne s'exploite jamais à ciel ouvert, mais toujours par puits ou galeries.

Lorsqne le toit n'est pas assez solide, ce qui est le cas le plus ordinaire, on exploite par chambres ou entailles, qui ont de 12 à 15 mètres de largeur, entre lesquelles on laisse des massifs pour soutenir les terres. Des galeries obliques descendent communément de chaque taille à la galerie principale, par laquelle les houilles sont conduites hors de la mine ou tout au bas du puits.

Lorsque l'on veut abandonner des travaux, on extrait les massifs en partie ou en totalité, en revenant du fond de l'exploitation vers le puits ou la galerie d'extraction.

La méthode d'exploitation par chambres est avantageusement employée quand on craint le voisinage de quelque amas d'eau, dont on peut arrêter l'écoulement en plaçant une digue entre deux massifs.

Dans les mines à couches à peu près horizontales, on exploite par galeries parallèles à leur direction, que l'on croise par d'autres galeries perpendiculaires aux premières, en laissant des piliers à base à peu près carrée. On appelle cette méthode *exploitation en échiquier;* elle est, à plusieurs égards, désavantageuse, et surtout parce que les massifs, isolés au milieu des remblais, sont ordinairement perdus.

Quand les gites de houille sont très puissans, on y pratique de grandes excavations, que l'on agrandit le plus possible; mais on risque, en leur donnant une trop grande extension, de déterminer des éboulemens.

Dans diverses mines de houille en amas, comme dans celle du Creusot, on exploite par étages de haut en bas, en laissant des piliers en quinconce et des massifs entre les étages.

On extrait souvent avec la houille une couche de pierre à chaux, qui lui sert de toit.

On emploie la houille pour une foule d'usages tels que le chauffage domestique, l'évaporation des liquides, le service des fourneaux de toute espèce, le travail des forges, la cuisson de la chaux, la fabrication du *coke*, la préparation des gaz de l'éclairage, etc. Comme sa qualité est variable, il est nécessaire de savoir l'apprécier. On y arrive par des méthodes différentes, suivant l'usage auquel on la destine.

Les meilleures houilles sont en général les houilles grasses qui se boursoufflent peu ; ce sont aussi celles qui donnent le meilleur coke. Les houilles sèches, riches en carbone, sont préférées pour la cuisson de la chaux.

De toutes les substances renfermées dans les houilles, la plus nuisible est la pyrite. En se décomposant spontanément à l'air humide et se transformant en sulfate, elle produit une expansion qui réduit la houille en menus débris ou en poudre ; elle manifeste, en se sulfatant ainsi, une chaleur qui peut aller jusqu'à enflammer la houille, soit dans les magasins, soit dans les excavations des mines. Le soufre que renferme cette même pyrite corrode peu à peu les grilles des fourneaux et le fond des chaudières, altère les qualités des métaux et principalement du fer, et donne à la distillation un gaz fétide, chargé d'hydrogène sulfuré.

Le genre d'essai des houilles le plus à portée de tout le monde, et celui qui est le plus concluant pour le consommateur, consiste à reconnaître la quantité *d'ouvrage fait*; par exemple, s'il s'agit d'une machine à vapeur à mettre en mouvement pour animer, d'une vitesse accoutumée, la machinerie préparant les produits ordinaires, il est évident que le meilleur charbon sera celui dont on aura employé la moindre quantité en 24 heures.

Ce cas est tout-à-fait analogue à celui du chauffage des liquides à un certain degré pendant un temps connu, à leur évaporation.

S'il s'agissait de la fabrication du gaz-light, le charbon à préférer serait celui qui donnerait le plus de coke et de gaz. Les houilles qui fournissent le plus de gaz sont celles qui renferment le moins de carbone ; mais les houilles qui donnent le gaz le plus éclairant sont celles dans lesquelles il y a le plus d'hydrogène, par rapport à l'oxigène, quelle que soit d'ailleurs la proportion du carbone.

Dans tous les essais de houille, il faut déterminer la quantité de cendre obtenue par la combustion à l'air libre, car il est évident, qu'à qualité égale du reste, celle qui en donnerait le moins serait préférable.

On doit aussi tenir compte de la facilité avec laquelle l'ouvrier peut entretenir son feu, de la moindre quantité de fumée produite, etc.

Enfin, dans les essais comparatifs entre plusieurs houilles, il est important de rendre le plus possible toutes les circonstances semblables, et notamment le degré d'*humidité* du charbon, le tirage du fourneau, la température, et l'état hygrométrique de l'atmosphère, etc.

Les qualités physiques des houilles peuvent, ainsi que la présence des corps étrangers, modifier considérablement leurs effets. Une houille très compacte, à coke pulvérulent, peut, en raison de son excessive proportion de carbone, et surtout de sa contexture très serrée, opposer tant d'obstacles à la combustion, qu'une grande quantité d'air la traverse en pure perte, en emportant une grande partie de la chaleur développée. Un autre obstacle résulte de la présence de beaucoup de matières terreuses, surtout si elles sont par couche : elles s'opposent au contact immédiat de l'air, et par conséquent à la combustion. L'inconvénient peut être encore plus grave, quand les substances incombustibles sont répandues dans toute la masse de la houille en nombreuses fissures. Celle-ci se désagrége, passe au travers des grilles, ou obstrue le passage à l'air.

Conversion de la houille en coke. A l'article *éclairage* nous avons dit quelques mots de la préparation du coke par distillation en vase clos : les moyens suivants sont plus généralement suivis :

La carbonisation de la houille pour les fourneaux et le travail de la fonte, s'opère le plus souvent par un procédé fort simple, tout-à-fait analogue à celui que l'on suit pour la carbonisation du bois.

On forme avec la houille en morceaux, sur un terrain battu, un tertre conique dont la base est de 5 à 6 mètres, et la hauteur d'environ 1 mètre. Les plus gros morceaux sont placés près du centre, où l'on ménage, comme pour le charbon de bois, un espace vide qui sert de cheminée. On introduit le feu en cet endroit; bientôt la température du centre s'élève et gagne de proche en proche; on le laisse agir plus ou moins, suivant que la houille est plus ou moins bitumeuse; on recouvre de menu de houille ou de poussier de coke les endroits où l'activité du feu est trop grande.

Pour faciliter cette opération, on a imaginé de construire une cheminée en briques à demeure, en forme de cône, ayant des ouvertures latérales pour laisser échapper les produits gazeux. Cette modification paraît heureuse, en ce qu'elle prévient une partie de la combustion de la houille située au milieu du tas.

La carbonisation en plein air dure quarante à quarante-huit heures. On reconnaît qu'elle est terminée lorsque, de la masse incandescente, il ne s'exhale plus de fumée ni de flamme rougeâtre allongée, mais qu'au contraire la flamme est devenue blanche et courte, alors on étouffe le feu à l'aide du poussier; et dès que le charbon est moins chaud, on achève de l'éteindre en l'étalant sur le sol. Il se trouve quelquefois des parties qui n'ont pas été entièrement privées de bitume; on les sépare pour les faire passer dans une carbonisation suivante.

Le coke pour la fabrication des aciers fins se prépare de la même manière; mais on ne recouvre pas le tas de poussier, et on laisse la carbonisation s'opérer plus complètement : on l'étend alors sur un terrain, puis on l'arrose avec un peu d'eau, pour hâter son extinction. Ce coke, moins impur que les autres, s'obtient en moins grande proportion, et brûle sans développer autant de chaleur.

On se sert quelquefois, pour fabriquer le coke, d'enceintes rectangulaires ou arrondies, fermées de murs en briques, au bas desquels sont pratiquées des ouvertures de 8 centimètres en carré, espacées d'environ 1 mètre 30 centimètres, qui, laissant à volonté accès à l'eau, permettent d'activer ou de ralentir le feu. On arrange la houille en morceaux, en forme de cône, laissant des interstices pour la pénétration de l'air.

On carbonise la houille menue et collante dans des fours clos construits en briques, et accollés tous ensemble dans un seul corps de maçonnerie, qui occupe un espace de 13 à 14 mètres de longueur sur 4 de large; l'ouverture ou gueule par laquelle on introduit la charge, s'élève à 65 centimètres au dessus du sol; à partir de cette hauteur jusqu'à celle de 1 mètre 30 centimètres, à 1 mètre 60 centimètres, ces fours ont une forme pyramidale ; à leur sommet est pratiquée une issue de 24 à 25 centimètres en carré, que l'on ferme plus ou moins, en laissant seulement le passage nécessaire pour que la flamme ne sorte pas par l'ouverture de la porte qui doit donner accès à l'air atmosphérique, et se rétrécit ou s'augmente à volonté. Le four étant une fois échauffé, la carbonisation s'y opère en vingt-quatre heures. Après chaque opération, on casse le coke dans le four, puis on l'extrait à l'aide de longs crochets de fer ; il s'éteint spontanément lorsqu'il est étendu à l'air. Cette méthode, suivie en Angleterre, s'emploie aussi au Creusot et à Saint-Étienne.

Dans les mouleries en fonte, le coke, pour l'usage de la fonderie, se prépare dans des espèces de fours à boulanger : des ouvertures pratiquées latéralement au dessus de la voûte, portent la flamme dans une chambre autour de laquelle des conduits la font circuler, et qui sert d'*étuve* à courant d'air chaud, pour la dessiccation complète des moules en *sable étuvé* et de leurs noyaux.

En carbonisant la houille dans des fours fermés, à une température assez élevée, pendant cinq à six heures que dure l'opération, et conduisant la fumée dans une série de chambres en briques voûtées, le charbon léger que celle-ci entraîne se dépose en très grande partie, et constitue le noir de fumée (*Voy.* ce mot.) que l'on fabrique aux environs de Saarbruk, à Saint-Étienne, etc. Le noir récolté, forme environ la trentième partie de la houille employée. Celui qui se dépose dans les parties les plus distantes du fourneau est préféré dans le commerce, à raison de sa plus grande division.

Les procédés de fabrication ci-dessus décrits donnent, terme moyen, de 50 à 60 pour 100 de coke, en poids, pour 100 de houille employée. Cette quantité varie avec la température, mais la différence est très peu considérable, et rarement une houille chauffée lentement donne 0,06 de charbon de plus que lorsqu'on la chauffe brusquement et fortement. Si la carbonisation a été faite à une chaleur graduée, le coke est moins boursoufflé que quand la calcination a été brusque.

Les menus de coke et ceux de houille non collante s'emploient utilement à la confection des *briquettes*. P.

HUILES. Ce sont des substance d'origine végétale ou animale, grasses et onctueuses au toucher, liquides ou susceptibles de le devenir par une douce température, insolubles ou très peu solubles dans l'eau, plus légères que ce liquide et inflammables par l'approche d'un corps en combustion.

Les huiles se divisent en deux grandes classes d'après l'action qu'elles éprouvent de la part de la chaleur : les unes supportent une température de 200 à 300° sans se volatiser sensiblement et se décomposent un peu plus tard. On les appelle *huiles fixes*. Les autres se volatilisent dans ces mêmes limites de températures ; ce sont les *huiles volatiles*, *essences* ou *huiles essentielles*. Les premières sont encore caractérisées par la propriété de se *saponifier*, c'est-à-dire de se convertir en acides gras sous l'influence des alcalis, tandis que les huiles essentielles ne forment jamais de savons. Indépendamment de ces propriétés, il en est d'autres très importantes qui permettent difficilement de confondre ces deux classes de corps.

Huiles fixes. Elles ont été très long-temps considérées comme des principes immédiats ; mais M. Chevreul a fait voir qu'elles sont formées de deux substances particulières qu'on retrouve constamment avec des propriétés identiques dans la presque totalité de ces huiles. Il a donné le nom de *stéarine* à la substance solide et celui d'*oléine* à la matière liquide des huiles. Par leur mélange en proportions très variables, la stéarine et l'oléine constituent donc l'immense mojorité des huiles grasses. Les graisses animales présentent la même composition, seulement comme elles sont solides, c'est la stéarine qui y domine, tandis qu'au contraire c'est l'oléine qui entre pour la plus forte proportion dans dans les huiles.

La stéarine et l'oléine peuvent être séparées soit par des moyens mécaniques, soit par des procédés chimiques. En enfermant de l'huile d'olives figée dans plusieurs doubles de papier non collé, et en la soumettant ensuite à une forte pression, la stéarine reste dans le papier sous forme d'une masse blanche très consistante, tandis que celui-ci reste imbibé d'oléine.

Outre les deux principes immédiats dont nous venons de parler, les huiles contiennent ordinairement une petite quantité de matières colorante et odorante, mais ces matières ne font pas partie

8..

nécessaire des huiles fixes, car on peut les en priver sans qu'elles perdent les propriétés qui les caractérisent.

Soumises à l'action des alcalis caustiques et de l'eau, les huiles se transforment en acides *stéarique*, *oléique* et *margarique* et en une quatrième substance neutre, la *glycérine*. La quantité de cette substance et celle des acides gras varient avec l'espèce d'huile saponifiée ; nous parlerons avec détail de cette action remarqnable, à l'article *savon*.

La chaleur saponifie également les huiles, mais la réaction est plus complexe, sans doute parce qu'elle est très difficile à conduire. Des acides gras passent dans les récipiens, tandis que la cornue retient une plus ou moins grande quantité de charbon.

L'acide sulfurique concentré se combine avec les huiles fixes. La combinaison est défaite par l'eau, et d'après M. Edmond Frémy, il se forme dans cette circonstance trois nouveaux acides qui ne diffèrent des acides stéarique, margarique et oléique que parce qu'ils renferment chacun un equivalent d'eau de plus. M. Frémy qui les a découverts, les a désignés sous les noms d'acides *hydro-stéarique*, *hydro-margarique* et *hydro-oléique*. Il est vraisemblable que cette découverte aura bientôt d'utiles applications.

Les huiles fixes abandonnées à l'air s'y épaississent, absorbent un très grand nombre de fois leur volume d'oxigène et dégagent une quantité d'acide carbonique proportionnellement beaucoup plus petite.

Les huiles grasses se rencontrent principalement dans les semences. On les en extrait par expression ; après avoir préalablement pilé les graines, on les introduit dans un sac de crin et on les presse, entre des plaques métalliques, au moyen d'une presse à coin ou d'un appareil à vis. L'expression à froid fournit une huile de meilleure qualité, mais comme on n'en retirerait de la sorte qu'une partie, afin de retrouver le reste, on chauffe les graines avec précaution entre 100 et 150° et on leur fait subir une seconde expression. Quelquefois on substitue à ce procédé l'emploi de l'eau bouillante à la surface de laquelle l'huile fixe ne tarde pas à venir nager.

Les huiles fixes peuvent être rangées en trois divisions qui comprennent 1° les huiles non siccatives, 2° les huiles siccatives, 3 les huiles concrètes.

Les huiles non siccatives sont celles *d'olives*, *d'amandes douces*, de *faîne*, de *colza*, de *navette*, de *moutarde*, de *caméline*, de *cresson alénois*, de *ben* et de *ricin*. Les huiles siccatives sont celles de *pavot*, ou *d'œillette*, de *lin*, de *noix*, de *noisette* et de *chenevis*.

Quant aux huiles *solides* à la température ordinaire, ce sont principalement l'huile ou *beurre de cacao*, celles de *muscades*, de *palme*, de *coco*, de *galam* et de *laurier*.

Nous ne parlerons que des huiles qui présentent quelque intérêt sous le double rapport industriel et chimique.

Huile d'olive. Elle est renfermée dans la semence de l'*olea europea* et dans le drupe charnu qui la recouvre.

Sa couleur est tantôt d'un jaune verdâtre, tantôt d'un jaune pâle, sa densité de 0, 919 à 12°. C'est une des huiles les plus faciles à congéler; à quelques degrés au dessus de zéro, elle commence déja à déposer des cristaux de stéarine. Sa saveur est douce et agréable; son odeur rappelle tout-à-fait celle des olives.

On trouve dans le commerce trois qualités d'huiles d'olive. La meilleure a été préparée à froid, par une douce pression des olives. On l'appelle *huile vierge*. La deuxième espèce d'huile d'olive commune, s'obtient par une plus forte expression, d'ailleurs suivie de l'action de l'eau bouillante. La dernière huile qui est la moins bonne et qui sert presque exclusivement à la fabrication des savons s'obtient soit en faisant bouillir pendant long-temps le marc d'olives avec de l'eau, soit en laissant fermenter les olives entassées avant de les exprimer..

L'huile d'olive est une des plus employées et comme elle est aussi une de celles dont le prix est le plus élevé, elle est très souvent falsifiée soit par de l'huile d'œillet lorsqu'elle est destinée à la table, soit avec de l'huile de navet quand elle doit être employée dans les arts. M. Poutet a indiqué un moyen très propre à reconnaître ces falsifications. Il consiste à mêler 96 parties de l'huile à essayer avec deux parties d'une dissolution de nitrate de mercure que l'on prépare en dissolvant à froid 6 parties de mercure dans 7 $^{1}/_{2}$ parties d'acide nitrique d'une densité de 1,35. On agite le mélange toutes les 15 à 20 minutes. Si l'huile est pure, le mélange au bout de 7 heures, a une consistance de bouillie épaisse et après 24 heures il est tout-à-fait solide. M. F. Boudet s'est assuré que cette propriété est due à la présence de l'acide hyponitrique dans le nitrate de mercure préparé à froid et il a proposé de le substituer à ce dernier sel. L'essai ne dure alors que quelques instans. Lorsque dans l'expérience précédente, l'huile d'olive est mêlée à plus de $^{1}/_{8}$ d'huile étrangère, cette dernière se sépare de la masse sous une forme liquide et il est facile de déterminer son volume en opérant dans un tube de verre divisé en 100 parties égales.

Huiles d'amandes douces. Inodore, très fluide, d'un jaune clair, d'une densité de 0,92 à 15°, d'une saveur agréable. Elle se congèle à un petit nombre de degrés au dessous de 0. Exposée à l'air, elle rancit rapidement. C'est après l'huile d'olive, celle qui se saponifie le mieux.

L'huile d'amandes de première qualité s'extrait à froid par pression des amandes préalablement dépouillées de leurs pellicules. Le plus souvent on se contente de frotter avec force les amandes les unes contre les autres dans un sac de toile rude, afin d'en détacher la pellicule rougeâtre qui colorerait l'huile.

L'huile retirée par expression à froid des amandes amères est aussi douce et aussi inodore que l'huile d'amandes douces.

Huile de colza. Cette huile est très employée pour l'éclairage et la fabrication du savon mou. On l'extrait des graines du *brassica arvensis*, plante cultivée abondamment dans les départemens du Nord. L'huile de colza contient toujours, outre un principe colorant une substance mucilagineuse qui en rend la combustion très difficile et dont il est nécessaire de la dépouiller. On y parvient en agitant fortement l'huile avec deux centièmes de son poids d'acide sulfurique du commerce *très concentré* : on lave ensuite le mélange avec deux fois son volume d'eau, ou mieux on y fait barboter de la vapeur d'eau qui s'y condense. Après quelques jours de repos, l'huile dépurée est décantée et versée dans des cuves percées de trous garnis de mèches de coton. Les huiles des autres graines peuvent être purifiées par le même procédé ; elles portent alors dans le commerce le nom d'*huiles blanches*. Le but de l'acide sulfurique est de détruire la matière colorante et le mucilage de l'huile, mais pour que son emploi réussisse, il est indispensable que cet acide soit parfaitement concentré. Pour peu qu'il renferme plus d'un équivalent d'eau, il ne charbonne plus les matières étrangères à l'huile et celle-ci ne subit aucune dépuration.

Huile d'œillette, *d'œillet* ou de *pavot*. Cette huile a une saveur douce et agréable, sentant la noisette, une couleur jaune-pâle, une odeur nulle, une grande fluidité, une densité de 0,926 à $+15_0$. Elle est soluble en toutes proportions dans l'ether, l'alcool froid en prend $^1/_{25}$ et $^1/_6$ s'il est bouillant. Elle se solidifie complètement à -18_0 et n'a aucune tendance à la rancidité. On l'extrait par expression des graines de pavot (papaver somniferum).

Huile de lin. Elle s'extrait de la graine de lin, *linum usitatissimum*, qui en renferme environ les 22 centièmes de son poids. La meilleure est celle obtenue par l'expression à froid ; mais quand on l'extrait pour les usages des arts, on commence par faire subir aux graines une légère torréfaction dont le but est de detruire un mucilage qui les recouvre extérieurement, et qui s'oppose à l'extraction de l'huile.

L'huile de lin a une couleur d'un jaune clair, lorsqu'elle a été préparée à froid, et d'un jaune brunâtre quand elle a été exprimée à chaud. Sa saveur et son odeur sont fortes et désagréables ; sa densité de 0,94 à 12°. Elle se dissout dans 1,6 d'éther, et dans 40 parties d'alcool froid. En raison de sa propriété siccative, elle est très employée dans la peinture pour délayer les couleurs ; elle entre dans la composition des vernis gras, et de l'*encre des imprimeurs*. On augmente sa propriété siccative en la faisant bouillir avec de la litharge.

Huile ou *beurre de cacao*. Cette huile concrète s'extrait des semences du cacao. Après avoir torréfié ces semences, on en sépare leur écorce ligneuse ; on les réduit en pâte dans un mortier de fonte, en les broyant ensuite sur une pierre préalablement chauffée. On fait bouillir cette pâte avec de l'eau, à la surface de laquelle vient se rendre l'huile; ou bien on soumet la pâte à la presse entre deux plaques de fer chauffées à l'eau bouillante.

Le beurre de cacao est solide à la température ordinaire, mais facilement fusible ; il a une couleur blanche, légèrement jaunâtre; une saveur douce et agréable, particulière, qui est celle du chocolat; il rancit à l'air avec une grande rapidité, et n'est plus propre alors aux usages de la médecine. P...ZE.

Huiles volatiles. Elles sont caractérisées par une grande fluidité, une saveur chaude et brûlante, une odeur forte tantôt suave, tantôt désagréable; une densité plus faible que celle de l'eau, une légére solubilité dans ce liquide, une solubilité toujours très grande, quelquefois indéfinie dans l'alcool; et enfin par une facile inflammabilité. Comme l'indique leur nom, elles sont volatiles, et cette volatilité différente, suivant la nature de de chacune de ces huiles, varie de 140° à 200°.

Les éléments qui les constituent sont le carbone, l'hydrogène, et le plus souvent l'oxygène : elles ne renferment jamais d'azote. Les alcalis ne les saponifient pas; quelques unes paraissent remplir le rôle de bases, et saturer les acides; mais la plupart appartiennent à la classe des substances indifférentes.

Abandonnées à l'air, elles y acquièrent une consistance de plus en plus considérable, perdent une partie de leur odeur et deviennent acides; elles absorbent une grande quantité d'oxigène, et laissent dégager un volume d'acide carbonique proportionnellement plus petit.

Comme le prix des huiles essentielles est en général beaucoup plus élevé que celui des huiles grasses, on fait servir très fréquemment ces dernières à leur sophistication. La fraude est facilement reconnue en imbibant un papier de l'huile que l'on présume altérée, et le chauffant : l'huile volatile disparaît complètement si elle est pure; sinon le papier reste imprégné d'huile fixe qui le tache. Quelquefois les essences sont mêlées, dans le commerce, avec de l'alcool : la chose devient plus difficile à constater. Cependant si la quantité d'alcool employé est un peu notable, l'huile mêlée avec de l'eau forme un nuage dont la persistence est un indice de la fraude.

Les huiles essentielles se rencontrent dans toutes les parties des végétaux, mais très rarement dans les semences. Leur extraction est fondée sur leur volatilité. On place la plante ou la partie de la plante qui contient l'huile, sur le diaphragme de la cucurbite d'un alambic; on adapte au chapiteau un serpentin, à celui-ci un récipient, et l'on distille : l'eau réduite en vapeurs entraîne l'huile et se condense avec elle dans le récipient dont la forme est particulière et très ingénieuse.

C'est un vase en verre, de la forme d'une caraffe, portant à sa base et latéralement un tube qui se relève et se termine en col de cygne un peu au-dessous de l'orifice supérieur du vase. En raison de cette disposition, le vase ne peut se remplir au delà du niveau de la courbure du tube; l'eau en excès s'écoule sans cesse, et l'huile plus légère qu'elle, et qui la surnage, reste dans le récipient.

Quand une huile est peu volatile, on ajoute à l'eau du vase distillatoire, un sel soluble, tel que du chlorure de sodium, qui retarde le point d'ébullition de l'eau, et détermine par-là la production d'une plus grande quantité de vapeur d'huile.

Lorsque l'on a plusieurs distillations à faire, on remplace avec avantage l'eau pure par de l'eau aromatique, dont l'huile s'est séparée dans une premiére opération.

Huile ou *essence de térébenthine*. Elle est incolore, limpide, très fluide, d'une odeur forte, particulière, d'une densité de 0,86 à 22°. Elle bout à 157°; la densité de la vapeur est égale à 4,76. Cette huile ne renferme pas d'oxigène; elle est composée de 88,4 de carbone, et de 11,6 d'hydrogène, ou en équivalens, de 5 équivalens de carbone, et 4 équivalens d'hydrogène. Sa propriété la plus remarquable est d'absorber une quantité très considérable de gaz acide hydrochlorique, et de former avec lui un composé solide, blanc, cristallisable, que l'on désigne sous le nom de *camphre artificiel*, à cause de son odeur et de la plupart de ses autres propriétés physiques, qui ressemblent beaucoup à celles du camphre. Ce composé est formé de volumes égaux de vapeur d'essence et de gaz hydrochlorique; sa formule en équivalens est:

$C^{20} H^{16} H^2 Ch^2$; qui représente 4 volumes d'essence, et 4 volumes d'acide hydrochlorique.

L'essence de térébenthine est de toutes les huiles volatiles la plus employée à cause de son bas prix. La propriété qu'elle possède de dissoudre la cire et les résines la rend précieuse pour la préparation de certains encaustiques, et surtout pour la fabrication des vernis.

On retire l'essence de térébentine de la distillation des térébentines ou matieres résineuses qui exsudent des incisions faites au tronc et aux grosses branches des arbres conifères.

Essence de citron. Elle présente cela de particulier, qu'elle a exactement la même composition que l'essence de térébenthine, et qu'elle absorbe, comme cette dernière, le gaz acide hydrochlorique avec lequel elle forme aussi un *camphre artificiel.* Toutefois sa capacité, pour l'acide hydrochlorique, est double de celle de l'essence de térébenthine; car le camphre en question est représenté par la formule $C^{10} H^8 H^2 Ch^2$.

L'essence de citron se prépare tantôt par distillation, tantôt par expression. On râpe la partie jaune de l'écorce de citron, et l'on recueille l'huile qui découle des râpures fortement exprimées.

Les huiles de *cédrat*, d'*orange*, de *bergamote*, sont, comme celle de citron, préparées par expression ou distillation. Elles ont une odeur et des propriétés à peu près semblables, et servent aux mêmes usages dans l'art du parfumeur.

L'*huile de fleur d'oranger* ou *néroli*, retirée par distillation; l'huile de *romarin*; celle de *lavande*, ne présentent rien de particulier qui mérite que nous nous arrêtions à leur étude. P...ZE.

Hydrochlorate d'ammoniaque. Voy. sel ammoniac.

HUITRES. L'huître a deux coquilles entre lesquelles elle est enfermée; elle y adhère par deux muscles. Ces coquilles ont une charnière formée de deux crochets et d'un ligament élastique: quand l'huître veut les ouvrir, elle lâche ses muscles, et l'élasticité du ligament fait bailler les bords opposés. L'intérieur est lisse et nacré; l'extérieur est soudé aux rochers du fond de la mer. L'eau douce est mortelle pour cet animal.

L'huître est hermaphrodite ; elle pond des œufs qui, dès la naissance, font suinter de leur peau la substance calcaire qui forme la coquille ; celle-ci s'accroît sans cesse sur les bords avec l'animal. Sa nourriture est formée de corpuscules flottants; elle respire par des franges très délicates qui bordent son corps. Elle craint également les froids vifs et les fortes chaleurs, et n'aime pas les eaux profondes et agitées. C'est dans les baies qu'on la trouve plus fréquemment; celle de Cancale, près Saint-Malo, est très riche de cette production qui y semble inépuisable, quoiqu'on en pêche une énorme quantité : il y en a des bancs de plusieurs lieues dans différens pays.

Les huîtres sont une nourriture délicate et très recherchée; elles sont âcres dans les fonds vaseux ; aussi est-on obligé de les conserver quelque temps dans un *parc*, pour les laisser dégorger. On les pêche avec une *drague*, espèce de pelle en fer de 6 pieds de long, et 2 pieds de large, derrière laquelle on attache un filet. Cette drague, tenue par des cordes au bordage d'un navire que le vent pousse, rase le fond de la mer et en détache les huîtres. Un seul coup en enlève plus de mille. Des bâtimens non pontés, d'environ 10 à 20 tonneaux, en rapportent jusqu'à 200 milliers; chaque année on enlève plus de 100 millions d'huîtres dans cette baie, depuis le 15 octobre jusqu'au 30 avril. En tout autre temps, qui est celui du frais, la pêche est défendue : l'huître est d'ailleurs alors visqueuse et dégoutante.

Le *parc* est un bassin creusé sur le bord de la mer, à 4 ou 5 pieds de profondeur, dont on garnit le fond et le parois de petits galets. L'eau s'y renouvelle deux fois par mois (à chaque grande marée). On y dépose les huîtres, ayant soin de les en retirer de temps à autre avec un rateau de fer pour ôter celles qui sont mortes. Des ouvriers nommés *amareilleurs* s'occupent des soins du parcage. Les huîtres, dans ce bassin tranquille, s'engraissent et prennent un goût délicat : il arrive même que les franges de leur organe respiratoire prennent une couleur verdâtre, dont la cause n'est pas encore bien connue, mais dont les conditions d'existence le sont assez pour la faire naître à volonté. Les *huîtres vertes* sont plus chères et plus estimées que les autres. En été, le parc reste vide et on le nettoie. FR.

HYDROGÈNE. C'est un des corps simples les plus répandus dans la nature. Il est un des élémens de l'eau et de la presque totalité des substances végétales et animales.

A l'état de pureté, et sous toutes les pressions les plus fortes et les températures les plus basses auxquelles il ait été soumis, l'hydrogène est resté constamment gazeux. C'est le plus léger de tous les corps; sa densité est de de 0,0688, c'est-à-dire environ 14 fois plus légère que celle de l'air.

Il est sans couleur, sans saveur, et s'il est bien pur, parfaitement inodore; il est impropre à la respiration et à la combustion. Sa solubilité dans l'eau est tellement minime, qu'on peut la considérer comme nulle.

L'hydrogène est très facilement inflammable, et sa combinaison avec l'oxigène donne naissance à de l'eau. Celle-ci est formée de deux volumes d'hydrogène, et de 1 volume d'oxigène. (*Voy.* EAU.)

On prépare l'hydrogène par la décomposition de l'eau, soit en faisant passer celle-ci en vapeur sur des tournures de fer chauffées au rouge, qui s'emparent de l'oxigène, forment de l'oxide de fer et laissent l'hydrogène libre; soit à l'aide de la réaction d'un acide sur un métal facilement oxidable. Ce dernier moyen étant plus facile et plus économique, est employé de préférence: 1° dans les laboratoires; 2° pour emplir les AÉROSTATS; et 3° pour fournir l'hydrogène aux BRIQUETS A GAZ.

Dans les laboratoires, on dispose l'appareil et l'on conduit l'opération de la manière suivante: on introduit dans un flacon à à deux tubulures, de la contenance d'un demi-litre (qui peut donner environ 10 litres de gaz), 60 grammes de zinc en fragmens; on ajoute environ 300 grammes d'eau. A l'une des tubulures, on adapte un tube recourbé, dont l'extrémité relevée va s'engager sous l'entonnoir d'une CUVE HYDROPNEUMATIQUE. Dans la deuxième tubulure, on place un tube droit de 3 millimètres de diamètre au moins, qui descend jusqu'au fond du flacon et s'élève au dessus de la tubulure de 9 à 10 centimètres. Un entonnoir surmonte ce tube.

Tout étant ainsi disposé, on verse dans le flacon, par l'entonnoir et le tube droit, de l'acide sulfurique concentré par petites quantités à la fois. Sous l'influence de cet acide, l'eau est décomposée par le zinc, qui s'empare de son oxigène; l'oxide formé s'unit avec l'acide sulfurique pour former du Sulfate de zinc, tandis que l'hydrogène mis en liberté se dégage en produisant une sorte de bouillonnement ou effervescence. Bientôt ce gaz sursurmonte la pression de la colonne d'eau, et sort en chassant avec lui l'air contenu dans l'appareil : on laisse perdre environ un litre et demi de gaz, afin d'être certain que tout l'air atmosphérique est expulsé et que l'hydrogène est pur. Alors on le recueille en plaçant un flacon rempli d'eau, l'ouverture en bas, sur l'orifice par lequel le gaz se dégage. L'hydrogène, plus léger que l'eau, la déplace, et remplit ainsi successivement plusieurs vases.

Pendant le cours de l'opération, dès que l'on voit l'effervescence devenir moins vive, on ajoute un peu d'acide sulfurique jusqu'à ce que le zinc soit dissous presque en totalité.

L'hydrogène ainsi obtenu ne serait pas suffisamment pur pour des expériences de recherches; il contient toujours une certaine quantité d'une huile particulière : afin de l'en débarrasser, on ajoute à l'appareil un tube intermédiaire rempli de fragmens de potasse, ou un flacon contenant un solution de cet alcali; l'huile reste unie à la potasse, et le gaz est recueilli à l'état de pureté.

On suit en grand procédé tout-à-fait analogue à celui que nous venons de décrire, pour extraire de l'eau l'hydrogène dont on emplit les Aérostats. On choisit de bons tonneaux à vin fraîchement vidés et bien cerclés, on pose chacun d'eux sur un de ses fonds; l'autre fond est enlevé, afin que l'on puisse introduire la ferraille; on renfonce ensuite le tonneau, on l'emplit d'eau aux deux tiers de sa capacité, et l'on s'assure en le renversant qu'il ne perd en aucun endroit le liquide; on le replace debout, et l'on perce avec une bondonnière deux ou trois trous dans le fond supérieur.

L'un des trous sert à introduire l'acide sulfurique, l'autre à recevoir un tuyau de 12 à 18 lignes de diamètre courbé, à angle droit, qui conduit le gaz dans un gros tuyau servant de récipient commun à tous les tonneaux pour conduire le gaz dans l'orifice inférieur du ballon. On perce trois trous dans les fonds des tonneaux, lorsqu'ayant une grande quantité de gaz à fournir, on est obligé de placer deux rangs circulaires de tonneaux; tous ceux de la seconde rangée concentrique doivent avoir un troisième trou, qui sert à recevoir le gaz de la rangée extérieure par un tuyau à double courbure. De cette manière, les tonneaux se trouvent accouplés, et il faut verser l'acide simultanément dans les deux qui communiquent ensemble, afin d'éviter une trop grande déperdition de gaz.

Les proportions les plus convenables des agens chimiques pour que la réaction soit complète sont de ;

Fer.	56
Acide sulfurique concentré. . .	100
Eau.	400

qui produiront en volume, si ces nombres s'appliquent à des kilogrammes, 22 mètres cubes 37 centièmes, sauf les déperditions, qui sont plus ou moins grandes, suivant les soins que l'on donne à la construction de l'appareil et à la conduite de l'opération.

La théorie de ce mode de préparation du gaz hydrogène est absolument la même que celle indiqué ci-dessus, et le fer, qui est ici substitué au zinc, joue le même rôle : le résidu seul est différent; il se compose d'une solution de SULFATE DE FER ou COUPEROSE VERTE. P.

HYDROGÈNE CARBONÉ. La plupart des matières organiques exposées à l'action d'une température plus ou moins élevée ou à l'influence prolongée de l'air et de l'eau, subissent une désorganisation pendant laquelle une partie du carbone et de l'hydrogène qu'elles renferment se combinent presque toujours en proportions d'ailleurs très variables.

Plusieurs de ces composés jouent un rôle important dans le chauffage et principalement dans l'éclairage. Tels sont principalement l'hydrogène proto-carboné et l'hydrogène bi-carboné. D'autres et surtout l'essence de térébenthine sont très employées dans les arts ou dans la médecine.

Les combinaisons du carbone avec l'hydrogène se présentent sous les trois états solide, liquide et gazeux. L'action d'une température blanche les décompose toutes en hydrogéne libre et en carbone. Celles qui ne sont pas gazeuses, le deviennent par une chaleur convenablement ménagée.

L'eau ne les dissout pas ou n'en dissout que des traces.

L'oxigène les convertit en eau et en acide carbonique à une température rouge. Cette propriété est mise à profit par les chimistes pour analyser ceux de ces composés qui sont naturellement gazeux.

Le volume de l'oxigène qui a disparu et celui de l'acide carbonique qui a été produit indiquent facilement la nature et la quantité de l'hydrogène carboné soumis à l'analyse.

Lorqu'on soumet les huiles à l'action de la chaleur dans la fabrication du gaz de l'éclairage, outre l'hydrogène proto-carboné et l'hydrogène bi-carboné, il se développe plusieurs carbures d'hydrogène, qui ont été découverts et décrits par Faraday. L'un, le *carbure d'hydrogène* est formé de 4 vol. d'hydrogène et de 2 vol. de vapeur de carbonne, condensés en un seul vol. Il est liquide à 18°, incolore, d'une densité égale à 0,627 à × 12. Il bout à plusieurs degrés au dessous de 0 à la pression ordinaire, et produit un gaz incolore pesant 1,9264.

L'autre, le *sesqui-carbure d'hydrogène*, formé de 3 équiv. de carbone et de 2 équiv. d'hydrogène, a une densité de 0,86, et ne bout qu'à 85°. Le troisième est le *bi-carbure d'hydrogène*.

L'hydrogène et le carbone s'unissent en un très grand nombre de proportions, ainsi que le démontre le tableau suivant :

		Équivalens de carbone.	Équivalens d'hydrogène.
1. équiv.	Hydrogène protocarboné.	1/2	1
Id.	Hydrogène carboné (gaz oléfiant).	1	1
Id.	Carbure d'hydrogène.	2	2
Id.	Huile de roses.	4	4
Id.	Napthe.	3	2 1/2
Id.	Bicarbure d'hydrogène.	3	1 1/2
Id.	Huile douce de vin.	2	1 1/2
Id.	Essence de térébenthine. . . .	5	4
Id.	Napthaline.	2 1/2	1

Plusieurs de ces composés sont isomériques, mais le mode de condensation de leurs molécules est différent.

Hydrogène protocarboné. Incolore, insipide, insoluble dans l'eau, inflammable et brûlant avec une flamme jaunâtre, d'une densité égale à 0,559; inconnu à l'état de pureté complète, toujours mêlé avec des gaz qui se dégagent en même temps que lui des marais ou des eaux stagnantes desquelles on l'extrait. L'hydrogène proto-carboné se forme dans une foule de circonstance. C'est un des produits de la décomposition de la houille, et en général des matières organiques par la chaleur. Il se dégage même souvent à la température ordinaire, dans l'intérieur des mines de houille où il produit les détonnations funestes connues sous le nom de *feu grison*, *grisou*, ou *brisou*. (*Voy.* lampe de sûreté des mineurs.)

Hydrogène carboné. C'est un gaz incolore, d'une odeur empyreumatique, très peu soluble dans l'eau, impropre à la respiration, éteignant les corps enflammés et brûlant à l'air avec une flamme blanche et fuligineuse. Le produit de sa combustion est de l'eau et de l'acide carbonique.

Sa densité est de 0,9852. Une chaleur blanche le décompose en carbone et en hydrogène. Comme les élémens qui le constituent y sont très condensés, son mélange avec l'oxigène détonne en produisant une explosion des plus violentes.

Les combinaisons de l'hydrogène carboné sont très nombreuses. Les plus remarquables sont celles qu'il forme avec les acides, et que l'on désigne sous le nom d'*éthers*.

Pour le préparer, on chauffe ensemble 1 partie d'alcool, et 3 parties et demi d'acide sulfurique concentré, et l'on recueille le gaz qui se dégage en abondance ; c'est de l'hydrogène carboné, mêlé d'acide sulfureux, d'acide carbonique, d'éther et d'huile douce de vin. Au moyen d'une dissolution de potasse, on enlève les deux acides, et par l'agitation avec un peu d'alcool faible, on dissout l'éther et l'huile douce. Le gaz, agité avec de l'eau, lui abandonne la vapeur alcoolique, et peut après cette opération, être considéré comme pur.

Hydrogène sulfuré, acide hydro-sulfurique. Ce gaz, l'un

des réactifs les plus précieux pour le chimiste, est sans couleur, d'une odeur et d'une saveur fétides tout-à-fait semblables à celles des œufs pourris. Sa densité est 1,1912. Un froid très vif combiné à une pression très grande liquéfient l'hydrogène sulfuré.

Ce gaz éteint les corps en combustion et est doué de propriétés excessivement délétères.

Soumis à l'action de la chaleur, il est décomposé, mais seulement en partie, quelque intense que soit le feu. De l'hydrogène et du soufre sont mis à nu.

L'oxigène sec est sans action sur lui, à froid, mais à chaud, il le convertit en eau et en acide sulfureux. Il en est de même de l'air atmosphérique. Dans les deux cas, il brûle avec une belle flamme bleue.

L'hydrogène sulfuré et l'acide sulfureux se détruisent complètement quand on les mêle ensemble dans les rapports de 2 volumes du premier à 1 vol. du second. Les produits sont de l'eau et du soufre. L'équation $2.\ HS + SO^2 = 2.\ HO + 2.\ S$ représente cette réaction.

Le chlore, l'iode et le brôme décomposent tout-à-coup l'hydrogène sulfuré par leur affinité pour l'hydrogène qui est supérieure à celle du soufre. La meilleure manière de désinfecter l'air chargé d'hydrogène sulfuré est d'y répandre du chlore ou de l'eau de chlore. C'est aussi le moyen le plus sûr de rappeler à la vie les personnes asphyxiées par ce gaz, comme cela n'arrive que trop souvent dans la vidange des fosses d'aisance.

L'eau dissout à peu-près trois fois son volume d'hydrogène sulfuré et acquiert la plupart des propriétés de ce gaz. Cette dissolution peut se conserver indéfiniment sans le contact de l'air, mais lorsque ce fluide y a accès, l'oxigène qu'il renferme forme de l'eau avec l'hydrogène de l'acide hydro-sulfurique, du soufre se dépose et tout l'acide est détruit.

L'hydrogène sulfuré existe dans les eaux minérales dites *sulfureuses ;* il se produit pendant la putréfaction d'un grand nombre de matières animales.

On le prépare en décomposant un grand nombres de sulfures

par des acides. Le plus souvent on se sert de sulfure d'antimoine et d'acide hydrochlorique concentré ou de sulfure de fer et d'acide sulfurique étendu d'eau.

Chaque volume de ce gaz est formé d'un volume d'hydrogène et de $\frac{1}{6}$ de volume de vapeur de soufre. Son équivalent est représenté par 2 volumes ou par la formule HS. C'est cette quantité qui sature 1 équivalent de base renfermant 1 équivalent d'oxigène.

P.....ZE.

HYGROMÈTRE (*Arts mécaniques*). Nous ne dirons rien d'une multitude d'instrumens imparfaits dont on se sert pour mesurer l'humidité de l'atmosphère. Celui que Saussure a inventé est le seul qui ait la précision qu'on demande à un bon appareil de physique.

On prend un cheveu qu'on a dégraissé dans une faible solution de potasse. Ce cheveu se raccourcit par la sécheresse, s'allonge par l'humidité, sous la même température. Dans un cadre (fig. 15, pl. 24) on le suspend à une pince S, par un petit poids P, en contournant une petite poulie B, dont l'axe porte un aiguille AB. Lorsque les variations de l'état hygrométrique de l'air changent la longueur du cheveu, la poulie tourne et fait marcher l'aiguille, qui indique les variations sur un arc gradué FE.

On règle cet instrument en le plaçant successivement sous deux cloches; l'air de l'une a été complètement désséché avec du chlorure de calcium qui y a séjourné pendant 24 à 30 heures; l'air de l'autre contient toute la vapeur d'eau permise à sa température, parce qu'on en a mouillé les parois durant un jour. L'aiguille dans ces atmosphères fait une excursion, et on divise en 100 parties égales l'arc qu'elle a parcouru du sec à l'humide. Le zéro marque l'extrême sécheresse, et le 100ᵉ degré est le terme de la saturation d'humidité.

Cet hygromètre sert à présager les changemens de temps, et reproduit les mêmes indications quand les circonstances redeviennent les mêmes. Mais pour en conclure la quantité pondérable d'eau actuellement contenue dans l'atmosphère, il faut avoir égard à la température, qui est donnée par un thermomètre dont l'instrument est muni : il faut en outre recourir à une table qui indique la relation entre les deux indications et le degré de saturation. *Voy.* le grand dictionnaire. Fr.

I

ICTHYOCOLLE, *colle de poisson.* On connaît sous ce nom une substance blanchâtre, sèche, tenace, demi-transparente, contournée de diverses manières, et plus particulièrement sous forme de lyres, composée de membranes enroulées. La colle de poisson n'est autre chose que de la gélatine presque pure ; elle présente par conséquent toutes les propriétés chimiques de cette substance. (*V.* Gélatine). On préfère dans le commerce la plus blanche et celle dont le tissu est le plus fin ; on la prépare avec la vessie aérienne des esturgeons, et plus particulièrement du grand esturgeon. On emploie, sur les bords de la mer Caspienne et des fleuves qui viennent s'y décharger, la vessie natatoire de tous les acipensères, pour fabriquer l'icthyocolle.

La préparation de la colle de poisson dans cette partie de la Russie, et surtout à Astrakan, consiste à tremper dans l'eau les vessies aériennes des esturgeons, les y séparer soigneusement de leur peau extérieure et du sang dont elles sont quelquefois recouvertes, les enfermer dans une toile, les serrer, les amollir entre les mains et les tordre en petits cylindres que l'on contourne en forme de lyre ; il suffit ensuite de les faire sécher à une température douce inférieure à celle du soleil.

Suivant Pallas, les Asiatiques enlèvent toute la graisse qui entoure les vessies natatoires de l'esturgeon, les pendent en l'air pour les faire sécher un peu ; ils les jettent dans une chaudière d'eau bouillante et les y laissent jusqu'à ce qu'elles surnagent ; alors ils les retirent, les broient dans de l'eau fraîche et les réunissent sous la forme d'un gâteau. Cette colle plus facile à dissoudre que la première, se vend chez les droguistes sous le nom de *colle de morue* ou *colle en table*.

L'icthyocolle est principalement employée pour la clarification de la bière, du vin et de quelques autres liqueurs spiritueuses; dissoute dans l'eau bouillante dans la proportion de 0,64 elle se prend en gelée par le refroidissement et forme sous ce état la base de plusieurs mets assez agréables; elle est employé dans divers *apprets* par les *rubaniers* et les fabricans d'étoffes c'est en enduisant le taffetas noir de colle de poisson que l'o prépare le sparadrap connu sous le nom de *taffetas d'Angleterre*

P.

IMPRESSION, IMPRIMERIE. *Voy.* TYPOGRAPHIE. FR.

IMPRESSION DES TOILES ET DES ÉTOFFES. (*Arts mécaniques.*) L'art d'imprimer les toiles et les étoffes, en général, consiste à fixer sur l'une de leurs faces des figures quelconques diversement coloriées et inaltérables, qui les recouvrent en partie, tandis que le reste conserve sa couleur.

Cette impression s'exécute aujourd'hui au moyen de planches ou de cylindres convenablement gravés, avec lesquels on applique d'abord sur les endroits des étoffes qu'on veut colorier, une substance liquide qu'on appelle *mordant*, et dont la propriété est de disposer le tissu à prendre la couleur d'un bain de matières tinctoriales, telles que la GARANCE, la GAUDE, le QUERCITRON, etc., dans lequel on plonge l'étoffe, comme pour la teinture ordinaire. La matière colorante de ces substances s'attachant ou se combinant fortement avec les parties imprégnées du mordant, il en résulte, pour ces seuls endroits, des couleurs vives et inaltérables; tandis que ne tenant que faiblement sur les autres parties non imbibées du mordant, on la fait disparaître par un simple lavage à l'eau courante, et l'exposition pendant quelques jours sur le pré, en mettant l'envers en dessus.

L'impression sur les étoffes de matières animales, laines et soie, se fait par l'applicatiou directe des couleurs mêmes, qu'on fixe ensuite par des procédés particuliers, que nous expliquerons plus tard.

Jusqu'en 1800, l'impression des toiles s'est faite à Jouy, dans la belle manufacture d'Oberkampf, à l'aide de planches de cuivre gravées, à la manière de l'impression en taille douce (*V.* GRAVEUR.) Mais les avantages que présentent les cylindres pour cette sorte d'industrie ont fait renoncer au premier procédé; nous ne nous occuperons donc ici que du second.

Fabrication des cylindres. Il existe trois sortes de cylindres : 1° en cuivre jaune, pleins ou creux ; 2° en cuivre rouge, creux ; 3° en cuivre rouge tirés à la filière sur des mandrins en fer servant d'axe.

Les cylindres en laiton, fondus ordinairement pleins, avec une très forte *masselotte* ou surcharge de métal, et à un diamètre de quelques lignes plus gros qu'ils ne doivent porter, étant finis, sont battus ou écrouis à coups de marteau dans toute l'étendue de la surface, afin de resserrer les pores du métal et d'en faire disparaître toutes les gerçures ou piqûres.

Le cylindre est ensuite porté sur un tour à percer, où on le fore par son centre dans la direction de son axe, comme un canon. Ce trou est percé de part en part, si le cylindre doit s'ajuster sur un axe général qui sert à plusieurs ; mais on trouve plus commode que chaque cylindre porte ses tourillons. Dans ce cas, on ne perce les bouts qu'à environ 6 pouces de profondeur, où chaque tourillon est fixé à vis.

L'opération du TOUR ne présente rien de particulier ; le tour reçoit le cylindre dans des collets fixes, et non sur des pointes, tandis qu'un outil qui se meut parallèlement à l'axe du tour forme un cylindre exact, dont on unit la surface avec un rôdoir et de l'émeri fin ou du rouge d'Angleterre.

Les imprimeurs d'étoffes recherchent toujours les cylindres de cuivre rouge de préférence à ceux de laiton, par la raison que le cuivre rouge est plus propre à recevoir la gravure que le *laiton*, et que par sa nature, il résiste mieux et plus long-temps à l'action corrosive des acides qui entrent dans la composition des mordans. Mais on n'a pas encore parfaitement réussi en France à les exécuter aussi bien qu'en Angleterre. Voyez à ce sujet ce qui est exposé dans le Grand Diction. Technol.

On fabrique en Angleterre une autre espèce de cylindre dont l'enveloppe est en cuivre rouge et mince, et le noyau en fer. Cette enveloppe ou chemise étant placée sur son noyau, on fait passer le tout dans une lunette de filière, qui écrouit la surface en même temps que le cylindre se trouve arrondi, ce qui ne laisse presque rien à faire au tour. Un Anglais, M. Atvood, a formé à Rouen une fabrique de cylindres de cette espèce.

Gravure des cylindres. On grave les cylindres de trois manières différentes : 1° au poinçon; 2° à la molette; 3° à l'eau-forte.

La gravure au poinçon est la seule dont on ait fait usage jusqu'à ces derniers temps. Tout consiste à faire le poinçon, dont le bout gravé a la courbure du cylindre, et à l'appliquer sur la surface de celui-ci d'une manière régulière.

A cet effet, le cylindre est placé sur un tour qu'ou nomme *machine à graver*; il y est maintenu par ses tourillons dans des collets fixes qui lui permettent de tourner sur lui-même; un plateau divisé est fixé sur un des bouts de l'axe, et sert à en régler le mouvement de rotation. Le poinçon gravé est tenu au dessus dans une poupée qu'on fait mouvoir parallèlement au cylindre, le long d'une forte barre de fer, au moyen d'une vis de rappel; la tête de la vis porte également, comme l'axe du cylindre, un plateau divisé qu'une alidade arrête à chaque division. Cette même poupée porte au dessus du poinçon un petit mouton qu'on fait jouer à l'aide d'une pédale, et dont la chute peut être plus ou moins grande, suivant la force de percussion qu'il faut exercer sur le poinçon pour l'imprimer sur la surface du cylindre.

On voit qu'au moyen de ces dispositions, on peut non seulement appliquer le poinçon d'une manière régulière sur tout le contour du cylindre, mais encore dans le sens de sa longueur, et à des intervalles parfaitement régularisés. Le cylindre ainsi poinçonné partout, on donne au burin ou avec d'autres poinçons les coups de force que comporte le dessein qu'on veut exécuter sur l'étoffe, tout en ne perdant pas de vue que les creux seuls, ainsi que cela a lieu dans l'impression en taille-douce, représentent le dessein. Toute la difficulté est dans la gravure du poinçon.

La gravure à la molette, qu'on commence à exécuter avec une grande perfection, sans faire abandonner complètement la gravure au poinçon, la remplacera généralement pour les desseins continus, à points groupés, à palmes larges : elle sera encore adoptée par raison d'économie; car ce mode, extrêmement prompt, permet d'avoir la gravure d'un cylindre pour 300 à 400 fr., tandis que la même gravure exécutée au poinçon coûte de 5 à 700 fr.

Nous n'expliquerons pas ici complètement le procédé de graver sur la molette et d'en tirer des empreintes; procédé d'ailleurs qui ne diffère pas essentiellement de celui de la gravure des poinçons, des coins à frapper la monnaie, les médailles. Nous dirons seulement que la molette matrice, ainsi que celle qui doit servir à graver le cylindre, doivent être d'acier fondu de la première qualité, et avoir un diamètre dans un rapport exact avec celui du cylindre.

Pour exécuter la gravure d'un cylindre à la molette, on a une machine analogue à celle dont on se sert pour graver au poinçon; celui-ci est remplacé par la molette, qu'on presse fortement contre le cylindre à l'aide de deux leviers tellement combinés, qu'on puisse, avec un poids de 8 à 10 kilogrammes, exercer une pression de 12 à 15000 kilogrammes, suivant la dimension de la molette, la profondeur de la gravure et la dureté du métal. Cette molette est disposée de manière à ce que son axe prenne, au besoin, une position parallèle, oblique ou perpendiculaire à celui du cylindre, pour pouvoir graver annulairement, en hélice ou dans le sens longitudinal. Pour conserver à la molette et au cylindre le mouvement simultané, leurs axes portent des roues d'engrenage qui les y assujettissent. (*V.* au mot Machines.)

La gravure des cylindres à l'eau-forte, s'exécute comme celle en *taille-douce*. (*V.* Graveur.) Le cylindre étant entièrement recouvert d'une couche de vernis au gras et opaque, est placé sur un tour à guillocher, au moyen duquel et d'une pointe, on forme sur sa surface le dessein qu'on veut avoir, par l'enlevage du vernis. On peut faire aussi ces dessins à la main, comme pour le cas de la taille-douce. Le métal étant mis à nu, on plonge le cylindre dans un bain d'acide nitrique, d'où, au bout de quelques heures, on le retire tout gravé. Ce mode de gravure, quoiqu'il y ait beaucoup à retoucher à la main, paraît promettre encore plus d'économie que la gravure à la molette. On fait très facilement de cette manière de simples traits parallèles, ou qui s'enlacent dans des directions quelconques.

Mordans. Les mordans le plus généralement employés dans l'impression des toiles sont l'*acétate d'alumine* et l'*acétate de fer*.

Comme cette partie du travail appartient aux arts chimiques, elle sera traitée séparément.

Apprêt des toiles. Les toiles de coton ou calicots qu'on destine à être imprimés reçoivent un apprêt particulier; elles doivent être blanchies (*V.* BLANCHISSAGE), grillées d'un seul côté (*V.* GRILLAGE DES ÉTOFFES), et passées, quand la teinte doit être génerale, dans un mordant qui les dispose à prendre le fond de couleur qu'on veut avoir. Cette immersion se fait dans une auge au fond de laquelle se trouve un rouleau de renvoi, et au moyen de deux cylindres en cuivre superposés comme dans un laminoir, très pressés l'un contre l'autre, dont le supérieur est enveloppé à plusieurs doubles d'une toile fine. Les pièces de toile à imprégner, cousues à la suite l'une de l'antre au nombre de 4, 5, 6, plus ou moins, sont roulées sur un treuil à rebords ou grande bobine, qu'on place au dessus de la machine à imprégner. Le bout de la toile, après trois ou quatre enlacemens à travers des barreaux de bois pour la faire étendre et tendre, va passer sous le rouleau du fond de l'auge, et puis, introduite entre les cylindres de cuivre, on la fait circuler en tournant ceux-ci dans le sens convenable et lentement, afin de donner à la toile le temps de s'imbiber.

Actuellement, nous allons décrire la machine à imprimer au moyen des cylindres, et les procédés employés pour cet objet (fig. 11, pl. 17.)

A, Cylindre gravé, maintenu par son axe dans une position horizontale, dans des collets de cuivre fixes, où il tourne librement, par l'effet d'un moteur quelconque, avec une vitesse très uniforme d'environ trente-six tours par minute.

B, Réservoir ou auge en cuivre rouge, contenant le mordant dans lequel plonge une partie du cylindre A.

C, Râcloire ou essuyeur du cylindre gravé, auquel, dans les fabriques, on donne le nom de *docteur;* c'est une lame mince d'acier fondu ou d'alliage métallique, maintenue dans toute sa longueur, qui est égale à celle du cylindre, dans une pince à vis, au moyen de laquelle et de vis de pression, on la fait appuyer contre le cylindre, en même temps qu'on lui donne, dans le sens de sa longueur, un mouvement de va-et-vient.

D, Autre râcloire semblable à la première, mais placée derrière le cylindre, où elle n'a pour objet que de le débarrasser des matières cotonneuses qu'il entraîne quelquefois avec lui, et qui viendraient sans cela se mêler au mordant.

E, Cylindre de pression en fonte de fer, d'un pied de diamétre et de la même longueur que le cylindre gravé, et tenu dans le même plan vertical; il est revêtu d'une ou de plusieurs chemises de flanelle ou de drap feutré, afin de lui donner un leger degré d'élasticité. Indépendamment de cette chemise d'étoffe de laine, on interpose encore entre les deux cylindres une toile sans fin *cd*, qui circule et garantit l'enveloppe de laine de l'impression des mordans.

Le cylindre E, bien que très pesant, serait loin d'exercer par son seul poids une pression suffisante : on y supplée au moyen des deux leviers en fer F, aux extrémités desquels on suspend des poids et des bielles H, également en fer, qui transmettent la pression au cylindre par ses deux tourillons.

Les pièces de toile à imprimer étant cousues les unes au bout des autres, et roulées, comme nous l'avons dit, sur de fortes bobines percées à leur centre d'un trou carré, sont mises sur un axe de même forme, au point L, en avant de la machine à imprimer. La toile vient passer sur le rouleau M et contre la barre de bois N dentelée obliquement à droite et à gauche. Ces cannelures divergentes, qu'on fait quelquefois en cuivre, ont pour objet de faire élargir la toile avant son entrée dans les cylindres; mais indépendamment de ce moyen, il faut encore que deux ouvriers, placés de part et d'autre, la maintiennent avec leurs mains parfaitement tendue.

Tout étant ainsi disposé, on met les cylindres en mouvement; alors la toile, pressée entre les deux cylindres, vient successivement se faire imprimer en dessous par le mordant dont la gravure du cylindre se charge en tournant dans cette matière. La toile montant verticalement, va en X se dessécher dans un appareil à vapeur placé à l'étage supérieur.

On imprime ordinairement les toiles à plusieurs couleurs pour chacune desquelles le mordant doit être de nature différente.

Alors on ajoute à la machine à imprimer un second cylindre gravé Q, égal en diamètre au premier, et portant le dessin qu'on veut intercaler. Cette disposition abrège beaucoup le travail, mais il est très difficile d'obtenir constamment la correspondance exacte entre les deux dessins : il faut, pour cela, que les cylindres, quoique rigoureusement égaux, soient commandés par des roues d'engrenage qui établissent entre eux le mouvement simultané. Du reste, ce deuxième cylindre est pressé contre le cylindre E au moyen des vis R, et il a ses râcloires, son auge à mordant, etc., comme le premier. Il y a des imprimeurs qui ont essayé d'en mettre un troisième ; mais on trouve déja tant de difficulté à surmonter avec deux, qu'il nous semble presque impossible d'aller au delà. Les autres variétés de couleurs sont mises au bloc ; c'est-à-dire avec des planches de bois gravées, portant des repères qui s'accordent avec le dessin formé par les planches ou les cylindres.

A cet effet, il existe dans chaque fabrique de vastes ateliers garnis de tables recouvertes de tapis ou de couvertures de laine. Les toiles à surimprimer, suspendues sur des traverses, sont amenées successivement sur ces tables, où des femmes, des enfans, leur appliquent les mordans supplémentaires au moyen des blocs mentionnés ci-dessus, en les frappant d'un ou deux coups de maillet, dès qu'ils sont mis à leurs repères. Ces blocs, gravés en relief, sont chargés à chaque fois de mordant contenu dans un baquet placé auprès de l'ouvrier, et qu'un enfant a soin d'étendre constamment avec une brosse, sur une peau qui surnage cette fausse couleur. On entretient la température de ces ateliers à 15 ou 20 degrés, afin d'opérer promptement la dessication des nouveaux mordans.

Les toiles ainsi imprégnées du mordant et sèches, on les lave à l'eau chaude, jusqu'à ce que l'amidon, la farine ou la gomme qu'on a mêlés au mordant pour l'épaissir soient enlevés ; enfin, on les dégorge dans l'eau froide, soit dans des roues à laver, soit dans l'eau courante.

Lorsque les toiles sont ainsi préparées, on les teint à la manière ordinaire dans des bains de garance ou d'autres matières tinctoriales (*V.* TEINTURE); elles sont alors plus ou moins colorées partout; mais en les lavant de nouveau à l'eau courante, et les exposant pendant quelques jours sur le pré, l'envers en dessus, on fait complètement disparaître la couleur de toutes les parties qui n'ont pas été imprégnées de mordans; elles reprennent leur couleur primitive, tandis que les endroits pénétrés de mordans retiennent fortement la teinture. EM.

IMPRESSION DES TOILES. (*Arts chimiques.*) La fabrication des couleurs, la nature des mordans, le mode d'action des substances, etc., tout cela rentre dans la doctrine générale des TEINTURES. Pour éviter les répétitions, nous renverrons à ce dernier article, où la théorie et la pratique seront exposées avec détail. Nous nous bornerons à donner ici la liste des mordans qui sont employés dans les manufactures d'étoffes peintes, en employant d'ailleurs les matières colorantes convenables, le quercitron, la gaude, la garance, le sumac, etc.

BAINS.	MORDANS EMPLOYÉS.	COULEURS PRODUITES.	NUMÉRO des OPÉRATIONS.
Garance....	Acétate d'alumine..	Rouge.	Première.
	Acétate de fer......	Brun, noir.	
	Acétate de fer délayé...............	Lilas.	
	Acétate d'alumine et de fer mélangés...............	Pourpre.	
Quercitron.	Acétate d'alumine..	Jaune.	Deuxième.
	Acétate de fer......	Fauve, ou vert dit *américain*.	
	Acétate d'alumine, sur le lilas ci-dessus............	Olive.	
	Id. sur le rouge....	Orange.	
Indigo......	Solution d'indigo...	Bleu.	Troisième.
	Id. sur le jaune....	Vert.	

INCENDIE. (*Arts mécaniques.*) On a beaucoup cherché des moyens pour sauver les personnes et les meubles des lieux incendiés, mais il faut avouer que tous ces procédés n'ont pas su tenir, au moment du besoin, les promesses qu'on avait faites en leur nom. Nous nous bornerons ici à traiter des moyens de porter l'eau sur les parties embrasées qu'on veut éteindre. D'abord, tous les seaux et les moyens de faire arriver l'eau des puits et des réservoirs voisins doivent être mis en usage. Les seaux qu'on préfère sont en osier, garnis de cuir en dedans, pour que l'eau ne s'échappe pas. On *fait la chaîne*, c'est-à-dire que les seaux, tant pleins que vides, voyagent de main en main, depuis le réservoir jusqu'au bâtiment incendié. Là sont établies des *pompes à incendie*, qui font jaillir l'eau sur les parties en feu, ou sur celles qu'on veut inonder pour les préserver. Ces Pompes sont en général foulantes, et lancent le liquide à de grandes distances. Mais on conçoit que le jet d'une semblable pompe serait intermittent et peu nourri, malgré la grande force de projection qu'on lui imprime, si l'on n'avait pas trouvé le moyen de rendre le jet continu, à l'aide d'un réservoir d'air comprimé. Ces machines sont d'une construction tellement spéciale à l'objet qu'on a en vue, que nous croyons devoir décrire celle qu'on emploie le plus ordinairement.

Un réservoir en planches de chêne, et trois fois aussi long que large, est monté sur quatre roues solides, ayant un avant-train, où des hommes s'attellent avec des bricoles, pour transporter la pompe où l'on veut. A l'arrière est un tuyau en cuir, qu'on visse; ce boyau, très solidement soutenu en dedans par des spires en gros fil de fer, va servir à puiser l'eau d'un réservoir, d'un étang ou d'un puits, à l'aide d'une aspiration : on peut ainsi alimenter la caisse d'eau sans qu'on ait besoin de l'y verser; une grille placée au dedans de l'entrée du boyau arrête les pierres et les graviers qui pourraient obstruer les conduits.

Sur ce réservoir est fixée une caisse de protection, ayant la forme d'une pyramide renversée; un homme peut monter sur cette caisse pour diriger l'ajutage conique en cuivre, qui chasse le jet : c'est ce qu'on appelle une *lance*. Mais le plus souvent on visse un boyau en cuivre au lieu de cet ajutage, et la lance ne se place qu'au bout du tuyau, dont on a soin d'effacer toutes les sinuosités, et de prolonger l'étendue jusqu'où il convient. Ces vis doivent être très soignées et à plusieurs filets, pour que l'eau ne puisse s'échapper par les joints, malgré l'énorme pression de la chasse. C'est dans cette caisse D'E' qu'est disposé le réservoir à air TSR (fig. 9, pl. 17), dont on concevra bientôt l'usage.

On manœuvre cette pompe en saisissant les poignées des barres en P et Q, que des hommes robustes font aller et venir. Ces barres font monter et descendre les deux pistons K, *k* l'un après l'autre, à l'aide des secteurs BM, DE en fonte de fer, portant des doubles chaînes de la forme de celles qu'on emploie dans les montres. Les chaînes de chaque secteur se croisent, et ont leurs extrémités fixées, savoir, l'une en E ou M au bas du secteur, et en haut F, *f* de la tige du piston ; l'autre en D ou B au haut du secteur, et au bas H, ou *h* de la tige. Les tiges sont en fer et en forme d'étrier.

Lorsqu'on fait monter et descendre la barre PQ, le double secteur tourne autour de l'axe A, les chaînes se déroulent et s'enroulent en sens réciproque, et l'un des pistons s'élève quand l'autre s'abaisse. Ces pistons K et *k* sont à tête très solide, et joignent hermétiquement, en glissant dans leurs corps de pompe.

Une soupape est placée dessous chaque piston et s'élève avec lui, mais se referme lorsqu'il descend, et comprime l'eau. L'aspiration amène, comme on voit, le liquide dans la caisse D'E', en soulevant la soupape ; lorsque le piston redescent, cette soupape se ferme, et l'eau contenue, se trouvant comprimée, se répand dans le réservoir d'air TSR en levant une seconde soupape, qui se referme bientôt, et ainsi successivement. L'air du réservoir est donc obligé de gagner la partie supérieure TS, et l'eau s'y élève à une plus ou moins grande hauteur, selon l'activité de la manœuvre des pistons.

Cet air intérieur a d'abord même densité que l'extérieur ; mais si on le réduit à n'occuper que la moitié du vase, son ressort élastique est doublé (*Voy.* Élasticité), et l'air réagit sur l'eau avec une force de deux atmosphères : ainsi elle doit jaillir à 32 pieds ou 10 mètres de hauteur, sous l'effort d'une atmosphère de pression intérieure prépondérante. Si l'air est réduit à n'occuper que le tiers de la capacité du réservoir, il est comprimé à trois atmosphères, et doit chasser l'eau à 64 pieds ou 20 mètres de hauteur, etc. Tout cela est abstraction des frottemens. Voyons maintenant comment l'eau s'échappe de ce réservoir, qui est construit solidement en cuivre, de forme très variable, et fermé de toutes parts.

Le tuyau TV est vissé au sommet du réservoir, où celui-ci est percé d'un pas de vis très juste et très bien travaillé; ce tuyau plonge presque au bas du réservoir, et vient s'ouvrir en V. Tant que l'eau affluante n'atteint pas cet orifice inférieur V, l'air du réservoir communique librement à l'extérieur par le conduit VT; mais dès que l'eau s'élève au dessus de V, l'air est refoulé et condensé, et réagissant sur le liquide, le force à monter dans le tube TV et à s'écouler au dehors, avec une vitesse proportionnée à la pression, c'est-à-dire à la vitesse de la manœuvre; car six hommes, relayés par six autres au bout de cinq minutes au plus, doivent agir vivement sur les leviers; et comme l'eau, en vertu des frottemens, ne peut jaillir avec la même rapidité qu'elle y arrive, le volume d'air intérieur diminue de plus en plus, jusqu'à ce qu'enfin son ressort s'accroissant à mesure, arrive à résister, et équilibre la puissance des pistons: alors le jet demeure continu et avec une vitesse constante.

Nous supprimons, pour abréger, divers détails de construction, que chaque lecteur peut aisément se représenter, et dont la fig. 10 fera comprendre le mécanisme.

La pompe à incendie de *Rown-tree* est à double effet, et agit à l'aide d'un piston circulaire glisant dans la capacité d'un cylindre. Comme elle n'est pas employée en France, nous n'en donnerons pas ici la description, qu'on trouvera dans le grand *Dictionnaire de Technologie*. FR.

INDIGO. On a donné ce nom à une substance colorante bleue que l'on retire de plusieurs plantes du genre *indigofera*, par le procédé suivant:

La plante fraîche ou séchée est mise en macération dans un grand vase appelé *trempoir*. Il ne tarde pas à s'y établir une fermentation active, et la liqueur dont la couleur est jaune, se recouvre d'une mousse qui passe en peu de temps au violet; en même temps, il se dissout dans la liqueur une substance qui s'oxide au contact de l'air, bleuit et se précipite. C'est l'indigo. La liqueur jaune, décantée et agitée dans un autre vase découvert, se trouble et laisse déposer une nouvelle quantité d'indigo. Il ne reste plus qu'à jeter celui-ci sur un filtre de toile, le laver et le sécher. On ajoute ordinairement de l'eau de chaux à la liqueur chargée d'indigo, dans le double but d'accélérer sa précipitation et de rendre sa filtration plus facile.

Le pastel (*isatis tinctoria*), traité de la même manière, fournit également de l'indigo, mais en quantité environ trente fois moindre.

L'indigo se prépare principalement aux Indes-Orientales; cependant le meilleur vient de Guatimala.

On le rencontre dans le commerce sous forme de pains cubiques, d'un volume très variable; sa couleur est d'un bleu foncé tirant sur le noir; sa cassure, de terne qu'elle est ordinairement, devient brillante et d'un rouge cuivré quand on le frotte contre un corps dur. Cette propriété peut donner un fort bon indice de la qualité de l'indigo, car il est d'autant plus pur, que la couleur cuivrée est plus brillante et plus prononcée.

Les matières étrangères que l'on trouve constamment mêlées avec l'indigo sont nombreuses et constituent toujours plus de la moitié du poids de cette substance. Elles proviennent de la plante, ou ont été mélangés par fraude avec l'indigo. Outre des substances terreuses et de l'oxide de fer, l'indigo contient, 1° d'après Berzélius, une matière particulière qui a beaucoup d'analogie avec le *gluten*; 2° une matière brune qu'il a désignée sous le nom de *brun d'indigo*; 3° une matière rouge, le *rouge d'indigo* (c'est la matière rouge de Bergmann et de Chevreul); et 4° une matière colorante bleue, ou *bleu d'indigo*.

L'indigo est insoluble dans l'eau et dans l'éther, un peu soluble dans l'alcool bouillant; le chlore ne l'épargne pas plus que les autres matières colorantes, mais il se dissout sans altération dans l'acide sulfurique concentré. La dissolution de l'indigo pur exige huit à dix parties d'acide sulfurique concentré; elle est d'un bleu si intense que, vue en masse, elle paraît noire; mais elle devient d'un beau bleu lorsqu'on l'étend en couches minces ou qu'on délaie la solution avec une certaine quantité d'eau. Elle porte alors le nom de *bleu de Saxe*.

L'indigo, soumis à l'action d'une température modérée, laisse dégager une vapeur pourpre magnifique, et se recouvre d'une foule de petits cristaux qui ne sont autres que la matière colorante pure, à laquelle M. Cheuvreul à donné le nom *d'indigotine*.

L'acide nitrique détruit rapidement l'indigo et le convertit en une série de produits remarquables, parmi lesquels se trouvent les acides *indigotique* et *carbazotique*.

Tous les corps doués d'une grande affinité pour l'oxigène, qui sont mis en contact à la fois avec de l'indigo et un alcali ou de la chaux, s'oxident aux dépens de l'indigo même, et le font passer dans un état particulier, sous lequel il est incolore et insoluble dans l'eau; on l'appelle alors *indigo blanc*, *réduit* ou désoxigéné. C'est à ces solutions alcalines d'indigo qu'on donne le nom de *cuve* dans les ateliers de teinture. La couleur du bleu de cuve est beaucoup plus solide que celle du *bleu de Saxe;* il paraît que, quoique les qualités apparentes de l'indigo restent les mêmes, il subit néanmoins de la part de l'acide, une altération qu'on n'a pu bien apprécier jusqu'à ce jour.

Les corps qui sont le plus souvent employés pour produire, sous l'influence de l'eau, la désoxidation de l'indigo, sont l'hydrogène sulfuré, l'hydrosulfate d'ammoniaque, le protosulfate de fer et un alcali, l'orpiment et la potasse, la potasse et le protoxide d'étain. Dans tous les cas, l'indigo doit être préalablement réduit en poudre fine. On obtient facilement une *cuve* d'indigo en prenant 2 parties de vitriol vert pulvérisé, 2 de chaux qu'on éteint, 1 d'indigo en poudre fine et 150 d'eau, et entretenant ces matières pendant quelques heures à une température de 40 à 50°.

La chaux s'empare de l'acide sulfurique du sulfate de fer, et le protoxide de fer désoxide l'indigo qui se combine ensuite avec l'excès de chaux.

Les doses employées pour la désoxidation de l'indigo par l'orpiment, sont 8 parties d'orpiment, 6 d'alcali, 8 d'indigo et 100 d'eau.

L'indigo blanc a une affinité pour l'oxigène, qui est telle, qu'on n'a pu jusqu'ici l'obtenir pur à l'état solide, à cause de la difficulté d'opérer sans le contact de l'air. Pour peu que la dissolution alcaline qui le renferme rencontre d'air ou d'oxigène, elle bleuit et laisse précipiter de l'indigo.

D'après M. Dumas, l'indigo bleu purifié est composé de 7½ équivalens de carbone, 2½ équivalens d'hydrogène, ½ équivalent d'azote, et 1 équivalent d'oxigène.

On connaît dans le commerce trois espèces principales d'indigo; 1° l'indigo *Guatimala ou store*, qui est le plus pur et le plus cher de tous; 2° l'indigo *cuivré;* et 3° l'indigo de la Caroline, qui est le moins bon. P...ZE.

IODE. Ce corps simple, découvert en 1813 par M. Courtois, dans les eaux mères de la soude Warec, se présente sous la forme de lames bleuâtres, ayant l'apparence de la plombagine; d'un éclat métallique, d'une densité égale à 4,946, d'une odeur désagréable analogue à celle du chlore. L'iode entre en fusion à 107° et bout vers 175°. Sa vapeur, dont la densité est de 8,716, présente une couleur violette magnifique. Il est soluble en très grande quantité dans l'alcool, d'où l'eau le précipite sous forme d'une poudre impalpable.

L'oxigène forme avec l'iode trois combinaisons acides qu'il n'a pas été possible de produire jusqu'ici autrement que par des moyens indirects; son affinité pour l'hydrogène, est très grande et se manifeste dans un grand nombre de circonstances très différentes.

L'iode a les plus grandes analogies avec le chlore et le brôme, et il n'est pour ainsi dire pas de combinaison produite par ces deux corps que l'iode ne soit également susceptible de produire.

Il s'unit plus ou moins facilement avec tous les métaux, et avec les autres corps simples non métalliques, tels que le carbone, le phosphore, le soufre, l'azote et le chlore.

L'iode n'existe jamais libre dans la nature. Il y est combiné avec quelques métaux, principalement avec le potassium, le sodium, le magnésium et l'argent. Sa présence, dans le règne minéral, est très rare; l'iodure d'argent a été trouvé par M. Vauquelin, aux environs de Mexico.

On retire l'iode des *fucus* qui croissent sur le bord de la mer. Après avoir laissé sécher spontanément ces fucus, on les brûle, on lessive leurs cendres, on concentre les liqueurs jusqu'à ce qu'elles refusent de cristalliser, et l'on a des eaux-mères dans lesquelles se trouve une grande quantité d'iode à l'état d'iodure de potassium. On introduit ces eaux-mères dans un appareil distillatoire en verre, et on les fait bouillir avec de l'acide sulfurique concentré; cet acide se divise en deux parties, dont l'une se décompose, cède le tiers de son oxigène au potassium de l'iodure, et se dégage ensuite à l'état d'acide sulfureux, tandis que l'autre partie, non décomposée, forme avec le potassium oxidé du sulfate de potasse. L'iode, devenu libre, se trouvant à une température élevée, se réduit en vapeurs qui se condensent dans des récipiens. On le lave avec de petites quantités d'eau pour le dépouiller d'un peu d'acide sulfureux qui l'imprègne, et on le sèche ensuite entre plusieurs doubles de papier-joseph.

L'iode, et quelques unes de ses combinaisons, sont employées avec succès dans le traitement des maladies scrophuleuses : la propriété qu'il possède de former avec l'amidon une belle couleur bleue, le rend très précieux pour reconnaître les traces de cette substance.

IRIDIUM. Ce métal existe dans le minerai de platine où il a été découvert par Tennant.

L'iridium est peut-être de tous les métaux le plus réfractaire : il ne donne pas le plus léger indice de fusion à la température à laquelle le platine est liquide. Cependant Children est parvenu à le fondre, à l'aide d'une décharge de sa batterie électrique. Il a obtenu un globule brillant d'une densité de 18,68.

Ordinairement l'iridium se présente en poudre grise tout-à-fait semblable à celle de la mousse de platine, d'une densité égale à 15,683.

L'iridium, qui a été soumis à l'action d'une forte chaleur, est insoluble dans les acides; mais ceux-ci l'attaquent avec facilité, et le dissolvent lorsqu'il a été allié avec le platine. Les sels d'iridium sont tous colorés.

Il forme avec l'oxigène 4 oxides que l'on obtient en décomposant les chlorures correspondants par un alcali.

L'iridium s'extrait du *résidu noir* de platine où il se trouve à l'état d'*osmiure d'iridium*.

Sa préparation a lieu facilement par la méthode suivante que l'on doit à M. Wohler.

On fait passer, à une température d'un rouge faible, un courant de chlore humide sur un mélange intime de parties égales de sel marin fondu, et de résidu noir. Il se forme des chlorures doubles d'iridium et d'osmium avec le sel marin; mais la plus grande partie du sel double d'osmium est décomposée par l'eau que le chlore entraîne avec lui, et presque tout l'osmium passe à l'état d'acide osmique qui se volatilise et se condense dans les récipients.

La masse du tube de porcelaine qui contient le sel d'iridium, est traitée par l'eau qui le dissout en se colorant en brun rougeâtre. La liqueur est portée à l'ébullition pour chasser un peu d'acide osmique qu'elle renferme, mêlée avec du carbonate de soude, évaporée à siccité, et calcinée jusqu'au rouge naissant : il se forme du sesqui-oxide d'iridium qu'on lave à l'eau bouillante. Cet oxide, bien desséché, est traité par l'hydrogène qui le réduit et donne l'iridium; mais ce métal contient un peu de soude et de fer dont on doit le débarrasser par l'acide hydrochlorique concentré.

Pour obtenir l'iridium dans un état de cohésion qui permette de le polir, il faut le soumettre, quand il est encore humide, à une forte pression, et l'exposer à la température d'un feu de forge.

L'iridium peut être obtenu immédiatement à l'état métallique, en chauffant au rouge-blanc le chlorure de sodium et d'irridium; la masse traitée par l'eau donne le métal réduit; il est sous forme de paillettes brillantes. P...ZE.

IRRIGATIONS. (*Arts mécaniques.*) Les arrosements sont un puissant moyen de féconder les terres; mais les difficultés sont considérables lorsqu'on veut répandre l'eau sur de vastes étendues.

C'est surtout de ce mode d'arrosement que nous devons nous occuper ici, soit que les travaux soient faits en grand pour disperser les eaux à toute une contrée, soit qu'on ne veuille arroser qu'un domaine ou quelques propriétés particulières.

La *prise d'eau* se fait de plusieurs manières, qui dépendent des localités et des dépenses qu'on peut faire. Tantôt on élève l'eau d'une rivière par des POMPES, BÉLIERS, et autres procédés hydrauliques, décrits chacun à leur article. Les machines à vapeur sont employées avec succès en Angleterre et dans tous les lieux où la houille est à bon compte, lorsqu'on est obligé de tirer l'eau d'un puits ou d'un étang inférieur où elle est stagnante. Quatre ailes d'un petit MOULIN A VENT, soutenues en l'air par une simple piéce de bois verticale solidement maintenue et fixée au sol, suffisent pour manœuvrer une pompe, à l'aide d'un engrenage, et pour monter, sans frais, l'eau d'un puits.

Les eaux ainsi élevées par un moyen quelconque, sont reçues dans un CANAL de dérivation : la pente n'en doit être ni trop lente ni trop rapide, du moins lorsqu'on est maître de l'établir à son gré. On estime qu'une pente de 2 à 4 millimètres par mètre (1 ou 2 lignes par toise) est la plus avantageuse. Les dimensions du canal doivent être proportionnées au volume des eaux affluentes; le talus de ses bords pourra être d'autant plus rapide, que le terrain aura plus de consistance.

On rejette les terres du déblai du côté du sol qu'on veut arroser; des ÉCLUSES forment des barrages temporaires; elles sont composées de VANNES pour retenir les eaux, ou les laisser passer. Leur construction consiste en deux *empatements* ou *bajoyers*, de 7 décimètres à 1 mètre de long, sur une égale épaisseur, assis sur une fondation commune avec le radier de l'écluse, qui est de niveau avec le fond du canal; le radier et les empatements sont en maçonnerie à chaux et ciment. Les vannes consistent en petites pelles qui jouent dans les rainures verticales pratiquées aux bajoyers; ces pelles sont des bouts de planches de chêne clouées solidement bord à bord sur un manche de même bois, ayant 8 à 11 centimètres d'équarrissage. Le *chapeau* est un chevron de 16 à 18 centimètres d'épaisseur, posé en travers du canal, en haut des empatements auxquels il est scellé, et qu'il lie l'un à l'autre. Ce chevron est percé d'un trou pour le passage de la queue de la pelle, qui le dépasse d'au moins 3 décimètres (1 pied) lorsque la pelle est baissée. Pour maintenir la pelle élevée, on introduit une cheville de fer, ou de bois, dans un trou percé au manche, et qui l'empêche de retomber. Il y a de ces trous en divers points du manche, pour graduer la hauteur à volonté.

Sur les bords de la berge, on pratique de semblables écluses pour faire le service de distribution de l'eau dans les rigoles, à l'aide de vannes à pelle de mêmes formes et dimensions que les précédentes. Il est facile de jauger le volume des eaux qui s'écoulent par cette vanne lorsqu'elle est levée, d'après la charge de l'eau et l'ouverture qui reste béante. (*Voy.* Réversoir, Écoulement.) C'est ainsi que, dans les grandes entreprises des canaux d'irrigation, on peut donner à chaque propriétaire la quantité d'eau convenue par son marché, en ouvrant sa vanne à un degré et durant un temps fixés.

L'eau est ordinairement reçue, au sortir de l'écluse, dans une *rigole* qui la conduit au terrain qu'on veut arroser. Ces rigoles ont la forme d'une *cunette* large de 3 à 5 décimètres : pour diminuer les frais et économiser le terrain, les moins larges sont préférables, pourvu qu'elles suffisent à écouler le volume d'eau, ce qui dépend de la pente. Des saignées faites en lieu convenable aux flancs de cette rigole, épanchent l'eau dans de petits fossés ou sillons en pente, où elle s'emboit et se distribue. On espace ces sillons de 10 à 14 mètres quand la terre est légère, et jusqu'à 17 mètres lorsque la terre est forte. Il faut que la pente soit très douce, pour que l'eau ne ravine pas le terrain, et qu'elle y puisse séjourner. Fr.

IVOIRE. (*Arts mecaniques.*) Les dents des quadrupèdes sont d'une substance très dure, et revêtues d'un émail plus dur encore. Mais l'éléphant est surtout remarquable par la beauté de l'émail et la finesse du tissu qui compose deux de ses dents appelées *défenses*, parce qu'elles servent à cet animal d'arme contre ses ennemis. Ces défenses sont implantées à la mâchoire supérieure, saillent plus ou moins au dehors, et se courbent en descendant vers la terre ; creuses vers leur base ; elles sont pleines et solides dans le reste de leur longueur. C'est ce qu'on nomme *ivoire*, matière blanche et dense qu'on emploie dans les arts à mille usages différents.

L'éléphant est un animal colossal qui habite les contrées chaudes de l'Asie et de l'Afrique ; celui qui vit dans les Indes orientales, bien qu'il soit de plus grande taille que l'éléphant africain, n'a que de petites défenses, et c'est ce dernier qui fournit au commerce presque tout l'ivoire qu'on emploie. L'éléphant de Malabar n'a ses défenses longues que de 13 décimètres (4 pieds) au plus ; tandis que celles de l'éléphant de Mozambique a les siennes de 33 décimètres (10 pieds). C'est principalement à Dieppe qu'arrive l'ivoire dont nos arts se servent ; et c'est en cette ville qu'on réussit mieux à le travailler. On en compose mille ouvrages de la plus grande élégance.

On travaille l'ivoire au tour, en se servant de l'acier le plus dur. On en fait des jeux de dames et d'échecs, des manches de coutellerie, des coffrets, des lames de placages, etc.

Les débris d'ivoire servent à faire de la colle forte, des engrais, etc. Le *noir d'ivoire* se fait en calcinant au rouge, en vaisseaux clos, les râpures et rognures que les tabletiers recueillent en travaillant cette substance.. On obtient un charbon d'une belle couleur noire, qui, broyé à l'eau, est employé dans les peintures fines. FR.

J

JACQART (MÉTIER A LA). (*Arts mécaniques.*) Pour fabriquer les étoffes brochées d'un dessin quelconque, il faut avoir autant de *duites* ou de *navettes* qu'il y a de sortes de couleurs ; chacune de ces duites doit être passée dans l'ordre qu'exige le dessin, et qu'a déterminé d'avance l'opération du *Lissage*. Indépendamment du jeu ordinaire des fils de la chaîne pour la fabrication du fond de l'étoffe, tous ces fils qui doivent se lever ensemble pour former le dessin, ont leurs lisses particulières, qu'un enfant tirait autrefois au moyen de cordes groupées par système, dans l'ordre et au moment que l'ouvrier tisserand lui indiquait. L'appareil de Jacquart, qui soumet cette manœuvre à un procédé mécanique régulier, tirant son mouvement d'une simple pédale que l'ouvrier fait jouer lui-même, est une des plus utiles inventions qu'on ait faites. Tous les métiers à tisser ordinaires sont dans le cas de le recevoir.

La pl. 18 des arts mécaniques représente, fig. 1, 2 et 3, des coupes et élévation de cette ingénieuse machine.

A, Partie fixe du bâti, qui fait corps avec le métier ordinaire à tisser: ce sont deux montans en bois avec autant de traverses qui les unissent par leur bouts supérieurs, en laissant entre elles un intervalle *x*, *y*, pour l'emplacement et le jeu du châsis mobile B, oscillant autour des deux points *a*,*a*, placés latéralement vis-à-vis l'un de l'autre, au milieu de l'intervalle *x*,*y*, (*Voy*. fig. 1.)

C, Pièce en fer d'une courbure particulière, qu'on voit de face fig. 1 et de profil fig. 2 et 3; elle est fixée d'une part sur la traverse supérieure du châssis B, et de l'autre sur la traverse intermédiaire *b* du même châssis, où elle présente un espace incliné curviligne *c*, terminé dans la partie inférieure par un demi-cercle.

D, Axe carré en bois, mobile sur lui-même autour de deux tourillons en fer plantés dans ses deux bouts, lequel axe occupe le bas du châsis mobile B. Les quatre faces de cet axe carré sont percées de trous ronds, égaux, parfaitement compassés et alignés en quinconce. Des dents *a'* (*Voy*. fig. 5.) sont plantées sur chaque face, et servent de repères à des trous correspondans *a''* (*Voy*. fig. 8), pratiqués sur les cartons qui forment la chaîne sans fin du lissage; et cela, pour que, dans l'application successive des cartons sur les faces de l'axe carré, les trous percés dans l'un tombent toujours vis-à-vis ceux qui sont percés dans l'autre.

Le bout de droite de l'axe carré, dont on voit une coupe sur une échelle double (fig. 4), porte deux plateaux carrés en tôle de fer *d*, maintenus parallèlement entre eux et à peu de distance par quatre fuseaux *e*, passés vis-à-vis des angles. C'est une espèce de lanterne dans les fuseaux de laquelle les crochets des leviers *f*,*f'*, tournant autour des point fixes *g*,*g'* en dehors du montant de droite A, s'engagent, soit en dessus, soit en dessous, à la volonté du tisserand, en tirant ou lâchant simplement le cordon x, pendant le mouvement oscillatoire du châssis B.

E, Pièce de bois en forme de T, dont la tige prolongée en contre-haut, passe librement dans la traverse *b* et dans la traverse supérieure du châssis B, qui lui servent de guide, et dont la tête s'appliquant successivement contre les deux fuseaux *e* qui se trouvent en haut dans une position horizontale, d'abord par l'effet de son poids, et ensuite par l'effet du ressort à boudin *h*, qui réagit de haut en bas, maintient l'axe carré en position, tout en lui permettant de tourner sur lui-même dans les deux sens.

On donne le nom de *presse* à l'ensemble de toutes les pièces qui composent le châssis mobile B.

F, Traverse qu'on fait mouvoir dans le sens vertical, au moyen du levier G, dans les rainures *i* pratiquées en dedans des montans fixes A.

H, Pièce de fer recourbée, fixée par un de ses bouts avec écrou et contre-écrou, sur la traverse F, hors du plan vertical de la pièce C. Son autre bout porte un galet *j* qui, s'engageant dans l'espace curviligne *c* de la pièce C, force celle-ci, et par conséquent le châssis B, à s'écarter de la verticale, ou à y revenir, suivant que la traverse F est en haut ou en bas de sa course, comme on le voit fig. 2 et 3.

I, Joues en tôle de fer, attachées de côté et d'autre à la traverse F, qui servent de base à une espèce de *griffe* K, composée ici de huit lames ou *lamettes* métalliques, qu'on voit en coupe fig. 2 et 3, mais plus en grand fig. 5.

J, Broches verticales en fil de fer, dont le haut, recourbé en crochet, se place naturellement sur les lamettes K. Le bas de ces broches, également recourbé dans le sens des crochets supérieurs, embrasse de petites barrettes en bois *l*, dont la fonction est de les maintenir à leurs places respectives, et de les empêcher de pirouetter sur elles-mêmes, afin que le crochet supérieur soit toujours dirigé vers les lamettes sur lesquelles il pose. A ces crochets d'en bas sont attachées des ficelles qui, après avoir traversé une planchette fixe *mn*, percée à cet effet de trous correspondans, vont à leur tour s'attacher aux fils à maillons qui doivent soulever les fils de la chaîne.

K, Broches ou aiguilles horizontales, disposées ici sur huit rangées différentes, de manière que chaque broche corresponde, tant horizontalement que verticalement, à chacun des trous percés sur les quatre faces de l'axe carré D. Il y a donc autant de ces broches que de trous dans une des faces du cylindre.

La fig. 6 représente une de ces broches horizontales. *n* est un œil à travers lequel passe la broche correspondante verticale, *o*, autre œil allongé, dans lequel passe une petite broche fixe qui lui sert de guide, et ne l'empêche pas de se mouvoir dans le sens de sa longueur, et cela dans les limites de la longueur de l'œil. *p*, petits ressorts à boudin placés dans chaque trou de l'étui *qq* (fig. 5) Ils sont destinés à ramener à leur position primitive chaque aiguille correspondante, aussitôt qu'on cesse de les presser.

La fig. 7 représente le plan de la rangée supérieure des aiguilles horizontales.

La fig. 8 est un fragment de la chaîne sans fin, formée de cartons percés que l'axe carré D, en tournant sur lui-même, fait circuler. Dans ce mouvement, chacun des cartons percés de trous, dont la position et le nombre sont déterminés par l'opération du *lissage*, vient successivement s'appliquer contre les faces du cylindre carré, en laissant à découvert les trous qui se correspondent, et couvrant ceux de la face de l'axe qui n'ont pas leurs correspondans sur le carton.

Maintenant, supposons que la presse B est abattue, et a pris la position verticale qu'on voit fig. 3; alors le carton appliqué sur la face gauche de l'axe laisse en repos toutes les broches horizontales dont les bouts correspondent à ses trous, mais refoule celles qui tombent vis-à-vis des *pleins*; par là, les broches verticales correspondantes 3, 5, 6 et 8, par exemple, poussées hors de leur aplomb, se décrochent de dessus les lamettes de la griffe et restent en place, quand on vient, au moyen du levier G, à élever cette griffe; et les broches nos 1, 2, 4 et 7, qui y sont restées accrochées, sont soulevées, ainsi que les fils de la chaîne qui y sont attachés. Alors passant la duite de couleur, de même que la duite du tissu, et frappant après avoir décroisé la chaîne et redescendu la presse B, un élément du dessin pris dans le tissu se trouve fait.

Le carton suivant, qu'un quart de révolution de l'axe carré amène, retrouve toutes les broches à leur première position, et comme il est nécessairement percé dans un ordre qui diffère du précédent, il fera soulever une autre série de fils de la chaîne, ainsi de suite pour tous les autres cartons qui composent un système complet d'un dessin achevé. Em.

JAUGEAGE. (*Arts mécaniques.*) Jauger un vase, c'est en trouver la capacité, ou le nombre de litres contenus. Cette évaluation exige la connaissance des théorêmes de géométrie relatifs aux volumes des corps. Nous n'en traiterons pas ici, non plus que des moyens de jauger une source; ce sujet a été traité à l'article ÉCOULEMENT. Il ne sera question maintenant que du jaugeage des tonneaux, renvoyant d'ailleurs à l'article VOLUME les déterminations des autres formes de vaisseaux.

Voici la règle que Dez a donnée pour trouver la capacité d'un tonneau (fig. 3 pl. 19), en mesurant les diamètres intérieurs des bases ou *jables* AD, BC, et celui du bouge EF (sans y comprendre l'épaisseur du bois).

On réduit par la pensée la futaille à la forme cylindrique, ayant pour base AD un cercle moyen entre ceux des bases véritables et du bouge, et c'est dans la détermination de ce cercle moyen que consiste la règle dont il s'agit. Dez veut qu'on diminue le diamètre du bouge des $\frac{3}{8}$ de son excès sur celui des bases, et qu'on regarde cette longueur comme le vrai diamètre de la base du cylindre. On sait d'ailleurs que le volume de ce cylindre se trouve en multipliant le cercle de sa base par sa longueur; et que la surface d'un cercle est le produit du carré de son diamètre par $\frac{11}{14}$. Dans la pratique, pour multiplier par $\frac{11}{14}$, il est commode de décomposer ce facteur en $\frac{1}{2}+\frac{1}{4}+\frac{1}{28}$; c'est-à-dire qu'on prend la moitié du carré du diamètre, puis la moitié de ce résultat, et enfin le septième de ce dernier nombre: on ajoute ces trois quantités ; et la somme exprime la surface du cercle.

Voici donc la règle de Dez :

Prenez la différence entre les diamètres du bouge et des bases, puis les 3/8 de cette différence, et retranchez du grand diamètre ; vous aurez le diamètre d'un cercle qu'il faudra évaluer; puis vous le multiplierez par la longueur intérieure du tonneau. Le volume est exprimé en unités cubiques de même côté que l'unité linéaire qui a été employée à mesurer les diamètres. Par exemple, les diamètres des fonds AD, BC fig. 3, ont 495 mm, celui de bouge EF est 595, et la longueur GH, 730 ; les deux diamètres diffèrent de 100 mm :

Le quart est	25
La moitié du quart	12
Donc les 3/8 de la différence sont	37
Otant 37 de 595, il reste 558 millimètres ; le carré est	311 364
Moitié	155 682
Quart	77 841
1/7 du quart	11 120
Cercle moyen en millimètres carrés	244 643

Il faut donc multiplier ce résultat ou 24,46 décimètres carrés, par 7,3, ce qui donne 178,558 pour produit, ou un peu plus de 178 litres et demi [1].

Ces principes bien entendus, on comprendra aisément la pratique du jaugeage. Les préposés à la perception des droits ne sont que rarement capables de faire des calculs ; d'ailleurs, le tumulte des lieux où il faut les exécuter rendrait les erreurs fréquentes. Pour obvier à ces deux inconvéniens, on a imaginé les instrumens nommés VELTES ou JAUGES, pour obtenir les di-

(1) En traduisant ce théorème en langage algébrique, on trouve la formule suivante, où l désigne la longueur du tonneau, D le diamètre intérieur du bouge, d celui du fond, α leur différence $D-d$:

$$\text{Volume du tonneau} = 0{,}7854\, l \left(D - \frac{3}{8}\alpha\right)^2$$

mensions et même les capacités. On se sert, pour percevoir les contributions indirectes, de trois sortes de jauges, dont nous allons indiquer la construction et l'usage.

I. *Jauge brisée* ou *diagonale*. Cet instrument est une règle d'environ $1^{m},24$ de longueur; pour la rendre d'un transport facile, elle est partagée en trois règles qu'on ajuste bout à bout, à l'aide d'une vis terminale qui entre dans un écrou à l'extrémité suivante. Il y a quatre faces de 9 millimètres de large en haut, 6 en bas; sur deux faces on trouve des graduations avec des numéros de 5 en 5. Chaque degré vaut un décalitre; 10 degrés font 1 hectolitre, et les 100 degrés 1000 litres. Sur l'autre face, qui ne sert qu'aux petits barils de 18 à 30 litres, et qu'on appelle *côté faible*, chaque degré vaut un litre.

On introduit cette règle diagonalement par la bonde, suivant la direction ED (fig. 3), en faisant porter le bout sur l'angle D de la douve inférieure du fond, afin d'obtenir la plus grande distance oblique de ce fond au centre E de l'orifice, au dessous du bois. On lit alors le numéro de graduation de la règle, qui exprime le nombre de décalitres, quand on a pris le côté fort; et si la bonde n'est pas exactement au milieu, ce qu'on reconnaît en voyant si chaque base du tonneau donne le même degré, on prend la moyenne ou demi-somme des deux résultats trouvés par les diagonales ED, EC. Par exemple, quand la jauge indique 45 degrés d'un côté et 46 de l'autre, on a la moyenne entre 45 et 46 décalitres, savoir, $45\frac{1}{2}$, ou 455 litres.

Quand on se sert du côté faible, il faut ajouter les résultats fournis par les deux diagonales, sans prendre la moitié, attendu que la graduation de la jauge ne donne ici que les demi-cylindres, tandis que sur le côté fort, elle donnait le cylindre entier pour la diagonale de sa moitié. L'unité du côté faible n'est plus le décalitre, mais le litre.

II. *Jauge à crochet*. C'est une règle carrée AC (fig. 5), d'environ 23 décimètres de longueur, qui peut aussi se briser à l'aide de vis et d'écrous, en cinq parties, qu'on transporte dans un sac de peau : elle est terminée par un fer ABD portant un crochet BD et une queue ou *talon* AB; ce fer se visse au bout de la règle, le crochet se trouvant d'équerre ou en potence. C'est à partir de ce crochet qu'on compte les divisions, mesures de la longueur. Pour cela, on applique la règle longitudinalement en dehors du tonneau, parallèlement à son axe, le crochet embrassant le *jable* et portant sur son bout : on lit le numéro qui répond au bord du jable opposé. C'est à partir de l'extrémité A du talon que comptent les degrés marqués sur une autre face, qui mesurent les diamètres des fonds ; on appuie le bout du talon sur le bord intérieur du jable, dans le sens d'un diamètre, en observant la précaution de faire osciller la règle pour obtenir la plus grande distance possible, mesurant deux diamètres en croix, et prenant une moyenne entre ceux des deux fonds.

Enfin, sur une autre face de la règle, sont les divisions qui donnent le diamètre du bouge. Avant de monter le crochet sur sa vis, on enfonce verticalement la règle par la bonde, et l'on note la division qui affleure la surface intérieure du tonneau, ou le dessous du bois de la bonde. Ces deux dernières faces de la règle sont marquées, l'une *fond*, l'autre *bouge :* chaque division y est comptée pour 2 litres.

Ces diamètres se prennent, comme on voit, sans compter l'épaisseur des bois. La longueur seule est affectée de la saillie formée par les jables; mais comme, dans les principes de construction, on a tenu compte de cette circonstance, en laissant 40 millimètres et demi (18 lignes) pour chaque jable, c'est réellement la longueur intérieure qu'on se trouve avoir mesurée. Cependant si l'on remarquait que, pour un tonneau proposé, les jables n'eussent pas cette saillie, il faudrait y avoir égard en ajoutant ou ôtant la différence observée; comme aussi lorsque les fonds sont enduits de plâtre, on en retranche les épaisseurs, qu'on connaît bientôt en découvrant quelque partie. Cette épaisseur varie de 3 à 10 millimètres.

Pour avoir la capacité d'un tonneau, il ne s'agit plus que de *multiplier le diamètre moyen par la longueur;* et comme les divisions qu'on voit marquées sur les faces de la règle, destinées à donner les diamètres, représentent chacune 2 litres, et non pas des longueurs métriques, le produit est, en doubles litres, la capacité demandée.

Par exemple, on a lu 31 et 33 sur les deux fonds; on prend la moyenne 32 pour l'expression du fond réduit; le bouge est supposé de 40; la somme 72 a pour moitié 36, qui est le diamètre moyen; enfin, on lit 5 sur la jauge en prenant la longueur; le produit 5 fois 36 donne 180 doubles litres, ou 360 litres, pour la capacité de la futaille.

III. *Jauge à ruban.* C'est un ruban de taffetas très fort et à peu près inextensible, long de 234 centimètres, et qui s'enroule sur un axe au centre d'un petit baril, d'où l'on peut le faire sortir et rentrer au moyen d'une petite manivelle. Les rubans gommés de M. Champion sont ceux qu'on préfère, parce qu'ils ne sont pas cassans. Les deux surfaces sont marquées de divisions, les unes pour mesurer les diamètres, les autres pour les longueurs; ces degrés sont précisément égaux à ceux que porte la jauge à crochet, et l'usage en est le même. Ce n'est, à proprement parler, qu'une règle graduée et flexible, pour être plus facile à transporter.

Il nous reste maintenant à expliquer la méthode de graduation des deux premières jauges; car la troisième portant les mêmes divisions que la jauge à crochet, n'exige pas un procédé particulier.

I. La règle ou jauge diagonale est placée obliquement dans la futaille, s'appuyant par un bout sur l'angle D du fond (fig. 3), et sortant par la bonde E. La longueur ainsi mesurée est l'hypoténuse d'un triangle rectangle ADE (fig. 4), dont la demi-longueur AE de la futaille est un côté horizontal, et le diamètre AD du fond un côté vertical; car on suppose que le tonneau a la forme d'un cylindre, dont la jauge traverse ainsi obliquement la demi-capacité. On a $DE = \sqrt{(AD^2 + AE^2)}$. Or, admettons qu'on prenne pour ce diamètre AD, ce que nous avons appelé le *diamètre moyen* entre ceux du fond et du bouge, et il est clair que nous serons autorisés à regarder le tonneau comme cylindrique.

En outre, on a remarqué que la longueur d'une futaille excédait en général la moyenne entre ses diamètres du fond et du bouge, des $\frac{3}{10}$ de cette ligne.

Soit donc d le diamètre AD du fond (fig. 4), d'où 1, 3. d pour la longueur, et 0,65. d pour la demi-longueur AE du tonneau. Ce sont les deux côtés de l'angle droit de notre triangle ADE, dont la diagonale DE, que nous représenterons par A, est l'hypoténuse. Ainsi on a $A^2 = d^2 + \overline{0,65}^2 . d^2$, ou $A^2 = 1,4225\, d^2$, et extrayant la racine carrée, $A = 1,194 .\, d$, puis $d = 0,838 .\, A$. Telle est la longueur du diamètre moyen, pour une diagonale donnée A : ajoutant les $\frac{3}{10}$, on a pour la longueur intérieure du tonneau 1,09. A. On peut conclure de là le volume A (1), et calculer les capacités résultantes, nombres qu'on inscrira ensuite sur la jauge, aux divisions qui s'y rapportent. On ne marque d'abord que des longueurs qui répondent à des capacités croissantes de 10 en 10 litres ; mais on subdivise ensuite les intervalles chacun en cinq parties égales, pour représenter des doubles litres.

---

(1) Le volume du demi-cylindre se trouve en multipliant sa hauteur $\frac{1}{2} . 1,09A$, ou 0,545 A, par le cercle de la base dont la surface $= \frac{1}{4} \pi d^2 = \frac{\pi}{4} . \frac{A^2}{1,4256}$; ce volume est donc $V = \frac{\pi}{4} . \frac{A^3}{1,4256} . 0,545$, savoir :

$$V = 0,3003 . A^3, \text{ d'où } A = 1,4932 \sqrt[3]{V}.$$

Ainsi, pour chaque volume V du demi-cylindre AEFD (fig. 4) exprimé en litres, on connaîtra la longueur correspondante de la diagonale en décimètres ; on portera cette longueur sur le côté faible de la jauge, à partir de son extrémité, et l'on inscrira à l'extrémité correspondante le nombre V qui l'a donnée. Pour le côté fort qui, comme il a été dit, indique les cylindres entiers, ou la capacité totale du tonneau, on prendra pour V les demi-volumes en litres, mais on y inscrira les volumes entiers V en décalitres. Supposons que le volume soit 255 litres ; la moitié est 127,5, qu'on prend pour valeur de V ; extrayant la racine cubique et la multipliant par 1,4932, on trouve 7,516, qui répond en effet à 25 décalitres et demi sur le côté fort de la jauge.

Ce procédé, fondé sur la supposition d'un rapport convenu entre le diamètre moyen et la longueur de la futaille, est susceptible d'erreurs, qu'on ne regarde pas comme assez importantes pour mériter qu'on y fasse attention.

La Pl. 19 des *Arts mécaniques* représente les divisions de la jauge diagonale, et le nombre de centimètres qui y répondent; en sorte qu'en divisant une règle, comme on le voit sur cette figure, on recomposera cet instrument. On y voit, par exemple, qu'à 89 centimètres on a 42, c'est-à-dire que la futaille contient 420 litres quand la jauge s'y enfonce obliquement de 89 centimétres. Pour 71 centimètres, on a 214 litres, et ainsi de suite. Et comme nous avons mis à côté une échelle divisée en centimètres, on pourra se servir d'une règle quelconque pour jauger une futaille, en disposant cette règle en diagonale pour prendre la longueur de cette ligne, mesurant cette longueur en centimètres, et voyant sur notre figure qu'elle est la capacité correspondante. On a supprimé ici les 20 premiers centimètres, qui ne donnent pas un assez fort volume pour composer même un seul litre, puisque le litre a 15 centimètres de diagonale.

II. La jauge à crochet et à ruban porterait, sur une face, des distances égales pour mesurer les longueurs, si l'on n'avait pas jugé convenable d'en diminuer les saillies des deux jables, estimés de 18 lignes ou 40 ½ millimètres, et les épaisseurs des deux fonds, de 11 à 16 et 18 millimètres; en sorte qu'en prenant la distance entre les deux extrémités, on peut lire de suite la longueur intérieure. Cette soustraction est donc toute faite sur la règle; et comme plus la pièce est longue, plus les bois sont épais et les jables saillans, les parties soustractives croissent avec les longueurs. Ainsi, les divisions sont inégales, selon une loi qui se compose d'après les règles de la tonnellerie. Aussi, lorsque le préposé remarque qu'un tonneau n'est pas construit selon les conditions adoptées, dont il a un tarif, il est obligé d'ajouter ou d'ôter à la longueur mesurée, quelques parties qui restituent les choses dans leur état véritable. Cette opération se fait à vue; elle exige de l'habitude et de l'intelligence.

Quant à la face destinée à mesurer les diamètres, on n'y

inscrit pas ces longueurs; mais concevant un cercle qui a ce diamètre, on a calculé combien un vase cylindrique qui a pour fond ce cercle contient de litres, sur un centimètre de hauteur : on inscrit sur la règle les unités entières de décalitres; puis, divisant chaque intervalle en cinq parties égales, on a eu des divisions qui marquent 2 litres. Par exemple, sur un fond circulaire de 4 décimètres, 1 décimètre de hauteur produit un volume de 12,56 décalitres; il faudrait donc numeroter 12,56, la longueur d'un décimètre.

Voici donc le calcul qui sert à diviser la règle des diamètres. Soit d la quotité de décimètres de l'un d'eux; le cercle est $\frac{1}{4}\pi d^2$, et multipliant par un décimètre de hauteur, le produit $\frac{1}{4}\pi d^2$ est le nombre de litres contenus dans le cylindre, sur cette hauteur; savoir $\frac{1}{40}\pi d^2$ pour le nombre V de décalitres, d'où

$$\frac{1}{40}\pi d^2 = V, \quad d = \sqrt{\left(\frac{40V}{\pi}\right)} = 3{,}5682\sqrt{V}.$$

Faisant donc successivement V = 1, 2, 3,... on a les longueurs d en décimètres, qu'il faut porter sur la règle pour donner les divisions de 1, 2, 3,... décalitres.

Il nous reste à parler de la jauge qui est en usage dans l'entrepôt et aux octrois de Paris, et qui a été imaginée par Pellevilain; elle donne des résultats beaucoup plus précis, mais est d'un emploi moins facile que les premières.

La jauge consiste en une règle terminée par un talon et un crochet, pour mesurer les longueurs et les diamètres, fig. 5, elle a aussi quatre faces où sont inscrites des lettres distinctives, et où l'on voit enfoncés des clous de diverses couleurs, pour en faire l'usage qui va être indiqué. Ce sont de vrais Barrêmes, qui donnent à vue la capacité d'un vase, d'après les mesures prises en longueurs et en diamètres. Chaque face de la règle présente plusieurs de ces Barrêmes, et l'on a soin de choisir celui qui convient à l'espèce de tonneau qu'on veut jauger, selon les cas : la face n° 1 a quatre Barrêmes, chacune des faces nos 2, 3 et 4 a deux Barrêmes, ce qui fait dix en tout. Les clous jaunes qui occupent la ligne médiane de chaque face de la règle se rapportent aux diamètres; d'autres clous, placés plus loin du talon et vers l'arête, servent aux longueurs.

Comme l'opération doit porter sur le diamètre moyen, il faut en calculer la grandeur d'après celui du fond et celui du bouge. A cet effet, le préposé est muni d'une seconde jauge; c'est une règle qui ne sert qu'aux bouges, et qui par conséquent ne porte pas de crochet, et il l'enfonce par la bonde pour obtenir ce diamètre. Cette seconde jauge est aussi munie de clous, qui sont à des distances calculées en conséquence, et l'on prend pour diamètre moyen une valeur calculée d'après la forme du tonneau, et conformément aux indications qu'on trouve au fond et au bouge sur ces deux règles.

Le calcul qui sert à faire ces instrumens est tout entier de pratique. On sait, par exemple, quelles dimensions ont d'ordinaire les futailles d'Orléans, de Mâcon, etc., et qu'elle en est la capacité moyenne. On a marqué sur l'une des faces de la règle les deux dimensions du tonneau, l'une en longueur, l'autre en diamètre moyen. Des clous placés en deça et au delà de ces termes indiquent de quelle longueur doit varier la dimension correspondante pour obtenir 10 litres de plus ou de moins. Si, en mesurant une pièce de Mâcon, on trouve que ses dimensions, tant en longueur qu'en diamètre, arrivent juste au trait marqué pour les tonneaux de ce pays, on en conclut que la futaille a 210 litres, parce que le n° 21 inscrit sur la règle au haut du diamètre, donne 21 décalitres; mais si l'on remarque sur la jauge un petit excès ou un défaut sur ces longueurs, ce n'est plus à 210 litres qu'on évaluera le volume, et il faudra le réduire ou l'augmenter dans une certaine proportion qu'indique la place des clous voisins du terme normal, chaque intervalle valant 10 litres. Cette méthode de division est purement empirique; mais précisément par cette raison elle donne des résultats exacts. Malgré la complication des clous de quatre couleurs (il y en a de jaunes, de blancs, de rouges et de noirs) sur les quatre faces de la règle, formant dix Barrêmes différens, le préposé qui en a l'habitude n'est nullement embarrassé dans son évaluation. Fr.

JAUNE DE CASSEL, que l'on appelle aussi *jaune minéral*, *jaune de Paris*, *jaune de Vérone*, *jaune de Turner* est une substance formée de chlorure et d'oxide de plomb en proportions trés variables.

On le prépare en fondant dans un creuset 1 partie de sel ammoniac avec 4 parties au moins ou 11 parties au plus de minium. Cette derniére substance peut être remplacée par des quantités proportionnelles de céruse ou de litharge.

On obtient encore un très beau jaune de Cassel en faisant une pâte avec 4 à 7 parties de litharge, une partie de sel marin et 4 d'eau, agitant la masse avec de nonvelle eau à mesure qu'elle s'épaissit. Il se forme de la soude caustique qui se dissout et de l'oxi-chlorure de plomb qui se précipite sous forme d'une matière blanche, pulvérulente, insoluble, qui lavée et fondue donne du jaune de Cassel de très belle qualité. P...ze.

JET D'EAU (*Arts mécaniques.*) Les eaux des jardins jaillissent sous mille formes différentes, en gerbes, en berceaux, en jets verticaux, en nappes, etc.: il est inutile de nous arrêter à ces jeux de l'art, qui dépendent essentiellement de la figure et de la position des tuyaux et des *ajutages* ou orifices par lesquels l'eau s'échappe, avec la vitesse que lui donne la hauteur du réservoir. Nous avons examiné les bases de la théorie de ces constructions à l'art. Écoulement.

Il convient cependant de nous arrêter ici à la détermination de la hauteur d'un jet vertical d'après celle du niveau du réservoir, au dessus de l'orifice de l'ajutage. Sans les résistances physiques, le jet devrait remonter à ce niveau; mais les frottemens de l'eau contre les parois, la résistance de l'air, le choc de l'eau qui retombe sur l'eau ascendante, sont autant de causes qui diminuent la hauteur du jet; et il résulte des expériences de Mariotte que *cette diminution croît comme les carrés des hauteurs des jets*. Par exemple, un réservoir entretenu constamment plein, donne un jet de 5 pieds, quand il a 5 pieds 1 pouce d'élévation. Pour avoir la perte de hauteur d'un jet, quand le réservoir est à

20 pieds, il faudra poser cette proportion $5^2 : 20^2 :: 1$ pouce : x, ou $25 : 400 :: 1 : x = 16$ pouces : c'est-à-dire que le jet perdra 16 pouces, et ne s'élevera qu'à 18 pieds 8 pouces.

On conclut de ces données que *la perte de hauteur du niveau du réservoir sur celle du jet, est le carré du dixième de l'élévation du jet, en rapportant tout au mètre; ce serait seulement le tiers de ce carré qu'il faudrait prendre, si les hauteurs étaient évaluées en pieds.* Ainsi étant donnée l'élévation H du niveau du réservoir au dessus de l'orifice de l'ajutage, on trouve que la hauteur h du jet, est

en mètres. . . . $h = 10 (-5 \pm \sqrt{25 + H})$

en pieds. . . . $h = 30 (-5 \pm \sqrt{25 + \frac{1}{3} H})$

du reste ces résultats sont beaucoup altérés, lorsque le tuyau de conduite fait des circuits en montant et descendant. (*V.* l'architecture de Bélidor, T. 2, p. 400).

Il convient d'aillleurs de proportionner les calibres de l'ajutage et du tuyau de conduite aux circonstances. Mariotte trouve *qu'un réservoir de 52 pieds d'élévation doit avoir un tuyau de conduite de 2 pouces de diamètre, quand l'ajutage est de 6 lignes, pour que le jet monte à toute sa hauteur.*

Le diamètre de l'ajutage doit se régler sur le volume des eaux du réservoir, afin que la dépense soit modérée. Comme nous avons analysé les questions de dépense d'eau à l'art. Écoulement, nous n'y reviendrons pas. Fr.

K

KAOLIN (*Arts mécaniques*). Il paraît constant que les premières porcelaines bien déterminées ont été fabriquées à la Chine et au Japon. Ce qui donne du poids à cette assertion, c'est que les deux substances qui entrent dans la composition de ce produit des arts si important, et si recherché par sa beauté et son inaltérabilité, portent des noms chinois : l'une s'appelle *kaolin*, l'autre *pé-tun-zé*. Le kaolin, connu aussi sous la dénomination de *terre* ou *argile à porcelaine*, est friable et maigre au toucher, d'un beau blanc; infusible à la chaleur la plus élevée des fours; il ne s'y colore point, qualité essentielle pour la fabrication de la porcelaine. Le kaolin fait difficilement pâte avec l'eau; il est formé de quantités à peu prés égales d'alumine et de silice; il résulte de la décomposition des feldspaths granits et des roches composées de ces substances; ainsi, il appartient aux terrains primitifs. On le trouve au milieu des bancs de granits, où il est mélangé de quartz et de mica; il provient immédiatement du feldspath, dont quelques uns de ses morceaux conservent la forme. Le feldspath est un des matériaux des granits, et parmi les élémens qui le composent, la potasse ou la soude est un des plus remarquables. Par suite de la décomposition que le feldspath éprouve pour se convertir en kaolin, ce minéral est complètement privé de son alcali, dont on ne retrouve aucune trace dans le kaolin. Des couches d'une étendue considérable, d'une grande épaisseur, se trouvent, comme par enchantement dénuées jusqu'à leur centre de tout l'alcali qu'elles contenaient à l'état de feldspath. Ce phénomène, qui depuis long-temps cause la surprise des naturalistes, est resté jusqu'à présent sans explication satisfaisante. D'après les belles expériences de M. Becquerel sur l'influence de l'électricité dans les combinaisons et les décompositions chimiques, on serait tenté d'attribuer à l'action de ce fluide le phénomène de décomposition qui convertit le feldspath en kaolin, en le dépouillant de son alcali, et cette conjecture ne paraît pas dénuée de vraisemblance.

Le kaolin n'étant point fusible par lui-même, on a recours, pour la fabrication de la porcelaine, à un fondant qui est le *pétun-zé*. On nomme ainsi les fragmens d'une roche feldspathique quartzeuse, composée de silice et de chaux, et au milieu de laquelle on rencontre souvent le kaolin. On fait subir à celui-ci, réduit en poudre, des lavages réitérés, et on le mêle exactement à environ un cinquième. Ce mélange convenablement travaillé, puis revêtu d'une couverte, est soumis au feu d'un Four *à porcelaine*.

On rencontre principalement le kaolin à la Chine, en Saxe, en Angleterre, et dans beaucoup d'endroits en France; celui de

Saint-Yryés, près de Limoges, réunit toutes les qualités qu'on y recherche : c'est celui que l'on préfère dans presque toutes les fabriques de porcelaine en France, et surtout dans la manufacture de Sèvres.

Les étrangers mêmes font grand cas du kaolin de Limoges, et l'on peut citer à l'appui de cette assertion, que les manufactures de Copenhague ne font usage que de ce kaolin. L***R.

KARAT. Ce mot est employé par les joailliers pour exprimer le poids d'un diamant et le titre de l'or.

Le karat a pour poids 2 *décigr.*, 0654 et non 0, 105 comme cela a été dit par erreur à l'article DIAMANT.

Quand on considère une masse d'or, abstraction faite de son poids, sous le seul rapport de son *titre*, c'est-à-dire de son degré de pureté, on le divise en 24 parties égales, et chacune de ces parties s'appelle *karat ;* ainsi l'or à 20 karat est un alliage de 20 parties d'or pur et de 4 parties de métal étranger, ordinairement de cuivre. L'or chimiquement pur *est dit à 24 karat*, etc., etc.

KERMÈS. C'est une préparation antimoniale depuis fort longtemps employée en médecine et sur la composition de laquelle tous les chimistes ne sont pas d'accord, bien qu'elle ait été l'objet d'un grand nombre de travaux.

Les procédés pour la préparation du kermès sont très nombreux. Leméry conseillait de faire bouillir dans 20 parties d'eau 6 parties de belle potasse du commerce et de jetter dans la liqueur une quantité de sulfure d'antimoine en poudre fine, représentant la vingtième partie du poids de l'alcali. La liqueur filtrée après un quart d'heure d'ébullition laisse déposer beaucoup de kermès qu'on lave bien et qu'on fait dessécher.

Cluzel faisait bouillir ensemble pendant une demi-heure 16 parties de sulfure d'antimoine, 360 de carbonate de soude cristallisé et 4000 d'eau et filtrait la liqueur dans des vases préalablement échauffés. Le kermès s'en dépose par le refroidissement. On obtient encore du kermès en substituant un alcali caustique aux alcalis carbonatés. On le prépare aussi quelquefois par voie sèche en fondant dans un creuset un mélange intime de deux parties de sulfure d'antimoine et d'une partie de potasse du commerce. La masse réfroidie est traitée par l'eau bouillante de laquelle le kermès se précipite.

Le kermès est insipide, inodore, en poudre légère, d'un brun-rouge, décomposé par l'eau bouillante en protoxide et en sulfure d'antimoine. La lumière et l'air l'altèrent et le font passer à l'état d'une poudre d'un blanc jaunâtre. Les alcalis le rendent jaune et le dissolvent en partie.

Il est formé, d'après M. Gay-Lussac, de 2 équiv. de sulfure d'antimoine, 1 équiv. de protoxide d'antimoine et de 2 équiv. d'eau, plus une très petite quantité d'alcali sans doute étrangère à sa composition, comme substance définie, mais dont on ne peut néanmoins le débarrasser complètement. P...ZE.

KIRSCHWASSER. C'est une liqueur spiritueuse, d'un goût très agréable, que les habitants de la Forêt-Noire préparent de la manière suivante :

On choisit les merises les plus mûres et les plus saines, on en enlève les queues, on les écrase sur une corbeille d'osier et on en reçoit le jus dans un cuvier. On pèse le marc, et l'on en pile le *quart seulement*, on le mêle avec le jus et l'on abandonne le tout dans une cuve qu'on couvre imparfaitement et on laisse fermenter à une température de 15 à 30°. Quand la fermentation est terminée, on ouvre la chante-pleure du bas de la cuve, on reçoit la liqueur claire dans un bassiot avec lequel on la transporte dans un alambic d'étain où on la distille à l'aide de la vapeur.

Le produit de la distillation offre un *kirsch* sans acreté ni goût d'empyreume et qui prend en vieillissant une saveur et une odeur très agréables.

L

LABOURAGE (*Arts mécaniques*). Le plus ordinairement, pour labourer la terre, on préfère l'instant où la récolte vient d'être enlevée, lorsque le sol n'est pas trop durci par la sécheresse. Cependant un grand nombre de labours n'ont lieu qu'après l'hiver, soit faute de temps, soit parce que les pluies d'automne sont venues trop tôt, soit enfin par un système vicieux d'agriculture.

Les labours doivent être légers, quand la terre est bien nettoyée et le temps pluvieux ; on les fait profonds au contraire dans les temps secs, quand le sol est léger, ou qu'il est couvert d'herbes. Plus le labour est profond, et plus il faut d'engrais. On regarde 6 à 8 pouces, tant en profondeur qu'en largeur, comme un terme moyen convenable, sauf les cas où l'on doit s'écarter de ces dimensions, qui varient avec les circonstances. Les terres argileuses ne peuvent être attaquées dans les temps trop secs ou trop humides.

Les labours d'été sont souvent préjudiciables, à moins qu'on ne les fasse succéder à une récolte, et qu'on ne veuille les ensemencer de suite. Dans cette saison brûlante, le sol est desséché trop profondément, lorsqu'il a été ameubli récemment, et probablement aussi on facilite le dégagement des gaz provenus de l'engrais, qui cesse de tourner au profit des semences.

Il faut des labours moins fréquents aux terres légères qu'aux terres argileuses; il ne faut les réitérer que durant l'hiver, ou lorsque le sol est tenace, quand on y veut cultiver des racines pivotantes. On est dans l'usage de donner trois labours, et même plus, aux jachères où l'on doit semer du froment : un en automne, un en hiver, et le troisième au printemps. Un dernier labour de division se fait immédiatement avant le semis. La culture de l'orge, de l'avoine et de tous les mars exige rarement plus d'un seul labour.

La terre coupée et enlevée se renverse par la manœuvre de la charrue, et il faut avoir soin de n'en attaquer qu'une épaisseur qui puisse se résoudre en miettes par la chute, et surtout ne laisser aucun espace qui n'ait été remué. Quoique les labours croisés soient excellens, on peut se contenter de sillonner la terre toujours dans le même sens, lorsqu'on exécute cette opération avec le soin convenable. Il est fort utile de faire succéder la HERSE et même le ROULEAU à la charrue, pour achever de briser les mottes de terre; mais ce n'est guère qu'aux terres fortes qu'on fait subir cette opération, qui est inutile aux autres : la herse ne vient ici qu'après le rouleau, tandis que c'est le contraire pour les semis. Le sol doit être rendu le plus uni possible, pour que l'eau du ciel agisse partout avec égalité, et que la récolte soit facile à couper. Il est bon encore que les sillons soient bien droits et bien parallèles, ce qui exige de la part du laboureur de l'habitude et du coup d'œil.

Lorsque le laboureur a conduit son sillon jusqu'au bout du terrain, il faut retourner la charrue pour qu'elle revienne en sens contraire; mais on laisse assez ordinairement un espace de quelques pieds entre les deux raies parallèles, pour que la terre d'une même planche soit composée de sillons voisins formés dans le même sens. L'espace non labouré entre ces deux raies parallèles et rétrogrades, se trouve attaqué à son tour lorsqu'on revient successivement dans le premier sens. Près des haies ou des limites qui touchent aux champs voisins, le labour se fait à la houe, ou bien en croisant les sillons.

Il ne faut pas que les animaux foulent à leurs pieds la terre déja remuée : l'un doit marcher sur le sol non encore labouré, l'autre dans le sillon qui vient d'être fait. Un bon laboureur peut retourner en un jour un quartier de terre avec une charrue attelée de deux bœufs; dans les sols de moyenne résistance, avec deux chevaux il peut labourer jusqu'à 80 perches. Fr.

LACETS (*Arts mécaniques*). Ce sont des rubans étroits, faits de plusieurs fils doubles et retors entrelacés de l'un à l'autre, à la la manière des tricots à chaîne. Il faut au moins trois fils pour former un lacet; mais on les fabrique ordinairement à 11, 13, 17, et jusqu'à 29 fils, prenant de préférence des nombres premiers. C'est un objet de mercerie d'une assez grande consommation. Les femmes font usage de lacets de soie pour serrer leurs corsets, ou autres pièces de leurs vêtemens. Les lacets de fils de lin, de chanvre, de coton, sont employés au même usage, mais on s'en sert également, en place de ficelle, pour des ligatures. Les uns et les autres se vendent en pièces de plusieurs centaines de pieds.

Les lacets sont fabriqués avec des métiers d'une construction fort ingénieuse, par mouvement de rotation continu; ce sont des fuseaux verticaux montés par des roues d'engrenage en bois qui non seulement pirouettent sur leur axe; mais dont l'axe est emporté circulairement, de manière que les fils qui enveloppent les fuseaux et qui se rendent à des ailettes supérieures, s'entrelacent mutuellement, comme dans la machine à recouvrir les manches de fouet. L'impossibilité de faire comprendre cet appareil sans le secours de figures, et le peu d'espace dont il nous est permis de disposer, nous force à supprimer cette description qu'on trouvera dans le grand dictionnaire de Technologie.

FR.

LAINES. (*Arts mécaniques.*) Matières filamenteuses qui recouvrent la peau des moutons et de quelques autres animaux, tels que le *castor*, l'*autruche*, la *vigogne*, les *chèvres thibetaines*, de *Cachemire*, etc. C'est avec ces diverses espèces de laines qu'on fabrique des étoffes et d'autres tissus qui servent à l'habillement de l'homme et à d'autres usages, et qui prennent, suivant l'espèce de laine dont ils sont fabriqués, le nom de *mérinos*; de *castorine*, de *vigontines*, de *thibetaines*, de *cachemires*, etc. Les laines de mouton ont seules la propriété de se feutrer.

Les laines, dans le commerce, se divisent en deux classes, en *laines de toison* et en *laines mortes*. Les premières proviennent de la tonte annuelle des animaux vivans; les laines mortes sont celles qu'on prend sur la peau des animaux morts. Les unes et les autres sont *surges* ou en *suint* quand elles n'ont pas été lavées. Cette opération, que nous expliquerons au mot LAVOIRS A LAINES, leur fait perdre de 35 à 50 pour cent de leurs poids, suivant qu'elles sont plus ou moins sales.

On distingue un grand nombre de qualités différentes de laines sous le rapport de la finesse, de la longueur, de la couleur, de la force et de l'élasticité, non seulement en raison des races de bêtes qui les produisent, mais encore dans les mêmes races suivant les climats, et dans le même individu, suivant qu'on les prend dans telle ou telle partie de son corps. Il y a des laines naturellement blanches, noires, rousses, jaunes et même bleuâtres; mais dans les grands troupeaux de France, on ne conserve que les moutons blancs, parce que cette laine prenant très bien la teinture, on lui donne ensuite la couleur qu'on veut.

Une toison se compose de mèches ou de flocons séparés, formés de plusieurs filamens réunis par leurs extrémités; il y a des laines plus ou moins longues, depuis 1 pouce jnsqu'à 18 et même 22 pouces; mais leur finesse est assez généralement en raison inverse de leur longueur. La laine provenant de la tonte annuelle des moutons anglais de Leicester, nouvellement importés en France, à 18, 20, et jusqu'à 22 pouces. Les matières filamenteuses fines n'ont pas besoin d'être d'une grande longueur pour former un fil solide; la torsion suffit pour réunir les filamens en un faisseau qui a toute la force dont est susceptible la somme des brins qui le composent. Des expériences ont fait connaître que des fils fabriqués avec de la bourre de soie découpée par longueurs de 16 à 18 lignes, avaient la même force que les fils d'un numéro égal fabriqués avec la même bourre de soie laissée dans toute sa longueur.

La force de la laine se mesure par le poids ou l'effort qu'il faut employer pour la rompre; plus elle est forte et fine, meilleure est sa qualité. C'est au toucher qu'on en reconnaît la douceur, le moelleux : c'est également avec la main qu'on s'assure de son degré d'élasticité. Il faut qu'après en avoir serré plusieurs flocons ensemble, il reprennent, quand la compression cesse, le même volume qu'auparavant. C'est leur qualité élastique qui rend les laines propres à faire des rembourrages, des matelas.

Les laines de Saxe sont les premières sous le rapport de la finesse; viennent ensuite les laines de mérinos de France et d'Espagne; celles des moutons anglais et de nord-Hollande, à la fois longues et fines; celles du nord et du milieu de la France sont en général longues et grosses; en avançant vers le midi, elles se raccourcissent et s'affinent. Les laines du Roussillon approchent, pour la finesse, des laines d'Espagne.

On distingue quatre sortes de laine dans la même toison.

Celle de la première qualité se trouve sur le dos, depuis le cou jusqu'à environ 6 pouces de la queue, en comprenant un tiers du corps.

Celle de la seconde qualité couvre les flancs de la bête et s'étend depuis la cuisse jusqu'aux épaules.

Celle de la troisième environne le cou et recouvre la croupe.

Enfin, la laine de la quatrième qualité recouvre la partie de devant le cou ou le poitrail jusqu'au bas des pieds, en y comprenant une petite partie des épaules, et les deux fesses jusqu'au bas du train de derrière. Le triage de ces quatre qualités se fait immédiatement après la tonte, en déchirant la toison selon les divisions que nous venons d'indiquer, et jetant chaque part dans des cases particulières.

Il est très important, pour le propriétaire de troupeaux, pour le commerçant et pour le manufacturier, d'avoir un moyen d'apprécier la finesse des laines. Daubenton avait imaginé pour cela de soumettre les filamens isolés de la laine à un micromètre placé au foyer d'un microscope qui grossissait quatorze fois les objets. Le micromètre était en verre poli, sur lequel on avait tracé des lignes transversales à angle droit extrêmement déliées, formant un réseau dont les mailles ou carrés avaient un dixième de ligne. Ayant reconnu par des observations faites avec le plus grand soin, que les plus gros brins de 29 échantillons de laine superfine qui lui avaient été envoyés par autant de manufacturiers, occupaient rarement plus de deux carrés du micromètre, il s'ensuivait que leur grosseur était la soixante-dixième partie d'une ligne. Daubenton avait reconnu de même que les plus gros brins de la laine la plus grossière occupaient jusqu'à six carrés de son micromètre, ce qui donnait pour leur grosseur un vingt-troisième de ligne. Il y avait des poils qu'on appelle *jarre*, qui remplissaient jusqu'à douze carrés, dont la grosseur par conséquent était d'un dixième de ligne.

Ayant ainsi déterminé les limites de la finesse et de la *grossièreté* des laines, Daubenton les divisait en cinq classes, toujours par le moyen de son instrument.

L'instrument de Daubenton remplit assurément très bien son

objet; mais nous croyons qu'on doit lui préférer un autre instrument que Ternaux a importé de Saxe. (*Voy.* les Bulletins de la société d'encouragement; juillet 1826.)

Aux mots Draperie et Filage *des laines*, tant cardées que peignées, nous avons expliqué les deux emplois bien distincts de ces deux sortes de laines. Nous avons vu que les laines cardées servent à fabriquer les étoffes feutrées qu'on désigne en général par la dénomination de *draperie*, et que les laines peignées sont employées à faire les étoffes rases, telles que les *burats*, les *étamines*, les *tapis* de toutes espèces, les *popelines*, *bombazins*, *crêpes*, *gilets*, etc.

Il est reconnu dans toutes nos manufactures, et plus particulièrement dans celles où l'on travaille avec le plus de perfection, à Sédan, à Louviers, que plus les laines sont fines, courtes et même un peu molles, plus elles sont propres à fabriquer les draperies fines.

Aussi, depuis l'introduction des moutons mérinos en France, vers la fin du règne de Louis XVI, nos cultivateurs et nos manufacturiers ont-ils cherché avec empressement à multiplier et à acclimater dans notre pays ces précieux animaux. Cette entreprise, utile à la fois à l'industrie agricole et manufacturière, a tellement réussi, que nos laines, autrefois dédaignées, jouissent maintenant de toute la faveur du commerce; elles ont, sur les laines d'Espagne même, une supériorité qui n'est plus contestée. On sait que sur le marché de Paris, le plus considérable du royaume, tandis qu'il est difficile d'obtenir 10 fr. par kilogramme de la plus belle laine d'Espagne, on vend facilement 20 fr. le kilogramme les plus belles laines mérinos de France. Nous possédons aujourd'hui le germe de cette belle nature de laine, et nous savons, par les nombreux troupeaux qui existent déja sur divers points de la France, que notre climat est susceptible d'en favoriser le développement.

Mais, quelque fines que soient ces laines, elles ne sauraient encore tenir lieu des laines que nos manufacturiers sont obligés de tirer de la Saxe, de la Silésie et de la Moravie, pour la fabrication des draps superfins.

Si, relativement aux laines fines, il ne reste que peu de chose à faire aux cultivateurs pour satisfaire à tous nos besoins, on ne peut pas en dire autant de la seconde espèce de laine dont on fabrique les étoffes rases. Il est bien démontré que nos laines longues propres au peignage, sont très inférieures en qualité à celles de Hollande, et surtout à celles d'Angleterre, que fournissent les moutons d'une race particulière dite *Dishley et Southdown,* dans le *Leicestershire.* Cette laine, dans ce pays, a donné lieu au développement d'une industrie immense, que nous ne pourrons égaler que quand nous aurons acclimaté et multiplié cette race de moutons, comme nous l'avons fait pour les mérinos. Déja quelques agronomes s'en sont occupés avec succès.

Il y a une autre espèce de laine qu'il n'était pas moins important de naturaliser en France; c'est la laine de Cachemire, ce duvet fin et moelleux qui se trouve sous les longs poils des chèvres en général, mais plus abondamment et d'une plus grande finesse dans les chèvres du Tibet, dont Ternaux a fait venir, à grand frais, un troupeau de quelques centaines de bêtes; c'est avec ce duvet, qui se file comme la laine peignée, qu'on fabrique à Paris des schals et autres étoffes dites de *Cachemire.*

Des peuplades de Tartares recueillent ce duvet sur leurs nombreux troupeaux de chèvres, en peignant chaque animal dans la saison où il se détache le plus facilement. Ces mêmes Tartares viennent le vendre à Novogorod, à des négocians moscovites qui le font *éjarer* et transporter à Moscou, d'où il est expédié sur les différentes places d'Europe. L'emploi de cette matière filamenteuse en France s'élève à 50 ou 60 mille kilogrammes par an. Son prix reste à peu près invariablement fixé, à Paris, à la somme de 7 à 8 fr. le kilogramme; le battage et l'épluchage lui font perdre environ 25 pour 100. On estime que chaque animal ne fournit qu'environ un quart de kilogramme de duvet. Il faudrait donc, pour alimenter notre consommation, en la fixant à 60,000 kilogrammes par an, 240,000 têtes de chèvres thibetaines. On voit qu'il devra naturellement s'écouler bien du temps, avant que nous possédions de si nombreux troupeaux de cette race: mais nous n'en devons pas moins de reconnaissance à l'imortateur. Il en sera des chèvres thibetaines comme des mérinos, ui, d'abord accueillis froidement, n'en sont pas moins devenus ne source de richesse agricole et manufacturière.

Les toisons des moutons hollandais et anglais à longues laines, elles des moutons flamands, pèsent 5 et 6 kilogrammes; celles es moutons indigènes du Cotentin, du Berry, de la Vendée, de Alsace, de la Champagne, de la Comté, etc., pèsent 2ᵏ,5 toutes avées. La toison des mérinos, dans tous ces pays, pèse le double.

En terme de bonneterie, on dit que la *laine est beige*, quand lle est mêlée de blanc, de noir, de jaune et de roux. On en fa-rique de grosses étoffes qu'on ne teint pas, et qui sont à l'usage es habitans de la campagne.

En général, les meilleures laines sont celles des toisons cou-ées vers la fin de juin, ou dans les premiers jours de juillet. En ngleterre, c'est cette dernière époque qu'on a choisie. C'est e 6 juillet que commence la fête agricole que donne tous les ans I. Coke dans sa magnifique terre d'Holkham, comté de Nor-olk, à l'occasion de la tonte de ses nombreux troupeaux, tous omposés de *Southdown*. On croit que c'est alors que la laine a cquis, dans nos climats, son degré de maturité, quoique rien e prouve qu'elle doive être plus mûre dans cette saison que lans une autre; mais il n'y en a pas d'autre où l'on pourrait, ans danger pour la santé des bêtes, les dépouiller de leurs toi-ons, qui repoussent assez depuis cette époque jusqu'à l'entrée le l'hiver, pour les garantir du froid. D'ailleurs, la laine qu'on ecueillerait pendant que les moutons sont en *pouture*, ou nour-is à l'étable avec des fourrages secs, est toujours plus ou moins alie par des débris de plantes ou de folioles qui s'y mêlent et s'y ttachent tellement, qu'on a de la peine à les en débarrasser; d'où il résulterait que les laines, même d'une qualité supérieure, ne pourraient être employées qu'à faire des rembourrages, des matelas. On pourrait peut-être en excepter les toisons des méri-nos, dont l'enveloppe extérieure est tellement serrée, qu'il ne serait guère possible aux ordures d'y pénétrer.

D'après ce que nous avons dit des laines fines et de leur em-ploi, il semble qu'il y aurait quelque avantage à tondre les mérinos deux fois par an, au lieu d'une, puisque la fréquence des tontes affine la laine, et qu'alors elle serait plus courte de moitié. Cette idée n'est point nouvelle ; elle a été reproduite à diverses époques, et même mise en pratique par quelques agronomes. L'embarras est de trouver deux saisons favorables ; car si d'un côté il est utile d'avoir des laines fines et courtes, de l'autre il n'est pas moins essentiel de conserver la santé des troupeaux. Dans nos climats du nord, ce seraient les mois de mars et de septembre, ou d'avril et d'octobre, encore aurait-on à craindre le froid et les pluies. Il y aurait une infinité de précautions à prendre, auxquelles on n'est pas obligé d'avoir égard en juin et juillet. Dans les calculs d'économie, il faudrait aussi tenir compte de la dépense d'une tonte de plus. Il paraît donc que balançant les avantages et les inconvénients d'une double tonte annuelle, on s'en tiendra à l'ancien usage.

Mais si d'une part deux tontes paraissent impraticables, du moins dans nos contrées, on ne doit pas manquer d'en faire une tous les ans, non seulement pour avoir des laines fines et courtes, comme l'exige la fabrication de belles draperies, mais aussi comme un moyen de salubrité pour les troupeaux, surtout pour les agneaux et même pour les anténois, si sujets à avoir de la vermine.

Les laines mortes, c'est-à-dire qu'on enlève des peaux des bêtes mortes au moyen de la chaux vive, et dont la qualité est si inférieure à celle des laines de toison, se distinguent par leur dureté et leur peu de force ; privées de suint, que l'action corrosive de la chaux détruit, elles n'ont plus ce moelleux et ce nerf que conservent pendant très long-temps, même après le lavage, les laines vivantes.

Les laines des moutons malades ne prennent que très imparfaitement la teinture. M. Bosc rapporte qu'ayant fait tondre, à Rambouillet, un mouton bien portant, un mouton malade et un mouton mort de maladie, tous trois de la race des mérinos espagnols et du même âge, il en fit laver et filer les toisons séparément et mettre les fils en écheveaux, avec des marques particulières pour les reconnaître. Il les donna à M. Roard de Clichy, alors directeur de la manufacture des Gobelins, qui en fit teindre un de chaque espèce en bleu, en rouge et en jaune. L'Académie des Sciences, à l'examen de laquelle ces échantillons furent ensuite soumis, reconnut que ces couleurs étaient vives dans les écheveaux de laine du mouton bien portant, faibles dans ceux de la laine du mouton malade, et ternes dans ceux de la laine du mouton mort. Il est donc bien important, pour les manufacturiers, qui tiennent à avoir des étoffes d'une teinte uniforme, de faire en sorte que les laines qu'ils achètent ne contiennent point de mélange de ces toisons de qualité différente : mais il n'est aucun moyen de le reconnaître.

Les magasins de laines doivent être à l'abri du soleil, de l'humidité et de la poussière; elles se conservent mieux en suint, simplement lavées, que dégraissées. Le vendeur est intéressé à les livrer aussitôt après la tonte, parce qu'elles perdent continuellement de leurs poids. L'acheteur y trouve aussi son profit, parce qu'ayant plus de suint, elles se blanchissent mieux.

Les laines gardées long-temps en magasin, sont sujettes à être attaquées par les *chenilles-teignes*, que bien des gens prennent pour des vers. Ces insectes s'attachent à toute espèce de lainage. Après leur dernière métamorphose en papillons, on les voit voltiger depuis la fin d'avril jusqu'au commencement d'octobre; alors ces papillons-teignes pondent sur la laine de petits œufs, qu'on aperçoit difficilement, et qui donnent naissance aux chenilles-teignes, d'une couleur jaunâtre et luisante, et d'une longueur d'environ 3 lignes. Ces insectes éclosent pendant les mois d'octobre, novembre et décembre, suivant que la température est plus ou moins douce; ils prennent peu d'accroissement, et restent même engourdis pendant l'hiver; mais au printemps ils grandissent, et mettent une grande activité à dévorer la laine, dont ils se nourrissent et forment les fourreaux qui leur servent de gîte.

Les laines, pour être employées à la fabrication des étoffes, doivent être d'abord lavées et ensuite dégraissées. (*Voy.* Lavoirs a laine.) La première de ces opérations leur fait perdre moitié et quelquefois même les deux tiers de leurs poids; de sorte que les laines communes, qui se vendent ordinairement en suint de 15 à 20 sous le demi-kilogramme, se vendent 30 à 45 sous lorsqu'elles ont été lavées. Leur dégraissage, qui n'est ordinairement fait que dans les fabriques, leur fait perdre encore 10 et même 15 pour 100. Les laines suivent le cours de toutes les marchandises; leurs prix se proportionnent aux besoins. Les laines communes, dont la consommation est immense, se vendent plus facilement que les laines fines et surfines, dont l'emploi se borne à faire les étoffesde luxe.

LAIT. Il n'est personne qui ne connaisse les propriétés générales du lait, et qui ne sache que c'est un liquide d'un blanc opaque, d'une saveur douce, que c'est lui qui constitue le premier aliment de tous les animaux mammifères; mais ce que beaucoup ignorent, c'est que ce liquide sécrété par les glandes mammaires des femelles, n'est pas toujours identique; qu'il varie non seulement autant que les espèces, mais autant que les individus eux-mêmes, et que des différences moins tranchées, à la vérité, se font encore remarquer pour un même individu, suivant qu'il est soumis à tel ou tel régime alimentaire, suivant qu'il habite telle ou telle localité, et suivant encore une foule de circonstances susceptibles d'exercer quelque influence sur son physique ou sur son moral.

On peut établir comme règle générale et usuelle, que pour que le lait d'une femelle quelconque puisse acquérir et conserver les bonnes qualités qu'il doit avoir, il faut qu'elle habite un local bien assaini; que la qualité, la nature et la quantité de ses alimens soient dans un juste rapport avec son espèce et avec ses forces digestives : elle a besoin d'exercice sans fatigue, de repos sans excès, et il est nécessaire que ses facultés morales soient excitées et ménagées, comme ses facultés physiques. En un mot, on doit éviter avec soin tout ce qui peut apporter du trouble dans l'harmonie naturelle des fonctions organiques, si l'on veut que le lait n'éprouve d'autres changemens que ceux naturellement déterminés par l'époque de la lactation et l'accroissement du jeune animal.

Le lait a toujours été considéré comme une sorte d'émulsion

formée par la matière grasse ou butireuse maintenue en suspension dans le sérum, à l'aide d'un mucilage animal, et probablement aussi à l'aide du caséum, qui, dans son état primitif et de pureté, paraît jouir d'une certaine solubilité; mais les élémens hétérogènes de cette liqueur ne peuvent être long-temps maintenus dans cet état d'union en quelque sorte provisoire, et nous les voyons se désunir sous les moindres influences. Le simple repos suffit pour détruire l'homogénéité de ce fluide alimentaire. Deux couches distinctes s'établissent bientôt. La supérieure, plus légère, est aussi plus épaisse et plus onctueuse; c'est ce qu'on appelle la *crème*. La deuxième, quoique d'une plus grande densité, est moins visqueuse; sa couleur est moins opaque: c'est ce qu'on nomme le *lait écrémé*.

Si l'on poursuit cette sorte d'analyse spontanée, on trouve que la crème exposée à une température de 20 à 25°, et soumise à l'agitation dans un vase approprié, perd peu à peu de son onctuosité; on y remarque bientôt des grumeaux solides, opaques et jaunâtres, qui s'agglomèrent entre eux pour former des masses plus considérables, et qui ne sont autres que le beurre ordinaire. La portion qui ne se concrète point se rapproche, par ses caractères extérieurs, du lait écrémé; elle en a la fluidité et la demi-transparence: on la distingue cependant sous la dénomination de *lait de beurre*. Berzélius a trouvé une crème de 1,0244 de densité, composée de

Petit-lait.	920
Beurre.	45
Fromage.	35
	1000

Jusqu'ici nous n'avons eu recours qu'à des moyens purement mécaniques; mais ils deviennent insuffisans pour continuer l'élimination des principes du lait, et l'on n'y arrive qu'en lui laissant subir une sorte de fermentation ou de réaction spontanée, qui détermine la coagulation du caséum.

Tant que, par une méthode quelconque, on réussit à prévenir toute acescence dans le lait, les principes se maintiennent dans une union parfaite. Ainsi, soit qu'on le fasse chauffer de temps à autre pour s'opposer à l'altération des principes acidifiables, ou pour expulser la petite portion d'acide déja formé; soit qu'on y ajoute une matière absorbante comme la magnésie, qui s'empare de l'acide à mesure qu'il se développe : dans tous les cas, il n'y aura point de coagulation produite; mais si l'on ne prend aucune de ses précautions, et qu'on abandonne le lait à lui-même, il s'acidifiera d'autant plus promptement que la température du lieu sera plus élevée; et en même temps que l'acide se manifestera, on verra un coagulum de plus en plus considérable se former, et peu à peu il se séparera du reste du liquide, qui, de blanc et opaque qu'il était d'abord, devient ensuite jaune et transparent.

Voilà donc trois corps bien distincts, savoir, le beurre, le caillé ou fromage, et le sérum ou petit-lait, qu'on parvient à séparer du lait par des moyens naturels; mais, à vrai dire, aucun de ces corps n'est obtenu ainsi dans son état de pureté.

Le beurre contient, outre la matière grasse qui en fait la base, une certaine quantité de lait ou de caséum, qui contribue à lui donner cette saveur délicate et ce goût de frais qu'on aime tant à y retrouver. Pour l'en priver, il suffit de le faire liquéfier à la moindre température possible, et de le maintenir ainsi pendant un temps suffisant pour que ces deux corps puissent se séparer suivant leur densité respective. Lorsqu'on juge l'opération achevée, on décante et on laisse refroidir. C'est ainsi qu'on obtient le beurre aussi pur que possible; mais ce n'est plus là le beurre des gourmets; c'est une sorte de graisse sans sapidité, et qui n'offre plus rien d'agréable au palais, quoiqu'elle soit encore un excellent condiment. (*Voy.* ce que nous avons dit au mot Beurre.)

Le caillé ou fromage, séparé comme nous l'avons indiqué, ne jouit pas d'un plus grand degré de pureté, mais il varie dans sa composition suivant les circonstances qui ont présidé à son isolement.

Le sérum est plus compliqué dans sa composition que les autres produits du lait dont nous venons de faire mention; mais avant de nous occuper de son étude et de faire connaître sa nature, nous devons dire comment on doit procéder pour l'obtenir autant débarrassé que possible des corps qui n'en font pas partie essentielle.

Le sérum du lait aigri spontanément contient des phosphates insolubles qui ne seraient pas retenus sans cet excès d'acide. Ainsi, il importe donc, lorsqu'on le prépare artificiellement, de n'employer que le minimum d'acide nécessaire à la coagulation du caséum, et c'est ce qu'on pratique ordinairement dans les officines pour obtenir le sérum prescrit comme médicament. On conçoit qu'il serait difficile, pour ne pas dire impossible, de déterminer d'avance les proportions respectives de lait ou d'acide qu'il convient d'employer pour n'avoir ni excès ni défaut; car on sait que non seulement le lait n'est pas toujours identique, mais que le vinaigre lui-même est très variable. Il faut donc, pour cette opération, s'en rapporter à l'habitude du praticien : voici comment il opère ordinairement.

Le lait est d'abord soumis dans un vase convenable, à une chaleur assez vive pour qu'il puisse entrer promptement en ébullition, et aussitôt que sa masse se soulève, on verse, par intermittence, un filet de vinaigre dans le centre du bouillon. On arrête dès qu'on voit la couleur jaune et claire du sérum se manifester. On laisse encore bouillir quelques instans pour obtenir une coagulation plus décidée, l'on jette le tout ensuite sur un tamis placé au dessus d'une terrine : le sérum s'écoule, et le fromage est retenu.

Quelque soin qu'on ait apporté à cette première opération, il reste toujours une quantité plus ou moins grande de caséum en suspension dont les molécules trop ténues ne peuvent être séparées du liquide par les filtrations ordinaires ; on est donc obligé d'augmenter leur volume et de les coaguler davantage au moyen de l'albumine. A cet effet, on délaie une quantité suffisante de glaire d'œuf dans une très petite portion d'eau, on agite fortement à l'aide d'un fouet en osier, puis on délaie cette eau albumineuse dans le petit-lait, et on le soumet de nouveau à l'action de la chaleur. Lorsque le liquide approche de son point d'ébullition, il se recouvre d'une écume blanche assez épaisse, mais au moment où elle est rejetée sur les bords par le bouillon, on aperçoit le sérum bien diaphane. Quand l'ébullition est devenue tumultueuse, on l'apaise en versant une petite quantité d'eau froide, et l'on pense déterminer ainsi une séparation plus complète du caséum. Enfin, après quelques instans d'ébullition, on retire et l'on filtre, et l'on obtient un liquide d'un jaune verdâtre, d'une grande limpidité. C'est ce qu'on nomme le *sérum* ou petit-lait clarifié.

Il arrive quelquefois que, malgré l'addition de l'albumine, le sérum retient encore une petite quantité de fromage qui en trouble la transparence; et comme dans les officines on tient beaucoup à ce que cet inconvénient n'ait pas lieu, on prend la précaution, pour le prévenir, d'ajouter à l'eau albumineuse, soit un peu de crême de tartre, soit une très petite proportion d'alun, et par ce moyen on est certain du succès; mais il est à craindre qu'une partie de ces sels reste en solution dans le sérum et en modifie les propriétés. L'emploi de la crême de tartre pour l'usage médical est sans inconvénient, parce que sa solution jouit à peu près des mêmes vertus que le petit-lait lui-même; mais il n'en est point ainsi pour l'alun : on doit donc éviter d'y avoir recours.

Le sérum présente quelques caractères constans et d'autres qui varient selon le procédé employé à sa préparation. En général, il est d'un jaune verdâtre, très fluide et d'une grande limpidité; sa saveur est douce et agréable. Quand il a été séparé du lait avec la moindre quantité possible d'acide, ou mieux encore avec la présure (*Voy*. FROMAGE), il rougit faiblement la teinture de tournesol et verdit avec le sirop de violettes; de manière qu'on pourrait croire qu'il est alcalin, si l'on ne savait que le mélange du jaune et du bleu donne du vert.

Le petit-lait, quelque bien clarifié qu'il puisse être, contient encore une petite quantité de caséum, qui se manifeste par l'altération spontanée que ce liquide est susceptible d'éprouver avec le temps, et il en contient d'autant plus que la coagulation, soit spontanée, soit artificielle, aura été faite sous l'influence d'une plus grande proportion d'acide, proportion qui influe, comme nous l'avons déja observé, d'une autre manière sur le sérum. Quand il y a surabondance, les phosphates insolubles contenus dans le lait passent dans le sérum, ce qui n'a point lieu lorsque l'acide n'est pas en excès. Dans le premier cas, le petit-lait précipite fort abondamment par l'eau de chaux, dans le second, elle n'y produit aucun changement.

Outre les matériaux dont nous avons déja signalé l'existence dans le petit-lait, il en est quelques autres, parmi lesquels nous citerons surtout le sucre du lait, qui s'y trouve en assez grande abondance. Pour l'obtenir, il suffit d'évaporer le sérum avec précaution, jusqu'à consistance presque sirupeuse, et d'abandonner le résidu à un refroidissement très lent; il se dépose avec le temps des cristaux irréguliers d'un jaune brun, qu'il est assez difficile de séparer des eaux-mères visqueuses dont ils sont imprégnés. On les purifie par plusieurs cristallisations successives, et l'on finit par arriver à des cristaux blancs, réguliers, sous forme de parallélépipèdes, d'une saveur fade, et légèrement sucrée, mais se dissolvant en si petite quantité dans la salive, qu'on croirait avoir une substance terreuse dans la bouche. Il exige, pour sa complète solution dans l'eau, environ douze fois son poids d'eau froide, et quatre seulement d'eau bouillante. C'est une substance fort singulière et qui mériterait bien d'être examinée avec soin, car il n'est pas probable qu'elle ait été obtenue dans son plus grand état de pureté. Parmi ses propriétés les plus caractéristiques, nous devons citer celle qu'elle a de se convertir en acide mucique par l'acide nitrique. Scheèle à qui on doit la connaissance de ce fait notable, ayant cru que le sucre de lait était la seule substance susceptible de fournir cet acide, lui avait donné le nom de *suc-lactique*, mais comme on a reconnu depuis que toutes les gommes en donnaient par ce même procédé, alors on a préféré le nom d'*acide mucique*, sous lequel il est maintenant désigné. Le sucre de lait jouit encore de la propriété bien remarquable de ne point fermenter par l'addition de la levure.

Le petit-lait renferme le peu de sels solubles que contient le lait;

ainsi on y retrouve une très petite proportion de chlorure de potassium, et une moindre de phosphate et d'acétate de potasse.

On voit donc que le lait est composé de diverses substances dont les ures y sont en véritable solution, et de ce nombre se trouvent le sucre de lait, qui en fait à peu près les deux centièmes, le mucilage animal, les sels à base de potasse, l'acide acétique, et peut-être aussi le caséux, qui y entre pour le dixième du poids environ. Les autres matières qui s'y rencontrent n'y sont bien certainement qu'en simple suspension ; tels sont le beurre et les phosphates insolubles.

On a récemment annoncé qu'en évaporant le lait à une basse température, à l'aide d'un courant d'air sec, on obtenait un extrait solide, susceptible de se conserver indéfiniment et de reproduire du lait de très bonne qualité en le redissolvant dans l'eau, mais l'expérience n'a pas encore prononcé à cet égard. R.

LAITON ou CUIVRE JAUNE (*Arts chimiques*). Alliage de cuivre et de zinc, composé moyennement de 0,64 de cuivre, 0,33 de zinc, et de 0,3 de plomb et d'étain. Il est employé dans les arts à un grand nombre d'usages, parmi lesquels nous citerons la fabrication des fils, qui absorbe à elle seule plus de la moitié du laiton livré au commerce.

Il y a peu d'années encore, la France ne possédait aucune fabrique de laiton ; il est vrai que le produit de celles des Pays-Bas, qui faisaient alors partie de notre territoire, excédait nos besoins. Depuis la paix, plusieurs établissemens de ce genre ont été créés ; mais nous sommes encore bien éloignés de produire tout le laiton nécessaire à notre consommation, qui s'élève de 18 à 20 mille quintaux métriques par an. Ne possédant en outre que dans une très faible proportion les matiéres premières qui entrent dans la composition du laiton, nous sommes obligés de les tirer de l'étranger pour alimenter nos usines. Dans la plupart d'entre elles, on exécute directement l'alliage du cuivre métallique avec le zinc métallique, méthode la seule actuellement en usage en Angleterre ; mais dans quelques unes on se sert encore du procédé usité dans les Pays-Bas, qui consiste à mélanger le cuivre avec du minerai de zinc grillé. Nous allons indiquer ces deux procédés.

Les *matières premières* employées pour la fabrication du laiton sont :

1° Les minerais de zinc, les mêmes dont on retire ordinairement le zinc métallique; ce sont des carbonates et des oxides de zinc, connus sous le nom de *calamine*. Les minerais employés en Belgiqne et en France sont tirés de la Vieille-Montagne, pays de Liége, où il en existe des dépôts considérables. Le sulfure de zinc, qui se trouve quelquefois en assez grande abondance dans les autres mines métalliques, peut être employé avec avantage pour cet usage, ce que plusienrs essais en grand ont démontré, comme nous l'indiquerons à la suite de cet article.

2° Du zinc métallique.

3° Le cuivre métallique. On se sert ordinairement du cuivre rosette de Drontheim (Norwége); il est regardé comme le meilleur que l'on puisse employer.

4° Des produits zincifères, tels que cadmies de certains hauts-fourneaux de la Belgique; produit connu dans ce pays sous le nom de *kiess*, et dont la grande richesse en zinc le rend d'un emploi très avantagenx dans la fabrication du laiton.

5° Des mitrailles rouge et jaune. On désigne par ce nom les débris d'ustensiles de cuivre ou de laiton.

Les fourneaux ou *fours* employés dans la fabrication du laiton sont circulaires; leur voûte a tantôt la forme d'un dôme, comme ceux des environs de Jemmapes, tantôt celle d'un cône tronqué, comme près de Givet, dans les Pays-Bas, ou de Bristol en Angleterre. Leur largeur varie de 1m,20 à 1m,50 ; leur hauteur est à peu près la même que leur diamètre. Dans une usine des environs de Givet que nous avous eu l'occasion de visiter, les fourneaux ont les dimensions suivantes : le cône tronqué qui forme la voûte a 1m,20 de largeur à sa base, largeur qui est aussi celle de la sole du fourneau : son diamètre supérieur est de 0m,36 à 0m,45 ; il est garni d'une couronne en fer qui forme le gueulard du fourneau. La sole est formée par une plaque de fonte de 0m,05 à 0m,08 d'épaisseur, percée de huit trous et recouverte d'une couche de quelques centimètres d'argile réfractaire fortement tassée. A chaque trou on adapte des cylindres ou buses en fonte de 0m,06 à 0m,07 de diamètre, qui saillissent un peu au dessus de la sole. C'est par ces ouvertures que l'air s'introduit dans le fourneau, et alimente la combustion; c'est également par elles que les escarbilles tombent dans le cendrier. Le gueulard, placé au niveau du sol de l'atelier, est recouvert par un plateau en pierre ou en briques, au milieu duquel on a ménagé un trou pour laisser échapper la flamme et la fumée; il sert en même temps à enlever le plateau plus facilement.

Les fourneaux doivent être construits en briques réfractaires; ils sont accolés plusieurs ensemble, et disposés ordinairement sur une même ligne, le long de laquelle règne une vaste cheminée où se rendent les fumées et les vapeurs qui se dégagent des fourneaux.

Pots ou *creusets*. Chaque fourneau renferme huit pots ou creusets; ils sont placés sur les parties pleines de la plaque qui forme la sole. Ces pots, légèrement coniques, ont 0m,21 de diamètre à leur partie supérieure, et 0m,48 de hauteur. Ils peuvent contenir la quantité de matière nècessaire pour produire de 50 à 60 kilogrammes de laiton. Ils doivent être fabriqués avec de la terre réfractaire, et pour qu'ils soient moins faciles à casser par les changemens brusques de température auxquels ils sont soumis, on mélange à l'argile des débris de vieux pots très grossièrement pilés. On doit apporter beaucoup de soin à la fabrication de ces pots, car de leur bonté dépend souvent la fortune de l'établissement. Ils doivent durer moyennement de 15 jours à un mois.

Moules. Lorsque le laiton est fondu, on le coule dans des moules composés de deux pierres de granite. Il paraît que cette roche est préférable à tout autre, parce qu'elle a la double propriété de conserver la chaleur assez long-temps et d'être assez dure pour pouvoir être piquée de manière que la surface présente des aspérités capables de retenir la couche d'argile dont on les recouvre. Ces pierres de 0m,64 de large sur 0m,97 sont enveloppées d'un cadre de fer pour les empêcher de se briser. Ces cadres sont munis de deux anneaux en fer dans lesquels sont fixées deux chaînes qui passent sur une poulie et servent à soulever la plaque supérieure du moule.

Fabrication du laiton au moyen de la calamine. Dans cette méthode, on est obligé de faire deux opérations, parce que l'on ne peut introduire dans le laiton plus de 26 à 28 centièmes de zinc à l'aide de la calamine. Ordinairement même, l'alliage que l'on obtient de la première opération, et que l'on appelle *arcot*, ne contient que 20 pour cent de zinc. Dans la seconde opération, on combine une nouvelle quantité de zinc avec cet alliage.

Dans un mémoire de M. Berthier sur la fabrication du laiton, nous trouvons que le mélange employé dans les usines de Jemmapes (1) pour obtenir de l'arcot se compose de 30 kilogr. de cuivre rosette de Drontheim, de 20 kilogr. de calamine, de 10 kilogr. de kiess, et de 16 kilog. de charbon de bois. Cette dernière substance a pour but de décomposer la calamine; elle doit être en poussière assez fine.

La calamine doit avoir été grillée et réduite en poussière très fine. On la grille sur le lieu même de l'exploitation, et elle est vendue aux fabricans de laiton sous cet état; ils la réduisent en poussière en l'écrasant entre deux grandes meules et en la blutant ensuite.

On obtient du mélange précédent 37 kilogr. et demi d'arcot, contenant 80 centièmes de cuivre et 20 de zinc. D'après la richesse du kiess, on peut conclure que la calamine produit dans cette opération environ le quart de son poids de zinc.

Pour transformer l'arcot en laiton, on emploie deux mélanges différens, suivant que l'on désire avoir un alliage *sec* (2), pro-

---

(1) Essais faits dans la fonderie de laiton de Jemmapes, avec la blende de Pont-Péan, par M. Berthier, ingénier en chef des mines. (*Ann, des Mines*, T. III, page 345.)

(2) D'après des analyses d'un assez grand nombre de laitons différens (*Ann. des Mines*, T. III, page 357), M. Berthier a reconnu que c'est le plomb qui communique à cet alliage la propriété d'être sec. Au lieu d'employer des matières qui contiennent ce métal, comme le kiess et les mitrailles jaunes, on peut ajouter directement du plomb dans le mélange.

pre à être tourné, et ayant la propriété de se laisser fendre, etc., sans se déchirer, ou obtenir au contraire un alliage *gras*, c'est-à-dire qui se déchire et empâte l'outil lorsqu'on le coupe.

Le premier de ces laitons que l'on coule en planches dites *plates*, ou en longues bandes, épaisses de 7 lignes, dites *bandes à fils*, est obtenu par le mélange suivant :

12 kilogr. de cuivre rosette,
9 — de mitrailles jaunes,
20,5 — d'arcot;
30 — du mélange de calamine et de kiess,
et 16 — de charbon de bois.

On ajoute de plus, lorsque la matière est bien fondue et réunie dans un seul pot, comme nous l'indiquerons plus bas, 3 kilogr. de zinc métallique en morceaux. Ce mélange donne, terme moyen 51 kilogr. 37 centigr. de laiton, composé à peu près de 65,40 de cuivre, et 34,60 de zinc, plomb et étain.

Une fonte ou *presse* de laiton propre à la fabrication des épingles se compose de

15 kilogr. de cuivre rosette,
5 — de mitrailles jaunes,
20 — d'arcot,
30 — de mélange de calamine et de kiess,
16 — de charbon de bois.

On ajoute de plus au bain métallique, 4 kilogr. de zinc en morceaux. Le produit en laiton est à peu près le même que dans l'opération précédente.

En réunissant les matières premières employées dans les deux opérations, il est facile de conclure que 100 kilogrammes de laiton consomment

37 kilogr. de cuivre rosette,
13,7 — de mitrailles jaunes,
91 — de calamine et de kiess,
7 — de zinc métallique,
et 50 — de charbon de bois.

La fonte, soit de l'arcot, soit du laiton, s'exécute de la même manière, ce qui nous a engagé à faire précéder la description de la fonte par les mélanges que l'on fait dans ces deux opérations.

Le fourneau étant chauffé de manière que les pots ou creusets soient rouges, on les charge du mélange indiqué ci-dessus en les retirant successivement du fourneau. On a seulement soin de ne pas mêler indistinctement le cuivre rosette ou arcot avec la calamine ; il faut, pour faciliter la combinaison du cuivre avec le zinc, que le cuivre soit à la partie supérieure, sans cela, on n'obtiendrait que très peu de laiton, et il se volatiliserait beaucoup de zinc, ainsi que l'on s'en est assuré par des expériences réitérées. Pour que le cuivre soit en contact avec les matières qui fournissent le zinc, on l'enfonce à coups de marteau dans le creuset, qui a été rempli du mélange calaminaire. Tous les pots ayant été ainsi chargés et remis successivement dans le fourneau on le remplit de houille, en ayant soin de ne pas obstruer les buses, puis on les ferme avec le plateau. On ménage la chaleur pendant six à sept heures ; au bout de ce temps, les creusets sont rouge-blanc; on ranime alors le feu en chargeant de nouvelle houille. Peu de temps après avoir donné ce coup de feu, la fumée du zinc qui commence à paraître, indique que la réduction de la calamine s'opère; on ralentit alors un peu le feu, afin que le cuivre ne fonde pas trop rapidement et qu'il ait le temps, en tombant goutte à goutte, de se combiner avec le zinc qui se réduit. Au bout de 10 heures environ, la *presse* (nom par lequel on désigne une fonte) est terminée, il ne se dégage plus de vapeurs des creusets, et l'alliage s'est réuni au fond. On retire alors chaque creuset du fourneau ; on enlève avec une espèce de cuillère en fer les escarbilles qui recouvrent le bain métallique ; et l'on réunit dans un seul pot l'alliage qui est dans chacun des huit. Dans plusieurs usines, et notamment dans celle de Jemmapes que nous avons déja citée ci-dessus, le pot dans lequel on rassemble tout le métal fondu est plus grand que les autres. Après avoir fait cette réunion, on laisse reposer quelques instans l'alliage, pour que les impuretés se portent à sa surface ; le maître fondeur alors les enlève avec une cuillère en fer fixée à un long manche en bois. Lorsque toute l'écume solide est ainsi enlevée, et que l'alliage métallique est bien net, on le coule dans le moule, composé de deux pierres de granite, que nous avons indiqué plus haut, et dont nous donnons le dessin. Lorsque l'opération a pour but d'obtenir du laiton, on enlève les bavures que présente la planche, on l'ébarbe, et on la porte aux cisailles pour la diviser en bandes de la largeur convenable.

L'écume qui recouvre l'alliage est solide, et forme une espèce de sable composé de matières qui ne sont pas fusibles à la température des fours au laiton, qui est à peu près le rouge-blanc. On y trouve principalement du zinc oxidé silifère, minéral irréductible à la température de la fusion du cuivre, des grains ferreux, des clous et des morceaux de fil de fer, enfin des grenailles de laiton, dont la quantité varie entre 1 et 2 pour cent. On sépare ces grenailles, soit par le lavage, soit par un criblage très simple.

La consommation en houille est à peu près triple de la quantité de laiton obtenue.

Fabrication du laiton avec le zinc métallique. Cette méthode, pratiquée dans quelques usines de France et des environs de Stolberg, est la seule en usage en Angleterre depuis quinze à dix-huit ans. Avant cette époque, on obtenait le laiton par le mélange de calamine et de cuivre rouge, comme en Belgique; mais les Anglais ont abandonné ce dernier procédé, parce qu'ils ont reconnu qu'on perdait beaucoup moins de zinc en extrayant d'abord ce métal de la calamine, puis en le combinant directement avec le cuivre rouge. Les principaux lieux où l'on fabrique le laiton, en Angleterre, sont Bristol, Birmingham, dans le centre de l'Angleterre, et Holy-Well, dans le nord du pays de Galles. Dans la première de ces deux villes, il n'existe qu'une seule usine de ce genre, tandis qu'elles sont assez nombreuses à Birmingham, lieu où le laiton est mis en œuvre dans un grand nombre d'ateliers.

On est dans l'habitude de faire aussi deux opérations dans cette méthode de fabrication du laiton. Dans la première, on obtient un alliage peu riche en zinc, qui correspond à l'*arcot*, et, dans la seconde, on ajoute une nouvelle quantité de zinc à l'alliage obtenu. On regarde comme certain que, si l'on mettait immédiatement la proportion de zinc nécessaire pour le laiton, il se brûlerait une quantité considérable de ce métal. Mais cette assertion paraît erronée, d'après des expériences faites par M. Berthier, ingénieur en chef des Mines (1), dans lesquelles il a obtenu du laiton très homogène, en mettant, dans du cuivre en fusion, du zinc métallique en morceaux chauffés d'avance.

Le zinc en fragmens placé au fond du pot, est recouvert avec du cuivre granulé (2). On remplit le fourneau de houille en gros morceaux, jusqu'à la hauteur des creusets, et l'on met le feu à la partie supérieure. Le cuivre, en fondant, coule et s'allie avec le zinc qui, lui-même, en se volatilisant, s'unit au cuivre. Dans cette opération, on devrait croire que la volatilisation du zinc est considérable, et cependant l'expérience prouve, au contraire, qu'il y a une perte très petite de ce métal. En effet, on ne voit que très rarement la flamme du zinc qui brûle s'élever au dessus du creuset. Quand on juge que l'alliage est opéré, on le coule en planche entre deux pierres de granite que l'on maintient dans une position inclinée, au moyen d'une chaîne adaptée à une grue; on casse ensuite cet alliage en fragmens, et on le fond avec une nouvelle quantité de zinc, pour obtenir du laiton. La fusion se fait de la même manière, et exige à peu près le même temps (huit ou neuf heures). Le laiton est alors coulé en planches de 1 mètre de long sur 0m,66 de large, et de 0m,0092 à 0m,0139 d'épaisseur, en le versant entre deux plaques de granite, ainsi que nous l'avons indiqué ci-dessus.

Le procédé employé aux environs de Stolberg est le même, avec cette différence seulement, que le cuivre est mis en morceaux au lieu d'être en grenailles. Cette différence, en apparence très légère, paraît, au dire des Anglais, en apporter une très sen-

---

(1) *Annales des Mines*, T. III, page 358.

(2) Pour granuler ce cuivre, on le verse dans une cuillère percée de trous, placée au dessus d'un baquet rempli d'eau. Cette granulation se fait dans les usines à cuivre, qui le vendent sous cet état aux fabricans de laiton.

sible dans la qualité du laiton; il est plus homogène, et ne présente pas de points durs qui sont très nuisibles au laminage du laiton. Il paraît aussi que cet état de dissémination du cuivre facilite sa combinaison avec le zinc, et qu'il est cause que la volatilisation de ce métal est moindre.

Nous avons cru remarquer, en outre, que la température, au moment de la coulée, est plus considérable qu'à Stolberg; circonstance qui fait que les planches de laiton présentent beaucoup moins de pailles, l'alliage ne se figeant pas à mesure qu'il coule.

Les plaques de laiton qu'on vient d'obtenir sont presque toujours laminées. Suivant qu'on veut avoir des feuilles plus ou moins grandes, on les coupe en bandes plus ou moins larges; le plus ordinairement on leur donne $0^{m},166$. Les cylindres qu'on emploie pour ce travail ont généralement $1^{m},166$ de long et $0^{m},472$ de diamètre. Ces bandes sont passées à froid sous les cylindres; bientôt le laiton se durcit, et, par la disposition que prennent les molécules, ne peut plus être laminé. On le recuit alors, et après l'avoir laissé refroidir, on le repasse de nouveau sous les laminoirs. Quand les feuilles sont dégrossies, on en lamine deux l'une sur l'autre, et lorsqu'on désire en avoir de très minces, on en passe jusqu'à huit à la fois sous le laminoir. On est obligé de recuire le laiton jusqu'à sept ou huit fois avant de pouvoir amener la feuille aux dimensions qu'on désire. Ces chauffes successives sont très dispendieuses, et c'est surtout sur le perfectionnement des fourneaux de recuit que les fabricans doivent porter leur attention. Ceux que nous avons vus sont de deux formes, suivant la dimension des feuilles de laiton. Les petits, qui peuvent avoir 4 mètres de long, ont une chauffe à chaque extrémité, de $0^{m},33$ de large à peu près, et la voûte a la forme d'un cylindre dont l'axe est parallèle au petit côté. La sole, formée de briques placées de champ, est horizontale. Sur le devant du fourneau existe une large porte que l'on soulève avec un levier ou un contre-poids, et qui glisse entre deux coulisses en fonte. Le plus ordinairement, ce fourneau n'a pas de cheminée, si ce n'est une hotte placée au dessus de la porte, pour que la fumée ne se répande pas dans l'atelier. Quelquefois la voûte est percée de plusieurs trous, comme un four à verrerie.

Les planches en feuilles sont placées l'une sur l'autre; mais pour que la chaleur circule entre elles, on les sépare quelquefois par une rognure; et la première ne repose pas immédiatement sur la sole du fourneau, mais sur deux barres de fonte qui sont placées longitudinalement.

Les grands fourneaux ont jusqu'à $8^m,33$ de long sur une largeur de $1^m,66$. Leur sole a 1 mètre environ. Une grille de $0^m,33$ de large règne de chaque côté de la sole, sur toute la longueur du fourneau, et n'en est séparée que par un petit mur de $0^m,055$ à $0^m,083$ de hauteur. La voûte de ces fourneaux, très peu courbe, est percée de six à huit ouvertures qui permettent à la fumée de se rendre dans une hotte qui les surmonte. A chaque extrémité du fourneau il y a une porte en fonte qui glisse dans des coulisses en fonte, et qu'on peut soulever soit avec un levier ou un contre-poids. Sur la sole du fourneau, on a pratiqué une espèce de chemin de fer composé de deux rainures en fonte. C'est dans ces rainures qu'on fait glisser le chariot sur lequel on a placé les feuilles de laiton, ainsi que nous allons l'indiquer.

Les feuilles de laiton, dont la longueur est souvent de 8 mètres, ne pourraient pas être retirées ni mises facilement dans le fourneau; et comme cet alliage se lamine à froid, on les y place toutes à la fois, et on les retire de même. Pour cela, on a un chariot en fonte composé de quatre barres et portant quatre roues. Sur ce chariot, dont la longueur est à peu près celle du fourneau, on place les feuilles, que l'on sépare de distance en distance avec une rognure. On élève ensuite ce chariot avec une grue jusqu'à la la hauteur du fourneau, et on le fait glisser sur les rainures qui existent sur la sole. Pour ne pas perdre de chaleur, on a ainsi deux chariots, de façon que lorsqu'on en retire un, on en place un autre: le fourneau reste ainsi toujours chaud. Ce moyen, très commode pour placer et retirer les feuilles, exige une grande consommation de combustible, parce qu'on est obligé de chauffer inutilement le chariot, dont le poids est souvent plus considérable que le poids du laiton qu'on veut recuire

Essais en grand pour obtenir du laiton au moyen du sulfure de zinc ou blende. M. Boucher, propriétaire d'une usine à laiton, à Jemmapes, désirant établir une fabrique semblable dans l'intérieur de la France, et ne pouvant se procurer de calamine de Belgique, songea à la remplacer par de la blende. M. Berthier, ingénieur en chef des Mines, fit, concurremment avec M. Boucher, des expériences qui confirmèrent les résultats obtenus en petit, et leur fournirent du laiton de qualité égale à celui obtenu par la calamine. Nous allons indiquer succinctement ces essais (1).

La blende doit être grillée pour ramener le sulfure de zinc à l'état d'oxide. Le grillage de cette substance ne présente aucune difficulté : seulement, pour le faciliter, il faut réduire la blende en poudre, ce qu'on fait au moyen d'une meule verticale analogue à celle employée pour le cidre. On expose cette blende pulvérisée sur la sole d'un fourneau à réverbère, chauffé soit avec de la houille, soit avec du bois. Le feu doit être ménagé pour ne pas volatiser le zinc. Il faut remuer de temps en temps la matière pour renouveler les surfaces et en mettre de nouvelles en contact avec l'air. Au bout de cinq à six heures, le grillage est entièrement terminé, ce qu'on reconnaît parce qu'il ne se dégage plus aucune fumée de la surface de la blende. Alors la matière est d'un beau rouge d'ocre, elle est transformée presque entièrement en oxide de zinc. L'analyse de la blende grillée, dans les expériences faites par MM. Boucher et Berthier, a donné 0,89 d'oxide de zinc, 0,07 d'oxide de fer, et 0,04 de matières terreuses et de blende non grillée.

Ils ont préparé d'abord deux presses d'arcot par la manière accoutumée, en remplaçant la calamine par la blende, c'est-à-dire en employant pour chacune,

30 kilogr. de cuivre rosette,
30 — de blende grillée,
et 16 — de charbon de bois.

(1) Nous les extrayons d'un Mémoire de M. Berthier, intitulé : *Fabrication du laiton avec la blende*, inséré dans le T. III des Annales des Mines, page 345.

Les deux presses ont produit ensemble 79[kil.].75 ou 39,80 pour chacune d'elles.

La quantité d'oxide de zinc étant plus considérable dans la blende grillée que dans la calamine, on a pensé qu'on pourrait sans inconvénient en diminuer la proportion, et l'on a essayé de faire deux presses avec 30 kilogr. de cuivre rosette,

25 — de blende grillée,

et 16 — de charbon de bois.

Elles ont produit ensemble 80[kil],50 d'arcot. Cet alliage renfermant 0,25 de zinc, on voit que la blende a produit, dans l'opération, jusqu'à 0,40 de métal, richesse beaucoup plus grande que celle de la calamine de Limbourg.

Avec l'arcot obtenu dans les deux opérations précédentes, on a fait deux presses de platte et une de planches à épingles.

Les presses de platte, composées de

12	kil.	de cuivre rosette,		30	kil.	de blende grillée,
20,5	—	d'arcot,		15	—	de charbon de bois,
9	—	de mitrailles jaunes,	et	3	—	de zinc métallique,

ont donné 104 kilogrammes de laiton, tant moulé qu'en grenailles, c'est-à-dire 52 kilogrammes par presse, au lieu de 51,37 qu'on obtient avec le mélange ordinaire.

La presse de planches à épingles, composée de

15	kil.	de cuivre rosette,		30	kil.	de blende grillée,
20	—	d'arcot,		15	—	de charbon de bois,
5	—	de mitrailles jaunes,	et	4	—	de zinc métallique,

a donné à peu près le même résultat. L'alliage contenait environ 0,63 de cuivre, et 0,37 de zinc; la blende n'a rendu, par conséquent, dans cette opération, que 0,27 de zinc. On a pensé qu'on pourrait en réduire la proportion. Effectivement, en ne mettant que 25 kilogrammes dans une presse postérieure, on a obtenu autant de laiton que dans celui-ci.

La richesse de la blende a fait présumer qu'on pourrait, avec cette substance, obtenir directement du laiton, en supprimant l'opération préliminaire de l'arcot. En conséquence, on a fait deux presses, l'une pour platte, composée de

28,5	kil.	de cuivre rosette,	15	kil.	de charbon de bois,
9	—	de mitrailles jaunes,	et 5	—	de zinc métallique,
30	—	de blende grillée,			

l'autre, pour planches à épingles, composée de

31,50	kil.	de cuivre rosette,	15	kil.	de charbon de bois,
5	—	de mitrailles jaunes,	et 6	—	de zinc métallique.
0	—	de blende grillée,			

Le produit total a été de 104 kilogrammes; et la composition de ce laiton était environ 0,657 de cuivre, et 0,343 de zinc et plomb, proportions qui sont à peu près celles du laiton que l'on fabrique avec la calamine; seulement ce dernier contient un peu plus de plomb, le kïess que l'on emploie concurremment avec la calamine en contenant plus que la blende, il conviendrait de faire une légère addition de plomb.

Le laiton obtenu avec la blende, soit en préparant d'abord l'arcot, ou en ne faisant qu'une seule opération, soumis aux épreuves du laminoir et de la filière, dans les usines de M. Boucher, s'est comporté exactement comme celui qu'on fait avec la blende en deux opérations, et on l'a trouvé d'aussi bonne qualité.

Les fig. 1 et 2 de la planche 19 des *Arts chimiques* représentent *le plan* et *la coupe du fourneau à laiton*. Le plan est pris à la hauteur des creusets, de manière à montrer leur disposition relative, ainsi que celles des tuyères destinées à alimenter la combustion, qui sont pratiquées dans la sole du fourneau.

Les fig. 3, 4 et 5 donnent le *plan et les coupes du fourneau à recuire les feuilles de laiton lorsqu'on les lamine*. Le plan est pris au dessous de la grille. L'une des coupes est dans le sens de la longueur du fourneau; l'autre (fig. 5) est en travers, et passe par le milieu d'une des deux cheminées.

Fig. 6. *Moules* entre lesquels on coule le laiton. Ils sont composés de deux pierres de granite, que l'on soulève au moyen de chaînes qui y sont attachées. La figure représente ces moules en élévation. D.

LAMINAGE DES MÉTAUX. (*Arts mecaniques.*) L'emploi des métaux laminés dans les Arts industriels est immense aujourd'hui;

aussi les moyens de fabrication se sont-ils promptement multipliés et perfectionnés sur divers points de la France. Là où l'eau n'a pu servir de moteur, on a fait usage de machines à vapeur : telles sont les usines de Charenton, près Paris ; d'Imphy, dans le département de la Nièvre. On estime que la force nécessaire doit être au moins de soixante à soixante-dix chevaux, pour faire mouvoir plusieurs paires de laminoirs.

Le laminage du fer et de l'acier, qui est le plus important, se fait à chaud ; le laminage de l'or, de l'argent, du cuivre, de l'étain, du plomb, du zinc, et généralement de tous les métaux mous et ductiles, se fait à froid. Chacun exige des méthodes et des précautions particulières, que nous allons tâcher d'indiquer.

Laminage du fer et de l'acier. A côté et le plus près possible des LAMINOIRS, sont établis des fourneaux à réverbère, destinés à chauffer le fer et l'acier qu'on veut réduire en tôle ; des plans inclinés formés de barres de fer, vont de la bouche de ces fours à l'entrée des laminoirs, sur lesquels plans, au moyen de tenailles de fer, on fait glisser les *bidons* (c'est ainsi qu'on nomme les tronçons de fer préparés pour être laminés) qui sortent du fourneau.

Les fers et aciers marchands ne sont pas assez régulièrement travaillés ni assez purs pour être employés immédiatement au laminage ; on les reforge avec soin à un MARTINÉT, pour les affiner et les rendre parfaitement homogènes dans toutes leurs parties, et former des *bidons* d'une dimension et d'un poids parfaitement égal, pour la même espèce de tôle.

Les barres ainsi préparées portent, quand c'est pour fabriquer des tôles à tuyaux, 6 pieds de long, 4 à 5 pouces de large sur un pouce d'épaisseur.

Le maître *lamineur* pèse ces barres, et marque avec de la craie, sur chacune d'elles, leur poids, qui est ordinairement de 96 à 100 livres, fournissant dix-neuf à vingt feuilles de tôle à tuyaux, de 36 pouces de long, 15 à 16 pouces de large, du poids de 3 livres et demie à 4 livres. Si ces feuilles s'y trouvent en nombre pair, il coupe la barre en deux parties égales ; mais si la barre, d'après son poids, doit en fournir un nombre impair, elle est coupée inégalement, de manière à n'avoir jamais que des feuilles entières. On met ensemble les barres qui ont le même poids.

La grille du fourneau étant chargée d'une couche de houille de 5 à 6 pouces d'épaisseur, et étant chauffée à blanc, on y introduit 1400 livres environ de fer préparé. Les barres étant chauffées à blanc, sont successivement passées debout au laminoir. On a soin, pendant cette opération, de laisser couler de l'eau sur les cylindres, et surtout sur leurs tourillons et coussinets, afin d'en rendre le mouvement moins dur.

Le lamineur ou maître ouvrier, par une deuxième opération semblable, les amène à une longueur juste pour former un nombre rond de feuilles, chose dont il s'assure au moyen d'une règle graduée pour cet objet. Ces barres, pendant qu'elles sont encore rouges, sont découpées à une très forte cisaille que fait mouvoir le moteur, en autant de portions que l'application de la règle a produit de divisions. La longueur de chaque bidon est égale à la largeur qu'on veut donner à la tôle, parce que les opérations suivantes du laminage se font sur les bidons présentés en travers. La durée de ce travail préliminaire est d'environ une heure pour une fournée de 1400 livres.

La moitié de ces bidons est remise dans le fourneau, en les rangeant les uns sur les autres en piles, au dessus d'une couche de charbon de terre bien allumée, et assez épaisse pour que l'air passant à travers la grille ne soit pas dans le cas de refroidir les couches inférieures des bidons. Lorsque ceux-ci sont chauffés à blanc, on les amène un à un et vivement, le long du chemin de fer, pour les présenter par le côté à l'action du laminoir, que deux hommes armés de clefs resserrent à chacun des quatre ou ou cinq passages qu'on fait subir de suite à chaque bidon, en augmentant à chaque fois la pression. Ce premier laminage en travers double la largeur du bidon qui se trouve avoir alors 10 à 11 pouces. Indépendamment des deux ouvriers qui manœuvrent le laminoir, il en faut deux autres placés en avant et en arrière, pour présenter et recevoir le bidon. Le laminage marche sans interruption pour une seconde opération semblable à la précédente, qui double encore la largeur des bidons, c'est-à-dire qui les amène à avoir 20 pouces de large.

Tous les bidons qui composent la fournée étant arrivés à ce degré de travail, l'aide du maître lamineur en fait des trousses de quatre feuilles assorties le mieux possible pour leurs dimensions, en laissant de côté toutes celles qui lui paraissent défectueuses. On remet à la fois quatre de ces trousses dans les fourneaux, et on les lamine alternativement à mesure qu'elles sont chaudes, jusqu'à ce qu'elles aient acquis une longueur de à 40 46 pouces; le maître lamineur les coupe alors en deux parties égales, et l'on en recompose des trousses de trois feuilles seulement, qu'on traite ensuite comme les trousses de quatre feuilles, en les chauffant et en les laminant alternativement, jusqu'à ce qu'elles aient 36 à 40 pouces.

Il faut, dans la confection des cylindres, avoir égard à la flexion qu'ils éprouvent dans le laminages des tôles minces, bien qu'ils aient 14 à 15 pouces de diamètre, sur 2 pieds à 2 pieds et demi seulement de long. Pour éviter de faire de la tôle plus épaisse au milieu que sur les bords, on tient les cylindres un peu plus forts au milieu que vers les bouts.

Pour fabriquer 1000 livres de tôle mince, il faut ordinairement 1160 à 1180 livres de fer, ce qui porte le déchet, dans cette manipulation, à 160 ou 180 pour mille : mais le déchet réel n'est que de 30 livres. Le reste consiste en mauvaises feuilles et en rognures, qui tombent dans l'écarrissage à la cisaille. Les meilleures sont employées à faire des fiches, des couplets, des garnitures de manches de couteau, des palatres de serrures, de cadenas, etc. Les déchets varient suivant la nature des fers. Pour les tôles minces, les fers à grains sont préférables aux fers nerveux; mais ces derniers sont très propres au laminage des tôles épaisses. Le déchet, dans la fabrication des tôles fortes, depuis une ligne jusqu'à quatre, n'est que d'environ 10 pour 100.

C'est du lavage des feuilles minces qu'on retire l'oxide rouge de fer dont on polit les glaces, les métaux, les cristaux.

Une laminerie double, bien servie par le moteur, marchant nuit et jour, accompagnée de trois fourneaux, fait 10,000 kilogrammes de tôle fine par semaine, et 16,000 kilogrammes d'épaisse. Chaque 1000 kilogrammes de fer produit 600 feuilles de tôle à tuyau d'un quart de ligne, sur 16 pouces de large et 36 à 40 de longueur.

Le mille pesant de tôle forte ne revient qu'à environ 300 fr.

Le fer qu'on fabrique avec les rognures de tôle est d'une excellente qualité, quand on le forge au charbon de bois. Pour les travailler, on en forme des bottes de 5 à 6 pouces de long et autant de diamètre, qu'on serre fortement avec des liens de bon fer, et après les avoir enveloppées de terre à poêle, on les fait chauffer dans un four à réverbère, et puis on les travaille au martinet, comme tout autre fer. On en fait de la tôle propre à l'étamage. Il convient de remarquer que dans le laminage de ce fer, lorsque la feuille est devenue trop mince pour recevoir seule l'action du laminoir, on la plie sur elle-même en deux; et avant de la remettre au four, on la plonge dans de l'eau où l'on a délayé de la terre glaise, qui empêche le soudage des deux feuilles superposées quand on les passe au laminoir. On répète ce doublage et cette immersion quatre fois, ce qui donne une trousse composée à la fin de seize feuilles, qu'on présente toujours par le pli au laminoir.

Le laminage de l'acier se fait de la même manière, avec cette différence cependant, que, prenant de la trempe très promptement lorsque les feuilles deviennent minces, on est obligé de les remettre très fréquemment au four, et que par conséquent le laminage en est bien plus long que celui du fer, à épaisseur et dimension correspondantes.

Laminage du cuivre. Le cuivre rouge et jaune laminé en planches plus ou moins larges et épaisses, est employé à la fabrication d'un grand nombre d'objets. Le commerce fournit le cuivre, soit en lingots, soit en planches épaisses de forme rectangulaire. Celui qui nous vient sous cette dernière forme est affiné au degré convenable pour être immédiatement laminé : c'est du cuivre rouge pur. Les lingots sont refondus et jetés en moules, pour les transformer en planches comme les premières; mais à cet égard, on suit des procédés particuliers. Le moule, qui est en pierre, n'est pas seulement pour une planche, mais bien pour plusieurs coulées successivement et à divers intervalles, les unes sur les autres, à mesure qu'elles sont prises. C'est dans cette opération qu'on fait l'alliage du zinc avec le cuivre rouge, pour avoir ce qu'on appelle du *laiton*, qui devient par là un peu moins malléable, mais plus fusible que le cuivre rouge. (*Voy*. CUIVRE et LAITON.)

Ces deux sortes de cuivre se laminent de la même manière. Les planches fondues sont pesées et amenées par quelques coups du laminoir, à des dimensions déterminées : alors on les coupe suivant une division donnée, et chaque morceau sert à faire une feuille. L'action du laminoir écrouit et rend à la fin le métal aigre. Pour lui rendre sa première malléabilité, on fait chauffer les feuilles dans des fours à réverbère, et quand elles sont rouges, on les plonge dans l'eau froide ; on continue ensuite le laminage, la chauffe et l'immersion alternativement, jusqu'à ce que les feuilles soient parvenues au degré d'épaisseur qu'on désire. Le cuivre n'étant pas oxidable au même degré que le fer et l'acier, n'éprouve presque pas de déchet dans ce travail. Les rognures qui tombent devant les cisailles, dans l'écarrissage des feuilles, quand elles ne peuvent pas servir à divers petits objets de quincaillerie, sont remises au creuset.

La longueur des feuilles peut, sans inconvénient, être très considérable ; mais leur largeur est nécessairement dépendante de la largeur du laminoir.

Laminage du plomb. Le plomb se lamine très bien, et à froid, quand il est pur. Il faut donc, avant de le soumettre à cette opération, s'assurer qu'il ne contient aucun alliage qui le rende aigre et cassant. Les planches de plomb qu'on destine à être laminées sont coulées sur une table garnie de sable fin bien nivelé et uni, ayant des rebords assez élevés pour l'empêcher de couler hors de l'encadrement qui limite sa dimension. Le plomb, d'abord fondu dans une chaudière, est transvasé, pour la coulée, dans une auge de fonte enduite intérieurement d'une couche de terre cuite ; laquelle auge étant apportée à l'aide d'une grue, auprès de la table à mouler, on y verse lentement et également le métal. La planche étant refroidie, est roulée sur elle-même en manchon et portée au laminoir, après qu'on en a bien brossé et bien lavé la face inférieure pour en détacher les grains de sable. Le laminage s'en fait avec la plus grande facilité; quelques passages suffisent pour amener la planche à l'épaisseur qu'on désire.

On ne fait pas, à présent, un grand usage des feuilles de plomb laminées, surtout depuis qu'on tire les tuyaux de plomb à la filière. On coule si bien les planches, et à toutes les épaisseurs, qu'on les emploie immédiatement, soit aux bâtimens, soit pour le doublage de réservoir, de terrasse, etc. Le plomb extrêmement mince qui sert à faire les boîtes à tabac, se coule sur une serge placée sur une table légèrement en pente.

Le zinc épuré se lamine comme le plomb, dont il tient lieu dans beaucoup de circonstances. (*Voyez* Zinc.)

Le laminage des autres métaux, tels que les plaqués d'or et d'argent, l'argent pur ou d'alliage pour les ouvrages d'orfévrerie, la fabrication de la monnaie, etc., se fait de la même manière, c'est-à-dire à froid, en ramollissant par le recuit ceux de ces métaux que l'action du laminoir rend durs et cassans. E. M.

LAMINOIRS. (*Arts mécaniques.*) Machines composées de deux cylindres d'acier ou de fonte de fer, dont la surface unie et polie est extrêmement dure, entre lesquels cylindres on opère le laminage des métaux.

Il y a de grands laminoirs destinés à fabriquer les tôles de toutes dimensions dans les grandes forges, où ils sont mus par un moteur puissant, et d'autres plus petits dont les ateliers d'orfèvrerie, des fabricans de ressorts, des monnayeurs, des plaqueurs, des tréfileurs, etc., sont munis, et dont quelques uns sont mus à bras, ou par des manèges. Dans tous les cas, les tables des deux cylindres d'un laminoir quelconque doivent être parfaitement égales en diamètre et en longueur. Les deux cylindres sont placés dans une cage de fer ou de fonte, et sont maintenus l'un au dessus de l'autre, dans un même plan vertical passant par leurs axes : l'inférieur pose et tourne dans des coussinets fixes en cuivre. Le supérieur, qui tourne de même dans des coussinets de cuivre, a la faculté de s'élever et de s'abaisser, de manière à rendre plus ou moins grand l'intervalle des cylindres. C'est au moyen de deux vis de pression que ce mouvement s'opère, en les faisant agir simultanément, afin de conserver le parallélisme des cylindres. Dans les grands laminoirs, ce sont dés ouvriers qui les manœuvrent isolément et ensemble, soit pour serrer, soit pour desserrer. Ils sont avertis que le parallélisme est bien conservé, quand l'objet laminé file droit.

Dans les petits laminoirs, les vis de pression sont assujetties à se mouvoir simultanément par trois roues d'engrenage, dont deux égales sont fixées sur les écrous des vis, et la troisième sur le milieu de la traverse, et qui sert à conduire les deux autres, tantôt dans un sens et tantôt dans l'autre.

Dans tous les laminoirs, les cylindres sont assujettis à se mouvoir en sens contraire, par des roues d'engrenage réciproques, fixées dans le même plan vertical, sur les tourillons des cylindres prolongés en dehors des poupées qui forment la cage. C'est ordinairement par le cylindre inférieur, dans les petits laminoirs, qu'on communique le mouvement; dans les grands, on le communique aux deux cylindres à la fois, afin de ménager les manchons qui réunissent les axes bout à bout. Il est sans doute nécessaire que toutes les pièces soient d'une force suffisante pour le travail courant; mais on fait en sorte de tenir un des manchons un peu faible, pour qu'il casse plutôt qu'autre chose, quand il survient une résistance extraordinaire : c'est ce qu'on appelle *la part des accidens*.

La bonté d'un laminoir dépend des cylindres. Il faut non seulement qu'ils soient rigoureusement cylindriques et ronds, mais encore extraordinairement durs partout et sans la moindre gerçure. On ne les obtient tels, surtout les gros, qu'en les coulant dans des moules en fonte, alaisés intérieurement, et ayant des parois très épaisses, de 6 à 8 pouces. La fonte coulée dans ce moule froid, y est subitement prise à la surface, et forme une croûte d'environ un pouce, extraordinairement dure, qu'on ne parvient à entamer que très difficilement avec des outils d'acier fondu présentés de travers et non en long; encore faut-il que le cylindre tourne avec une extrême lenteur, deux tours par minute, pour que l'outil ne se trouve pas détrempé à l'instant. On achève de les polir à l'émeri. C'est ainsi qu'on les fabrique à l'usine de Charenton, où on les vend jusqu'à 3 fr. la livre.

Les petits laminoirs fabriqués à Lyon sont très renommés pour la dureté des cylindres. Il paraît qu'ils sont faits comme nous venons de l'expliquer, mais coulés en acier fondu, au lieu de fonte. Il y a de très bons forgerons à Paris, qui parviennent à forger des cylindres en acier, ou même qui n'ont qu'une chemise d'acier, et qui prennent une grande dureté à la trempe.

Dans la fig. 1, pl. 19, AB sont les deux cylindres lamineurs dont on règle à volonté la distance, selon l'épaisseur qu'on veut donner à la tole, en manœuvrant les vis CC avec la clef I : ces vis soulèvent les coussinets qui portent les arbres GG du cylindre supérieur. EE sont des roues dentées propres à donner à ces arbres des vitesses égales et contraires, lorsque le moteur fait tourner l'une d'elles. Les arbres sont soutenus par de forts piliers en fonte FF, et les coussinets le sont par les piliers DD.

Pour fabriquer des barres de fer rondes et carrées, on se sert de *cylindres forgeurs* (fig. 2) dont la surface est creusée en demi-gorges qui se trouvent exactement en face l'une de l'autre, de manière à compléter une gorge entière. En faisant passer successivement les barres dans des gorges décroissantes, on réduit le métal à la forme et à la dimension désirée, en opérant comme pour le laminage. FR.

LAMPES. (*Arts mécaniques.*) La plupart des lampes sont si connues que nous jugeons inutile de les décrire ici; il nous suffira de figurer celles qui sont le plus en usage, réservant nos développemens pour les lampes dont le mécanisme est plus compliqué. Le plus souvent la mèche de coton des lampes communes est plate; c'est un tissu épais et ciré; ou bien c'est un cylindre à fils parallèles semblables à ceux qui servent de mèche aux chandelles.

La *lampe antique* est représentée, pl. 22, fig. 1. On éclaire les rues par des *réverbères* dont la lampe imite celle des fig. 2 et 2 bis; cette lampe, attachée contre le mur, sert à éclairer les passages, corridors...; elle est composée d'un réservoir latéral CB, ayant deux capacités, dont l'une C ouverte en haut, reçoit l'autre B qui est fermée de toutes parts, excepté en bas où un orifice est muni d'une soupape D. On enlève ce vase B, et on le renverse pour verser l'huile par cet orifice dont la soupape est alors abaissée ; puis remettant ce vase dans l'autre C qui lui sert de fourreau, la soupape qui s'était fermée par le renversement est rouverte par une courte tige soudée au fond. L'huile descend à la mèche. Mais comme l'air ne peut rentrer dans le réservoir, il ne tombe qu'un peu d'huile. La consommation produite par l'éclairage, enlevant cette huile, laisse l'ouverture libre, et l'air, passant par bulles à travers le réservoir, une nouvelle dose d'huile tombe et vient alimenter la mèche.

La *lampe de cuisine* est représentée, fig. 4 ; celle Proust l'est, fig. 5 ; la lampe fig. 6 est très usitée.

La *lampe à pompe* (fig. 7 et 8) a la forme d'un chandelier BA, dont le bas B sert de réservoir à l'huile ; un cylindre *ab*C imite la chandelle et la bobèche, et contient une mèche portant la flamme à son extrémité. Voici comment on y fait monter l'huile : le cylindre *ccdd* est une véritable pompe foulante, armée de ses deux soupapes ; l'une, pour y laisser entrer l'huile du réservoir, l'autre, pour la faire monter dans la chandelle servant de réservoir supérieur. A chaque pression exercée de haut en bas sur la bobèche *ab*, l'huile soulève la soupape *gn*, et monte par le tuyau *hk*. Un ressort à boudin *dd* repousse ensuite le cylindre C en haut, ainsi que le tuyau *hk* qui y est soudé, et ainsi de suite.

La fig. 9 est la *lampe de Davy*, à l'usage des mineurs : la flamme est enfermée sous une enveloppe en toile métallique BB qui s'oppose à ce que le gaz hydrogène contenu dans les mines, puisse s'enflammer et faire explosion.

Les fig. 10 et 11 représentent la *lampe d'émailleur* BCD. Un jet d'air, lancé par un soufflet, et conduit par un tuyau finissant en bec effilé, traverse la flamme IK, et produit une lance de feu qui sert à fondre le verre, les émaux, etc.

Les lampes qui servent à éclairer nos appartemens ont des mèches de forme cylindrique (fig. 12), en tissu de coton. Dans les anciens appareils, la mèche était pincée par en bas entre deux anneaux de cuivre *ik*, et glissait entre deux tuyaux *ab*, *a' b'*, à l'aide d'une tige de fer *ilmn ;* deux fois condée, *il* traversant le conduit *pq*.

On se sert aussi d'une vis à tête moletée (fig. 3) qui engrène avec une crémaillère fixée au porte-mèche.

L'avantage des mèches cylindriques creuses consiste à faire arriver à la flamme une plus grande quantité d'air, surtout lorsqu'on recouvre celle-ci d'une cheminée de verre, un peu étranglée au dessus de la mèche. La chaleur établit un courant d'air ascendant qui alimente la flamme et la protège contre les agitations extérieures.

On ne se sert plus guères maintenant que des *becs de lampes sinombres*. La grille ou galerie, fig. 14, dont les pattes *xx* soutiennent la cheminée de verre, fait corps avec un tuyau vertical soudé par le haut à l'anneau MN que portent les tiges *gg*. Ce tuyau (fig. 13) porte un sillon en hélice *aa*, et tourne sur son axe quand on fait tourner la grille. Le porte-mèche (fig. 13 bis) peut monter et descendre entre ce tuyau mobile, et un autre tuyau fixe, lequel est percé d'une fenêtre longitudinale, où entre un tenon du porte-mèche, et sert à guider sa marche. Un autre tenon intérieure du porte-mèche est engagé dans le sillon en hélice. Il suffit de faire tourner l'anneau pour que le porte-mèche soit forcé de monter ou descendre, comme ferait l'écrou d'une vis. Si l'on fait tourner l'anneau *pq* sur lui-même (fig. 15), la cheminée pirouette sur son axe, le tenon intérieur du porte-mèche coule le long de la fenêtre longitudinale du tuyau qui le guide; tandis que le tenon intérieur (fig. 13) glisse le long de la rampe *aa* du cylindre intérieur. Ces *becs sinombres* sont ce qu'on a imaginé de mieux pour la commodité de l'éclairage.

La *lampe astrale* a été inventée par M. Bordier-Marcet (fig. 18). Le réservoir est un anneau *ab* terminé en dessus et en dessous par deux plans parallèles. En *a* est un trou habituellement fermé par un bouchon, qu'on n'ôte que momentanément pour y verser l'huile ; en *b* est un autre trou, mais fort petit, au sommet d'un cône, pour l'introduction de l'air, à mesure que la consommation se fait. Deux branches latérales servent à porter le réservoir, et l'une au moins est un canal qui conduit l'huile à la mèche, et élève ce liquide un peu au dessous de l'orifice supérieur du bec. Un *réflecteur* hémisphérique ou conique, en tôle vernie à blanc, ou en verre dépoli, posé sur le réservoir, renvoie la lumière de haut en bas.

La *lampe sinombre* a été imaginée par M. Philips (fig. 19). Cette lampe ne diffère de la précédente que par la forme de son bec, qui a été décrite ci-dessus; par celle de son réservoir, qui a ses faces supérieure et inférieure inclinées en toit, c'est-à-dire que ses surfaces sont des portions coniques; enfin, par la figure de son réflecteur en verre dépoli, qui est celle d'un vase.

Les lampes astrale et sinombre ont l'avantage de pouvoir être ou suspendues par des chaînes au plafond de l'appartement (fig. 20), pour projeter la lumière de haut en bas, ou montées sur des pieds en colonnes et de formes élégantes, qui en font de jolis meubles; enfin, de porter peu d'ombre, surtout la dernière. Mais comme le niveau baisse sans cesse dans le réservoir, par suite de la consommation, la lumière ne conserve pas son éclat, et durant plusieurs heures elle s'affaiblit très sensiblement.

Pour le travail de cabinet, il importe surtout d'empêcher que la lumière ne tombe directement sur les yeux : le meilleur réflecteur est celui de porcelaine blanche, en toit conique, qui laisse passer une lumière douce par la translucidité de sa pâte, et réfléchit un vif éclat sur les corps placés au dessous. Beaucoup de personnes se contentent de faire le réflecteur avec une feuille de papier très blanc, courbée en cône tronqué.

Lampes à mouvement d'horlogerie. Toutes les lampes dont on vient de parler présentent divers inconvéniens plus ou moins graves. L'idée de prendre le pied même de la lampe pour réservoir, et de faire monter l'huile par une pompe mise en action sous l'influence d'un mouvement d'horlogerie, est due à M. Carcel. Nous décrirons ce mécanisme et celui qu'a imaginé M. Gagneau.

Lampe de Carcel (fig. 21). Dans le pied cylindrique ou quadrangulaire de la lampe, est une boîte ABCD, divisée par des cloisons en trois chambres; des soupapes ferment quatre orifices, *a* et *b* à la cloison supérieure, *c* et *f* à l'inférieure. Un piston M parcourt horizontalement la chambre intermédiaire RS, qui tient lieu de corps de pompe; sa tige horizontale Mx perce la paroi AG, et passe dans une boîte à cuir à travers AC, sans permettre à l'huile de se glisser par cette ouverture. Un mouvement d'horlogerie, qu'il serait superflu de décrire ici, imprime à ce piston un va-et-vient; de sorte que l'huile qui est entrée dans le corps de pompe RS, est refoulée tantôt vers S, et lève alors la soupape *b*, tantôt en R, et lève la soupape *a;* l'huile entre donc dans la chambre supérieure N, et de là s'élève, par cette compression, dans le tube TU jusqu'à la mèche. La chambre inférieure PQ est coupée par une cloison transversale en deux espaces, qui n'ont entre eux aucune communication, et l'huile, qui arrive de dessous, passe alternativement dans le corps de pompe par les orifices *c* et *f*. Ainsi, quand le piston est poussé vers S, le vide qui tend à se faire en R ferme la soupape *a*, lève *c*, et l'huile remplit les espaces Q et R; en même temps la pression exercée en S ferme la soupape *f*, lève *b*, et chasse l'huile vers N dans le tube TU. Lorsque le piston rétrograde en R, le même effet a lieu du côté opposé, c'est-à-dire que la soupape *b* reste fermée, *f* se lève, et l'huile remplit l'espace PS; de l'autre côté, la soupape *c* demeure fermée, et la pression lève *a* et pousse l'huile par l'orifice *a* dans le tube TU.

Lampe de Gagneau (fig. 22). Lorsque sous l'influence de la force motrice d'un mouvement d'horlogerie, la roue G tourne lentement, comme ses dents sont triangulaires ou ondées en festons, le levier coudé *li* oscille à droite et à gauche, parce que si l'un des bras *n* pose sur le sommet d'une dent, l'autre *n'* porte sur un creux, et réciproquement. Les talons poussent ainsi tour-à-tour les bielles retenues dans des collets *v;* en sorte que les plateaux *dd* ont un mouvement alternatif de haut en bas, l'un montant quand l'autre descend. Chacun de ces plateaux presse le fond flexible d'un petit tambour en taffetas gommé, qui est placé sous le réservoir d'huile, avec lequel il communique par deux trous *a*, *b* (fig. 23): ces trous sont fermés par des soupapes, qui sont de petits morceaux de taffetas gommé. Un vase G, exactement fermé au fond et de toutes parts, contient de l'air emprisonné, et communique avec les tambours I, par l'un des trous *b* qui s'y rendent.

Voici l'effet produit par cet ingénieux mécanisme, que j'ai comparé, dans le rapport que j'en ai fait à la Société d'Encouragement, à l'action alternative par laquelle le cœur chasse le sang dans les artères. Lorsque le fond I est pressé par en bas, l'huile qui est entrée dans le tambour I par le trou *a*, ne peut plus reprendre la même route, parce que la soupape le bouche; elle lève donc *b* et entre dans le réservoir d'air. L'autre tambour est alors inactif et rempli d'huile; mais la pression le met en jeu à son tour, et il se vide, tandis que le premier, revenu à son état ordinaire, se remplit d'huile. Ainsi ce liquide entre sans cesse dans le réservoir O, où l'air se trouve comprimé vers la paroi supérieure, et réagit sur elle avec toute la force élastique due à sa compression. Un tube GH, qui est ouvert aux deux bouts et aboutit tout près du fond G, est bientôt baigné d'huile; puis ce liquide s'y élève jusqu'à la mèche sans aucune intermission. Cet effet est semblable à celui du réservoir d'air dans la pompe à Incendie. Un filtre EE qui entoure les soupapes, ne laisse jamais entrer les impuretés qui peuvent se trouver dans l'huile. Cet excellent appareil justifie, par une expérience soutenue, les éloges que j'en ai faits. (*Voy.* les Bulletins de la Société d'Encouragement, pour 1820, page 100, où cette lampe est représentée et décrite avec les plus grands détails.) Le seul reproche qu'on puisse leur faire, est d'exiger des réparations, lorsque le tissu de taffetas gommé se laisse traverser par l'huile, ce qui arrive après quelques années de service.

Les lampes mécaniques sont sans contredit préférables à toutes les autres; leur lumière est plus blanche, sans fumée ni odeur; l'éclat en est très brillant. On peut leur donner les formes les plus agréables, celle de la fig. 24 est assez généralement en usage. L'huile abreuve la mèche avec une si grande abondance, que la partie enflammée saille de plus de 6 lignes au dessus du bec, en sorte que jamais ce bec n'est brûlé, ni même voisin de la flamme: l'huile surabondante retombe sans cesse par gouttes dans le réservoir : un beau globe sphérique en verre dépoli, disperse la lumière de toutes parts. On fait aussi de ces lampes avec des ré flecteurs en porcelaine blanche, soit pour le travail de bureau soit pour les éclairages de haut en bas par suspension. Presqu jamais ces lampes ne se dérangent, et leur entretien est fort simple puisqu'on verse l'huile par l'orifice supérieur du pied. La mèch monte et descend en tournant une vis horizontale (située sous l bec et saillante au dehors), par l'engrenage d'un pignon avé une crémaillère; celle-ci est cachée dans la colonne même. O pourrait y adapter un bec sinombre.

Nous avons supprimé, dans nos figures, le mécanisme moteu de ces pompes, attendu qu'il ressemble absolument à celui d'un Sonnerie *de pendule* (*Voy.* ce mot); un barillet contenant u grand ressort est retenu par un Encliquetage, et monté avec un clef carrée : ce tambour tourne pendant que le ressort se débande et par un engrenage, fait tourner les autres roues, dont l'un imprime le va-et-vient nécessaire, l'autre anime un Volant qu retarde le développement du ressort et lui conserve sa force pen dant les huit ou dix heures que la lampe doit fonctionner. On l remonte chaque jour, on y remet de l'huile, et l'on enlève ave des ciseaux la partie charbonnée de la mèche.

Lampes hydrostatiques. L'huile est élevée, dans ces appareils du pied, où on l'a versée, jusqu'à la mèche, où elle aliment la flamme, par une force de pression, à l'aide d'un liquide. C'es à M. Girard qu'est due cette ingénieuse invention; mais malheu reusement le système qu'il a adopté est si compliqué, que les ou vriers le conçoivent rarement, et qu'on ne peut faire réparer ce lampes en province, lorsque cela devient nécessaire. D'ailleurs pour cette opération, il faut dessouder les pièces et détruire le peintures qui ornent ces appareils. Les soins quotidiens sont auss plus difficiles à prendre. Ce sont ces motifs qui ont empêché le lampes de Girard de se répandre. Nous nous dispenserons, en conséquence, de les décrire ici, non plus que diverses autres construites sur des principes analogues. Ainsi, nous ne dirons rien des lampes d'Edelcrantz, Caron, Keire, Lange et Verzi : celles de Thilorier nous semblent seules dignes de fixer l'attention, parce qu'elles peuvent lutter avec avantage contre les lampes à mécanique, tant pour le prix que pour la beauté de la lumière.

La fig. 25 montre deux réservoirs A et B communiquant entre eux par le tube *ab*, et avec le bec *d* par le tube *ce*. Dans le supérieur A est une dissolution saline formée de poids égaux d'eau et de sulfate de zinc; cette liqueur occupe l'espace A*ab* et s'élève au niveau *f* dans le réservoir inférieur B, qui est plein d'huile jusqu'en *e*. Les propriétés de cette dissolution sont de ne se congeler qu'à plus de 8 degrés au dessous de la glace, et de ne déposer aucuns cristaux qu'à des températures plus basses; de ne pas attaquer le fer-blanc; de pouvoir être préparée facilement en tous lieux; de ne s'altérer ni par la durée, ni par son contact avec l'huile, sur laquelle elle est sans action, enfin, d'avoir 1,57 pour poids spécifique, celui de l'huile étant 1.

L'huile occupe l'espace *dc*B; la dissolution de sulfate de zinc plus dense que l'huile, fait un bain en *b* et remplit la colonne *ba*, jusqu'en *z*. D'après cela, voici l'effet de cette disposition: comme l'atmosphère presse également les surfaces *z* et *d* des deux colonnes liquides, le sulfate de zinc ne peut rester ainsi suspendu dans le réservoir A qu'autant que la colonne d'huile *dc* qui lui fait équilibre s'élève au dessus du niveau *z* d'une quantité convenable. On sait que dans le cas actuel, en partant du niveau *f*, la hauteur *fd* devra être un peu plus de une fois et demie la hauteur *fz*, parce que la dissolution pèse spécifiquement une fois et demie environ plus que l'huile. (*Voy*. Fluides.) Mais à mesure que la combustion aura lieu, le niveau *z* devra s'abaisser, le niveau *f* montera et l'huile sera poussée vers *c*, jusqu'à ce que la hauteur des colonnes au dessus du niveau inférieur, qui s'est un peu élevé, soient l'une une fois et demie l'autre. Or, il importe de se procurer dans un tube ascendant un niveau à peu près constant, puisque sans cela l'huile ne tarderait pas à ne plus être assez haute dans le bec pour alimenter la flamme. Au lieu de laisser l'orifice du réservoir A en libre communication avec l'air, on y introduit un tube *g* qui plonge dans le liquide jusqu'en *n*. C'est donc sur le niveau de *n* que s'exerce la pression atmosphérique, et ce point *n* est censé être le niveau du réservoir A. (*Voy*. à ce sujet l'article Niveau.) L'écoulement se fait; le niveau *f* s'élève de plus en plus, sous une pression qui est produite par le niveau constant n. Comme le réservoir B est assez large, le niveau inférieur f s'élève peu, et la charge des colonnes liquides est à peu près constante, car la colonne d'huile fd ne doit plus être comparée à la hauteur fz, mais bien à fn; et tant que le niveau z n'est pas au dessous de n, la pression verticale de la colonne saline pousse l'huile presqu'au bout d du bec : au dessous de n, le niveau d baisse en e, en N.... Le calcul montre que, dans l'état de choses, cet abaissement est peu sensible dans une durée de six à huit heures, et que l'éclat de la lampe n'en est guère affaibli.

Le sulfate de zinc est versé dans la lampe, une fois pour toutes, par le même procédé qui sert chaque jour à y verser l'huile. On a un entonnoir construit exprès pour s'ajuster sur le bec, de manière à boucher le cylindre intérieur et à ne laisser couler l'huile qu'on y verse que par l'intervalle qui sépare les deux cylindres du bec, espace occupé par la mèche. L'huile refoule la dissolution saline dans le réservoir A, parce qu'elle a dans l'entonnoir une hauteur assez considérable pour l'emporter sur la différence des poids spécifiques. On élève le tube g pour que l'air intérieur puisse s'échapper, et que l'air extérieur soit à la même tension que ce qui en reste au dedans du réservoir A, et l'on abaisse ensuite ce tube en n. L'huile qui monte par surabondance se répand dans une cuvette h, et descend par le tube k dans un réservoir M, qu'il faut vider chaque jour. Fr.

LANTERNE. (*Arts mecaniques.*) Nous ne dirons rien des appareils, de formes si diverses, dont on se sert pour mettre la flamme d'une bougie à l'abri du vent, ou pour éviter qu'elle ne cause des incendies : ils sont trop connus pour exiger une description. Mais nous dirons quelques mots des lanternes qui remplacent les pignons d'engrenage dans les grandes machines. Elles sont composées de *fuseaux* cylindriques implantés par les deux bouts sur deux rondelles parallèles, où ils sont rivés, ou bien susceptibles de tourner sur leurs pivots, pour diminuer le frottement. On espace ces fuseaux de la distance qui sépare les dents de la roue d'engrenage : au centre du plateau, on fixe l'axe de rotation de la lanterne en présence de cette roue, les axes étant parallèles. *Voy.* Dents de roues, fig. 16, pl. 11 et fig. 1, pl. 20.

LANTERNE MAGIQUE. (*Arts mécaniques.*) Instrument d'optique destiné à peindre sur un écran, dans une chambre obscure, les images agrandies de diverses figures. Nous décrirons plusieurs appareils de ce genre.

Mégascope. Cet instrument, inventé par Charles (*Voy.* Pl. 21, fig. 4), consiste en un verre lenticulaire E fixé à un trou d'un volet. Un peu au de là du foyer principal de ce verre, on place un corps quelconque C qu'on éclaire vivement, soit par la lumière solaire, soit par la flamme d'une bougie, qu'on y envoie par réflexion, à l'aide d'un miroir convenablement disposé. Les rayons émanés de cet objet se brisent en entrant et en sortant de la lentille, et transportent l'image agrandie sur la toile KL. L'image est d'autant plus grande que l'objet est plus rapproché du verre, quoique toujours au delà du foyer principal (*Voy.* Lentille): elle devra paraître renversée; mais on évite cet inconvénient en renversant l'objet lui-même.

On est dans l'usage, au lieu d'une seule lentille, d'en réunir plusieurs dans un même tube *ab*, et de les achromatiser (*Voy.* Lunette), pour éviter les couleurs d'iris qui rendent les images confuses. Alors celles-ci sont nettes dans une plus grande étendue, et l'on en peut tracer des figures très utiles pour les recherches d'Histoire naturelle ou de Physique. On obtient ainsi un grossissement qui va jusqu'à vingt fois les dimensions des objets, dont on peut arrêter avec précision les contours.

La *chambre claire*, *camera lucida*, la *chambre obscure*, sont établies d'après les mêmes principes. Ces appareils ont été décrits à leurs articles.

La *lanterne magique* est une espèce de mégascope portatif, où les objets sont éclairés par une lampe, et rendus mobiles.

Une boîte de fer-blanc (fig. 5) d'environ 2 décimètres de hauteur sur 16 centimètres de longueur et 13 de largeur (7 à 8 pouces, sur 6 et sur 5), contient un miroir concave AB placé au fond, et une lampe C qui doit être assez rapprochée du miroir. On donne 16 centimètres (6 pouces) de foyer au miroir, et la lampe doit

dans l'obscurité la plus grande, mais on a une lumière très vive dans la pièce voisine, derrière la toile; et c'est là qu'on fait mouvoir ces petits acteurs et qu'on parle pour eux, en les faisant gesticuler. Fr.

LAPIDAIRE. (*Arts mécaniques.*) On taille les diamans, en les frottant l'un contre l'autre, et on les polit au moyen de leur propre poussière, que l'on appelle *égrisée.*

On abrége l'opération de la taille; 1° en profitant du clivage du diamant pour le fendre dans ce sens, et produire ainsi plusieurs facettes; 2° en sciant les diamans au moyen d'un fil de fer très délié, enduit de poussière de diamant.

Le diamant se polit avec la poudre de diamant imbibée d'huile d'olive, sur une meule d'acier très doux. Les rubis, les saphirs et les topazes d'Orient se taillent avec de la poussière de diamant imbibée d'huile d'olive, sur une meule de cuivre. On polit ensuite les facettes qu'on a formées sur une autre meule de cuivre, avec du tripoli détrempé dans l'eau. Les émeraudes, les hyacinthes, les amétistes, les grenats, les agates et autres pierres moins dures, se taillent sur une meule de plomb, avec de l'émeri et de l'eau, et on les polit sur une meule d'étain avec du tripoli à l'eau, ou mieux sur meule de zinc, avec de la potée d'étain à l'eau. Les pierres précieuses plus tendres, et même les pierres précieuses artificielles, se taillent sur une meule de bois dur avec de l'émeri à l'eau, et se polissent avec du tripoli à l'eau, sur une autre meule de bois dur.

On ne taille aujourd'hui le diamant que de deux manières, en *rose*, ou en *brillant;* nous nous bornerons à ces deux tailles.

Le diamant-rose est plat par dessous, le dessus s'élève en dôme, et est taillé à facettes. Le plus ordinairement on met six facettes au centre, qui sont en forme de triangles et se réunissent par leurs sommets; les bases vont s'appuyer sur un autre rang de triangles qui, posés dans un sens inverse aux précédens, ont leur base sur la base de ceux-ci, et leur sommet aboutit au contour tranchant de la pierre qu'on nomme *feuilletés.* Ces derniers triangles laissent entre eux des espaces qui sont encore coupés chacun en deux facettes. Par cette distribution, le diamant-rose est taillé en 24 facettes; la superficie du diamant est divisée en deux parties dont la plus élevée s'appelle la *couronne*, et celle qui fait le tour au dessous de la première se désigne sous le nom de *dentelle*.

Le *brillant* est toujours au moins trois fois plus épais que la *rose*. On divise son épaisseur en deux parties inégales : un tiers est conservé pour le dessus du diamant, et les deux tiers restant pour la partie inférieure, qu'on nomme la *culasse*. La table est à huit pans; le pourtour est taillé en facettes dont les unes sont des triangles, les autres des losanges. La culasse est encore taillée en facettes qu'on nomme *pavillons*.

L'arbre de la meule du lapidaire est monté sur une espèce de tour qui, par des engrenages, produit une vitesse assez grande de rotation, à l'aide d'une manivelle. Cette machine est trop simple pour qu'une description plus étendue soit nécessaire. L'ouvrier monte sa pierre sur un *bâton à ciment*, et la présente à la meule convenablement préparée et enduite, en même temps que celle-ci tourne. FR.

LAQUE. (*Couleur.*) Cette dénomination appartenant uniquement dans l'origine à une couleur rouge préparée dans l'Inde, avec la résine-laque, s'applique aujourd'hui à toute pâte colorée dont l'alumine, la craie, et même l'amidon, forment l'excipient, quelle que soit d'ailleurs la matière colorante ajoutée. Ainsi, on a des laques bleues, jaunes, vertes, rouges, etc.

Une des laques les plus employées est celle de garance. Pour la préparer, on fait macérer la garance pendant quelque temps dans l'eau froide, puis on exprime fortement le résidu pour mieux entraîner tout ce que l'eau peut dissoudre. On reprend ensuite ce marc pour le lessiver et le comprimer de la même manière. Après avoir réitéré cette manipulation jusqu'à trois ou quatre fois, on traite le résidu par de l'eau d'alun bouillante; on filtre et on précipite par une solution de carbonate de soude. La laque se dépose; il ne reste plus qu'à la laver et à la réduire en forme de trochisques.

Le *charbon sulfurique* de garance, traité successivement par une solution bouillante d'alun et par du carbonate de soude, donne une laque de très bonne qualité.

Les autres laques rouges employées par les peintres sont faites ou avec la cochenille, et elles prennent le nom de *laques carminées*, ou avec le bois de Brésil, et dans l'un et l'autre cas, elles ont également l'alumine pour excipient. Ces dernières sont beaucoup plus riches de ton que la laque garance, mais elles sont loin d'en avoir la solidité.

La laque carminée ne se fait ordinairement qu'avec le résidu de la fabrication du *Carmin*. On sait que cette belle couleur est presque entièrement formée de la matière colorante pure de la cochenille, et qu'on l'obtient en ajoutant un peu de colle de poisson dans une forte décoction de cochenille mordancée par une très légère dose d'alun ou de crème de tartre ; le dépôt qui se produit, c'est-à-dire le CARMIN (*V.* ce mot) n'entraîne pas toute la matière colorante, et, de plus, il en reste encore une assez forte portion dans le marc de la cochenille ; c'est de cette portion qu'on tire parti pour la fabrication des laques carminées, et voici comment on procède : On ajoute à l'eau-mère du carmin le résidu de la cochenille et l'on soumet à une nouvelle ébullition, ou mieux encore on fait bouillir dans de l'eau pure et l'on ajoute ensuite l'ancienne eau-mère. Quand la décoction est achevée, on ajoute, pour le résidu d'une livre de cochenille, une solution de deux livres d'alun et quelques gouttes de muriate d'étain. On filtre le tout à la chausse, puis on verse peu à peu, dans la teinture filtrée, une solution de sous-carbonate de soude, et l'on en met d'autant moins qu'on veut obtenir une plus belle laque ; on agite fortement à mesure qu'on verse l'alcali, puis on laisse déposer, on décante, on lave, et l'on fait toute la série des opérations que nous venons d'indiquer pour les laques de garances.

Pour obtenir une très belle laque carminée, on ne met point de sous-carbonate de soude ; au bout d'un certain temps, l'alun se décompose en partie, et la petite portion d'alumine qui se sépare entraîne la matière colorante.

Quelquefois on traite à part l'eau-mère du carmin pour en retirer aussi une fort belle laque, mais alors il faut la soumettre à une sorte de putréfaction en l'abandonnant pendant un mois environ à une température de 25 à 30°. Cette liqueur, par suite de la réaction spontanée qu'elle éprouve, devient visqueuse, et sa couleur prend une belle teinte d'écarlate. C'est à cette époque qu'il convient de la filtrer et de s'en servir pour teindre de l'alumine en gelée qu'on a préparée d'avance, en faisant dissoudre une quantité déterminée d'alun dont on filtre la dissolution, et que l'on décompose par l'addition d'une quantité suffisante d'une solution également filtrée de sous-carbonate de soude; on lave avec beaucoup de soin le précipité d'alumine qui se forme, et quand il est suffisamment lavé et qu'on l'a séparé autant que possible de l'eau de lavage, on le délaie très exactement avec la teinture de cochenille. La matière colorante et l'alumine ayant une grande affinité l'une pour l'autre, se combinent; la laque est d'autant plus belle, que la proportion de matière colorante est plus considérable et celle de l'alumine moindre. Lorsqu'on juge que le mélange a été convenablement fait et que la matière colorante se trouve bien incorporée, alors on délaie dans une plus grande quantité d'eau, on laisse dépoposer, et l'on procède au lavage, comme pour toute autre espèce de laque.

Ce que nous venons de dire relativement à la préparation de l'alumine, s'applique également à la fabrication de plusieurs autres laques. Cette manière de procéder convient toutes les fois qu'il y a quelque inconvénient à mélanger l'alun ou l'alcali précipitant avec la teinture, c'est-à-dire toutes les fois qu'il peut résulter de ce mélange une autre nuance que celle qu'on veut obtenir : ainsi on sait que certains bois de teinture tournent facilement au violet par l'influence des alcalis, et qu'il faut nécessairement les éviter si l'on veut obtenir une couleur rouge; c'est ce qui arrive particulièrement avec le brésil. Dans ce cas, il faut donc préparer d'un coté sa teinture, et de l'autre ce que quelques fabricans nomment le *corps blanc*, c'est-à-dire l'alumine, la craie et l'amidon.

L'oxide d'étain sert aussi de base à certaines laques, particulièrement pour la cochenille, parce qu'il développe dans cette matière tinctoriale une belle et riche couleur. Le bain de cochenille dans lequel les maroquiniers ont passé les peaux de chèvres pour les teindre en rouge, contient encore, quand il est épuisé pour eux, une grande proportion de matière colorante, dont ils déterminent la précipitation au moyen de l'addition d'une nouvelle quantité de dissolution d'étain. Cette laque, convenablement lavée, est employée par les fabricans de papiers peints.

Je pourrais ici multiplier beaucoup les recettes de laques, car les livres en fourmillent; mais comme la marche est toujours la même, quelle que soit la matière colorante, le lecteur ne tirerait aucun avantage de cette prolixité, et je crois qu'il lui suffira d'avoir fixé son attention sur les véritables difficultés pratiques de ces préparations, et de lui avoir fourni les moyens de les vaincre; je me bornerai donc au petit nombre d'exemples que j'ai rapportés, et qui devront servir de type pour tous les autres.

Ainsi, en résumé, les règles à suivre pour la fabrication des laques peuvent se réduire à celles-ci :

1°. N'agir que sur des teintures parfaitement clarifiées, soit par la filtration, soit par tout autre moyen.

2°. N'employer que de l'alumine bien lavée et provenant d'alun très pur, parce que la plupart des couleurs changent de ton par les substances étrangères, et surtout par le fer que contient quelquefois ce sel. Il faut donc, pour les laques, donner la préférence aux aluns qui ne donnent pas sensiblement de bleu par le prussiate de potasse.

3°. Laver avec tout le soin possible et les précautions indiquées, la pâte colorée une fois qu'elle est préparée, et souvent ne pas se contenter de lavages à froid; car il est certaines matières étrangères qu'on ne peut enlever qu'à l'aide de l'eau bouillante.

Nous terminerons cet article en observant que nous n'avons pas fait mention de la manière dont on trochisque les laques, parce que cette opération est tellement simple, qu'elle n'offre aucune difficulté. Je dirai seulement qu'il est bon de substituer un entonnoir de verre aux entonnoirs de fer-blanc dont on se sert habituellement pour cet objet, parce que l'étamage ne tarde point à disparaître, et que le fer une fois mis à nu, peut apporter quelques fâcheux résultats. R.

LAQUE (Résine), plus généralement connue dans le commerce sous le nom de *gomme-laque*, est un suc concret qui découle de plusieurs espèces de plantes, et dont la sécrétion paraît determinée par la présence du *coccus ficus*, *coccus lacca*, petit insecte que les naturalistes rangent au nombre des *cochenilles* ou *gallinsectes*, parce que sa manière d'être et de se propager est la même. La femelle du *coccus ficus* se fixe aussi et pour toujours, à une certaine époque de sa vie, sur les végétaux dont elle tire sa nourriture ; elle y meurt, et son cadavre recouvre le germe de sa postérité. Les arbres que l'on cite comme produisant la laque, sont le *croton bacciferum*, les *mimosa corinda* et *cinerea*, les *ficus indica* et *religiosa*, le *rhamnus jujuba*, etc.

Le *coccus lacca*, est ovoïde, de la forme et de la grosseur d'un pou ; il est rouge, divisé en douze anneaux ; il a six pattes, le dos convexe, l'abdomen plat et terminé par deux soies horizontales ; les yeux et la bouche sont invisibles à l'œil nu. James Kerr, à qui l'on doit beaucoup de renseignemens précieux sur cet insecte, dit n'avoir jamais rencontré d'individus ayant des ailes, et Roxburg assure en avoir vu deux à la femelle et quatre au mâle de l'insecte de la laque du *mimosa* de Coromandel ; ce qui nécessiterait d'en faire un genre à part des cochenilles, dont les mâles seuls sont pourvus d'ailes.

James Kerr, dont nous venons de faire mention, a publié sur ce sujet, dans les Transactions philosophiques (pour 1781), une excellente dissertation, d'où nous extrairons les observations suivantes.

« Les cochenilles femelles se fixent avec une matière cotonneuse et gluante qui transsude de divers pores de leur peau, mais qui est plus spécialement destinée à envelopper leurs œufs, tantôt sous leur corps même, tantôt hors de lui et à son extrémité postérieure, où il forme un volume assez considérable. Dans la cochenille femelle de la laque ou du figuier d'Inde, ce coton est remplacé par une matière résineuse, mais qui paraît ne s'échapper, du moins dans le principe, que des côtés du corps ; puisque l'animal ne se trouve entièrement formé, ou dans une cellule complète, qu'au bout d'un certain temps. Ces insectes se placent en grand nombre les uns auprès des autres, de manière à ne point laisser de vide entre eux; la matière résineuse ou la laque qui transpire sous un état liquide de leur corps, s'accumule, se réunit et forme ensuite une croûte commune qu'on peut comparer, quant à sa disposition, à celles que produisent plusieurs espèces de polypes. La substance blanche de l'intérieur des cellules n'est qu'une aggrégation des pellicules ou des coques des œufs de ces insectes. La cochenille de la laque diffère ainsi, par la nature de la matière qu'elle transsude, des autres espèces connues. Celles-ci, d'ailleurs, quoique souvent très abondantes sur le même végétal, ne se rassemblent point ainsi à l'instant de leur ponte. Les petits, lorsque le cadavre de leur mère leur servait d'enveloppe sous la forme d'œuf, sortent par l'extrémité postérieure de son corps, en se glissant sous la pellicule de son ventre : mais, suivant le même auteur, ceux de la cochenille femelle de la laque se font jour à travers la peau du dos et percent leur cellule, chose très remarquable et d'une explication difficile, vu la faiblesse des moyens de l'insecte pour briser les liens de sa captivité. »

Ainsi, on voit que, selon James Kerr, la résine-laque serait produite par l'insecte lui-même, tandis que la plupart des autres naturalistes admettent que ce sont les plantes où sont fixés ces insectes qui fournissent ce suc résineux, et que la sécrétion n'en est déterminée que par les petites piqûres des coccus. Quoi qu'il en soit, nous recevons dans le commerce ce produit naturel sous différentes dénominations relatives à certaines modifications. On connaît :

1°. La laque en bâton (*stick lac*), n'est autre que la résine dans son état naturel, et encore déposée sur les jeunes branches où elle a été formée : souvent plusieurs de ces branches sont agglomérées par la résine, et ne forment qu'un seul faisceau de plusieurs pouces de longueur. On réunit aussi sous ce nom de *gomme-laque en bâton*, toute celle qui n'a encore subi aucun autre travail que d'être détachée des branches lorsqu'elle y a été réunie en grosses masses.

2°. La *laque en grains* (*seed-lac*) est la même que la précédente qui a été réduite en poudre grossière, et dont les teinturiers ont extrait la couleur par l'eau seule, autant que ce moyen peut le permettre.

3°. La laque en feuilles ou en écailles (*schell lac*), est obtenue en fondant, au dessus d'un feu de charbon, la laque en grains, dans un sac de coton. Lorsque la laque est fondue, on la force de passer à travers le sac au moyen de la torsion, et on la reçoit sur le tronc uni d'un bananier, sur lequel elle se réduit en plaques ou lames minces. Cette sorte de filtration débarrasse bien la résine de ses impuretés, et c'est ainsi qu'on obtient la meilleure qualité.

Ces gommes-laques ainsi purifiées entrent dans la composition des cires à cacheter fines, dites *à graveur;* elles font aussi la base de quelques beaux vernis. R.

LAVOIRS A LAINES (*Arts mécaniques.*) Nous devons à l'Espagne la méthode de laver les laines. Les seigneurs de ce pays possédaient de nombreux troupeaux, et se faisaient de grands revenus de leurs produits, qu'ils plaçaient presque entièrement en France. Le lavage, en diminuant de près de moitié le poids des laines, en diminuait dans la même proportion les frais de transport, qui, en définitive, retombaient toujours à leur charge; ils imaginèrent des lavoirs en grand que nous avons enfin imités. C'est à Paris, au milieu de la Seine, que fut construit le premier. C'était tout à la fois un dépôt de laines et un établissement pour les laver, dont le gouvernement s'était réservé la surveillance, afin d'inspirer la confiance aux propriétaires de troupeaux. On eut encore en vue de donner aux fabricans de draps la facilité de faire des achats à mesure de leurs besoins, tout en fournissant aux bergeries des moyens de placement.

C'est peut-être à cette combinaison qu'est dû le grand dévelopement des troupeaux mérinos, parce que, à l'imitation du grand lavoir de Paris, il s'en forma beaucoup d'autres qui mirent partout en contact les producteurs de laines et les fabricans d'étoffes.

Dans les grandes bergeries bien dirigées, on fait, lors de la tonte, le triage des laines; mais en général, on laisse les toisons telles qu'on les enlève des animaux. Alors, dans les lavoirs, on commence par faire ce triage des qualités, que l'habitude rend très prompt. Cette séparation étant faite, on étend chaque sorte sur des claies de bois, où on les bat avec des baguettes pour en faire sortir la poussière et en enlever ce qu'on peut d'ordures; on ôte à la main les mèches feutrées, les pailles, le crottin, et, au moyen d'une fourchette de fer à pointes courtes, écartées et recourbées, on éparpille et l'on ouvre tout le reste.

Le lavage des laines se fait ou à froid, ou à chaud. Dans le premier cas, on ne leur enlève que les grosses ordures; il se fait habituellement sur le dos des moutons, avant de les tondre. A cet effet, on les plonge dans l'eau d'une mare, d'un étang ou d'une rivière, où on les frotte avec soin. Quand on est à portée d'un moulin à eau, on place successivement les moutons sous la vanne de décharge; la rapidité du courant suffit pour les bien laver. Les personnes qui ne possèdent que quelques bêtes, les lavent dans les baquets. Cette pratique ne réussit bien que sur les races indigènes, dont la laine peu serrée permet à l'eau de pénétrer dans la toison. Elle aurait moins de succès sur les races mérinos, dont la toison est tellement tassée, que l'eau aurait de la peine à pénétrer; ils sècheraient aussi très difficilement, ce qui incommoderait les animaux, surtout ceux qui sont sujets à la *cachexie*. Ce lavage faisant perdre à la laine une partie de son suint, on doit tenir pendant quelques jours les moutons lavés dans la bergerie, avant de les tondre, pour leur donner le temps de remplacer le suint perdu, si nécessaire à la conservation de la laine.

Le lavage à chaud est plus complet. Les toisons séparées par qualités, comme nous l'avons dit, sont mises dans des cuviers d'une capacité convenable, qu'on remplit d'eau chauffée à 45 degrés environ du thermomètre centigrade. On les laisse ainsi tremper, sans les remuer, 18 à 20 heures : une partie de leur suint s'y dissout, et cette première eau devient le principal agent du dégraissage; on en remplit des chaudières où on l'élève à la température de 70 à 75 degrés. L'eau étant à ce point, on y plonge la laine par petites portions, on l'y remue, ou plutôt on la soulève continuellement à l'aide d'un bâton lisse. Après quelques minutes de cette immersion, on la retire avec une petite fourche, pour la placer dans des paniers suspendus au dessus des chaudières, afin de perdre le moins possible de l'eau saturée de suint; on remplace par de la même eau celle dont la perte ne peut être évitée, et quand elle devient par trop bourbeuse, on la soutire au moyen d'un robinet dont le fond des chaudières est muni; puis on la renouvelle entièrement avec de la nouvelle eau de suint. Les paniers pleins de cette laine égouttée, sont apportés aux lavoirs, placés, soit sur le bord d'une rivière dont l'eau doit être pure, c'est-à-dire qu'elle doit dissoudre le savon, cuire les légumes; soit sur la rive d'un étang, ou auprès d'un puits; les eaux courantes sont en général préférables aux eaux stagnantes. Si l'on est obligé de se servir de l'eau de puits, il faut la tirer quelques jours d'avance, afin de la saturer d'air.

Dans l'un ou l'autre cas, les appareils de fourneaux doivent se trouver à proximité des lavoirs, à couvert sous le même hangar, pavé ou dallé, légèrement en pente vers l'eau, comme un quai. Là, chaque laveur a sa place; c'est un tonneau défoncé d'un bout et enterré à fleur du pavé tout près du bord; devant lui sont placés deux paniers l'un dans l'autre, plongeant dans l'eau : l'extérieur n'a d'autre objet que de retenir les flocons de laine qui s'échappent de l'autre, où le lavage de la laine s'opère en la promenant vivement et en sens divers, à l'aide d'une fourche ou d'un bâton lisse, sans jamais la retourner. On juge qu'elle est suffisamment dépurée quand l'eau qui en découle n'est plus colorée; alors on la retire pour la jeter sur des claies où elle s'égoutte. Ensuite, pour en achever le séchage, on l'étend sur des claies, sur des cailloux, ou même sur un gazon propre et bien fourni, mais toujours à l'ombre. Quelques laveurs, pour en accélérer la dessiccation, la font passer à une presse. La laine, sans nuire à sa qualité, en est plus blanche, parce que l'eau exprimée entraîne toujours avec elle quelques saletés, qui y resteraient nécessairement adhérentes si la dessication n'avait lieu que par évaporation. Nous n'hésitons donc pas à conseiller cette pratique, même dans les saisons les plus favorables au séchage; elle est d'ailleurs indispensable lorsque la saison est avancée.

Nos lavoirs à laines, même très en grand, comme ceux qu'on a formés à Saint-Denis, près Paris, n'exigent, comme on voit, qu'un matériel peu dispendieux. Pour un atelier qui occupe sept hommes et trois femmes, qui lavent et rendent quinze cents livres de laine par jour, il ne faut que six à sept cuviers, deux chaudières d'une capacité suffisante, et quatre lavoirs.

Tout en adoptant les procédés espagnols, nous les avons beaucoup simplifiés et améliorés sous le rapport de la salubrité des ouvriers, ainsi qu'on pourra en juger par la description suivante qu'en a donnée le baron de Poiféré de Cère, dans une instruction sur les bêtes à laine, publiée en 1811.

Un immense réservoir d'eau, qu'alimente un ruisseau affluent, fournit les eaux nécessaires aux lavoirs, de sorte que ni la sécheresse ni les orages ne peuvent en suspendre le travail.

Les laines triées en primes, en secondes, en tierces et rebut, sont placées sous un hangar non loin des cuves. Celles-ci sont remplies aux deux tiers d'eau chaude soutirée des chaudières au moyen de robinets; un homme est préposé pour en faire l'essai ce qu'il pratique à chaque cuvée en y plongeant un jambe, et faisant ajouter de l'eau chaude ou froide, selon qu'il le juge convenable, et jusqu'à ce que le degré de chaleur soit tel, qu'il puisse le supporter sans se brûler; alors il donne le signal de mettre la laine en immersion, dont la durée se règle sur l'intervalle qu'il faut pour vider la seconde et la troisième cuve avant de revenir à la première. Un ouvrier descend à mesure dans les cuves pour en retirer la laine, qu'il place dans des paniers mis à sa portée, où des enfants, se tenant à des cordelettes, la pressent avec leurs pieds pour en exprimer l'eau de suint dont elle est imbibée. Cette eau coule dans un canal, hors du lavoir, où l'on achève de laver la laine; celle-ci, après avoir éte divisée par poignées, est apportée par des enfants sur le bord du lavoir, où un ouvrier (c'est l'homme important pour le lavage) la divise encore et la jette par poignées dans le lavoir. Là, deux hommes appuyant leurs mains sur une traverse solidement fixée contre les parois intérieures, agitent alternativement les deux jambes pour refouler l'eau et diviser les flocons de laine. Il n'y a qu'environ un pied d'eau dans le lavoir. Quatre ouvriers placés dans le canal du lavoir, où la laine arrive ensuite, s'appuyant de leurs mains sur les bords, répètent le mouvement des deux premiers ouvriers dans le lavoir : quatre autres ouvriers, placés à la suite des précédens, ramassent la laine à mesure qu'elle est amenée par le courant; ils en forment des paquets, en expriment l'eau sans la tordre ni la corder, la jettent sur un plancher où un enfant la prend à son tour pour la jeter sur un égouttoir en pente. Un autre enfant la relève et la fait passer à un ouvrier qui la dépose en tas sur le sommet de l'égouttoir.

On laisse la laine en cet état pendant 24 heures; alors elle est portée sur une prairie voisine qui a été ratissée et balayée avec soin, sur laquelle on l'étend en petites parties pour la faire sécher, ce qui exige ordinairement trois ou quatre jours.

La laine qui échappe aux ouvriers dont la fonction est de la ramasser, se rend dans une cage de bois dont le fond et les parois sont garnis d'un filet à mailles très serrées. Trois hommes placés dans cette cage remuent cette laine avec les pieds, en forment de petits tas qu'ils expriment à la main et qu'ils jettent ensuite sur le plancher, où un enfant la prend et la porte sur l'égouttoir.

Tel était le lavoir d'*Alfaro*, qui fut détruit par la guerre, où les laines du Paular, de Montarco, etc., étaient portées tous les ans pour être lavées et vendues. On en lavait par journées de 16 heures environ 3000 livres; mais on remarquera que le nombre des ouvriers employés est de 17, et que celui des enfans est de 8 à 10, en tout 27; tandis que dans nos lavoirs ordinaires, 7 hommes et 3 femmes en font le service, et lavent à peu près la moitié de cette quantité.

On vante beaucoup un lavoir que M. D'Avallon a fait établir à Odessa, et qu'il vient d'importer en France, avec le privilége d'un brevet qui lui a été accordé gratuit. On peut voir la description de cette machine dans le grand *Dictionnaire de technologie*, article LAVOIR. EM.

LENTILLE D'OPTIQUE. (*Arts mécaniques.*) On donne le nom de *lentilles* à des verres ronds dont les deux surfaces ne sont pas planes; on en distingue de deux sortes, les convexes et les concaves: les premiers ont une forme lenticulaire, d'où leur dénomination dérive. Les effets de ces verres doivent être bien étudiés avant d'entreprendre la description des LUNETTES, des

Microscopes, et d'un grand nombre d'appareils d'optique, parce que ces instrumens sont composés de plusieurs de ces verres, disposés entre eux d'après les règles qui résultent de la théorie que nous allons exposer.

1° Lorsqu'un rayon de lumière passe d'un corps transparent dans un autre, il se brise au passage, c'est-à-dire qu'au lieu de continuer sa route en ligne droite, il suit une autre direction; il se *réfracte en passant d'un milieu dans un autre*, ainsi qu'on a coutume de le dire. La nouvelle route est plus voisine de la perpendiculaire, quand le second milieu est plus dense; elle s'en écarte au contraire si ce milieu est plus rare. Ainsi, le rayon *ab* (Pl. 21 des *Arts mécaniques*, fig. 1), à son entrée dans le verre ABC, ne suit pas la droite prolongement de *ab*; mais se rapprochant de la perpendiculaire *ebf* sur AC, il suit une autre direction telle que *bd*.

Les rayons qui entrent dans un milieu quelconque ABC (fig. 1) sont appelés *incidens*, et l'angle *abc* qui est formé avec la perpendiculaire ou normale *eb* au point d'entrée, est nommé *angle d'incidence* : l'*angle de réfraction* est celui *dbf*, que le rayon réfracté fait avec cette perpendiculaire.

La loi de ces variations est exprimée par ce théorème : *le sinus de l'angle d'incidence divisé par le sinus de l'angle de réfraction donne un quotient qui est constant, pour deux milieux donnés, quelle que soit l'incidence, mais ce quotient change avec les milieux*. Par exemple, pour le verre, assez ordinairement le quotient dont il s'agit est 1 $\frac{1}{2}$; dans quelques direction qu'un rayon vienne frapper une surface de verre, le sinus de l'angle d'incidence est une fois et demie le sinus de réfraction.

2° Si le rayon traverse un prisme triangulaire dont la coupe est ABC (fig. 4), il se brise en entrant et en sortant, et suit la route *abdg*, s'approchant de la perpendiculaire à son entrée, et s'en éloignant à sa sortie; le rayon *émergent* est *dg*, et il faut, pour en trouver la direction, appliquer deux fois la règle précédente, savoir, à l'entrée du prisme et à sa sortie. On trouve que les rayons incidens divergent moins que les émergens, et que si les premiers sont parallèles, les émergens divergent et se rejettent vers la base du prisme, c'est-à-dire font de plus petits angles avec la surface d'émergence que les incidens avec celle d'incidence.

D'après cela, il est facile de prévoir ce qui arrive quand la lumière traverse une lentille de verre. Prenons d'abord pour l'exemple celle qui est concave (fig. 2), c'est-à-dire plus mince au centre que vers les bords. Les rayons émergens divergeront beaucoup plus que les incidens, car une petite portion *mnpq* de ce verre peut être considérée comme plane sur les deux faces, et faisant partie d'un prisme triangulaire : ainsi les rayons parallèles *ab*, *a'b'* doivent, en sortant, se rejeter du côté *mn* de de la base, et par conséquent l'ensemble des rayons incidens s'écartera à la sortie et s'épanouira, en se rapprochant du contour où le verre est plus épais. Les lentilles concaves sont, pour cette raison, appelées *divergentes*.

Au contraire, si la lentille est convexe (fig. 3), ou plus épaisse au centre que vers les bords, la même explication prouve que les rayons deviennent convergens, parce que les petites portions de prismes dont on peut imaginer que le verre est composé, ont leurs bases du côté du centre du verre, et que les rayons émergens doivent se rapprocher de l'*axe* DC. On nomme *axe* d'une lentille la droite qui passe par le centre du cercle limitant le verre et perpendiculaire au plan de ce cercle. Les lentilles convexes sont donc convergentes. Il faut toujours que l'axe de la lentille, ou la droite qui joint les centres des sphères sur lesquelles les verres sont moulés, soit perpendiculaire aux plans des contours extérieurs : on dit alors que la *lentille est bien centrée ;* l'épaisseur du verre sur les bords est alors la même tout autour. Si la lentille est convergente, ce bord forme un cercle tranchant.

On conçoit maintenant pourquoi les lentilles aident la vue lorsqu'on les choisit de figure convenable. Pour que l'objet soit nettement senti, il faut que les rayons incidens se réunissent sur la rétine, membrane très sensible qui tapisse le fond de l'œil. Les personnes dont la vue est défectueuse peuvent avoir l'œil conformé de deux manières : ou les rayons, déviés par le *cristal-*

lin, se réunissent un peu en arrière de la rétine ; et il convient d'en accroître la convergence pour que l'objet se peigne sur la rétine même ; dans le cas où les rayons se réunissent en avant de la rétine, il faut au contraire augmenter la divergence. Les premières vues sont dites *presbytes ;* elles aperçoivent très bien les objets éloignés, mais ne peuvent voir nettement les corps rapprochés : des verres convexes leur sont nécessaires. Au contraire, les vues basses, ou *myopes*, ne distinguent nettement que ces derniers objets ; pour voir distinctement ceux qui sont éloignés et envoient des rayons à peu près parallèles, il leur faut des verres concaves qui accroissent la divergence plus que ne le fait la puissance naturelle de leur organe. La théorie des foyers rendra bientôt cet explication lucide.

Quant au degré de concavité ou de convexité des verres dont chaque personne doit faire usage, cela dépend de la nature de la vue, et même on est souvent obligé d'en changer avec l'âge, parce que les facultés visuelles varient.

Les personnes très myopes ont besoin de verres très concaves ; les vues très presbytes veulent des lentilles très convexes. On mesure le degré de courbure des verres par le nombre de pouces du rayon de la sphère sur laquelle on les travaille. Ainsi, un verre du n° 8 est une portion de sphère concave ou convexe, dont le rayon est de 8 pouces.

Lorsqu'on présente une lentille convexe AB (fig. 3) aux rayons du soleil, de manière que l'axe CD tende vers cet astre, tous les rayons parallèles se réfractent et viennent se porter sur un point F de l'axe CD ; ce point F est ce qu'on nomme le *foyer principal* de la lentille : ce nom lui vient de ce que la réunion des rayons produit en F une chaleur assez forte, quand la surface de la lentille est un peu étendue, pour embraser les substances sèches ; au delà du foyer, les rayons se sont croisés et continuent leur route en divergeant. Si la lentille est concave (fig. 2), le foyer E est un point rationnel où iraient converger les rayons émergens si on les prolongeait à travers l'épaisseur du verre et au delà. Ce foyer est appelé *virtuel* ou *imaginaire*, parce qu'il n'a pas une existence physique comme celui des verres convexes.

Le foyer de concentration des rayons n'est pas un point unique, comme on pourrait le croire d'après ce qui précède ; c'est une petite surface circulaire, parce que tous les rayons incidens ne se croisent pas en un même point de l'axe, mais les uns un peu en deçà, les autres un peu au delà du point F. On trouve ordinairement le foyer par expérience en exposant la lentille convexe aux rayons solaires, et la dirigeant de manière que son axe tende vers l'astre, c'est-à-dire que le plan du cercle limitant la lentille soit perpendiculaire à ses rayons. On voit l'image du soleil se peindre selon un cercle sur un écran ; et si l'on approche ou éloigne l'écran du verre, sans que le parallélisme soit détruit, ce cercle variant de grandeur, on trouve une position où ce cercle est réduit à être le plus petit et le plus éclatant possible : l'écran est alors au foyer, occupé par le petit cercle lumineux. On mesure aisément la distance du foyer au verre.

Pour que tous les rayons émergens allassent se croiser en un même point F, il faudrait que la lentille, au lieu d'être formée de surfaces sphériques, eût reçu une autre disposition qui aurait dépendu de la nature même du verre, d'après la valeur du coefficient de la réfraction. L'impossibilité de façonner le verre sous cette forme, et la facilité que la surface sphérique offre au travail, fait toujours préférer cette dernière, quoiqu'il en résulte une surface pour foyer. On donne à cette imperfection le nom d'*aberration de sphéricité ;* on y remédie, lorsqu'il est nécessaire, en ne donnant aux lentilles qu'une très petite surface comparée à celle de la sphère entière dont elles font partie, ou du moins en plaçant des diaphragmes opaques qui arrêtent les rayons trop éloignés de l'axe ; car cette surface sphérique étant osculatrice à celle qu'on devrait prendre pour que le foyer fût un point, l'une peut être substituée à l'autre dans une petite étendue.

Si la lentille est divergente, on en peut aussi trouver le foyer E (fig. 2) par expérience ; on couvrira l'une des surfaces du verre par une feuille qui ne laisse passer la lumière incidente du soleil que par deux petits trous i et k, et l'on éloignera un écran jusqu'à ce que les deux traits de lumière passant en i et en k, se portent sur les extrémités IK d'une droite de longueur double de la ligne *ik*; alors la similitude des triangles EKI, E*ki*, donne EC double de E*o*, ou de *o*C. Ainsi, en mesurant la distance *o*C, on aura la distance focale E*o*.

Jusqu'ici nous avons supposé le corps lumineux situé à l'infini, ou du moins à une si grande distance par rapport à l'étendue de la lentille, que les rayons incidens pouvaient être considérés comme parallèles : mais si cet objet se rapproche d'une lentille convexe, les rayons dirigés sur chacun des points de la surface de ce verre seront divergens, et formeront un pinceau que la réfraction fera converger de l'autre côté de la lentille, en un foyer qui ne sera plus le même point que précédemment. En rapprochant le corps lumineux, le foyer s'éloigne de plus en plus; et si ce corps est placé au foyer principal F (fig. 3), les rayons émergens deviennent tous parallèles, précisément comme cela arrivait aux incidens quand le corps lumineux était à l'infini et le foyer en F.

Voilà pourquoi l'œil aperçoit nettement par réfraction un objet placé un peu au delà du foyer principal F, et le voit agrandi, parce que les rayons émergens divergent plus que ne font les incidens, et la pupille recevant ces rayons dans des directions plus écartées, on voit l'objet sous un plus grand angle.

On fabrique encore des verres convexes ou concaves d'un côté et plans de l'autre; deux verres pareils appliqués l'un contre l'autre forment une lentille convergente ou divergente. La théorie de ces verres rentre donc dans ce qu'on vient de dire.

Nous terminerons par donner les formules relatives au foyer des lentilles, sans démonstration, en renvoyant à ce sujet au grand *Dictionnaire de Technologie*.

Soit n le rapport entre les sinus d'incidence et de réfraction, rapport qu'on sait être constant pour chaque milieu, mais qui varie d'un milieu à l'autre; pour le verre $n = 1,55$; mais ce nombre change avec les différentes natures de verres. Désignons par a et a' les rayons des deux surfaces de la lentille, rayons qui sont souvent égaux; par D la distance du point radieux à la lentille, et par x la distance du foyer correspondant. On a pour les verres convexes,

$$\frac{1}{x}+\frac{1}{D}=(n-1)\left(\frac{1}{a}+\frac{1}{a'}\right)\ldots \quad (1)$$

Cette formule embrasse tous les cas des verres lenticulaires. Si le verre a deux concavités, il suffit de changer a et a' de signes ; alors on a

$$\frac{1}{x}=\frac{1}{D}+(n-1)\left(\frac{1}{a}+\frac{1}{a'}\right)\ldots \quad (2)$$

Si le point radieux est très éloigné, on fait D infini ; ainsi le foyer principal des lentilles convexes est distant du verre de la quantité

$$x=\frac{aa'}{(n-1)(a+a')}\ldots \quad (3)$$

Enfin lorsque les deux surfaces sont d'égale courbure, $a=a'$ et on a $x=\frac{a}{2(n-1)}$. Comme pour le verre ordinaire, n est à fort peu près 1,5, on trouve que $x=a$, c'est-à-dire que le foyer principal de ces verres convexes est juste au centre de courbure de la surface antérieure. Et si l'on a trouvé par expérience, comme nous l'avons dit, la distance x de ce foyer, on aura par là même, les rayons de courbure.

Au reste, cette théorie fournit un excellent moyen de déterminer n, puisqu'on peut connaître directement x et a. Ainsi, lorsqu'on voudra façonner une substance vitrée en lentille convergente, et obtenir une distance focale déterminée, c'est-à-dire trouver a, connaissant x, il faudra fabriquer une lentille avec un fragment de ce verre, et la soumettre aux épreuves expérimentales, d'où l'on peut conclure la valeur de x ; l'équation $a=2(n-1)x$, donnera n pour l'espèce de verre proposé. Plusieurs expériences donneront des valeurs de n à fort peu près égales, parmi lesquelles on choisira la moyenne. Une fois n trouvé, l'équation (1) ou (2) est directement propre à faire connaître x, ou la distance focale de toute lentille faite avec ce verre.

Il suit de l'équation $x=\frac{a}{2(n-1)}$, que plus le rayon des arcs convexes est petit, plus le foyer des rayons incidens parallèles est proche de la lentille. Voilà pourquoi les verres lenticulaires qu'on destine aux forts grossissements sont très petits, très bombés, et que les objets qu'on veut examiner doivent être placés fort près du verre. Au contraire, les verres très peu convexes, qu'on destine aux objectifs des LUNETTES, ont leur foyer principal très éloigné de leur surface, et grossissent très peu. FR.

LEVAIN. On nomme ainsi la préparation employée pour exciter une fermentation dans la pâte à faire le pain.

Le levain se faisait autrefois comme cela se pratique encore aujourd'hui dans les campagnes : on réservait environ un dixième de la pâte dans le coffre où s'opère le pétrissage, on enveloppait cette pâte de farine, puis on l'abandonnait en cet état jusqu'à ce que l'on eût de nouvelle pâte à préparer ; alors on délayait le levain dans de l'eau tiède, et on le mélangeait exactement avec assez de farine pour former une pâte dont la quantité égalait le tiers ou la moitié de la totalité à obtenir, et dès que la fermentation établie dans la masse l'avait fait *lever* suffisamment, on ajoutait à ce à ce nouveau levain toute l'eau et la farine nécessaires pour compléter la fournée.

L'introduction de la levûre de bière dans les levains fut un grand perfectionnement à l'art du boulanger, et cependant un préjugé général s'opposa fortement à cette utile innovation.

A l'aide de la levûre, surtout lorsqu'elle est fraîche, on peut déterminer une fermentation rapide dans la pâte, la diviser par une multitude de bulles d'acide carbonique, que la chaleur du four fait encore dilater, développer de l'alcool qui se dégage de la cuisson, et produire à peine une quantité sensible d'acide acétique. On obtient ainsi du pain fort léger et exempt de mauvais goût. La levûre possède, à la vérité, des propriétés laxatives, et en certaines proportions elle pourrait être vénéneuse; mais la petite quantité restée dans la pâte du pain est tellement altérée pendant la cuisson, qu'elle ne peut plus produire aucun effet. (*Voy.* LEVURE.)

En Angleterre, on se sert d'une sorte de *levain* dont l'effet ne dépend nullement de la fermentation ; c'est du Sous-carbonate d'ammoniaque que l'on incorpore dans la pâte, et qui, par la tension de sa vapeur, détermine dans toutes les parties de la pâte une foule de cavités semblables à celles produites par l'acide carbonique résultant de la fermentation. P.

LEVIER. (*Arts mécaniques.*) C'est la plus simple de toutes les machines ; on en distingue de trois espèces, selon que le point d'appui est situé entre la puissance et la résistance, comme dans les fléaux de balance, les treuils, ciseaux, pinces, etc. ; ou que ce point est à une extrémité et la puissance à l'autre, la résistance entre deux, comme dans la brouette, l'action des rames, le couteau du boulanger.... ; ou enfin que la résistance est à un bout et l'appui à l'autre bout, comme les pincettes.... Mais ces distinctions n'ont, en théorie, aucune importance, et nous devons examiner en général les conditions d'équilibre entre deux forces, la puissance et la résistance, agissant sur un corps quelconque qui est retenu par un appui fixe, dans toutes les dispositions possibles de ces trois élémens. On peut même remplacer l'appui par une troisième force capable de le retenir en repos : c'est l'équilibre entre ces trois forces qu'il faut considérer ici.

Si l'on a deux puissances quelconques qui agissent sur un corps retenu par un point fixe, il est clair que l'équilibre ne peut exister qu'autant que ce point détruit la *résultante* des deux forces, cette résultante passe donc par l'appui, puisque sans cela elle ferait tourner le levier autour de ce point. Ainsi *nos deux puissances ont une résultante qui est dirigée vers l'appui :* voilà la condition d'équilibre ; mais on la traduit en d'autres plus commodes pour la pratique. Pour que les deux puissances aient une résultante, il faut qu'elles soient dans un même plan ; de plus, ce plan doit passer par l'appui fixe pour que la résultante y puisse être dirigée : donc d'abord *les deux puissances et l'appui fixe sont situés dans un même plan et tendent à faire tourner en sens contraires.*

En outre, on sait que si l'on prend un point quelconque de la résultante de deux forces, et que de ce point on abaisse des perpendiculaires sur leurs directions, chaque force multipliée par sa perpendiculaire donne le même produit, ou, comme on le dit communément, *les momens des forces sont égaux*, parce qu'on est convenu d'appeler *moment d'une force*, le produit de son intensité par la longueur de la perpendiculaire abaissée sur sa direction, à partir d'un point choisi arbitrairemnnt. Puisque, dans le cas d'équilibre, la résultante passe nécessairement par l'appui fixe, ce point peut être pris pour origine des deux perpendiculaires; donc dans l'équilibre du levier, *le moment de la puissance est égal à celui de la résistance par rapport à l'appui fixe.*

Telles sont les seules conditions suffisantes et nécessaires pour qu'un levier soit en équilibre, et cela quelle que soit la figure de ce corps, et de quelque manière que les puissances soient disposées à l'égard de l'appui, qu'on suppose d'ailleurs inébranlable. Soient P la puissance, R la résistance, p et r les perpendiculaires abaissées de l'appui sur leurs directions respectives. Les forces P et R sont exprimées en nombres, en les comparant à une puissance prise pour unité, par exemple, en grammes, en livres, en kilogrammes, etc.... Les perpendiculaires p et r sont estimées en unités métriques, telles que des pieds, des pouces, des mètres, etc., et l'on voit si le produit $P \times p$ est égal à $R \times r$, savoir $Pp = Rr$.

Observez que cette relation revient à la proportion $P:R::r:p$, en sorte que la condition d'équilibre qui nous occupe revient à dire que *la puissance et la résistance sont en raison inverse de leurs bras de levier*, attendu qu'on est convenu de donner le nom de *bras de levier* d'une force à la perpendiculaire abaissée du point fixe sur sa direction. Montrons sur des exemples l'application de ces principes généraux.

La barre inflexible AB (fig. 11, pl. 14.) est tirée par deux forces parallèles P et Q, et l'appui fixe est en un point C: il suit de ce qu'on a dit à l'art. Force, t. 3 p. 401, que puisque la résultante R passe en C dans les cas d'équilibre, on doit avoir $P \times AC = Q \times BC$, ou $P : Q :: BC : AC$. On donne aussi le nom de *bras de levier* aux parties AC, BC, en sorte que le théorême ci-dessus subsiste évidemment. Ainsi il y a équilibre entre deux forces parallèles pourvu que les produits de chaque force par la longueur de la portion de barre qui lui correspond soient égaux.

Si le levier est une verge inflexible courbée, telle que BAC (fig. 6, pl. 21), ou si les forces ne sont plus parallèles, il faut alors abaisser, de l'appui fixe A, les perpendiculaires AE, AD; pour l'équilibre, on doit avoir la relation $P \times AD = R \times AE$.

Les branches courbes sont fréquemment employées en Mécanique; mais ce n'est pas pour donner à la puissance quelque avantage que ne donneraient pas des branches droites, puisque les vrais bras de levier ne sont pas ces longueurs, mais celles des perpendiculaires abaissées de l'appui sur les directions des forces. On courbe les leviers, soit pour que le fil du métal ou du bois s'oppose avec plus de nerf à la déformation ou à la destruction, soit pour mieux saisir les corps et les empêcher de glisser, soit, etc.

La même théorie s'applique au *levier coudé* BAC (fig. 7): ses perpendiculaires AE, AD doivent encore, dans le cas d'équilibre, remplir la condition $P \times AD = R \times AE$.

Il est facile maintenant de concevoir ce qui arrive quand le levier est soumis à l'action de plus de deux forces : chacune a son moment pour faire tourner le corps, et considérant celles qui tendent à produire la rotation dans le même sens, on peut imaginer qu'elles sont remplacées par une force unique capable du même effort que toutes ces puissances; il suffira que son moment soit égal à la somme de leurs momens réunis. Disant la même chose des forces qui tendent à faire tourner en sens contraire, on aura réduit tout le système à celui de deux forces, et il suffira, pour l'équilibre, que les momens de celles-ci soient égaux. Donc, *lorsqu'un corps est retenu en repos par des forces en nombre et directions quelconques, autour d'un axe fixe, il faut que la somme des momens des puissances qui tendent à faire tourner dans un sens, soit égale à la somme des momens de celles qui tendent à faire tourner en sens contraire.* On doit toujours entendre ici, par le mot *moment*, le produit de chaque force par sa distance à l'axe fixe, ou par la perpendiculaire abaissée de cet axe sur la direction de cette puissance.

Il nous est facile maintenant d'avoir égard au poids même du corps, poids que nous avions négligé jusqu'ici ; car ce poids est une force appliquée au centre de gravité. Lorsqu'il s'agit d'une verge courbe, telle que celle de la fig. 6, il est plus commode de considérer à part les poids de chaque branche AC, AB, comme des forces M, N agissant aux centres de gravité m, n de chacune; le système est alors composé de quatre forces, dont deux agissent pour faire tourner dans un sens, et deux en sens contraire. Le principe de l'égalité des momens se traduira donc ainsi $P \times AD + M \times Am = R \times AE + N \times An$.

Nous n'avons jusqu'ici considéré le levier que dans un état statique; mais lorsqu'on veut produire le mouvement, il ne suffit pas d'accroître légèrement l'une des forces pour la rendre prépondérante, parce qu'il est nécessaire de surmonter le Frottement. Nous avons exposé à cet article qu'il fallait toujours considérer le frottement comme une force proportionnelle à la pression sur l'axe (elle est ordinairement le tiers ou le quart de la pression), agissant dans une direction tangente à la surface au point où la friction s'opère. Ainsi, outre les puissances actuellement agissantes sur le levier, il faut en concevoir une autre qui soit mesurée par une certaine fraction de la pression, fraction dépendante de l'état du corps : la direction de cette force est tangente au point où le frottement s'opère, et l'on peut par conséquent en déterminer le moment, lorsqu'on connaît la pression sur l'axe. Le frottement est d'ailleurs dirigé de manière à faire tourner le levier en sens contraire de la force qui doit être prépondérante.

Pour trouver la pression, il suffit d'assigner la force qui pousse le levier contre son axe. Or, il est évident que cette force n'est autre chose que la résultante même de toutes celles qui agissent sur le corps. Dans le cas de deux poids, ou deux forces parallèles, la pression est leur somme; et si le levier est pesant, il faut y ajouter encore le poids de cette masse.

Ainsi, pour déterminer par le calcul les conditions propres à mettre une puissance à même d'en surmonter une autre à l'aide du levier, il faut ajouter aux momens de la résistance et de son bras de levier, le moment du frottement, et comparer cette somme aux momens réunis de la puissance et de son bras de levier. Si ces deux sommes sont égales, l'équilibre subsistera et sera sur le point d'être rompu par la plus légère diminution des momens d'un côté, ou augmentation des momens de l'autre côté. FR.

LEVURE. On désigne par ce nom, dans le commerce, une substance qui est sécrétée du moût de BIÈRE pendant l'acte de la fermentation ; elle est entraînée par le gaz acide carbonique à la superficie du liquide, et dégorge par une large bonde inclinée à cet effet. (*Voy.* quelques détails relatifs à ce moment de la préparation de la BIÈRE dans ce dernier article).

La levûre ainsi entraînée dans les écumes du moût de bière, est reçue dans de petits baquets, au fond desquels elle se dépose en partie; on décante avec quelque précaution la plus grande partie du liquide clair dont elle s'est séparée, puis on la délaie dans ce qui reste, et l'on verse l'espèce de bouillie qu'elle forme alors sur un FILTRE en toile ou *carrelet;* elle s'égoutte spontanément, et lorsqu'elle acquiert une assez grande consistance, on la met dans de doubles sacs en toile. On lie fortement l'ouverture de ceux-ci, puis on les range sur le plateau d'une presse; ils sont alors soumis à une pression graduée, pour extraire de la levûre le plus possible du liquide interposé : celui-ci, de même que le moût décanté, et celui qui s'est écoulé du filtre, sont réunis à la masse de bière fermentée dans la cuve guilloire et prête à être entonnée.

La levûre pressée est extraite des sacs et vendue ordinairement, par marchés, aux *levuriers;* ceux-ci la divisent en mottes arrondies pesant un demi ou un quart de kilogramme, et les vendent aux boulangers et aux distillateurs.

Assez souvent, dans les saisons où l'on ne brasse que de petites quantités de bière, la levûre, en certaines localités, ne suffit plus aux besoins de la consommation, et dans d'autres endroits on ne pourrait se procurer de levûre qu'en la tirant de pays fort éloignés.

C'est ainsi qu'à Paris, où la bière est en quelque sorte une boisson de luxe, et ne se prépare en grandes quantités que pour l'usage des cafés et durant les chaleurs, on manque de levûre en hiver; les levuriers de cette ville font venir cette matière de Flandre, où elle est toujonrs abondante, en raison de la grande consommation de la bière. La levûre ainsi transportée à une distance peu considérable, est cependant plus ou moins altérée, et perd de son énergie pour exciter la fermentation.

L'altération de la bière par les transports est bien plus grande pendant les chaleurs et à des distances qui ne peuvent être parcourues en quelques jours : aussi cette substance manque-t-elle absolument dans les colonies et en plusieurs autres contrées placées dans des circonstances analogues.

On s'est beaucoup occupé de rechercher les moyens de conserver la levûre ; la dessiccation seule a présenté quelques bons résultats, sans résoudre le problème complètement.

Si la levûre humide était abandonnée à elle-même dans un vase ouvert ou fermé, à une température douce, elle ne tarderait pas à fermenter, et produirait tous les phénomènes qui accompagnent la putréfaction des matières animales.

La levûre chauffée à la chaleur de l'eau bouillante, perd toutes ses qualités utiles ; à une température plus élevée, elle se décompose et donne tous les produits de la calcination des substances animales. Ces propriétés indiquent suffisamment les circonstances dans lesquelles on doit éviter de mettre la levûre pour prévenir son altération. P.

LIÉGE, écorce du *quercus Suber*, espèce de chêne qui croît dans l'Europe australe et en barbarie : on la tire d'Espagne par la voie du commerce en plaques plus ou moins épaisses. Tous les 8 ou 10 ans, on fend en long cette écorce et on la détache avec soin. L'arbre n'en souffre nullement, attendu que cette substance n'est que l'épiderme qui se renfle, et que la véritable écorce reste; il se reproduit peu à peu, et l'arbre peut subir 10 à 12 fois cette opération pendant sa vie. V. BOUCHONNIER FR.

LIGNE (*Arts mécaniques.*) Instrument de pêche composé d'une *gaule* ou longue baguette, d'un cordon qu'on attache à son extrémité, et qui porte un hameçon à l'autre bout. On choisit du crin de cheval blanc et fort, qu'on tresse à deux ou trois brins et qu'on noue à leurs bouts. Chaque longée de crins réunis en corde se nomme ***Margotin***. On réunit les Margotins par un *nœud de ligne*, qui se fait en passant deux fois le bout dans la même boucle, mouillant le crin et tirant les deux bouts; on coupe ensuite les parties qui dépassent. Un crin unique termine la ligne; on y attache l'hameçon par un nœud semblable au précédent.

Quand la ligne doit porter plusieurs hameçons, on les monte sur autant de brins de *boyaux de ver à soie*, appelés *racines*, et quand elle doit servir à pêcher de gros poissons, on forme les margotins de 2, ou 3 cordes de deux crins. Il faut éviter les torsions trop serrées; on trouve qu'elles manquent de force. Les crins sont quelquefois remplacés par des fils de soie.

Le *chalumeau* est un tuyau entier de grosse plume, dont on bouche les extrémités, avec une boule de liége percée et noircie.

La *gaule* de 4 à 6 et même 8 mètres de long, est composée de trois pièces; le *pied*, branche de coudrier d'environ 16 lignes de diamètre par le bas; la *seconde* ou *branlette* de même longueur, mais plus mince et d'une grosseur qui va en décroissant vers le bout. Enfin le *scion* petite branche bien filée et plus mince encore. En taillant les bouts de jonction en long bec de flûte, il est facile de les ajuster ensemble et de les maintenir avec de fort fil ciré dont on entoure les deux brins; on y emploie aussi du fil de cuivre ou du petit fouet ciré.

On vend aussi des lignes qui se démontent par pièces, les bouts de jonction étant garnis l'un d'un écrou, l'autre d'une vis: les brins sont un roseau creux, et les tiges sont entrées l'une dans l'autre de manière à former une canne portative.

On suspend aux crins de petits plombs pour les empêcher de flotter, et on amorce les hameçons soit avec des vers de fumier, soit avec des *mouches artificielles*; ces appas excitent l'avidité des poissons et les détermine à mordre l'hameçon et à s'y prendre.

La ligne de fond ou dormante n'a pas de gaule; c'est une corde de chanvre ou de crin plus ou moins fine, qui porte un ou plusieurs hameçons amorcés, et dont on fixe l'autre extrémite sur le rivage. On a soin de donner à la corde et à l'amarre la force suffisante pour résister aux secousses que donne le poisson quand il est pris à l'hameçon, car les lignes de fond sont surtout destinées à la pêche des poissons un peu forts. Fr.

LIMES (*Arts mécaniques.*) Outils de forme, de dimension et de taille différentes, dont on se sert dour dresser, ajuster et polir à froid la surface des métaux. Les limes pour être bonnes, doivent être faites du meilleur acier possible, qu'on trempe à toute sa force, et qu'on ne fait point *revenir*. Les grosses se font avec de l'acier naturel ou de cémentation. (*Voy.* Acier.) Les petites sont ordinairement d'acier fondu. Chaque lime a une *queue* ou *soie*, proportionnée à la grandeur de l'outil, destinée à recevoir un manche, au moyen duquel l'ouvrier l'applique et la promène en l'appuyant sur le métal qu'il veut travailler. Il a soin, avant de l'emmancher, d'en faire recuire ou revenir la queue, afin de ne pas s'exposer à la voir se rompre. Ce recuit se donne au moyen d'une forte tenaille de forge, qu'on fait chauffer au rouge, avec laquelle on presse la queue de la lime, jusqu'à ce qu'on voie paraître une teinte bleue.

C'est par leurs formes qu'on désigne les diverses sortes de limes. On dit un *carrelet*, un *tiers-point*, une *demi-ronde*, une *queue de rat*, une *plate à main*, *pointue* ou *large*, une *feuille de sauge*, une lime en *paille*, ou *façon d'Allemagne*, etc., pour dire qu'elles sont carrées, à trois angles, plates d'un côté et rondes de l'autre, rondes, mi-plates à côtés convergens ou parallèles, à faces convexes, à section rectangulaire et grosse taille, etc.

Les grosses limes sont moins variées de forme et de taille; on n'en fait que de rectangulaires, des demi-rondes, des triangulaires, des queues de rat, façon dite *anglaise*, avec forte, moyenne et fine taille, qu'on désigne ordinairement par *bâtarde*, *demi-bâtarde*, et *douce-taille*. Les limes façon d'allemagne, à grosse et moyenne taille, se vendent en paquets enveloppés de paille, ce qui leur a fait donner le nom de *limes en paille*.

Le manque, en France, d'acier propre à la fabrication des unes et des autres de ces limes, nous a rendus jusqu'à présent tributaires de l'industrie étrangère; nous devons cependant en excepter les petites limes à l'usage des horlogers, que Raoul fabrique à Paris, et qui sont, au dire de tout le monde, supérieures à tout ce qui existe. On a de très beaux échantillons de limes provenant de diverses fabriques anciennes et nouvelles, qui se sont élevées à Paris, à Versailles, à Orléans, à Amboise, à Toulouse, à Pamiers, Molsheim, etc.; presque tous sont d'une bonne forme, et offrent une taille régulière; leur couleur annonce une trempe dure qui fait un bon travail. Il semblerait, d'après cela, que toute importation de ces outils indispensables devrait cesser : il n'en est rien. Le préjugé en faveur des limes étrangères n'est pas détruit, et ne le sera que quand on aura acquis la certitude que non-seulement les limes de fabrique française sont aussi bonnes que celles qui nous viennent de l'étranger; mais encore que l'acier dont elles sont faites est de la meilleure qualité; car lorsqu'une lime est usée, on peut bien, quoiqu'il y ait très peu de profit, la faire retailler une ou deux fois; mais en définitive, il faut que, forgée comme l'acier, sa matière en tienne lieu, et puisse servir à faire des burins, des crochets, des mèches, ou être employée à aciérer des marteaux, des outils tranchants. Il y aurait trop de perte pour un atelier, ou pour un ouvrier travaillant à ses pièces, qui se fournit ordinairement de limes, et qui en use à peu près deux par jour, une grosse et une petite, si elles ne pouvaient servir qu'à limer, et ensuite comme ferraille.

Les fabriques de limes de Sheffield sont divisées par petits ateliers de quatre, cinq ou six ouvriers, plus ou moins, occupés à la même division de travail. Ces ateliers sont contigus les uns aux autres, mais sans communication directe : ils se transmettent leurs ouvrages en passant par la cour, ou par des corridors établis à cet effet.

La division du travail des limes est établie de la manière suivante :

1° *Les ateliers des forges.* Chaque atelier renferme ordinairement quatre petites forges isolées les unes des autres, de manière à ne pas se gêner réciproquement. Les enclumes sont du poids d'environ 150 livres; leurs tables, de forme rectangulaire, portent un pied de long sur 6 pouces de large, les petits côtés arrondis. Ces enclumes sont incrustées et fixées sur de gros blocs de pierre, à la hauteur la plus convenable au travail de l'homme, et à une médiocre distance du foyer : celui-ci est alimenté par de la houille réduite en cook et en petits morceaux, et par un soufflet ordinaire, qu'un des deux apprentis attachés au forgeron fait agir. Les marteaux à main et à frapper devant n'ont qu'une tête ronde. Les autres outils dont la forge est pourvue sont des tranches, des étampes demi-rondes, triangulaires, ovales ; des tenailles, le poinçon ou la marque du fabricant. Le même forgeron ne fait que les mêmes espèces de limes; on lui donne les aciers de qualité convenable, dont l'échantillon se rapproche le plus des limes qu'il forge. Les aciers naturels ou cémentés, corroyés au martinet, sont employés à faire les grosses limes à grosse taille. L'acier fondu sert à faire les petites limes de *façon anglaise*, dont la taille doit être *bâtarde*, *demi-bâtarde* et *douce*. On ne regarde pas l'acier fondu affiné au *laminoir-forgeur*, comme ayant les qualités requises pour fabriquer de bonnes limes.

Chaque lime, excepté les gros carreaux, qu'on façonne sous le gros marteau de l'affinage, est faite en deux chaudes : à la première, le forgeron, aidé de son frappeur de devant, étire d'abord la pointe et le corps de la lime, qu'il bat ensuite seul tant qu'elle paraît rouge, sans jamais mouiller. Cet ouvrier a tellement l'habitude de son travail et le coup d'œil si juste, que rarement il présente sa lime au calibre placé auprès de l'enclume, pour savoir si la longueur, la largeur et l'épaisseur s'y trouvent. La lime étant amenée à cet état, l'ouvrier forgeur la place sur un tranchet que porte le bord extérieur de l'enclume, sur lequel d'un coup de marteau, le frappeur la fait couper. Il continue à donner ainsi la première chaude pendant la demi-journée, laissant au feu plusieurs barres toujours prêtes à être forgées; de sorte que l'ouvrier ne cesse pas un instant de travailler.

A la deuxième chaude, le forgeron fait la queue, applique le poinçon, et dresse la lime. L'apprenti souffleur, comme pour la première chaude, a soin d'en avoir toujours plusieurs au feu, qu'il saisit avec des tenailles à boucle : le forgeron les prend, et donne de côté et d'autre deux petits coups de tranche, qui déterminent les épaulemens de la queue. Il étire celle-ci en se faisant aider par son frappeur, quand ce sont de grosses limes; autrement il fait ce travail seul. Il applique ensuite la marque et dresse. Le produit de la journée est mis dans un four à recuire avec un mélange de copeaux de bois et de frasier de cook, qu'on allume et qu'on laisse brûler et s'éteindre jusqu'au lendemain. Ce four n'est autre chose qu'une grande marmite de fonte, dont le fond est percé de beaucoup de trous, et dont le couvercle porte à son milieu une cheminée en tôle qui va aboutir sous le manteau de la forge.

Un forgeron avec ses deux apprentis, dont un frappe devant et l'autre tire le soufflet, en fait 18, 20 et 25 douzaines par jour, suivant la forme et la dimension des limes.

2° *Émoulerie* ou *blanchissage*. Ce travail se fait sur des meules mises en mouvement par un moteur quelconque qui se trouve rarement dans la fabrique même. Les meules employées à cet objet ont 3 à 4 pieds de diamètre, sur 6 à 8 pouces d'épaisseur. Leurs surfaces sont parfaitement unies; elles tournent parfaitement rond, avec une vitesse d'environ cent tours par minute; leurs axes en fer, prolongés en dehors de la boîte qui les couvre, portent des poulies de mouvement et de repos, sur lesquelles passent de fortes courroies sans fin, que le moteur fait circuler à l'aide d'une roue correspondante.

Pour se préserver des accidens que les éclats de meules pourraient occasionner, lorsque par l'effet de la grande vitesse qu'on leur imprime, elles viennent à se fendre, on les entoure d'une charpente solidement maintenue par des cordages, en ne laissant de visible qu'environ un pied à la partie supérieure où s'opère le travail de l'émoulage. Ces meules tournent dans l'eau; la lime leur est d'abord présentée en travers, jusqu'à ce qu'elle soit blanche partout, et ensuite dans le sens de la longueur, jusqu'à ce que les premiers traits soient emportés. On les plonge dans de l'eau de chaux, d'où on les retire aussitôt couvertes d'une mince couche de blanc, qui les préserve de la rouille. C'est dans cet état qu'on les rapporte à la fabrique pour les tailler.

3° *Taille des limes.* Il existe cinq sortes de tailles bien distinctes : la *très forte*, pour les carreaux et les limes dites d'*Allemagne*, d'une au paquet ; la *bâtarde*, la *demi-bâtarde*, la *demi-douce* et la *douce*. Pour être bonne, chacune de ces tailles doit être extrêmement régulière, c'est-à-dire faite d'entailles parallèles et également espacées, profondes et relevées partout, inclinées de même par rapport à la direction de la surface sur laquelle elles sont faites.

La taille des limes, précisément à cause de la grande régularité avec laquelle elle doit être faite, avait paru et paraît même encore aux yeux de beaucoup de personnes, susceptible d'être exécutée par machines mieux que par la main des ouvriers. Mais comme en définitive leur usage n'a pas prévalu sur la taille à la main, ce serait peine perdue que de nous y arrêter.

Les différentes sortes de taille se font à Sheffield dans autant d'ateliers particuliers, et les mêmes ouvriers ne font jamais que la même. Les tas et les marteaux dont ils se servent sont plus ou moins pesans, suivant les tailles à faire.

Le blanc de chaux, dont les limes sont couvertes quand on les rapporte de l'émoulerie, étant ôté, le tailleur y met un manche et graisse avec du sain-doux la face qu'il va tailler. Le tas est garni d'une plaque de métal mou (plomb et étain), sur laquelle il appuie la lime avec une courroie double et les pieds, afin de la faire porter exactement, et toujours vis-à-vis l'endroit où il forme la taille, en commençant par le bout. Il continue ainsi pour chaque face, et ensuite il croise la taille.

L'arète des limes triangulaires ou tiers-points est d'abord taillée légèrement, et ensuite on en taille les faces comme à l'ordinaire. Les tiers-points destinés à affûter les scies ne sont pas croisés ; on ne leur applique que la première taille.

La taille étant terminée, on plonge de nouveau les limes dans l'eau chargée de chaux, afin de les garantir de la rouille jusqu'au moment de la trempe.

C'est en faisant la première taille que l'ouvrier en détermine la direction par rapport à l'axe de la lime. Le relief que le premier coup de ciseau forme sert de guide au suivant, ainsi de suite, en appuyant le tranchant du ciseau contre le relief au moment où l'on frappe le coup de marteau. Le croisement se fait de la même manière.

4° *Enduit.* Immédiatement avant la trempe des limes, on les recouvre d'un enduit ayant la consistance d'une pâte, dont la composition est comme il suit : de la corne ou du cuir carbonisé, de la suie de feu de cuisine, une légère quantité de crottin de cheval, du sel marin, un peu de terre glaise, le tout bien pulvérisé et délayé dans de la lie de bière. On en applique une couche mince et égale sur toute la surface de la lime, avec un pinceau, et puis on fait sécher lentement à un feu de forge. Cette couche a pour objet de garantir les dents des coups de feu, et de restituer à l'acier le carbone qu'il peut avoir perdu dans l'opération du forgeage.

5° *Trempe.* La forme et la taille des limes sont très importantes ; mais c'est la qualité de l'acier et celle de la trempe qui font la lime. La trempe a lieu dans des ateliers à part où il y a des feux de forge alimentés par du cook ou du charbon de bois, et par des soufflets ordinaires. Au dessus du foyer et dans le mur qui forme le contre-feu, sont plantés horizontalement plusieurs broches en fer, sur lesquelles on pose d'abord les limes enduites pour en achever la dessiccation ; ensuite le trempeur soufflant lui-même d'une main, prend de l'autre, à l'aide d'une tenaille, les limes une à une, dans le même ordre qu'elles ont été mises sur le séchoir, et les plonge à plusieurs reprises alternativement dans le foyer, et dès qu'elles commencent à rougir, dans un tas de sel marin placé auprès ; jusqu'à ce qu'elles soient suffisamment et également chaudes partout au degré convenable, suivant l'espèce d'acier ; alors le trempeur la dresse au moyen de deux morceaux de plomb fixés parallèlement entre eux, sur un établi près de la boîte à sel et d'un petit marteau de plomb. Il la remet encore dans le feu, l'en retire presque aussitôt, la redresse de nouveau, s'il voit que cela est nécessaire, et enfin il la plonge lentement dans une cuve d'eau dont la profondeur est de 3 à 4 pieds. Quand, à force de tremper, cette eau devient trop chaude, on la renouvelle, en la laissant couler par un robinet de fond, et en la remplaçant par de l'eau de pluie tenue dans un réservoir supérieur. L'eau de la cuve à tremper, indépendamment du degré de chaleur qu'elle acquiert, se trouve aussi, au bout d'un certain temps, chargée des sels que contient d'une part l'enduit, et de l'autre celui que chaque lime prend dans le tas, et qui ne se trouve pas vitrifié. Il paraît que la présence de ce sel contribue à donner aux limes une trempe dure.

La manière d'immerger les limes n'est pas indifférente : le trempeur les tient verticalement et les enfonce, le premier tiers très lentement, le milieu plus vite, et le dernier tiers comme le premier ; il a soin de ne pas tremper la queue. Quelques trempeurs, après cela, les abandonnent et les laissent couler dans le fond de la cuve ; d'autres les retirent aussitôt et les jettent dans un bain d'eau acidulée, qui en favorise le nettoiement.

La lenteur avec laquelle le trempeur opère, a pour objet de donner le temps à la chaleur de se répandre également dans toutes les parties de la lime. Quelques personnes ont essayé de les chauffer dans un bain de plomb chauffé au rouge. Ce procédé peut avoir du succès, mais il ne nous nous semble pas praticable en grand.

6° *Nettoyage des limes.* Cette opération, très malpropre, s'exécute dans une pièce à part, par le moyen d'un tambour garni de cardes, tournant sur son axe, dans une cuve pleine d'eau, qu'on renouvelle fréquemment. La lime lui est présentée tantôt en travers et tantôt en long, jusqu'à ce qu'elle soit blanche partout. Après cela, on les met sur une large plaque de tôle sous laquelle on entretient du feu, afin de les sécher promptement. C'est là que le chef d'atelier vient les examiner, et mettre au rebut celles qui lui paraissent défectueuses.

7° *Huilage.* Les limes, à leur sortie du séchoir, et pendant qu'elles sont encore un peu chaudes, sont plongées dans un bain d'huile douce, d'où étant retirées aussitôt, on les fait égoutter sur un gril incliné placé au dessus ; elles sont mises immédiatement dans du papier gris, par paquets de 6 ou 12, suivant leur dimension, et puis enfin elles sont délivrées au magasin.

8° *Emmagasinage.* Le magasin est placé à la portée de tous les ateliers de la fabrique, de manière que les acheteurs puissent y venir, sans passer par l'intérieur de l'établissement. E. M.

LIQUIDES. *Voy.* les articles FLUIDES, EAU, ÉVAPORATION, ÉBULLITION, ÉCOULEMENT, etc. FR.

LITHARGE. (*Arts chimiques*). Protoxide de plomb, semivitreux, imparfaitement fondu, en petites lames qui ont quelque ressemblance avec le mica. On obtient la litharge dans la coupellation en grand du plomb d'œuvre, opération dont le but est de séparer l'argent que contient le plomb. L'argent demeure dans la coupelle, tandis que le plomb oxidé et fondu est chassé de celle-ci par le vent des soufflets, qu'on emploie pour faciliter l'oxidation du plomb.

On distingue dans le commerce deux sortes de litharge, qu'on a désignées sous les dénominations de *litharge d'argent* et *litharge d'or*, parce que la première est blanchâtre, et la seconde rougeâtre. La différence de leur couleur tient à ce que celle-ci contient une certaine quantité de deutoxide de plomb ou de minium, dont celle-là est complètement exempte. La litharge d'or, chauffée dans un tube de verre fermé où l'air ne pénètre pas, devient jaune en se désoxidant et en repassant tout entière à l'état de protoxide. On nomme encore, dans le commerce, *litharge marchande*, celle qui est en écailles brillantes, isolées; et *litharge fraîche*, celle qui est en masse et sous forme de stalactites.

La litharge se réduit avec facilité; il suffit de la fondre à travers les charbons pour la ramener à l'état de plomb: elle est employée à divers usages dans les Arts. Les potiers en forment la couverte de leurs poteries, lorsqu'ils veulent leur donner une couleur bronzée: on s'en sert pour augmenter la propriété siccative des huiles, telles que celles de lin et de noix, qui la dissolvent en grande quantité, à l'aide de la chaleur.

On fait entrer la litharge en grande proportion dans les emplâtres proprement dits; elle s'y combine aux graisses et aux huiles, en agissant à la manière des alcalis caustiques, c'est-à-dire en les convertissant en acides gras, avec lesquels elle forme des espèces de savons métalliques, ou, en d'autres termes, des oléates, margarates et stéarates de plomb.

La litharge, à cause de sa propriété d'être tout-à-la fois fusible et fondante, est employée avec avantage dans la composition de quelques verres.

On prépare l'extrait de Saturne ou le sous-acétate très soluble, en faisant bouillir du vinaigre sur un excès de litharge. On sait avec quel succès l'extrait de Saturne, mêlé à l'eau, qui le décompose, et en forme l'eau dite de *Goulard*, est employé dans le cas de brûlure les plus graves.

La litharge dissoute à froid dans de l'acide acétique pyroligneux, donne lieu, selon les proportions dans lesquelles on l'emploie, soit à un acétate neutre, soit à un sous-acétate de plomb, qui tous deux sont d'un usage extrêmement important dans les Arts. Le premier connu sous le nom de *sel de Saturne*, est employé dans l'art de la teinture pour décomposer l'alun et donner naissance à l'acétate d'alumine, que l'on préfère à l'alun, parce qu'il cède plus facilement que celui-ci sa base à la partie colorante qui tend à s'y combiner, en même temps qu'elle se fixe sur les tissus.

Le sous-acétate de plomb surchargé de cet oxide métallique, est facilement précipité en carbonate de plomb par le contact de l'acide carbonique, et offre un moyen aussi prompt que facile de se procurer aujourd'hui un blanc de plomb qui rivalise par sa blancheur et ses autres qualités, avec les plus beaux blancs de la Hollande. L...R.

LITHOGRAPHIE, tiré de deux mots grecs, λιθος, *pierre*, γραφη, *écriture*, désigne l'art de reproduire en un grand nombre d'exemplaires les dessins et écritures tracés sur pierre. Cet art, si important, est dû à Senefelder.

Les procédés de la lithographie sont fondés:

1° Sur l'adhérence, avec une pierre calcaire, d'une sorte d'*encaustique gras* qui forme les traits;

2° Sur la faculté acquise aux parties pénétrées par cet encaustique, de se couvrir d'une encre d'imprimerie.

3° Sur l'interposition de l'eau, qui prévient l'adhérence de l'encre dans tous les endroits de la superficie de la pierre non imprégnés de l'encaustique;

4° Enfin, sur une pression exercée de manière à décharger

sur le papier la plus grande partie de l'encre qui recouvre les traits graisseux de l'encaustique.

Pierres lithographiques. La plus grand partie des pierres calcaires propres à l'art lithographique sont encore tirées de Munich. C'est à Solenhofen, village peu distant de la ville où prit naissance la lithographie, que se fait l'exploitation la plus considérable de pierres lithographiques : il en existe d'abondantes carrières, le long du Danube, dans le comté de Pappenheim, et sur plusieurs autres points; elles sont dures et offrent un grain fin très régulier.

Les pierres de Munich sont débitées sur place, en tranches ou *lits* d'égale épaisseur ; on les équarrit à l'aide d'une scie, en tables ou plaques rectangulaires : une des deux grandes faces est ensuite dressée et grossièrement unie. L'épaisseur de ces pierres varie entre les limites de 20 lignes à 3 pouces. Jusques aujourd'hui, l'on n'a pas dessiné de pierres plus grandes que 3 pieds de long sur 2 de large.

Dans chaque établissement de lithographie, on s'occupe du dressage et grainage définitif des pierres. Ces opérations sont analogues au dressage et douci des Glaces ; elles sont pratiquées à la main, en faisant frotter circulairement une pierre mobile, sur une autre pierre scellée horizontalement, et interposant du sable fin tamisé entre elles et de l'eau. Le sable qui convient le mieux est quartzeux, à grains arrondis, et fin comme le grès de Fontainebleau tamisé. La substance elle-même de la pierre concourt au douci, à mesure que le sable la détache; on obtient donc un grainage plus fin, en continuant plus long-temps l'opération sans renouveler le sable.

Le genre d'ouvrage que doit recevoir une pierre, détermine l'espèce de *douci* qu'il faut lui donner. Pour les dessins au crayon, la pierre doit être seulement grainée, plus ou moins *fin*, suivant le goût ou les habitudes du dessinateur : on parvient à donner le grain voulu en usant au sable plus au moins longuement, et l'on reconnaît le degré du grainage en lavant de temps en temps, une partie de la pierre, chassant l'excès d'eau par une forte insufflation, et regardant la surface obliquement. Les dessins offrent d'autant plus de fini et de moelleux, que les pierres ont reçu un grain plus fin ; mais aussi elles *s'empâtent* plus vite, et l'on n'en peut tirer qu'un moindre nombre d'épreuves. Les ouvrages à l'encre exigent que la pierre soit mieux doucie : à cet effet, on continue plus long-temps la friction circulaire d'une pierre sur l'autre ; on lave bien leur surface, et l'on achève de la doucir, avec une grosse pierre ponce, que l'on passe sur chaque pierre séparément et en lignes droites, sur toutes les parties de la pierre et parallèlement à chacun de ses bords. On n'ajoute, pendant cette manœuvre, que la quantité d'eau utile pour entretenir la mollesse de la pâte formée par la substance de la pierre et celle de la pierre ponce.

Lorsque l'on a obtenu ainsi un bon douci, on lave avec soin, et l'on essuie avec un linge exempt de tout corps gras.

Crayons lithographiques. Les ingrédiens qui les composent doivent être de nature à adhérer fortement sur la pierre, soit après que le dessin a subi la préparation à l'acide, soit pendant la durée du tirage. Ils doivent avoir assez de dureté pour donner une taille fine, et permettre au dessinateur de former des traits déliés et bien marqués, sans craindre de rupture : si on les fait trop secs ou poreux, ils se brisent à chaque instant; s'ils sont trop mous, ils s'écrasent et ne forment que des traits grossiers et confus. Voici la recette de M. Lasteyrie :

Savon de suif desséché.	6 parties.
Cire blanche, sans suif.	6
Noir de fumée	1

On met sur un feu vif le savon et le suif dans une casserole, avec son couvercle. Lorsque le tout est bien fondu, et qu'il ne reste plus de grumeaux, on jette le noir de fumée peu à peu, en remuant continuellement.

L'encre lithographique de bonne qualité doit être susceptible de se diviser en une émulsion tellement tenue, qu'elle semble dissoute, lorsqu'on la frotte contre un corps dur dans de l'eau distillée, ou dans toutes les eaux de source ou de rivière, qui ont la faculté de dissoudre parfaitement le savon ordinaire. Elle doit être coulante dans la plume, ne pas s'épancher sur la pierre, et pouvoir former des traits d'une grande finesse. Il est nécessaire qu'elle soit très noire, afin de rendre plus sensible le travail du dessinateur ou de l'écrivain.

La qualité la plus essentielle de l'encre est de s'imprégner fortement dans la pierre, de manière à reproduire les traits les plus délicats du dessin, et à donner un grand nombre d'épreuves; à cet effet, il faut qu'elle soit susceptible de résister à l'acide dont elle est arrosée dans la préparation, sans qu'aucune de ses parties grasses soit enlevée ou altérée.

M. de Lasteyrie a donné la préférence à la composition suivante :

Savon de suif desséché.	30 grammes.
Mastic en larme.	30
Soude blanche du commerce	30
Laque en table.	150
Noir de fumée.	12

On prend, pour faire fondre toutes ces matières, une casserole en cuivre ou en fonte, avec un manche de bois : On pose cette casserole sur un brasier ardent, après y avoir mis le savon; lorsque celui-ci est bien fondu, on y jette la laque, qui fond promptement, ensuite la soude peu à peu, puis le mastic, ayant soin de remuer avec une spatule garnie d'un manche de bois; enfin, on verse le noir de fumée par parties, et successivement, et remuant bien, afin que le mélange soit très exact. On entretient un feu très vif, pour que la fusion des matières soit complète. La laque est sujette à se boursoufler; on ne la met dans la casserole que par petites quantités, afin qu'elle ne vienne pas à dépasser les bords. Lorsque toutes ces matières sont bien fondues, on les verse dans le moule.

Les encres s'emploient également à la plume ou au pinceau, pour les écritures, les dessins au trait, à l'*aqua-tinta*, les dessins mixtes, ceux qui imitent la gravure sur bois, etc. Lorsque l'on veut en faire usage, on la délaie dans l'eau, à la manière de l'encre de Chine, jusqu'à ce que l'on ait obtenu la nuance assez foncée. Il faut que la température du lieu où l'on prépare l'encre soit à 18 ou 20°, ou que la soucoupe dans laquelle on frotte le bâton d'encre, soit posée sur une tablette de poêle échauffée à 40 ou 45°

On doit délayer seulement la quantité d'encre dont on veut faire usage, car elle se conserve rarement, dans l'état liquide, plus de 12 à 24 heures.

L'autographie, ou l'opération par laquelle on transporte une écriture ou un dessin du papier sur la pierre, offre non seulement un moyen d'abréger le travail, mais aussi celui de rendre les écritures et les dessins dans le sens où ils ont été tracés; tandis que, lorsqu'on les exécute immédiatement sur la pierre, il faut le faire dans le sens opposé à celui que l'on veut obtenir. Ainsi, l'on doit écrire à rebours pour avoir des épreuves dans le sens ordinaire.

L'encre autographique doit être plus grasse et plus molle que celle employée immédiatement sur pierre, afin qu'étant sèche sur le papier, elle puisse conserver assez de viscosité pour adhérer sur la pierre, par le seul effet de la pression. On prend, pour composer cette encre :

Savon sec.	100 grammes.
Cire blanche de première qualité. . .	100
Suif de mouton.	30
Gomme laque.	50
Mastic.	50
Noir de fumée.	30 ou 35

On procède à la fusion de ces matières, ainsi que nous l'avons exposé pour l'encre lithographique.

Pour transporter une écriture, un dessin à l'encre ou au crayon lithographique, même l'épreuve d'une planche en cuivre, sur la pierre, il est nécessaire : 1° que les empreintes soient faites sur un corps mince et faible, tel que le papier ordinaire; 2° qu'elles puissent s'en détacher et se fixer en totalité sur la pierre au moyen de la pression : mais comme l'encre qui sert à tracer un dessin pénètre jusqu'à un certain point dans le papier, et qu'elle y adhère assez fortement, il serait difficile d'en détacher toutes les parties, si l'on ne mettait préalablement, entre le papier et le dessin, un corps susceptible d'être divisé et de perdre son adhérence au moyen de l'eau dont il serait imbibé. C'est dans le but d'obtenir cet effet que l'on donne au papier une certaine préparation qui consiste à l'enduire d'un encollage sur lequel on puisse écrire facilement, et tracer les délinéamens les plus fins, sans que le papier boive. Il faut pour cela prendre un papier non collé, assez fort, et l'enduire d'un encollage composé ainsi qu'il suit :

Amidon.	120 grammes.
Gomme arabique.	40
Alun.	20

On forme à chaud, avec l'amidon et de l'eau, une colle de consistance moyenne; on jette dans cette colle la gomme arabique et l'alun, que l'on a fait dissoudre dans l'eau auparavant et dans des vases séparés; on mélange bien le tout, et on l'applique, encore chaud, sur des feuilles de papier, au moyen d'une brosse ou d'un large pinceau aplati. On peut donner une teinte à cet encollage, en y ajoutant une décoction de graines d'Avignon. Après avoir fait sécher ce papier autographique, on le met sous une presse pour redresser les feuilles, et on lisse celles-ci, en les mettant deux à deux sur une pierre que l'on fait passer sous le râteau de la presse lithographique.

Si, après avoir essayé ce papier, on trouve qu'il boive un peu, on remédiera à cet inconvénient, en le frottant avec de la sandaraque mise en poudre.

On se sert de Plumes *en acier*, de tirelignes, de pinceaux, de pointes sèches et de grattoirs, pour écrire et pour dessiner à l'encre sur les pierres lithographiques.

Encre d'impression. Cette encre diffère de celle dont on fait usage en typographie, en ce qu'elle est beaucoup plus épaisse : on l'emploie, dans la lithographie et l'autographie, pour obtenir les épreuves des dessins et des écritures. Elle se prépare en soumettant de l'huile de lin à une longue ébullition, dans une marmite en fer ou en cuivre, de forme ovoïde, à l'embouchure de laquelle s'adapte à volonté un couvercle serré par une vis.

Le résultat de cette opération est l'épaississement de l'huile et une sorte d'altération encore peu étudiée, qui lui ôte la propriété de s'étendre en faisant tache sur divers corps : on l'accélère en jetant dans la chaudière des ognons ou des morceaux de pain.

On juge que la *coction* s'avance plus ou moins et qu'elle est poussée assez loin, en faisant refroidir sur une assiette un très petit échantillon de la matière, en posant une goutte sur du papier collé, et observant si elle ne pénètre ou ne s'étend pas trop. On peut aussi reconnaître le degré de cuite, en faisant filer entre les doigts un peu de cette matière refroidie. On connaît sous le nom de *vernis*, l'huile de lin amenée au degré de consistance propre à la préparation de l'encre d'impression.

On fabrique ordinairement, pour la lithographie, deux espèces de vernis : l'un plus épais, destiné au dessin fait au crayon; l'autre léger, pour les travaux à l'encre. On les mélange l'un avec l'autre, lorsqu'on veut en avoir d'une qualité intermédiaire.

Lorsque le vernis est achevé et refroidi, on le mélange très intimement avec le noir de fumée, sur une pierre de marbre ou de porphire, à l'aide d'une molette arrondie. La ténacité du vernis exige des efforts considérables pour achever cette opération.

Encre de conservation. Lorsqu'une pierre a été tirée, toutes les parties qui constituent le dessein sont couvertes d'une couche d'encre d'impression ; mais cette encre, de nature siccative, se durcit après un certain espace de temps, et prend alors difficilement, ou refuse tout-à-fait de prendre l'encre dont on veut la veut la charger pour un nouveau tirage.

Cet inconvénient se fait peu sentir dans les dessins faits à l'encre ; il suffit de couvrir ceux-ci avec une couche de gomme, pour les conserver plus long-temps. Il n'en est pas ainsi pour les dessins exécutés au crayon, ou ceux qui sont gravés, ni pour les pierres destinées à donner des teintes de fond. Peu de temps suffirait pour les détériorer, même en les couvrant de gomme, si on ne les garnissait pas d'une encre qui conservât toujours son onctuosité. Voici deux recettes :

Vernis lithographique très épais.	2 parties ou	1
Suif de mouton.	4	1
Cire blanche	1	1
Essence de térébenthine	1	2
Noir de fumée, quantité suffisante pour donner une teinte semblable à celle de l'encre ordinaire d'impression.		

On fait fondre sur un feu léger les trois premières substances; on y verse l'huile essentielle de térébenthine en mêlant bien le le tout, et ensuite on y verse le noir de fumée peu à peu, et l'on remue jusqu'à ce que la pâte soit homogène.

On conserve ces encres dans un vase qu'on recouvre, afin d'empêcher la poussière et l'air d'y avoir accès. On a, pour les employer, une pierre au noir et un rouleau, uniquement destinés à ce service. On étend l'encre sur la pierre avec le rouleau, et après avoir tiré une épreuve du dessin, on le nettoie bien avec une éponge humide, on le charge avec ce rouleau comme si on voulait tirer une épreuve, et puis on couvre la pierre d'eau gommée.

Presses lithographiques. Elles se composent d'un bâtis solide en bois de chêne bien assemblé; un chariot mobile porte la pierre, dont on veut tirer des épreuves; une forte sangle, attachée d'un bout à ce chariot, s'enroule de l'autre sur un treuil, mû à l'aide d'un moulinet.

Une corde, attachée à l'autre bout du chariot, passe sur des poulies de renvoi, et un contre-poids sert à ramener la pierre dans sa première position, après que la pression a cessé.

Une forte traverse ouvrant et fermant à l'aide d'un tourillon solide, tient enchâssé dans une mortaise un *couteau* en bois, destiné à transmettre la pression au travers d'un cuir; un boulon passant au milieu du couteau et de la traverse, supporte tout l'effort de la pression: cette traverse porte d'un bout un arrêt, destiné à l'empêcher de retomber de l'autre côté de la presse; son autre bout est terminé en une sorte de pêne arrondi, qui s'engage à la volonté de l'ouvrier, dans un étrier mobile.

Ce dernier, fixé sur l'un des bouts d'une pédale à double levier, sert à exercer une forte pression pendant le tirage de chaque épreuve. On facilite le glissement du couteau sur le cuir, en graissant légèrement celui-ci avec un linge imprégné de suif.

Pierre à encrer. Près de la presse est la pierre, parfaitement plane et polie, sur laquelle on étend l'encre d'impression, dont on doit charger le rouleau pour en garnir la pierre lithographique.

Rouleau. Il se compose d'un mandrin en bois cylindrique, terminé à chaque bout par un tourillon ou poignée, garni d'un manchon bien tendu en flanelle, qui lui-même est recouvert d'un cuir fort et d'égale épaisseur, en peau de veau, dont le côté adhérent à la chair est tourné en dehors. Il est très difficile de faire à ce cuir une couture longitudinale tellement disposée, qu'elle ne présente aucune saillie ni rainure creuse. La couture, quelque bien faite qu'elle soit, laisse toujours une trace dans l'encrage, et l'ouvrier ne parvient à la compenser qu'en multipliant dans différens sens les coups de rouleau.

Pour faire agir le rouleau sur la tablette et sur la pierre lithographiée, l'ouvrier introduit sur chacun de ses tourillons un fourreau en cuir épais et ferme, dans lequel il tourne facilement lorsque les deux fourneaux étant saisis de chaque main, on frotte en différens sens le rouleau sur la pierre. On adoucit d'ailleurs le frottement par un léger enduit de suif sur les tourillons.

Presses à lisser. Dans les établissemens de lithographie, il est nécessaire d'avoir une forte presse à lisser, pour placer entre des cartons les épreuves nouvellement tirées; sans cette précaution, les épreuves en séchant se contracteraient inégalement, et conserveraient des boursouflures et des aspérités qui les dégraderaient et nuiraient à leur beauté et à leur éclat.

Encre de reprise. Il arrive quelquefois, surtout dans les autographies, que l'encre avec laquelle sont faits les dessins n'a pénétré que faiblement dans la pierre; alors, comme l'encre d'impression que l'on applique avec le rouleau n'a pas une attraction suffisante pour l'empreinte légère qui se trouve sur la pierre, on fait usage d'une encre qui s'attache et pénètre plus profondément les traces; elle se compose de parties égales d'huile de lin, de suif et de savon, moitié de cire et un peu de noir de fumée. On fait fondre le tout à chaud, et l'on ajoute de l'essence de térébenthine lorsqu'il est nécessaire de lui donner une plus grande liquidité.

Manière autographique. Pour écrire ou pour dessiner sur du papier autographique, on délaie, dans un godet, de l'encre autographique, dont nous avons donné la composition, ayant soin de n'employer que de l'eau de pluie ou autre qui dissolve bien le savon. On facilite la dissolution en faisant chauffer légèrement l'eau du godet. L'encre se dissout en frottant l'extrémité du bâton dans le godet où l'on a mis un peu d'eau. Il ne faut en délayer que la quantité qui doit être consommée dans la journée.

La pierre employée pour l'autographie doit être polie à la pierre-ponce. Les épreuves sont d'autant plus nettes que le polissage est plus parfait. On peut autographier à froid ou à chaud.

Lorsqu'on l'a ainsi préparée, on la fixe sur la presse, et l'on y applique le papier sur lequel on a écrit. On peut frotter la pierre avec un linge trempé légèrement dans l'essence de térébenthine. Dans tous les cas, il faut qu'elle soit bien propre. On laissera évaporer l'essence, et, cinq ou huit minutes avant d'appliquer le papier, on l'humectera du côté opposé à celui sur lequel se trouve l'écriture, avec un éponge chargée d'eau, de manière à ce que l'humidité pénètre de part en part.

Le papier se trouvant dans cet état, on le prend à deux mains par l'une de ses extrémités, et on le place légèrement et successivement, de manière à ce qu'il ne fasse aucun pli, et qu'il puisse être appliqué également sur toute sa surface. On aura dû avoir le soin, auparavant, de disposer le râteau, afin qu'il porte sur le papier autographique, car s'il le dépassait, il ferait changer de place la pression, et les traits seraient doublés. On tiendra prêtes sous la main, cinq ou six feuilles de papier de maculature, bien unies, afin d'en changer à chaque pression.

Le papier sur lequel se trouve l'écriture ou le dessin étant posé sur la pierre, on le couvre d'une feuille de maculature, on donne une légère pression, puis une deuxième, une troisième, et même un plus grand nombre, jusqu'à ce qn'on juge que l'écriture a été bien appliquée. On retire à chaque coup de presse le papier de maculature qui est imbibé d'eau, pour le remplacer par d'autre papier sec. Il s'agit ensuite de détacher le papier autographique, qui se trouve fortement collé sur la pierre: à cet effet, on le mouille à grande eau avec une éponge, jusqu'à ce qu'il soit bien pénétré dans toutes ses parties. Alors il s'enlève avec assez de facilité, et se détache de l'écriture, qui adhère, seule, fortement à la pierre.

Comme une partie de l'encollage du papier se trouve délayée et adhérente sur la pierre, on l'enlève en lavant ou frottant légèrement avec une éponge imbibée d'eau. On prépare ensuite la pierre à l'eau-forte, et l'on fait le tirage ainsi que nous l'exposerons dans un autre endroit. FR.

LITRE, mesure de capacité, de forme cylindrique; sa contenance est d'un décimètre cube. Pour le mesurage des substances sèches, le litre est un cylindre dont le diamètre est égal à sa hauteur; il a 108 millimètres et 4 dixièmes pour chacune de ses dimensions intérieures. Pour les liquides, sa hauteur est le double du diamètre: ses dimensions sont fixées, par la loi, à 172 millimètres de hauteur, et 86 millimètres de diamètre. FR.

LOCH (*Arts mécaniques.*) Instrument dont on se sert en mer pour mesurer la vitesse d'un navire. C'est un morceau de bois, ayant la forme d'un triangle isocèle ou d'un secteur de cercle, de 7 à 8 pouces de hauteur qu'on leste à la base pour qu'il se tienne debout dans l'eau, la pointe en haut. Ce lest est un morceau de plomb, qu'on attache au bas du triangle, de manière que le poids spécifique du tout soit presque égal à celui de l'eau; car la pointe ne doit pas sortir au dessus de la surface de la mer, afin que le vent n'ait pas de prise sur l'instrument pour le changer de place. *Voy.* fig. 16, planche 24.

Voici l'usage du loch. Il est attaché à un cordon nommé *ligne*, comme un cerf-volant, et on le jette à la mer: ce cordon, enroulé sur un moulinet, se développe à mesure que le navire avance, et porte des marques en drap rouge placées à distances égales les unes des autres. La première de ces marques est fixée en un point que l'expérience a appris à placer, et lorsqu'on voit cette marque quitter le moulinet, on est assuré que le loc flotte assez loin du navire, pour ne plus être entraîné par le sillage : on regarde alors l'instrument comme stationnaire sur les flots, et aussitôt on compte les temps qui s'écoulent, soit avec un chronomètre, soit plus ordinairement avec un petit sablier nommé *ampoulette*, dans lequel le sable met une demi-minute à s'écouler. On est deux observateurs pour faire l'expérience, l'un qui veille au moulinet et avertit par un signal, *stop*, lorsqu'il voit partir la première marque de la ligne; l'autre qui tient la montre, ou renverse aussitôt l'ampoulette, et dit à son tour *stop*, qnand la demi-minute est finie, pour qu'on arrête subitement le moulinet. On mesure alors la longueur de ligne dévidée depuis la première marque; cette longueur est l'espace parcouru par le navire en 30 secondes.

Pour évaluer cette distance, les *nœuds* ou marques de la ligne devraient être distans de 47 pieds et demi, attendu que 30 secondes étant contenues 120 fois dans une heure, l'intervalle qui répond à un nœud serait de 120 fois 47 pieds et demi, ou 950 toises parcourues chaque heure; et comme le mille marin est de 950 toises, autant de nœuds passeraient sur la ligne, autant de milles marins le vaisseau ferait à l'heure. Mais on a remarqué que le loch n'est pas rigoureusement stationnaire dans cette expérience, et que les circonstances physiques le forcent à cheminer quelque peu; c'est pourquoi on espace les nœuds de 45 pieds seulement, parce que l'on a reconnu, que la soustraction de 2 pieds et demi suffit pour tenir compte de cet effet. Ainsi, lorsqu'on dit qu'un vaisseau *file trois nœuds*, il faut entendre qu'il passe trois nœuds de la ligne chaque demi-minute, ou que le navire parcourt trois milles marins à l'heure. FR.

LOUP, machine pour ouvrir la laine, le coton, etc. *V.* DIABLE et FILATURE. FR.

LOUPE ou MICROSCOPE SIMPLE (*Arts mécaniques.*) Lentille très convexe dont on se sert pour grossir les objets. Nous avons expliqué à l'art. LENTILLE comment ces sortes de verre brisent les rayons de lumière et augmentent leur convergence; alors l'œil peut recevoir les faisceaux de lumière émanés par un objet placé près et de l'autre côté du verre, sous la même direction que si l'objet était plus grand et placé à la distance propre à la vision nette. FR.

LUNETTES. (*Arts mécaniqnes.*) Nous traiterons à l'art. TÉLESCOPES des appareills d'optiques destinés à rapprocher et agrandir les objets éloignés, lorsque ces instrumens contiennent des miroirs réfléchissans. Nous ne dirons rien d'ailleurs des *monocles, binocles, besicles*, qui aident la vue des personnes myopes ou presbytes, parce que ces instrumens n'arment l'œil que d'un seul verre, et que leur théorie a été exposée à l'art. LENTILLE. Occupons-nous donc des appareils où la lumière se brise en traversant plusieurs verres disposés parallèlement dans un tube.

Lunettes astronomiques à deux verres convexes. Aux extrémités d'un long tube de tôle vernic, de bois ou de carton, sont placés deux verres convexes A et B (fig. 11, pl. 21); l'un A d'une très petite courbure, ayant son foyer éloigné en F; l'autre B d'un court rayon, ayant son foyer très près du même point F, situé entre les deux verres. Le premier A se tourne vers les objets, c'est l'*objectif;* on place l'œil en O près de l'autre B, qu'on nomme l'*oculaire*, et l'on voit trés distinctement les objets éloignés, qui semblent plus grands et rapprochés, mais en situation renversée de haut en bas et de droite à gauche. Cette lunette est à l'usage des astronomes, attendu que le renversement de l'image d'un astre est pour eux sans inconvénient, et qu'ils s'abituent aisément à en suivre les mouvemens, en dirigeant l'axe optique AB dans le sens contraire à celui où l'astre marche réellement. Voici la théorie de cet instrument.

L'objet *ab* étant très éloigné, est vu fort petit et indistinct à l'œil nu; les rayons parallèles qu'il envoie, réfractés par l'objectif, vont se réunir au foyer principal F, et nous savons que les pinceaux de rayons envoyés par le milieu de l'objet *ab* à l'objectif, se réunissent au point F de l'axe; que de même ceux qui émanent des extrémités *a* et *b* ont leur foyers en α et β sur les droites $aiA\alpha$, $bhA\beta$ menées au centre optique du verre A. Ainsi le foyer F (*Voy.* LENTILLE), offre une petite image $\alpha\beta$ vivement éclairée de l'objet *ab*. Comme les rayons continuent leur route après s'être croisés en A, le point inférieur *b* se porte en haut en *β*; le supérieur *a* vient en bas en *α*; ainsi l'image *αβ* est renversée et placée au foyer F de l'objectif. C'est cette image qu'il s'agit de distinguer nettement. L'oculaire B fait alors fonction de Loupe pour agrandir cet objet; et nous avons expliqué comment il se fait que l'image se trouve amplifiée : elle semble donc rapprochée, agrandie et renversée.

Le grossisement est donné, à fort peu près, par le rapport des distances focales AF, FB. Si le foyer de l'objectif est à 10 pouces et celui de l'oculaire à 6 lignes, la lunette grossit 20 fois, parce que 6 lignes est contenu 20 fois dans 10 pouces.

Comme la position du foyer F de l'objectif A dépend de la distance de l'objet, et qu'il s'en éloigne quand l'objet se rapproche, la position de l'oculaire doit y poursuivre l'image, ce qui oblige alors à éloigner l'oculaire. Pour rendre la lunette propre à voir des objets terrestres, il faut donc que ce dernier verre puisse prendre de petits mouvemens, pour donner la position convenable à chaque distance. D'ailleurs, cette position dépend aussi de la vue de l'observateur; raison de plus pour se ménager des moyens de mouvoir l'oculaire; car les myopes doivent toujours le rentrer dans le tube davantage que les presbytes; comme aussi il faut, au contraire, l'écarter de l'objectif quand on veut distinguer des objets plus rapprochés. Ce mouvement de l'oculaire est peu étendu; on place ce verre dans un petit tube mobile à frottement dur dans le tuyau de la lunette; et même, comme cette petite excursion serait assez difficile à arrêter au point juste où la vision est nette, on la facilite en adaptant un pignon au tuyau, et une crémaillère au tube de l'oculaire : le tout est caché dans l'intérieur. Ce pignon, qu'on tourne par une tête moletée saillante au dehors près de ce dernier verre, marche aussi lentement qu'on souhaite, et il est facile de l'arrêter à point, quand on reconnaît le lieu où la vision se fait avec netteté.

On est dans l'usage, dans certaines lunettes, de placer au foyer F un Réticule (fig. 12); ce sont des fils d'araignée ajustés dans un *diaphragme*, pour marquer, par la coïncidence, la place des objets. Pour comprendre ceci, il faut savoir que ces fils situés en F, sont vus à l'aide de l'oculaire avec la même netteté que l'image même, et que ces fils semblent ainsi appliqués sur l'objet. Mais, pour employer la lunette à viser des objets terrestres, comme ce foyer F change avec la distance, il faut que le réticule puisse aussi être déplacé d'une petite quantité. Il est monté sur un court tuyau caché dans le tube de l'oculaire. On est assuré que le réticule est au foyer, quand il est sans aucune *parallaxe*, c'est-à-dire quand les fils comparés à l'image ne semblent pas être déplacés, lorsqu'on meut de côté l'œil qui est devant le petit trou de l'oculaire. On adapte aussi ces sortes de lunettes à des instrumens de Géodésie, tels que boussoles, niveaux, graphomètres, cercles répétiteurs, théodolites et autres, lorsqu'on veut pointer à des repères éloignés dont on cherche à mesurer les positions respectives.

On voit que le grossissement devient d'autant plus grand que le foyer de l'oculaire est plus près et celui de l'objectif plus éloigné. Les lunettes astronomiques doivent être très longues (2 à 3 mètres et plus), pour être employées aux observations délicates. L'image est d'autant plus nette et plus éclairée, que l'objectif est plus large; mais alors ces verres sont très difficiles à exécuter, sans compter qu'il l'est aussi de se procurer des matières pures.

Pour éclairer les fils du réticule, lorsqu'on veut observer la nuit, on fixe au devant de l'objectif un petit disque d'ivoire qui n'est nullement aperçu à travers l'oculaire, mais qui réfléchit la lumière que l'observateur a derrière lui. On peut aussi disposer une lampe latéralement pour que la lumière arrive au réticule par un trou à l'aide d'un petit miroir réfléchissant.

Oculaires composés, lunettes à trois verres convexes. Il arrive souvent que le foyer de l'objectif est si loin, qu'il faut renfermer cette lentille dans un très long tuyau; on en diminue la longueur en se servant d'un oculaire à deux verres convexes, combinaison dont le principal avantage est de détruire la coloration des images, comme nous le dirons en traitant de l'achromatisme. Cet oculaire à deux verres peut être ajusté de deux manières, selon que le foyer de l'objectif tombe entre ces deux verres ou en avant. Décrivons ces deux appareils.

Dans le premier, imaginé par Campani, l'un des oculaires B (fig. 18) est placé un peu en avant du foyer de l'objectif; de manière à reporter ce point en F entre les deux oculaires, au foyer de celui C qui est au bout antérieur. L'effet est alors le même que nous avons expliqué ci-dessus. Les rayons qui arrivent à l'oculaire antérieur diffèrent peu du parallélisme; ce verre augmente beaucoup leur convergence et amène l'image à son foyer F, qui en est voisin, parce qu'il est près du foyer de ses rayons parallèles. C'est cette image renversée que l'oculaire antérieur C est destiné à faire voir, comme ferait une loupe. Ces deux derniers verres, assemblés près l'un de l'autre à une distance presque égale à la somme de leurs distances focales, sont fixés dans un même tube, de manière à avoir leur foyer à peu près au même point; et c'est en cet endroit que le réticule doit être situé.

Dans l'oculaire de Campani, comme la position des deux verres dépend de la vue de l'observateur, et qu'il faut allonger ou accourcir le tube selon la force de l'œil, le foyer F change aussi, et il faut déplacer le réticule. Cet inconvénient fait souvent préférer l'oculaire composé de Ramsden.

Dans cet oculaire (fig. 17), le foyer F de l'objectif est situé en avant des deux verres B et C, où se trouve l'image renversée et le réticule. Cette image est vue par le secours de deux oculaires convexes B et C, comme on le ferait à l'aide d'un MICROSCOPE à deux verres assemblés dans un même tube; ce tube peut être approché ou éloigné de F, selon la force de la vue, sans changer la place du réticule. Quant à la distance des deux oculaires, elle peut varier sans que l'effet cesse d'être bon, puisqu'ils ne font que rendre les rayons plus convergens en achromatisant l'image. Les rayons qui arrivent presque parallèles à l'un B, sont reçus par l'autre C et renvoyés à son foyer antérieur.

On ne se sert plus guère maintenant que de ces oculaires doubles, à cause de la propriété décolorante dont ils jouissent.

On peint en noir la surface intérieure du tuyau des lunettes, pour éviter les réflexions de lumière diffuse, et l'on met des *diaphragmes* percés au centre, qui, ne laissant passer que les rayons voisins de l'axe, s'opposent en partie à l'*aberration de sphéricité*. (*Voy.* page 231.)

Lunette terrestre à quatre verres convexes. L'objectif A

(fig. 13), qui est toujours un verre presque plan et le plus large possible, a son foyer F très éloigné. Les trois oculaires convexes B,C,D, sont montés sur le même axe DA que A. On les dispose de manière que le foyer de chacun de ces quatre verres coïncide avec celui des deux verres entre lesquels il se trouve placé; F est à peu près le foyer commun de A et de B, *d* celui de B et C, *i* celui de C et D. L'œil placé en avant de D, vers le foyer O de ce verre, voit l'image F droite et agrandie, à travers les trois oculaires D, C, B. C'est la lunette astronomique AB, à laquelle on ajoute deux oculaires C et D pour redresser l'image. Ordinairement, les trois oculaires sont des lentilles d'égale courbure, et par suite de même distance focale. Voici la théorie de cet instrument.

L'image *a*F*b*, transportée au foyer F, serait vue renversée par l'œil placé en *d*, comme dans la lunette à deux verres convexes; et l'on sait que le point rayonnant F envoie des pinceaux qui, réfractés par la lentille B, sortent parallèles, et, reçus par le verre C, viennent converger au foyer *i*, qui en reçoit l'image. Nous avons exposé, au mot Lentille, que les rayons émanés du foyer d'un verre sortent parallèles à l'axe, et que réciproquement les rayons parallèles à l'axe et reçus par un verre, vont converger à son foyer; en outre, les rayons émanés de l'image renvoyée *ab*, sortent à peu près parallèlement du verre B; reçue par le verre C, ils viennent converger à son foyer *i*, où les rayons se croisent de nouveau : l'image est donc redressée en *i*. La lentille D faisant fonction de Loupe amplifie donc cette image; c'est la théorie développée au mot lentille.

Pour que les images soient nettes, il faut que les foyers se croisent un peu. Il est difficile de fixer les lentilles au lieu qui leur convient; aussi l'opticien prend-il le plus grand soin à cette partie de son travail. Lorsqu'il a déterminé les distances des verres par des essais, il assemble les trois oculaires dans un même tube, à des places fixes : ce tube se fractionne aux points B,C,D, et l'on ajuste ces divers tuyaux bout à bout par des pas de vis, pour y loger les verres; ils y demeurent fixés, les distances mutuelles devant être constantes. Mais comme le foyer F de l'objectif se rapproche de ce verre à mesure que l'objet s'éloigne, il faut que celui de l'oculaire B le poursuive dans toutes ses positions. Ainsi, pour que cette lunette puisse servir à voir distinctement des corps à distance inégales, il faut que le tube qui contient les trois oculaires soit mobile, indépendamment de celui où est logé l'objectif, afin de l'y faire rentrer vers ce dernier verre quand l'objet s'éloigne. La forme de l'œil joue aussi un rôle dans ce mouvement, puisque le verre D, qu'on place à peu de distance de l'œil, sert comme une véritable Loupe. Il serait donc bon que l'oculaire D ait aussi un mouvement indépendant, pour l'accommoder à la vision de l'observateur.

Lunette terrestre à cinq verres convexes. Il est assez rare qu'on se serve de la lunette qui vient d'être d'écrite, parce qu'elle fait voir les objets irisés et les rend diffus. On préfère substituer au premier oculaire ou loupe D, un oculaire à deux verres D et I (fig. 14), tel que celui de Campani ou de Ramsden, qu'on a décrit ci-devant. La lunette prend alors un oculaire de plus, et voici comment l'instrument est composé.

En A est encore l'objectif, dont le foyer F est éloigné et produit une petite image renversée *ba* de l'objet qu'on veut agrandir, redresser et rapprocher, sans y ajouter de nouvelle coloration; c'est ce qu'on fait à l'aide des quatre oculaires B, C, D, I. Les deux premiers B, C, les plus voisins de l'objectif, n'ont d'autre but, comme précédemment, que de redresser l'image F, en la reportant en *cf*, en avant de C ou de D. Ainsi le foyer des verres A, B doit encore ici coïncider à peu près. Cette image *fc*, située au foyer antérieur de C, est droite, et l'appareil des deux oculaires D et I sert à amplifier l'image et à compléter l'achromatisme. On peut faire tomber le foyer de la lentille C entre D et C, comme le faisait Ramsden, ou bien entre D et I, comme Campani. Dans ce dernir cas, les rayons presqne parallèles qui arrivent au sortir du verre C, font le même effet qu'un objet situé très loin, et qui converge derrière le verre D en un lieu ou foyer, et la loupe I grossit cette image. On peut remarquer que le cinquième verre I est surtout destiné à accroître le champ de la lunette.

L'opticien a soin de faire croiser les foyers des quatre oculaires;

ainsi il rapproche les verres D et I du tiers de leurs distances focales. Quant à la distance du premier tube au second, on peut l'augmenter ou la diminuer dans de certaines limites, et l'on obtient un grossissement croissant à mesure qu'on augmente l'écartement, mais avec moins de champ et de lumière. Il est facile d'appliquer ici nos raisonnemens théoriques pour comprendre l'effet de ce système, qui a pour but de donner moins de coloration aux images et moins de longueur à la lunette.

Lunette polyalde de M. Cauchois. Le grossissement des lunettes qu'on vient de décrire dépend des distances focales des lentilles; or, qu'on conserve aux deux premiers oculaires, près de l'œil, la distance propre à décolorer l'image, on peut encore, quand l'image redressée n'est pas rejetée entre eux (oculaire de Ramsden, fig. 17), les écarter des autres verres dans de certaines limites, sans que l'effet cesse d'être favorable; et comme ce changement de distance fait varier le grossissement et le champ, c'est un moyen simple de donner aux mêmes verres différens pouvoirs amplifians. En permettant donc un mouvement au tube DI (fig. 14) qui contient les deux oculaires D,I, relativement aux autres verres, M. Cauchoix fait varier le grossissement, ce qui est souvent fort utile. Si le ciel est brumeux, l'image n'est pas assez vivement éclairée pour permettre une forte amplification, parce qu'elle deviendrait terne et indistincte : par un ciel serein, au contraire, la lunette peut supporter un agrandissement assez considérable de l'objet. Les lunettes polyaldes portatives varient leurs grossissemens de 20 à 40 fois, ou de 30 à 50. Dans les lunettes astronomiques, on se borne à changer d'oculaire quand on veut faire varier la grandeur des images.

Lunette de Galilé ou lorgnette de spectacle. C'est la première des lunettes inventées, la seule qui ait été en usage durant près de 40 ans. L'oculaire est un verre concave, qu'on dispose, par rapport à l'objectif, de manière qu'il en soit plus près que le foyer de ce dernier. Soient A et B ces deux verres (fig. 15), l'objectif A convexe à l'ordinaire, l'oculaire B concave placé en avant de la pointe F du cône, où se réunissent les rayons envoyés par un objet éloigné D*d*, et rendus convergens par l'objectif. On sait que, par la propriété des verres concaves, les rayons émanés d'un point éloigné D, iront se briser et sortiront divergens. Pour que l'œil perçoive ces rayons, la prunelle doit être très ouverte et placée très près du verre B. Le grand nombre de rayons qui émanés de l'objet, viennent traverser l'objectif, sont dirigés vers l'œil en quantité considérable, puisque ce dernier verre est beaucoup plus grand que la prunelle.

Dans cet appareil, l'objectif A transporte l'image d'un objet éloigné D*d* à son foyer F, où elle est renversée en *g*F*f* : mais l'oculaire B s'interposant, arrête ces rayons et les fait diverger. Le point *f* de l'image du point *d* ne se produit pas, et les rayons arrêtés et détournés de leur direction, se portent selon *if'* ; le point *f* est donc remplacé par *f'* c'est-à-dire que l'on voit le point *d* en *f'*, *a* en *g'* ; l'image est droite *f' g'* ; sa grandeur dépend de l'ouverture de l'angle optique, et de la distance de O à *f' g'*, qui est celle de la vision ordinaire, pour l'œil placé en *i* ; cet œil devrait être en O, pour ne perdre aucun des rayons.

Il suit de ces considérations, que plus l'œil s'éloigne du point O, plus il perd du champ de la lunette ; la position la plus favorable pour l'œil est de le mettre immédiatement contre le verre. Cette lunette est courte ; on lui donne un, deux, ou trois tirages, qui permettent de la mettre dans la poche. Pour la vision nette, il faut placer l'oculaire à une distance de l'objectif qui dépend des courbures des verres ; car l'image *f' g'* doit être portée à la distance propre à la conformation de l'œil de l'observateur : le myope rentrera plus l'oculaire que le presbyte pour voir un même objet. L'ouvrier doit proportionner ces courbures à l'étendue du tirage des tubes. L'expérience apprend ces résultats.

On voit que plus la prunelle se resserre par l'effet d'une vive lumière, et moins elle reçoit de rayons, par conséquent plus le champ diminue : cet effet a lieu pareillement quand la lunette s'allonge.

Comme il faut fermer un œil pour voir les objets à travers cette lunette, on a imaginé d'épargner cette fatigue en assemblant entre elles deux lunettes parfaitement égales en tout, et dont les deux yeux se servent ensemble. Une attache qui lie ensemble les pièces portant les oculaires, fait qu'on ne peut tirer l'un des tubes sans que l'autre se meuve d'autant. On y adapte même un appareil à vis pour faciliter ces mouvements. Telles sont les *lunettes jumelles.*

Les diaphragmes étant destinées à arrêter les rayons qui s'écartent trop de l'axe, ont un très petit trou quand on les place près du foyer. L'usage des opticiens est de les disposer par tâtonnement relativement à l'objectif; car plus on les écarte du foyer, et plus ils sont propres à détruire l'abberration de sphéricité, le trou étant d'un diamètre donné; mais en même temps, ils ôtent de la vivacité à la lumière. Il y a un point pour chaque diaphragme, où il faut l'arrêter pour qu'il remplisse bien sa fonction, détruise même en partie les couleurs d'iris, sans cependant priver l'image de trop de lumière. Quant aux diaphragmes des oculaires de la lunette terrestre, on en met deux, l'un au foyer postérieur du verre qui est près de l'œil, l'autre au foyer antérieur du quatrième oculaire.

De la coloration et de l'achromatisme. La lumière est composée d'une multitude de rayons qui jouissent de propriétés différentes, dont la plus remarquable consiste à affecter nos yeux des diverses manières; ce qu'on nomme *coloration.* Nous expliquerons plus en détail, au mot RÉFRACTION, qu'en plaçant un angle d'un prisme de cristal sur la route d'un rayon solaire, ce rayon en sort présentant un *spectre* orné des couleurs de l'arc-en-ciel, couleurs en nombre infini, parmi lesquelles on distingue les sept principales :

Violet, indigo, bleu, vert, jaune, orangé, rouge,

et en outre toutes les couleurs intermédiaires. Nous montrerons que ces rayons recomposent la lumière blanche par leur combinaison, et se séparent lorsqu'on brise le faisceau, parce qu'ils ont aussi la propropriété de se réfracter sous un angle différent, ou, comme on le dit, d'être inégalement *réfringens.* Le rayon violet l'est le plus, le rouge l'est le moins, et nous avons énoncé ici les sept rayons principaux dans leur ordre de réfringence. Cette circonstance qui fait que les rayons se réfractent inégalement, est appelée *dispersion.*

De même que toutes les substances n'ont pas le même pouvoir

de réfraction, elles n'ont pas non plus le même pouvoir de dispersion. Par exemple, le verre ordinaire nommé *crownglass*, et le cristal, composé de verre et d'oxide de plomb nommé *flint-glass*, ont à fort peu près, l'un et l'autre le même pouvoir refringent, c'est-à-dire que le rapport du sinus d'indicence au sinus de réfraction, y est à peu près le même pour le rayon vert, qui est au milieu de la série des couleurs; mais l'action dispersive du crown n'est que les deux tiers de celle du flint, les rayons extrêmes, violet, et rouge, s'y écartent donc beaucoup plus dans celui-ci que dans le premier.

Puisque les lentilles peuvent être considérées comme des réunions d'une multitude de prismes accolés, dont chacun disperse la lumière, il s'ensuit que le foyer des rayons violets, par exemple, devra différer plus ou moins de celui des rayons rouges; d'où l'on voit, en se rappelant la théorie des foyers, développée au mot Lentille, qu'on ne doit pas regarder le foyer comme un point unique de réunion des rayons blancs, mais admettre l'existence d'une série de foyers consécutifs, l'un pour les rayons rouges, le plus éloigné du verre, l'autre pour les rayons violets, le plus près de la lentille, et les intermédiaires rangés dans l'ordre des couleurs de la lumière dispersée. La même chose doit arriver aux points de l'objet qui sont situés hors de l'axe optique; ces points vont former des images successives colorées; ainsi on a une image violette, puis une orangée, une jaune, etc., jusqu'à la rouge qui sera la plus éloignée du verre : ab fig. 16, sera l'image rouge, $a'b'$ la violette, et dans l'intervalle seront placées les images des autres couleurs. C'est ce qu'on appelle l'*abérration de réfrangibilité.*

Mais la même cause qui disperse la lumière et produit diverses images colorées, change aussi la grandeur de ces images : l'œil placé en O ne verra que de la lumière blanche dans l'étendue aOb, parce que toutes les couleurs arrivant ensemble à l'œil s'y recomposeront : seulement l'inégale distance des images empêchera la vision nette, puisqu'une seule image peut être placée rigoureusement au lieu où elle se fait. En outre ces images se dépassant mutuellement, les bords seront contournés de franges irisées, où domineront le violet, le rouge, ou enfin celles des couleurs que le mode de réfraction fera prévaloir.

On peut comprendre maintenant l'usage des oculaires achromatiques de Ramsden et de Campani. Car, s'il arrive que les grandeurs des images soient tellement réglées qu'elles soient proportionnelles à la distance à l'œil O, tous les bords seront sur une même ligne droite, et les couleurs disparaîtront. Tel est l'effet que produit le *verre intermédiaire* B (fig. 17 et 18), lorsque son foyer et sa position par rapport au premier et au troisième oculaires sont convenablement déterminés. C'est ce qui fait adopter le principe que *les oculaires ne peuvent être achromatiques qu'autant qu'ils sont formés de deux verres*. Les élémens de distance focale et de position du verre intermédiaire sont susceptibles d'être déterminés par le calcul; mais les opticiens se bornent à faire des essais et des tâtonnemens. Voilà pourquoi ils préfèrent se servir de lentilles dont les faces ont des courbures inégales, le côté le plus courbe tourné vers l'objectif; les lentilles planes d'un côté sont préférables pour composer ces appareils.

Les franges irisées doivent surtout être évitées dans deux cas où leur influence pour troubler la vision est plus sensible : 1° lorsque les images se font loin de l'objectif, parce que la convergence des rayons se faisant sous un très petit angle, la dispersion met plus de distance entre les pointes des cônes où vont se former les images de diverses couleurs; 2° quand l'objectif a une grande ouverture, parce que les rayons qui tombent sur les bords ayant une plus forte incidence, éprouvent une plus forte réfraction, et les angles des écarts des rayons dispersés sont aussi plus grands.

La coloration est presque insensible lorsque les objectifs sont petits; mais comme ils reçoivent peu de lumière, l'image agrandie a peu d'éclat. On n'achromatise pas les loupes, par cette raison; mais plus les objectifs des lunettes sont grands et leurs foyers éloignés, et plus il importe de détruire les franges des images. On y parvient en se servant d'une lentille composée de deux verres accolés, l'un en crown, et l'autre en flint, substances dont le pouvoir dispersif est très différent, ainsi que nous l'avons déja remarqué.

Soit A, fig. 19, un verre bi-convexe en crown, dont la surface postérieure *crvo* est travaillée sur un bassin de même rayon (1) que la surface antérieure *crvo* du verre bi-concave B construit en flint, c'est-à-dire en verre combiné avec l'oxide de plomb. Le rayon *si* de lumière blanche parallèle à l'axe AB, en se réfractant dans la première lentille, donnera un pinceau *riv* de rayons colorés, savoir, *ir* en rouge, *iv* en violet, et en outre tous les intermédiaires. Ces rayons, en entrant dans le flint, se dévieront encore; le pouvoir réfringent est un peu différent, le rayon rouge *ir* conservera presque sa direction, et *rr'* sera à peu près le prolongement de *ir*. Mais comme, dans le flint, la force dispersive est une fois et demie plus considérable que dans le crown, le rayon violet *iv* devra se rejeter davantage vers le bord *cd*, et suivra la route *vv'*; les rouges *rr'* et les violets *vv'* se croiseront dans la lentille. En sortant du flint pour entrer dans l'air, la déviation se fait en sens opposé, et l'on conçoit la possibilité de donner aux surfaces des courbures telles, que les rayons émergens *v'f*, *r'f*, et tous les intermédiaires, viennent aboutir en un foyer commun *f*. Alors l'objectif sera achromatique. On est d'ailleurs commandé dans cette opération par la nécessité de donner aux surfaces extérieures *oAic*, B*v'd* des courbures telles, que le foyer soit placé à une distance déterminée du verre AB, qu'on doit, dans les opérations, regarder comme une lentille unique.

Il ne faut démonter les objectifs achromatiques que très rarement, de peur de les rayer ou de les mal remonter. Le flint doit toujours être placé du côté intérieur du tube.

Ce n'est pas qu'on puisse exactement détruire toute coloration;

---

(1). Il est à peu près impossible que les verres de l'objectif aient leurs surfaces en contact sur toute leur étendue, parce qu'il faudrait que les rayons des surfaces, l'une concave et l'autre convexe, fussent égaux rigoureusement : on fait en sorte que les lentilles s'appuient plutôt sur leurs contours que sur leurs centres, et qu'il se trouve entre elles une petite couche d'air.

car il est prouvé que dès qu'on accorde deux verres pour enlever les franges des rayons violets et rouges, il reste encore à détruire les autres rayons, qui ne disparaissent pas absolument. Trois verres détruiront trois couleurs, et il y a des objectifs formés ainsi de trois lentilles accolées et convenablement travaillées. Mais il n'est pas rigoureusement nécessaire de produire un achromatisme complet, et il suffit de détruire les couleurs les plus éclatantes. C'est le jaune et le rouge qu'on s'attache le plus à faire disparaître, parce que ces couleurs sont les plus gênantes pour la vision nette : le bleu et le vert sont beaucoup moins défavorables.

Des grossissemens. Quoiqu'on ait une règle géométrique tirée des distances focales, qui permet d'assigner le grossissement d'une lunette, cependant, comme les foyers des verres se croisent toujours un peu dans le tube, ou qu'il arrive assez ordinairement qu'ils n'occupent pas juste la meilleure place, il est bon de pouvoir trouver le grossissement par expérience. Qu'on dispose au loin un objet de grandeur connue et qu'on le regarde avec la lunette, pendant que de l'autre œil on regardera une mesure d'égale longueur ; si l'on approche cette mesure jusqu'à ce qu'elle paraisse à l'œil nu égale à la première, et cette comparaison est bien facile à faire, les angles optiques seront égaux. Les grandeurs apparentes étant en raison inverse des distances, cette raison est donc celle du grossissement. Fr.

LUT, de *lutum*, πηλος (boue, limon). Matière que l'on applique dans les diverses parties d'un appareil pour prévenir les déperditions ou pour garantir les corps fragiles de l'action immédiate de la chaleur. Il y a plusieurs sortes de luts, que l'on peut ranger en trois classes : *lut gras*, *lut à l'eau*, *lut argileux.*

Le *lut gras* que l'on emploie en quelques circonstances dans les fabriques, et le plus communément dans les laboratoires, se prépare avec de l'argile (l'une des meilleures est la terre de Forges) calcinée légèrement au point de perdre toute l'eau interposée, mais sans que les parties aient contracté d'adhérence entre elles. Elle est d'abord broyée en poudre impalpable, puis passée au tamis de soie ; on la triture alors assez longuement dans un mortier avec une proportion d'huile de lin siccative, convenable pour former une pâte consistante bien liée. Il faut éviter soigneusement que les endroits où ce lut doit être appliqué soient humides.

L'huile de lin, que l'on emploie pour préparer ce lut, est rendue siccative en la faisant bouillir avec un vingtième de son poids de litharge. L'huile épaissie au feu, dite *vernis*, convient mieux encore pour composer le lut gras ; elle ne se dessèche pas et conserve en même temps sa ténacité et une ductilité suffisante pour démonter les appareils.

Pour les brides et les jonctions de divers tuyaux de machines à vapeur qui supportent une haute pression, on fait usage d'un lut gras composé de céruse broyée à l'huile et de minium en poudre ; on amalgame ces deux substances le plus exactement possible sur une pierre à broyer. On ne suit d'autre règle dans leurs proportions que le degré de consistance qu'il est utile d'obtenir ; on l'augmente en ajoutant du minium, *et vice versâ*.

Les luts gras se conservent dans un vase en verre ou en grès hermétiquement fermé, ou dans une vessie ficelée.

Lut de graine de lin. Pour le préparer, on broie ensemble, dans un mortier, de la farine de graine de lin et de la colle de pâte (faite avec de la farine de blé) en proportions telles, que le mélange forme une pâte un peu consistante et ductile. Ce lut est très commode à employer et facile à préparer ; aussi est-il d'un usage général et très fréquent dans les laboratoires ; on l'applique à toutes les jonctions des appareils. Ce lut résiste moins que le précédent à l'action des vapeurs corrosives.

On recouvre ces luts, pour les soutenir, d'une toile fine, de morceaux de soie, ou mieux d'une vessie assouplie dans l'eau ; on maintient le tout solidement avec de la petite ficelle.

Lut argileux. On le prépare de plusieurs manières, suivant ses usages. Dans les fabriques où il doit résister aux vapeurs acides, on recouvre d'abord les parties qui doivent être lutées, avec de la glaise en pâte très ferme, on enveloppe ensuite celle-ci d'une couche d'argile détrempée et bien malaxée avec du crotin de cheval. La glaise formée d'argile (silice et alumine) résiste bien aux acides ; mais il faut qu'elle soit maintenue humide pour qu'elle ne se fendille pas : la deuxième couche produit l'effet d'empêcher les dessèchemens et de soutenir le lut.

Pour luter les parties exposées au feu des cornues, des ballons, etc., on fait détremper de bonne argile réfractaire, on y incorpore du crotin de cheval, moitié de son volume environ, puis à peu près quatre fois son poids de sable ou de creusets pilés, ou d'argile fortement calcinée et tamisée au gros tamis ; on en frotte d'abord toute la surface à luter, puis on l'enduit d'une couche de deux ou trois lignes, suivant la grandeur du vase ; on laisse sécher à l'ombre, puis à l'étuve.

La *terre* à creuset (argile calcinée et écrasée, cinq parties, terre de Forges ou toute autre argile plastique réfractaire, une partie) forme un excellent lut, mais il faut serrer ses pores en le frappant à petits coups, de temps à autre, pendant qu'il sèche sur les cornues. Sans cette précaution, il se fendillerait.

On prépare plusieurs autres luts dans lesquels entre la Limaille *de fer* ou la tournure de fonte, d'autres qui contiennent de la résine ou du bitume, etc. ; on les nomme plus ordinairement Mastics. Nous les décrirons sous ce nom. P.

M

MACHINE. (*Arts mécaniques.*) Combinaison de pièces solides ou flexibles dont on se sert pour communiquer l'action d'un moteur, la modifier en intensité et en direction, et la rendre propre à un travail qui produit un résultat determiné. Les termes *d'instrumens*, *d'outils*, *d'engins*, sont employés pour désigner des appareils très simples, et ont une destination analogue aux *machines ;* mais celles-ci supposent toujours une complication plus grande, et l'ideé de mouvement en est inséparable.

Toutefois, on a remarqué que dans toutes les compositions mécaniques, il en est de beaucoup plus simples dont la réunion et l'ensemble forme la machine : on a donné à celles-ci le nom de *machines simples :* ce sont les élémens essentiels dont tout appareil mécanique est formé ; on en distingue sept : *les cordes*, *le levier*, *la poulie*, *le treuil*, *le plan incliné*, *la vis et le coin.* Chacune de ces machines faisant le sujet d'un article spécial, nous ne nous y arrêterons pas ici. C'est en combinant ensemble ces machines élémentaires qu'on parvient à obtenir des effets déterminés. Nous verrons à l'article Mouvement comment on doit coordonner les agens mécaniques pour changer la direction de la force motrice, pour en modifier l'intensité, pour en altérer la vitesse, pour en régulariser l'action, etc.

Il y a des machines d'un usage fréquent et général qui exigent un examen spécial ; nous avons consacré un article de ce Dictionnaire à chacune d'elles ; tels que les Laminoirs, Moulins, Pompes, Balanciers, Charrues, etc. D'autres appareils sont réservés à des industries particulières, comme ceux qui servent à confectionner les agrafes, les épingles, les clous, etc. L'étendue resserrée de notre ouvrage ne nous permet pas de les décrire, et il faudra recourir aux ouvrages que nous indiquerons, pour en connaître la composition et le jeu.

Fermant les yeux sur les immenses services que rendent les machines, quelques personnes ont prétendu qu'elles entraînaient avec elles des malheurs plus grands que leurs bienfaits ; comme de priver les pauvres de travail et de moyens de subsister ; de pousser la production au delà des besoins, ce qui cause la ruine des entrepreneurs ; d'enrichir les fabricans déja opulens aux dépens des autres, parce que ceux-là seuls peuvent disposer des capitaux que l'établissement des machines exige ; de priver la classe ouvrière d'intelligence et de ressort moral en la réduisant au rôle d'automate, etc. Si ces accusations étaient fondées, les machines seraient un fléau pour les sociétés. Ce n'est pas ici le lieu de démontrer combien au contraire les inventions mécaniques contribuent à la prospérité des nations : il faudrait disposer de plus d'espace qu'on ne nous en accorde pour soutenir cette thèse, qu'on trouvera développée dans les ouvrages de J. B. Say ; dans un petit traité spécial, publié par lord Brougham, et traduit en français ; dans un mémoire de M. Paris, sur l'emploi des machines, etc.

Nous nous bornerons à citer les conclusions auxquelles on est conduit par la logique la plus rigoureuse, et ces conclusions seront le plus bel éloge qu'on puisse faire des machines :

La production est la source de la richesse.

Plus on facilite la production, soit par la division du travail, soit par l'emploi des agens physiques, mécaniques et chimiques, et plus on obtient de produits pour une quantité donnée de services productifs.

Plus on obtient de produits pour une même quantité de services productifs, plus ils reviennent à bon compte; plus on en crée et consomme, et plus le producteur gagne; plus le consommateur économise, et plus l'un et l'autre forment et accumulent de capitaux.

Plus les individus accumulent de capitaux, plus la nation s'enrichit.

Plus la nation s'enrichit, plus sa population s'accroît, et réciproquement.

Plus sa richesse et sa population s'accroissent, plus elle se civilise et s'éclaire.

Enfin, plus elle se civilise et s'éclaire, plus elle devient libre, morale, heureuse et puissante.

Pour étudier les machines, il faut en faire une classification d'après leur emploi dans les services publics et particuliers, et d'après la nature des travaux qu'elles exécutent.

Nous diviserons les machines en quinze séries :

1re *série.* Déplacement ou soulèvement des fardeaux. (*Voy.* Grues, Treuils, Cabestans, Chariots, etc., etc.)

2e *série.* Division des matières solides, soit par percussion, comme les Brocarts, etc., soit par le broiement, comme les Moulins à farine, à tan, à huile, à papier, etc., soit en arrachant ou en coupant, comme les Scies, les Rapes, les machines à fendre ou à diviser les métaux, etc.

3e *série.* Opérations de percussion ou de forte compression, pour enfoncer, aplatir, exprimer ou dégorger, comme les Moutons, les Presses, les Martinets, les Foulons, etc.

4e *série.* Réduction des métaux en lames, en feuilles, en fils, comme les Laminoirs, les Fenderies, les Tréfileries, etc.

5e *série.* Séparation des particules fines, des grossières, des pesantes, des légères : les Machines à tamiser ou à bluter, les Tarares, les Diables, les Volans, etc.

6e *serie*. Élévation de l'eau du sein de la terre, ou au dessus de sa surface, et moyens de la contenir ou d'élever son niveau : les POMPES, les MOULINS à CHAPELETS, les NORIAS, le BÉLIER HYDRAULIQUE, les DIGUES, etc.

7e *série*. Compression, rassemblement et transmission de l'air pour le renouveler, ou pour exciter l'action du feu : les VENTILATEURS, les SOUFFLETS, les TROMBES, etc.

8e *série*. Division des matières végétales et animales, filamenteuses : MACHINES à NETTOYER, à BATTRE, à OUVRIR, à PEIGNER, à CARDER, etc.

9e *série*. Extension, distribution et torsion des matières filamenteuses : MACHINES à ÉTIRER, à BOUDINER, à FILER, etc.

10e *série*. Apprêts des fils et formation de toutes espèces de tissus : DÉVIDOIRS, BOBINOIRS, OURDISSOIRS, les divers systèmes de métiers à tisser, à faire des bas, du tulle, des filets, des cordons, des lacets, etc.

11e *série*. Apprêts de toutes espèces pour les étoffes : MACHINES à LAINER, à TONDRE, à CALENDRER, à RAMER, à RATINER, etc.

12e *série*. Polissage des matières dures : machines à polir le verre, le marbre, les métaux, etc.

13e *série*. Machines et instrumens pour estimer les poids, les capacités et les ténacités : BALANCES, DYNAMOMÈTRES, ANÉMOMÈTRES, ARÉOMÈTRES, CASSE-FILS.

14e *série*. Machines et instrumens destinés principalement à l'Agriculture et au jardinage.

15e *série*. Enfin, machines et instrumens qui, ayant pour objets divers travaux particuliers, ne peuvent trouver place dans les series précédentes, telles que, par exemple, diverses machines à faire les cardes, les clous, les épingles, les vis, à rayer ou à raboter les canons de fusil, à tailler les limes, à imprimer, les machines de polytypage, etc.

Les principaux traités qu'il faut consulter sur les machines et leur usage dans les Arts, sont le Traité des Machines, par M. Hachette; la Mécanique industrielle, de M. Christian; les ouvrages sur l'Angleterre, de M. Charles Dupin; la Mécanique appliquée aux Arts, de Borgnis; l'Essai sur les machines, de Gueniveau, etc., etc. Pour se faire une idée des inventions nouvelles, il faut parcourir le Recueil des Brevets expirés, les Bulletins de la société d'encouragement, etc.; il ne faut pas oublier, surtout quand on est à portée de le faire, de parcourir et d'examiner avec soin les collections de machines et de modèles du Conservatoire des Arts et Métiers, du dépôt central de l'Artillerie, de l'École des Ponts et Chaussées, des Mines, de la Marine.

L'utilité d'une machine n'est qu'un fait qui résulte d'un calcul d'argent. Si une machine donne des produits dont la vente amène des bénéfices plus grands que ne le ferait tout autre procédé, le fabricant doit la regarder comme utile. Mais cette supputation dépend d'élémens très composés; elle doit, d'ailleurs, être faite avant d'établir la machine, pour juger s'il faut ou non s'en servir; il convient donc de donner sur ce sujet quelques principes généraux propres à guider dans cette détermination.

On commencera par évaluer le capital que doit coûter la machine et ses frais de mise en activité; l'intérêt de cette somme sera considéré comme une dépense annuelle, et il faudra élever cet intérêt à un taux à peu près double de celui qui est accordé généralement pour les *placemens en perpétuel*, parce que les matières, en se détruisant par l'usage, rendent, après un certain temps, le capital nul ou à peu près; ce n'est donc qu'un *placement viager*. A cet intérêt, on ajoutera les dépenses annuelles pour faire fonctionner l'appareil, telles que salaires d'ouvriers, chauffage, éclairage, patente, ustensiles, loyer des bâtimens, etc.; enfin, le prix des matières employées à la fabrication, et les frais d'entretien et de réparation des pièces usées. En comparant ces dépenses réunies au produit total de la machine durant une année, on en déduira le prix coûtant des objets confectionnés. Il sera donc aisé de reconnaître si l'on peut avec avantage et bénéfices soutenir la concurrence avec les fabriques déja en activité, sous les rapports de quantité, qualité et prix des objets. Cette balance apprendra s'il est utile ou non d'employer la machine qui fait le sujet de ces calculs.

Plusieurs considérations accessoires doivent aussi être attentivement examinées : 1° la machine ne doit pas chômer par le fait des réparations qu'elle exigera ; car le fabricant serait obligé de la doubler pour suffire aux demandes, ce qui accroîtrait ses frais d'établissement.

2°. Ordinairement les objets confectionnés par des machines ont plus de régularité que ceux qu'on obtient autrement : mais il faudra s'assurer si cette condition sera remplie, car, à prix égal, le public donnera certainement la préference aux choses mieux exécutées. La machine ne peut être avouée comme bonne qu'autant qu'elle a une action uniforme qui donne au produit une exacte régularité, et quand bien même elle paraîtrait avantageuse à employer sous le rapport des bénéfices, bien que ses effets fussent de qualités variables, il ne faudrait pas l'établir sans la perfectionner, pour éviter que d'autres fabricans plus habiles ne réussissent mieux, ce qui entraînerait infailliblement la ruine de l'entreprise.

3°. Lorsqu'on attend du travail d'une machine un produit compliqué, il importe d'en analyser les détails pour s'assurer si quelque partie ne serait pas utilement exécutée à la main ; car alors il faudrait renoncer à la portion de la machine qui s'y rapporte, et lui substituer le travail manuel.

4°. Il faut examiner si la force nécessaire pour animer l'appareil sera constamment disponible, et à quel prix on en peut jouir. Les cours d'eau, le vent, la force des animaux, les actions intelligentes de l'homme, sont variables selon les temps et les lieux ; et la machine ne doit pas être arrêtée ou ralentie contre le gré du fabricant ; à moins qu'il n'y trouve d'autres avantages propres à compenser ce défaut.

5°. On doit soigneusement s'assurer des débouchés pour les produits, sous peine de perdre ses soins et son argent.

6°. Il faut surtout veiller, dans l'établissement d'une machine à ce que les pièces aient la solidité nécessaire pour résister à la fatigue.

Quand au calcul de la force nécessaire pour animer la machine, sa disposition, sa nature et la résistance étant données, on la décompose en ses élémens, c'est-à-dire en *machines simples*, car nous avons déjà dit que quelque composé que soit un appareil, il n'est jamais formé que de poulies, plans inclinés, leviers, treuils, etc., qui, par leur combinaison, réagissent les uns sur les autres. Les pressions qu'exerce l'une de ces machines simples sur les deux qui sont en contact immédiat avec elle, sont assimilées, l'une à la force, l'autre à la résistance que cette partie du mécanisme doit animer : ces deux puissances seront désignées chacune par une lettre, P et Q, par exemple. Dans le cas d'équilibre, il y aura entre P et Q une relation connue, entre la puissance P et la résistance Q, pour la machine dont il s'agit. Chaque machine simple donnera une équation de cette espèce. Et comme la pression de deux machines élémentaires l'une sur l'autre est la même, la réaction étant toujours égale et contraire à l'action, cette pression est résistance pour l'une et puissance pour l'autre. Ces équations auront donc des forces communes deux à deux, et l'on pourra les éliminer, ou même les déterminer par le calcul, de manière à connaître les pressions et actions réciproques d'un élément sur l'autre, et à obtenir la relation entre la puissance et la résistance que la machine doit mouvoir.

Le *principe des vitesses virtuelles* donne un moyen extrêmement commode de déterminer le rapport de la puissance à la résistance dans toute espèce d'appareil ; comme nous nous réservons de traiter ce sujet à part avec l'étendue qu'il comporte, nous renverrons à l'article VITESSE.

Lorsqu'on voit des puissances peu considérables mouvoir, à l'aide des machines, des masses pesantes, surmonter d'énormes résistances, les personnes qui ne savent pas la mécanique, s'imaginent que les appareils sont des agens qui ajoutent à la puissance motrice des efforts particuliers. Elles savent bien que les frottemens nuisent aux forces et en détruisent une partie ; mais elles pensent que par d'habiles combinaisons, on peut assez augmenter l'intensité du moteur pour vaincre toutes les résistances, et avoir en outre un excédant de puissance qui produit un travail sans fin. De là l'erreur *du mouvement perpétuel*, chimère qui n'est que trop commune, et annonce une ignorance totale des principes de la mécanique. Et qu'on espère pas convaincre les personnes qui sont en proie à ces illusions d'une erreur aussi grave : les raisonnemens théoriques, elles ne sont pas capables de les comprendre; et même elles se font un titre de leur ignorance pour affirmer que la science tue le génie, et que c'est principalement parce qu'étant doués d'un talent naturel qu'elles n'ont pas gâté par l'étude, qu'elles sont habiles à réussir dans ces recherches. Cette opinion invétérée à causé la ruine de tant de gens que le malheur n'a pas corrigés, qu'il importe de la détruire. Nous traiterons ce sujet à l'art. MOUVEMENT, nous bornant ici à énoncer des résultats incontestables.

Les machines ne créent ni force, ni mouvement; ce sont des agens inertes, des intermédiaires entre le moteur et la résistance. Si ces appareils permettent à une puissance de vaincre un obstacle plus fort qu'elle, il faudra qu'elle y emploie d'autant plus de temps. En général *dans toutes les machines, on perd du côté de la vitesse, ce qu'on fait gagner à la force; on perd en temps, ce qu'on gagne en puissance.* On peut bien faire surmonter à un seul homme une résistance qui en exigerait dix; mais il faudra à cet homme dix jours pour faire l'ouvrage d'un jour; dix hommes travaillant ensemble l'eussent accompli en un seul jour. Le travail produit n'est pas uniquement mesuré par le poids soulevé; il faut en outre considérer combien de temps on y a employé; et c'est faute de faire entrer l'élément du temps dans les combinaisons qu'on arrive à des conséquences tout-à-fait fausses, et qu'on se laisse entraîner aux plus graves erreurs. Nous bornerons ici ces observations générales, qui recevront ailleurs des développemens plus étendus : mais dans un article sur les machines, nous ne devions pas omettre de dire que ces agens passifs, loin de créer de la force, détruisent une partie de celle qu'on leur confie, et qu'aucun ne peut ni durer éternellement, ni conserver éternellement l'action dont on l'a animé, encore moins l'augmenter comme le prétendent les chercheurs de mouvement perpétuel.

FR.

MACHINE PNEUMATIQUE (Fig. 2 et 3, pl. 20). Appareil destiné à vider l'air d'un vase. MM est un levier à bascule qui sert à imprimer un mouvement de va-et-vient à une roue dentée C, engrenant dans deux crémaillères verticales P T. Cette action fait alternativement monter un des pistons P et descendre l'autre.

Cet appareil est vu de côté fig. 3, où l'un des pistons est censé caché par l'autre, leurs projections verticales se confondant.

Un plan horizontal de glace GG' sert de support à la cloche B, où l'on veut faire le vide; et comme il faut que la jonction de l'une sur l'autre soit si exacte que l'air ne puisse se glisser par les bords en contact, on rode avec soin à l'émeril ces bords, et l'on enduit de suif ou d'huile la glace, qui est parfaitement dressée et dépolie : ce corps gras suffit pour conserver le contact.

Un tuyau recourbé V*o*, qui se divise en deux canaux, va du centre V de la glace à chacun des corps de pompe. Un petit bouchon conique *b* est destiné à fermer l'orifice *o*, qui est convenablement calibré; ce bouchon termine une tige *tt'* qui traverse le piston avec un frottement assez dur pour que l'air ne puisse se glisser dans le conduit de passage. On voit que lorsque le piston descend, le bouchon se glisse, ferme l'orifice *o*, et qu'il le rouvre en remontant. Et comme cette tige *tt'* est presque aussi longue que le corps de pompe, son bout supérieur vient buter contre la plaque qui ferme le haut du cylindre, et le bouchon ne s'éloigne qu'à peine de l'orifice *o* qu'il doit clore.

Une soupape garnit le piston P pour laisser évacuer l'air aspiré dans le corps de pompe : cette soupape s'ouvre de bas en haut, de manière à rester fermée quand on soulève le piston, chargée qu'elle est du poids de l'air et de son propre poids; et au contraire à se lever, pour chasser l'air contenu dans le corps de pompe, lorsqu'on fait redescendre le piston; car alors cet air se comprimant de plus en plus, la soulève pour s'échapper. Comme il importe de rendre facile le mouvement ascensionnel de cette soupape, on dispose un ressort à boudin chargé d'en supporter le poids presque entier.

Le bec V du conduit est travaillé en vis, afin d'y adapter des ballons dont le col, convenablement garni d'un écrou de même pas, se visse en V au lieu et place de la cloche, lorsqu'on veut *faire le vide* dans un récipient sphérique.

On mesure le degré du vide à l'aide d'une *éprouvette* dont l'appareil est muni. L'éprouvette est un court baromètre à siphon ayant des branches égales, à peu près de 25 centimètres (9 pouces) de long. Le tube est fixé sur une planchette graduée en millimètres, et environnée d'une petite cloche de verre, dont le pied perforé est vissé au dessus de quelque point du canal qui aboutit aux pistons. L'air contenu sous cette cloche est ainsi en communication avec celui de ce conduit, et y a la même densité que sous le récipient. L'un des bouts supérieurs du tube de l'éprouvette est bouché et l'autre est ouvert; on y a introduit du mercure purgé d'air et d'humidité, comme dans un Baromètre, en sorte que ce fluide métallique, pressé par l'air qui est dans une des branches du siphon, est poussé jusqu'au sommet fermé du tube, pour que le vide n'y existe pas. Les choses demeurent en cet état tant que le vide sous la cloche n'est pas poussé jusqu'au degré où le ressort de l'air intérieur devient moindre que le poids de la petite colonne de mercure suspendue dans l'une des branches au dessus du niveau de la branche ouverte; mais dès que la densité devient moindre que ce poids, on voit le mercure descendre d'un côté et monter de l'autre. Si le vide était parfait, le mercure serait de niveau des deux parts, puisqu'il n'y aurait aucune force pour le soutenir ni d'un côté ni de l'autre; et si le vide n'est qu'approché, on apprend combien d'air il reste encore, en lisant la différence de niveau sur l'échelle, et se servant de la loi de Mariotte. Fr.

Machine de compression ou de condensation. Le récipient est un vase cylindrique en verre très épais, pour résister à la pression intérieure; les fonds sont des plaques de cuivre qui s'appliquent juste sur les bases du cylindre, et y sont maintenues par un scellement, et par des tringles de fer taraudées aux deux bouts et serrées par des écrous. Le tout est enveloppé d'un grillage pour parer aux accidents possibles, si la compression de l'air venait à briser le vase. Le fond inférieur est muni d'un canal de communication qu'on visse au bout d'un tuyau, par où l'air va être successivement refoulé. Un robinet sert à fermer le récipient, lorsqu'on veut le séparer des pompes foulantes, en conservant celui-ci plein d'air condensé.

La condensation pourrait se faire avec une simple pompe foulante garnie de soupapes; mais il est préférable de se servir de l'action alternative de deux de ces pompes, disposées comme dans la machine pneumatique (*Voy.* fig. 2 et 3, pl. 20); mais ici l'action de ces appareils ne se contre-balance plus, et l'effort va croissant avec le degré de condensation, ce qui oblige à faire les pistons d'un petit diamètre (*Voy.* PRESSION.) FR.

MACHINE ÉLECTRIQUE. *Voy.* ÉLECTRICITÉ. FR.

MACHINE D'ATHOOD. C'est un appareil qu'on emploie dans les cours de Physique, pour vérifier par experience les lois de la chute des corps pesans. La partie principale de cet appareil est un support vertical divisé en centimètres, et portant en haut une poulie très mobile, à axe horizontal, sur la gorge de laquelle est passée une soie; à ses deux bouts sont suspendus des poids inégaux; le plus lourd entraîne l'autre et descend avec une vitesse croissante comme les temps, et parcourant des espaces qui augmentent comme les carrés des temps. Comme ici la gravité s'exerce sur des poids qui tirent en sens contraire, le mouvement est d'autant moins rapide que les poids sont plus grands et plus proches de l'égalité; d'où l'on voit qu'on est maître de ralentir la chute à volonté, et par conséquent qu'il devient facile de mesurer les espaces décrits. Si les poids étaient égaux, le mouvement ne serait que l'effet d'une impulsion et aurait une vitesse constante; seulement, cette machine ne donne pas les résultats rigoureux de la théorie, parce qu'il faudrait y tenir compte des résistances.

Pour en diminuer l'effet et faciliter les observations, l'appareil est pourvu d'une pendule sonnant les secondes, qui permet de compter les temps écoulés; et la poulie tourne, non pas sur deux collets fixes, mais sur des roues extrêmement mobiles, et qui, entraînées par la rotation de l'axe, changent le frottement en celui de seconde espèce (*Voy.* FROTTEMENT.) L'horloge porte une détente qui soutient celui des deux poids qui est le plus lourd, et cette détente, qui est au zéro de l'échelle verticale, part et abandonne le poids lorsque l'aiguille du compteur arrive au zéro du cadran; cet effet obéit au mouvement même de l'horloge. A partir de ce mouvement, on commence à compter les secondes de la chute. Un support horizontal peut être fixé en tel point qu'on veut de l'échelle par une vis de pression; et lorsque le poids descendant vient s'y placer en frappant, ou sait au juste quel est l'espace décrit pendant le temps écoulé. On peut même placer quelquefois un support en cercle à jour, qui laisse passer le poids dans sa chute, mais retient un poids additionnel dont on l'a surchargé, poids dont le diamètre surpasse celui du cercle à jour; et l'on peut, par conséquent, suivre la chute d'un corps qui est tout-à-coup allégé d'une partie de son poids.

Machine de Schemnitz. Cet appareil est destiné à épuiser une mine de plomb sulfuré, à Schemnitz en Hongrie; elle ne fonctionne que par la seule pression des eaux supérieures. Deux boîtes hermétiquement fermées sont situées, l'une *e* au fond du puits *a* (fig. 4, pl. 20); l'autre *f*, d'une capacité double, au sommet d'une colline; ces boîtes communiquent entre elles par un tuyau *fiii* qui s'ouvre aux deux bouts près des fonds supérieurs, et ne donne passage qu'à l'air; le tuyau *qh* ouvert près du fond inférieur, sert à vider l'eau du puits, en la montant sur la coline en *c*, d'où elle s'écoule sur le sol. Un troisième tuyau *kl* communique du récipient *f* à un réservoir *d*, qu'on suppose être sur le haut d'une montagne beaucoup plus élevée que l'orifice *h* d'écoulement. Des robinets sont placés en *n*, *l* et *m*, pour fermer ou ouvrir le passage à l'air et à l'eau, selon le besoin, ainsi qu'il va être expliqué.

Fermant le robinet *l*, et ouvrant *n* et *m*, le récipient *f* se remplit d'air, qui communique avec la caisse inférieure *e* par le tube *fiii*; cette caisse, qui est immergée, se remplit d'eau, parce que ce liquide, par la pression extérieure, entre par un orifice en soulevant la soupape *g*. Qu'on ferme les robinets *n* et *m*, et qu'on ouvre *l*; l'eau du réservoir *d* descendra dans la boîte *f*, et refoulera l'air dans le tube *fii*; l'eau de la caisse *e*, poussée par cet air comprimé, montera dans le tube *qh*, comme si elle était chassée par le poids de la colonne *ld*. Aussitôt que la boîte inférieure *e* sera vidée d'eau, l'écoulement cessera en *h* avant que le liquide du récipient supérieur *f* ait atteint le sommet *f* du tube *ii* : alors on fermera le robinet *l* et l'on ouvrira *m*, pour faire évacuer l'eau de ce récipient *f*. Une fois que l'air intérieur, qui est dans l'espace *hqeif*, se retrouve en équilibre de tension avec l'atmosphère, la boîte inférieure *e* se remplit de nouveau de liquide, qu'on chasse en fermant le robinet *m* et ouvrant *l*, pour reproduire l'action de la colonne d'eau *kl* sur l'eau renfermée en *e* ; et ainsi de suite.

Un ouvrier est sans cesse occupé à ouvrir et fermer alternativement les deux robinets *l* et *m* ; il ferme *l* et ouvre *m* aussitôt que l'eau cesse de couler en *h* ; et ensuite il ferme *m* et ouvre *l*, dès que l'eau cesse de couler en *m*. Le réservoir *d* est à 45 mètres au dessus du fond de la boîte *f*, qui est un cylindre de 1,62 mètres de diamètre, et 1,79 mètres de hauteur. Ce récipient contient donc 3,7 mètres cubes ; sa capacité est double de celle de la boîte inférieure *e*. Il y a 31 mètres de distance du niveau *bb* de l'eau au fond du puits jusqu'à la surface du sol en *h*. La machine travaillant vingt-quatre heures sans interruption, élève 411 mètres cubes d'eau, et la source *d* en dépense 685. Le calcul de ces données montre que le produit utile est les 0,41 de la force employée.

La nécessité d'ouvrir et fermer les robinets *m* et *l*, a conduit M. Boswell à perfectionner cette machine, en y adaptant un appareil qui exécute de lui-même ces deux effets alternatifs ; il se sert pour cela de la chute même de l'eau du réservoir. On trouvera plus de détails sur cette ingénieuse machine dans la *Mécanique* de M. Hachette, n° 181. Fr.

Machine de Verra. Deux poulies égales et placées, l'une au fond d'un puits, l'autre en haut, ont leurs axes parallèles et fixés de manière qu'une corde sans fin passée dans leurs gorges y soit convenablement tendue. Lorsqu'on fait tourner la poulie supérieure avec une manivelle, l'inférieure, entraînée par le frottement de la corde, tourne aussi ; et comme cette corde entre dans l'eau pendant une portion déterminée de sa longueur, le liquide s'y attache, et cette adhérence suffit pour qu'il soit entraîné jusqu'en haut, où un conduit le reçoit pour tel usage qu'on en veut faire. C'est une espèce de chapelet, qui ne coûte presque rien à établir et peut être utilement employé, en doublant ou triplant les cordes, et faisant tourner rapidement les poulies. L'emploi de cet appareil est très limité, car l'eau ne peut guère monter par ce procédé qu'à 2 ou 3 mètres d'élévation. FR.

Canne hydraulique. Imaginez un tube vertical ouvert en haut, et fermé au bas par une soupape, et donnez à ce tube un va-et-vient verticalement : chaque fois que le tube descendra, l'eau qui baigne l'orifice inférieur soulèvera la soupape et entrera dans le tube. En répétant le mouvement, on finit par amener l'eau en haut du tube, qui est recourbé, et rend le liquide dans un réservoir. On produit le va-et-vient, en attachant la canne au bout d'une perche dont l'autre extrémité est fixe, et l'on tire cette perche en bas ; elle se redresse ensuite par son élasticité, comme dans le tour en l'air. D'autres moyens peuvent aussi être employés avec avantage pour produire le même effet. (*Voy.* MOUVEMENT.) FR.

MAGNÉSIE. Cet oxide formé d'un équivalent de magnésium et d'un équivalent d'oxigène, est blanc, léger, doux au toucher, infusible, presqu'insipide, verdissant le sirop de violettes, indécomposable par la chaleur la plus élevée, irréductible par tous les corps simples, excepté par le chlore qui en chasse l'oxigène à une température rouge pour se substituer à lui. Exposé à l'air, il y attire l'humidité et l'acide carbonique. On prépare la magnésie en calcinant le carbonate de magnésie jusqu'à ce que le résidu ne fasse plus effervescence avec les acides, et on la conserve dans des vases bien fermés.

Quant à l'hydrate de magnésie, on l'obtient en décomposant un sel magnésien soluble, le sulfate, par exemple, par un alcali caustique. Il contient 1 équivalent de magnésie et 1 équivalent d'eau. Il perd facilement cette eau à une température rouge. On a trouvé à Hoboken et dans l'île d'Orno, un hydrate de magnésie naturel ayant une composion analogue au précédent.

La magnésie est employée en médecine pour dissiper les aigreurs de l'estomac et contre les empoisonnemens par les acides. Dans ce dernier cas, l'hydrate est préférable à la magnésie anhydre, parce qu'il sature les acides beaucoup plus vite. P...ZE.

MALACHITE (*Arts chimiques*). Le cuivre carbonaté des minéralogistes modernes renferme deux sous-espèces : l'une, de couleur bleue ; l'autre, d'un beau vert. Cette dernière est la malachite, ou cuivre carbonaté vert de Haüy; sa couleur varie du vert pomme au vert d'émeraude : on la rencontre en Bohême, en Hongrie, à Freybert en Saxe, dans le Tyrol, etc.; mais c'est surtout en Sybérie, dans les monts Ourals, qu'on la trouve abondamment, en morceaux remarquables par leur volume, leur dureté, leur compacité, et ne présentant pas dans leur intérieur de cavités, comme on le voit pour l'ordinaire dans les malachites des autres pays.

On distingue trois variétés de cuivre malachite, auxquelles on a donné les dénominations de *pulvérulente*, *soyeuse* et *concrétionnée*. La première, d'un vert pâle, presque toujours sous forme de poussière, ainsi que son nom l'indique, et disséminée à la surface de divers minerais de cuivre, a l'apparence terreuse.

La seconde variété, d'un vert foncé, d'un aspect soyeux ou velouté, est composée de fibres ou d'aiguilles convergentes par une extrémité et divergentes par l'autre à la manière des zéolithes; selon la disposition de ces fibres, et selon qu'elles sont plus ou moins déliées, le cuivre malachite *soyeux* affecte tantôt la forme de houppes ou d'aigrettes, tantôt celle d'étoiles.

La variété la plus abondante, la plus utile, car c'est la seule qu'on emploie dans les Arts, est le cuivre malachite *concrétionné*, sa pesanteur spécifique ne varie que de 3,57 à 3,68 : il a la forme de stalactites ou de masses mamelonnées, lesquelles sciées et polies, présentent des couches concentriques ou zones de toutes les nuances du vert possibles : aussi en fait-on usage dans la bijouterie pour fabriquer des boucles d'oreilles, des colliers, des tabatières, etc. Les gros morceaux de malachite concrétionnée sont très rares, et par conséquent d'un grand prix. On a cité longtemps, comme un morceau unique par sa grosseur, une plaque de malachite que possédait M. le docteur russe Guthrie : elle avait 32 pouces de long, 17 de large, et 2 pouces d'épaisseur. On a vu, pour la première fois en France, à l'Exposition qui a eu lieu dans les salles de l'ancienne École Polytechnique, au Palais-Bourbon des dessus de cheminées, de tables et de secrétaires, revêtus de plaques de malachite. Ces meubles précieux étaient destinés à l'ornement du palais de M. le prince russe Demidoff. Les plaques qui les recouvraient étaient du plus beau poli, et offraient les nuances les plus vives et les plus variées.

M. de Bournon assure avoir vu une malachite cristallisée. Ces cristaux lui ont paru avoir, pour forme primitive, un prisme droit rhomboïdal.

Des analyses faites par les célèbres chimistes Klaproth, Proust et Vauquelin, de malachites provenant de divers pays, prouvent, comme on le voit par le tableau suivant, que ce minéral ne renferme autre chose que du cuivre, de l'oxigène, de l'acide carbonique et de l'eau.

	Malachite de Sibérie. Par Klaproth.	— d'Aragon. Par Proust.	— de Chessy. Par Vauquelin.
Cuivre	58	57	56
Oxigène	12,5	14	14
Acide carbonique	18	27	21,2
Eau	11,5	»	8,7.

L****R.

MANCHON. En mécanique, on fait usage de manchons en fer forgé ou en fonte, pour raccorder deux axes bout à bout, dont l'un transmet le mouvement à l'autre dans la même direction. Ces manchons sont ronds ou carrés, suivant la forme des axes : mais quand ils sont ronds, il faut loger des clefs moitié dans les axes et moitié dans l'épaisseur du manchon, pour entraîner le mouvement. Quelquefois on les fait de deux pièces réunies par leurs rebords diamétralement opposés, avec des boulons : alors on place les clefs dans les joints.

Dans les conduites d'eau en fonte, on raccorde les tuyaux qu'on veut garantir des dangers de la dilatation ou du retrait, avec des *manchons* de plomb fortement serrés sur les tuyaux, dont ils ont le calibre extérieur, avec des colliers de fer. EM.

MANDRINS (*Arts mécaniques.*) C'est le nom qu'un tourneur donne à diverses pièces en bois, en cuivre, ou en fer, qui se montent à vis sur le nez d'un tour en l'air. Les forgerons et les ajusteurs appellent également *mandrins*, des outils de fer ou d'acier dont ils se servent pour agrandir et égaliser des trous, soit à chaud, soit à froid.

Ceux des forgerons sont disposés par séries de diverses formes, ronds, ovales, carrés, légèrement coniques, de manière à pouvoir se succéder les uns aux autres, pour amener les trous à la dimension convenable. Le premier de la série, c'est-à-dire le plus petit, sert à percer le trou : on lui donne le nom de *poinçon*.

Les mandrins d'ajusteurs sont en acier et trempés; ils ont leurs pointes un peu effilées, mais le reste est cylindrique, sillonné par des entailles en rochet transversalement : on les enfonce à coups de marteau, après les avoir huilés, dans les trous qu'on veut égaliser et calibrer. C'est ainsi qn'on perfectionne la mortaise d'une chappe, d'une poupée, etc., qui doit glisser à frottement le long d'une règle.

MANDRIN A VIROLE. Ce mandrin a une forme allongée et conique, avec un étranglement à un pouce environ de sa base; il est percé d'un trou suivant son axe, et l'on divise par deux traits de scie en croix toute la partie antérieure à l'étranglement, ce qui donne quatre quartiers qui se rapprochent plus ou moins, au moyen d'une virole vissée sur la surface extérieure conique : les objets à tourner mis dans le trou, ou dans une cavité pratiquée sur le bout du mandrin pour les recevoir, s'y trouvent parfaitement maintenus et centrés. On a soin d'armer de morceaux de fer le trou ou la cavité, quand le mandrin n'est que de bois.

MANDRIN A VIROLE COULANTE. La virole, au lieu de se visser sur le cône, glisse seulement dessus dans le sens de l'axe, au moyen d'un levier d'embréage, ayant son point d'appui sur le support du tour même, ou sur un point particulier fixe.

Mandrin a pince. On se sert avec avantage du mandrin armé d'une pince à boucle coulante. Les objets sont saisis comme dans un étau, tout en occupant toujours le centre du tour.

Mandrin a deux ou a quatre vis. On a, dans les grands ateliers de tourneurs, des mandrins à deux ou à quatre vis de pression, soit pour entraîner le mouvement des pièces tournant entre deux pointes, soit pour les serrer fortement, quand on doit les tourner en l'air. Les vis de pression pressent directement les pièces, ou bien elles font mouvoir des poupées ou des mâchoires qui remplissent le même objet. On fait ordinairement ces mandrins en fonte de fer ou en cuivre, et les vis, en acier trempé.

Mandrin universel. On voit, sur les tours de Vaucanson, au Conservatoire, des mandrins qu'on nomme *universels*, parce qu'on peut, par leur moyen, saisir de gros et de petits objets. Il se compose de deux pièces principales, dont une, celle du fond, qui est un mandrin ordinaire, qui se fixe sur le nez du tour, a sa surface opposée à l'embase de l'axe, sillonnée en spirale à pas carré, depuis le centre jusqu'à la circonférence; et dont l'autre, appliquée sur la première par un ajustage en tabatière, c'est-à-dire qui peut tourner, mais non s'en écarter, porte trois poupées ou mâchoires pouvant glisser du centre à la circonférence, dans des fentes parfaitement calibrées, faisant entre elles des angles de 120°. Le côté de ces mâchoires qui s'applique contre la surface de la première pièce sillonnée en spirale, est sillonnée de même; en sorte que quand on vient à tourner l'une des pièces, l'autre étant fixe, les poupées s'éloignent ou se rapprochent simultanément du centre, ce qui lâche ou serre l'objet qu'on tourne. Les deux pièces sont disposées de manière à pouvoir être tournées séparément au moyen des clefs, et à être arrêtées au degré de pression qu'on veut.

On a, dans les arsenaux et dans les ateliers ordinaires, des mandrins cylindriques de fer, faits avec la plus grande précision, sur lesquels on contourne les ferrures auxquelles on veut donner leurs formes. E. M.

MANGANÈSE. Métal peu connu, d'un gris blanchâtre, très dur et cassant, d'une texture grenue, d'une densité égale à 6,85, inaltérable à l'air sec, mais facilement altéré par l'air ou l'oxigène humide.

Il se combine en six proportions différentes avec l'oxigène pour constituer quatre oxides et deux acides dont le tableau suivant présente la composition :

1 Équiv. de manganèse		+	1 Équiv. d'oxigène	= protoxide.
1 *id.*	*id.*	+	1 1/3	= oxide rouge.
1 *id.*	*id.*	+	1 1/2	= oxide brun, sesqui-oxide.
1 *id.*	*id.*	+	2	oxide noir, peroxide.
1 *id.*	*id.*	+	3	acide manganique.
1 *id.*	*id.*	+	3 1/2	acide permanganique.

Le peroxide est celui de tous qui mérite le plus notre attention. Les quantités qu'on en consomme pour la préparation du chlore, des chlorates et des chlorures d'oxides, sont immenses et s'accroissent chaque jour davantage.

Comme le peroxide de manganère qu'on trouve dans la nature varie beaucoup de qualité et qu'il est presque partout accompagné de matières étrangères, il est important de connaître les moyens de bien apprécier cette matière première. On peut y arriver soit en dosant la quantité d'oxigène que la calcination dégage d'un poids donné de manganèse, soit en traitant le minérai qu'il s'agit d'essayer par un excès d'acide hydrochlorique et receuillant le chlore qui se dégage. Comme la richesse d'un minerai de manganèse dépend de la quantité de chlore qu'il fournit et que cette quantité de chlore dépend elle-même de la proportion d'oxigène, on conçoit que la détermination exacte de l'un ou l'autre de ces deux corps suffira pour fixer la valeur du manganèse essayé.

Nous ne nous arrêterons qu'à la dernière méthode que M. Gay-Lussac a simplifiée et mise à la portée de tout le monde.

Ce chimiste a d'abord constaté qu'un poids de 3gr,980 de peroxide de manganèse pur, traité par l'acide hydrochlorique, donnait un litre de chlore à la température de 0° et sous la pression de 0m,76, et que ce litre de chlore, dissous dans l'eau, pouvait décolorer exactement 10 litres de dissolution d'indigo, titrée et préparée comme il a été dit à l'article CHLOROMÈTRIE. Il en a conclu qu'on aurait le titre d'un oxide de manganèse quelconque, en cherchant combien de dissolution d'indigo pourrait décolorer le chlore fourni par 3gr,980 de cet oxide. Cela posé, nous allons décrire l'appareil dont il se sert.

Cet appareil consiste dans les pièces suivantes (Pl. 6, fig. 23.)

M, Petit matras de 6 à 7 centimètres de diamètre.

R, Petit réchaud cylindrique chauffé avec une lampe à huile L.

Le matras se place sur une petite calotte *c* de tôle, fixée au réchaud par trois petites bandes de tôles, et dans laquelle on met un peu de cendres; elle est destinée à garantir le matras M de l'impression directe de la flamme. Quand le matras est placé, on couvre le réchaud E, percé d'une ouverture assez grande pour laisser passer le col du matras, et permettre encore à l'air échauffé qui a alimenté la lampe de s'échapper.

L, Lampe à huile, et dont la mèche plate peut être élevée ou abaissée au moyen d'une crémaillère; ce qui permet de régler à volonté l'intensité de la chaleur.

t, Tube de 2 à 3 millimètres de diamètre intérieur, dont la longue branche doit avoir à peu près 6 décimètres de longueur.

T, Tube de 2 centimètres de diamètre intérieur et 50 de longueur; il est rempli aux $^4/_5$ de lait de chaux, c'est-à-dire d'eau tenant de la chaux en suspension. Au lieu de lait de chaux, on peu employer une dissolution de potasse ou de soude caustique, marquant 2 à 3° à l'aréomètre.

S, Support destiné à soutenir le tube T.

Dans ce support, on distingue une pièce mobile *o*, dans laquelle est un trou de 1 à 2 millimètres plus large que le tube T, et qui peut s'élever ou s'abaisser, tourner sur elle-même et être fixée dans une position quelconque au moyen de la vis V. Le tube étant engagé dans l'ouverture de la pièce *o*, on le place de manière que le bout fermé soit prépondérant sur l'autre. Cette disposition, suffisante pour la stabilité de l'appareil, permet de retourner le tube de temps à autre, pour remettre de la chaux en suspension.

D, Petit tube de 25 centimètres cubes jusqu'en *n*, pour mesurer l'acide hydrochlorique avec lequel on doit dissoudre le manganèse.

B, Bouchon de liége très sain et le moins poreux possible; traversé par le tube *t*, à frottement très dur : il forme entonnoir dans la partie supérieure K, et le vide est rempli de cire molle ou de cire ordinaire, qu'on a fondue pour mieux la faire adhérer. Enfin, on doit le frotter tout autour avec de la colle un peu épaisse, pour en fermer tous les interstices, ainsi que ceux qu'il pourrait laisser dans un contact imparfait avec le verre.

Manipulation. Prenez une petite bande P de papier lisse, d'environ 7 centimètres sur 5, sur laquelle vous poserez 3gr,979 de l'oxide de manganèse que l'on veut essayer; roulez le papier en un cylindre N, assez étroit pour entrer sans résistance dans le col du matras, comme on le voit en Q; redressez le matras pour y faire tomber l'oxide de manganèse; frappez à petits coups sur le papier, et retirez-le.

La lampe étant d'avance dans le réchaud R, placez-y le matras et couvrez-le avec le chapeau E; remplissez aux trois quarts le tube T de lait de chaux, engagez-le dans son support, puis enfoncez-y le tube, dont le bouchon aura été frotté avec un peu de colle; ajoutez dans le matras une mesure de 25 centimètres cubes d'acide hydrochlorique pur, ou au moins *exempt d'acide sulfureux :* aussitôt l'acide versé, on place le bouchon du tube *t*, et l'on allume la lampe; mais on a le soin de ne produire d'abord qu'une très petite flamme, comme celle d'une veilleuse.

Le chlore commence aussitôt à se dégager; et l'on s'assure en approchant le nez du bouchon, que le tube tient bien. De temps à autre on tourne le tube T, et si le lait de chaux est convenablement chargé, le chlore se trouve absorbé si complètement, qu'on ne sent pas la plus légère odeur à l'entrée du tube; on augmente graduellement la flamme de la lampe, et de manière que sept à huit minutes après le commencement de l'expérience, le liquide dans le matras soit en ébullition.

On pousse l'action de la chaleur jusqu'à ce que le tube *t* soit fortement échauffé par la vapeur dans toute son étendue libre; alors on éteint la lampe, et l'on retire avec précaution le tube T.

On verse ensuite tout le chlorure de chaux du tube T dans la cloche F d'un litre, on le rince à plusieurs reprises, et tous les lavages étant réunis au chlorure, on complète avec de l'eau le volume d'un litre que doit avoir tout le liquide. Enfin, on prend le titre du chlorure avec la dissolution titrée d'indigo, comme il a été indiqué à l'article Chlorométrie, pour le chlorure de chaux le titre en chlore que vous obtiendrez sera le titre de pureté du manganèse. Si, par exemple, le titre du chlorure est de 0,89, ce titre signifiant que l'oxide de manganèse soumis à l'examen ne peut donner que les 0,89 du chlore qu'eût donné l'oxide de manganèse parfaitement pur.

Si l'on manquait de dissolution d'indigo titrée, on prendrait 3gr.,979 d'oxide de manganèse pur, on le traiterait comme il vient d'être dit, et le chlorure de chaux qu'on obtiendrait étant a titre de 1,00, le rapport de la quantité de dissolution d'indigo décolorée par le chlorure provenant de l'oxide impur, à la quantité de dissolution décolorée par le chlorure provenant de l'oxide pur, sera le titre cherché. Par exemple, le premier volume de dissolution décolorée étant 108, et le deuxième volume 120, le titre du manganèse soumis à l'examen sera $\frac{108}{120}=0,90$.

Si l'on suit exactement le détail des opérations que nous avons indiquées, il est certain qu'on arrivera, après un peu d'expérience, à répondre d'un centième, ou au moins de deux. Nous ferons remarquer que le tube T doit avoir la plus grande inclinaison possible. Par ce moyen, les bulles de chlore resteront long-temps à traverser le lait de chaux et seront absorbées complètement.

Nous devons observer encore qu'il ne suffit pas, pour fixer la valeur relative d'un oxide de manganèse, de connaître la quantité de chlore qu'il peut produire; car cette valeur dépend aussi de la quantité d'acide hydrochlorique qu'il détruit, et il est par conséquent utile de faire cette appréciation.

Supposons donc que l'on traite par de l'acide hydrochlorique de l'oxide de manganèse parfaitement pur, on sait que la moitié de l'acide qui disparaitra sera converti en chlore, et l'autre en chlorure de manganèse, et que c'est là la plus petite quantité d'acide hydrochlorique qu'il soit possible de perdre; mais si l'oxide de manganèse contient des matières étrangères, où s'il n'est pas entièrement saturé d'oxigène, alors la perte en acide, relativement au chlore produit, sera plus considérable, et c'est là ce qu'il s'agit de déterminer.

Soit le titre de l'oxide de manganèse, évalué en chlore, égal à 0,65, on prendra un petit flacon G bouché à l'émeri, pouvant contenir 30 à 40 grammes d''eau; on le remplira d'acide hydrochlorique; on placera le bouchon, qu'on enfoncera de force jusqu'à ce qu'on sente qu'il résiste, et l'on essuiera le flacon avec du papier non collé. L'acide sera versé dans un bocal, on l'étendra de deux à trois fois son volume d'eau, et l'on y mettra un morceau de marbre d'un poids connu, mais plus grand qu'il ne faudrait pour saturer tout l'acide; par exemple, de 30 grammes: l'effervescence terminée, on retirera le marbre, on le lavera et quand il sera sec, on en prendra le poids, on trouvera ainsi que le marbre a perdu, par exemple, $12^{gr}, 42$.

D'une autre part, on prendra un poids connu de l'oxide de manganèse, dont on veut connaître la valeur, mais qui ne soit pas plus grand que le tiers du marbre dissous (dans notre exemple, le poids serait de $4^{gr}, 13$). On mettra cet oxide dans le petit matras M; on versera par dessus une quantité d'acide hydrochlorique exactement égale à la première, et l'on conduira l'opération comme l'essai de manganése décrit précédemment, avec cette différence seulement, qu'au lieu de mettre du lait de chaux dans le tube T, on n'y mettra que de l'eau. Quand il ne se dégagera plus de chlore (ce que l'on reconnaîtra à ce que le matras M ne sera plus coloré, et que le tube T se sera échauffé), on réunira l'eau du tube T au liquide contenu dans le matras, et l'on y mettra un morceau de marbre d'un poids connu, qu'on y laissera jusqu'à ce que l'effervescence ait cessé. Le marbre sera alors retiré, lavé séché, pesé, et la perte de poids qu'il aura éprouvée, et que nous supposerons de 4gr,45, fera connaître la quantité d'acide hydrochlorique qui n'aura pas été saturée par le maganèse. Voici maintenant la manière de calculer on dira :

$$5^{gr}558 : 12^{gr},627 :: 4^{gr},13 : x = 9^{gr},383.$$

Ce poids de 9,383 sera la quantité d'acide hydrochlorique, exprimée en marbre, qui aurait été saturée par l'oxide de manganèse s'il eût été pur ; et ce poids, multiplié par le titre de l'oxide de manganèse 0, 65, donnera $9^{gr},383 \times 0,65 = 6,099$ pour la quantité d'acide hydrochlorique correspondante à celle du chlore fourni par l'oxide de manganèse pur ; mais la quantité d'acide hydrochlorique qui a disparu réellement étant $12^{gr},42 - 4^{gr},45 = 7^{gr},97$, il en résulte que les 0,65 de chlore qu'on a obtenus ont occasionné une dèpense en acide hydrochlorique de 7 ,97, tandis qu'elle n'eût dû être que de 6gr,099 si l'oxide n'eût point contenu des matières étrangéres qui ont saturé en pure perte une portion d'acide. Ainsi, pour 100 kilogrammes d'oxide impur, contenant seulement 65 kilogrammes d'oxide pur, la dépense pour ces 65 kilogrammes, en acide hydrochlorique, sera dans le rapport de 7,97 à 6,99, ou de 1,307 à 1, et l'excès de 0,307 devra s'ajouter au prix du quintal d'oxide de manganèse.

Nous devons avertir que pour tous les essais qui viennent d'être décrits, il est essentiel que l'acide hydrochlorique soit parfaitement pur, et surtout exempt d'acide sulfureux, car celui-ci se change en acide sulfurique par le chlore, et en détruit une quantité correspondante à la sienne : c'est par le même motif qu'il faudrait repousser de la fabrication des chlorures l'acide hydrochlorique chargé d'acide sulfureux.

Nous n'avons fait mention jusqu'alors que de l'emploi le plus important de l'oxide de manganèse, celui relatif à la fabrication du chlore ou des chlorures, et les autres nous restent encore à indiquer : ainsi, nous devons dire que cet oxide, autrefois connu sous les noms de *magnésie noire*, de *savon des verriers*, sert en effet à blanchir le verre quand il est coloré par quelques fuliginosité, et il paraît certain qu'il agit là par la portion d'oxigène qu'il fournit, et qu'il sert à déterminer la combustion des particules organiques. Cependant on regarde comme assez probable que l'amélioration qu'il produit dans la teinte du verre dépend en partie de la coloration qu'il communique lui-même : ainsi, il donne une teinte violette pourprée qui, étant très atténuée, sert seulement à rehausser l'éclat du blanc, comme les couleurs bleues qu'on met dans la pâte du papier ou dans le linge servent à donner une nuance plus agréable.

On emploie aussi le manganèse pour colorer quelques couvertes de poteries communes; mais il s'en fait, sous ce rapport, une très petite consommation, et il n'est nul besoin, pour cet objet, que le manganèse soit pur ni même exempt de fer, métal qui nuirait beaucoup dans le cas précédent, car il produirait un effet tout contraire à celui qu'on veut obtenir.

Depuis quelques années, on a fait un grand usage des dissolutions de sulfate ou de muriate de manganèse dans la fabrication des toiles peintes, pour faire ces couleurs auxquelles on a donné le nom de *solitaires;* mais comme, pour cet objet, on se sert presque toujours des résidus de l'opération du chlore, on est obligé de ramener la dissolution à l'état neutre, soit en y ajoutant une nouvelle portion de manganèse très divisée, soit en la saturant par de la craie ou de la chaux. (*V.* TOILES PEINTES.) R.

Nous terminerons cet article par un tableau des analyses de différents minerais de manganèse, par M. Berthier.

Analyses de différens minerais de manganèse, par M. Berthier.

ÉLÉMENS.	Crettnich.	Timor.	Calveron.	Laveline.	Romanèche. Compacte.		Romanèche. Terreux.	Périgueux.	Piémont. Saint-Marcel.	Piémont. Pesillo.
Oxide rouge de mangan.	0,823	0,750	0,640	0,762	0,688	0,703	0,703	0,641	0,650	0,842
Oxigène....	0,115	0,090	0,087	0,055	0,071	0,072	0,067	0,075	.....	0,067[c]
Eau........	0,012	0,010	0,011	0,078	0,050	0,040	0,046	0,070	.....	.....
Oxide rouge de fer.....	0,010[a]	0,020	0,010	0,055	0,015	.....	.....	0,068	0,012	0,028
Baryte......	.....	.....	.....	.....	0,150	0,135	0,128	0,046	.....	.....
Silice.......	.....	.....	.....	.....	.....	.....	.....	.....	0,262[b]	0,068
Alumine....	.....	.....	.....	.....	.....	.....	.....	.....	0,030	.....
Chaux......	.....	.....	.....	.....	.....	.....	.....	.....	0,014	.....
Magnésie...	.....	.....	.....	.....	.....	.....	.....	.....	0,014	.....
Oxide de cobalt.......	.....	.....	.....	.....	.....	.....	.....	.....	.....	0,008
Résidu insoluble....	0,040	0,040	0,012	.....	0,026	0,020	0,056	0,100	.....	.....
Carbonate de chaux...	.....	0,090	0,240	.....	.....	.....	.....	.....	.....	.....
Argile......	.....	.....	.....	0,050	.....	.....	.....	.....	.....	.....
	1,000	1,000	1,000	1,000	1,000	1,000	1,000	1,000	0,982	1,013

a Oxide de cuivre, trace.
b Avec un peu d'eau.
c A l'état de silicate.

R.

MANÉGE (*Arts mécaniques*). De tous les modes d'appliquer la force motrice des animaux pour faire mouvoir des machines, le plus convenable paraît être le *manége*, dont les bras de levier portent au moins 4, 5 et même 6 mètres de long. Avec cette dimension, les animaux tirent dans la direction de la tangente au cercle qu'ils décrivent, et toute leur force est employée utilement. On ne doit point oublier, dans le calcul des vitesses, que le cheval travaillant ne parcourt qu'un mètre par seconde, en exerçant une force de 80 kilogrammes : d'après cela, un cheval d'une force et d'une taille moyenne, attelé à l'extrémité d'un levier de 4 mètres, ne doit faire que deux tours et demi par minute.

La marche d'un bœuf n'étant que les deux tiers de celle d'un cheval, il ne ferait, étant attelé au même levier, qu'un tour et deux tiers par minute. Pour que la vitesse de rotation du manége soit égale dans les deux cas, il faut que le levier du bœuf n'ait que $2^{m},66$. On voit que je suppose ici la force de traction du bœuf égale à celle du cheval, ce qui n'est pas toujours vrai : alors il faut y avoir égard.

Les manéges sont formés d'un arbre vertical, fig. 1, pl. 20, ordinairement en bois, tournant dans une crapaudine et dans un collet fortement assujettis, l'une sur le sol et l'autre contre une poutre du plafond. Cet arbre porte dans le haut un grand rouet d'angle denté, en bois de charme ou de cormier. Pour que ces dents résistent à l'effort de quatre ou cinq chevaux, elles doivent avoir 15 à 16 lignes d'épaisseur, sur 5 à 6 pouces de large. Ce rouet conduit un pignon tout en fonte, qui ne doit pas avoir plus de $1/8$ ou $1/10$ des dimensions du rouet, et même si les machines que le manége doit mettre en mouvement n'exigeaient pas cette vitesse, le mouvement serait beaucoup plus doux en ne faisant ce rapport que de $1/4$. C'est l'axe de ce pignon qu'on peut engrener ou désengrener à volonté, qui porte le mouvement dans les ateliers.

Les leviers d'attelage se combinent avec les liens qui soutiennent le rouet, qu'on nomme aussi la *couronne*. Ces leviers, en nombre égal à celui des chevaux qu'on veut atteler, s'étendent de part et d'autre de l'arbre horizontalement à la hauteur de 2 mètres, aux bouts desquels sont placées les fourchettes en contre-bas, où l'on attelle les chevaux ou les bœufs.

Pour que la pression contre les épaules des animaux s'exerce uniformément, les fourchettes d'attelle, au lieu d'être en bois, sont faites en fonte d'une seule pièce, portant à leur sommet un très fort tourillon qui se loge dans un collet des bras de levier, où il jouit de la faculté de pouvoir tourner, de manière que cette fourchette se prête au mouvement varié des épaules.

On obtient ce résultat d'une manière plus simple au moyen d'un palonnier placé sur le côté de la fourchette d'attelle, en bois, dans le haut, qui a la faculté de se mouvoir dans un plan vertical, et dont deux cordes ou chaînes attachées à ses extrémités, descendent et passent sous des poulies placées à la hauteur des épaules des animaux, et vont ensuite s'accrocher aux colliers de ceux-ci. Cette disposition est applicable à toutes les fourchettes d'attelage, et prévient les blessures des animaux aux épaules, par l'égalité de pression.

On fait des manéges disposés différemment, c'est-à-dire dont le rouet et le pignon sont en bas et l'axe en l'air : on les appelle *manége de campagne, portatif*, parce que leur placement est des plus faciles. Il n'exige aucune construction particulière; seulement, on pratique un trou en terre d'environ un pied de profondeur et de six pieds carrés, pour recevoir le cadre du manége, des angles duquel partent obliquement des étais qui vont, par leur réunion au centre, soutenir à la hauteur d'un mètre le collier, dans lequel passe l'axe du manège, lequel axe, prolongé d'environ un pied au dessus, reçoit une forte pièce de fonte à deux ou quatre branches, dans lesquelles sont fixés autant de leviers pour les chevaux. L'axe horizontal de ces manéges passe sous terre. E. M.

MANIVELLE. (*Arts mécaniques.*) A l'extrémité d'un axe tournant est fixé à carré sur cet axe un *bras* perpendiculaire qui se coude pour devenir parallèle à l'axe : cet appareil, dont la fig. 12, pl. 25, représente la forme, est une *manivelle*, ainsi nommée parce qu'elle sert à tourner l'arbre avec la main. Quelquefois le bras de la manivelle est courbé en S, pour que l'action soit transmise dans le sens des fibres, mais la longueur du bras, n'est jamais que le rayon du cercle décrit par la force motrice. Il arrive aussi que les machines contiennent des arbres coudés qu'on appelle manivelles parce qu'ils ont les mêmes fonctions.

On change ainsi le mouvement de rotation en va-et-vient, ou réciproquement. *Voy*. MOUVEMENT et fig. 10 et 20.

Comme la résistance est exercée à la surface de l'arbre et que la puissance l'est à l'extrémité du bras, la théorie de la manivelle est exactement celle du TOUR ou TREUIL. Mais on doit observer que lorsque la manivelle tourne à bras, elle n'est pas poussée avec une force constante; tantôt l'ouvrier presse en s'aidant du poids de son corps, tantôt il relève le manche avec effort; en sorte que la puissance est variable, ce qui, dans les cas où l'on veut que la rotation soit régulière, exige l'emploi d'un VOLANT ou de toute autre action mécanique équivalente, pour absorber ce qu'on appelle *les temps morts,* qui sont deux positions opposées de la manivelle où la pression est presque nulle.

Le poids de la partie du corps et la force musculaire qui pressent la manivelle étant estimés de 11 kilogrammes peuvent être produit par un ouvrier avec une vitesse d'un mètre par seconde (*Voy*. FORCE.) Ainsi, en supposant au bras de la manivelle un pied de long, le manche décrit environ 6 pieds, ou 2 mètres; il fait donc un tour en 2 secondes, 30 tours par minute. Avec un bras de 15 pouces, un homme ne fait que 22 tours; il en fait 38 par minute, avec une manivelle dont le rayon est de 9 pouces; toujours en supposant que l'effort moyen est de 11 kilogrammes.

Quand on adapte un volant à l'arbre de rotation, on applique la force à une cheville implantée perpendiculairement au plan du volant, sur un de ses rayons, pour économiser la branche qui sert de levier. Souvent on enveloppe la pièce qu'on saisit à la main par un manche pour en accroître le diamètre et le rendre plus facile à manier; et même ce manche est mobile autour de la pièce qui lui sert d'axe, afin de ne pas frotter entre les doigts.

Coulomb n'estime la pression moyenne d'un homme par une manivelle qu'à 7 kilogrammes, quand il décrit une circonférence de 23 décimètres; et trouve qu'il fait 20 tours par minute, en travaillant 6 heures effectives par jour, ce qui lui donne 116 kilogrammes élevés à un kilomètre pour le travail diurne (*Voy*. FORCE.) FR.

MANNE. La *manne* est un suc sucré concret, autrefois très employé, mais qui a partagé le sort de tous les purgatifs, dont on regarde maintenant les effets comme plus funestes qu'utiles. L'opinion, qui varie en Médecine comme ailleurs, viendra sans doute remettre plus tard en faveur ces médicamens, qui aujourd'hui se trouvent presque généralement proscrits. Quoi qu'il en soit, la *manne* est principalement produite par une espèce de FRÊNE (*fraxinus ornus*, L.), dont elle exsude spontanément, et qui croît abondamment en Sicile et dans la Calabre. Pour en faciliter l'écoulement, on pratique de petites incisions qui ont environ un pouce de longueur et 6 lignes de profondeur : ces incisions se pratiquent depuis le commencement de juillet jusqu'en décembre, et l'on n'exploite ainsi qu'un côté de l'arbre chaque année.

La *manne* qui s'écoule dans les premiers mois provenant de sucs mieux élaborés, contient plus de substance cristallisable; aussi se concrète-t-elle bien plus facilement. On la voit se mouler sur l'écorce, ou sur de petits chalumaux de paille placés à cet effet, en longues et belles stalactites blanches cristallines, auxquelles on donne le nom de *manne en larmes*.

A mesure que la saison avance, les sucs propres s'épaississent plus difficilement, les petites larmes qui se forment sont souvent agglutinées entre elles par un suc poisseux incristallisable, qui en forme des agglomérations auxquelles les droguistes donnent le nom de *marrons*. On appelle ce mélange de larmes et de marrons *manne en sorte*. La portion qui s'écoule sur la fin de la récolte, contient tant de parties sirupeuses, et la température de l'atmosphère est si peu propre à en déterminer la concrétion que ce suc découle tout le long du tronc, et qu'on est obligé de pratiquer de petites fosses au pied de l'arbre, pour l'y rassembler : ce troisième produit est ce qu'on nomme *manne grasse*. C'est la dernière qualité; mais elle passe pour la plus purgative. La manne en larmes est plus adoucissante, moins âcre; aussi la prescrit-on souvent comme béchique.

En général, les mannes de Sicile sont préférées à celles de

Calabre. Ces dernières, lorsqu'elles sont en sorte, se nomment *manne capacy*, et celles de Sicile *manne geracy*.

Comme la manne se conserve difficilement, qu'elle jaunit à l'air et qu'elle y acquiert de l'âcreté, on a cherché, surtout pour les mannes en larmes, à les réhabiliter en les purifiant à peu près comme le sucre. Pour cela, on les fait dissoudre dans très peut d'eau; on en clarifie la solution à la manière ordinaire, on y ajoute même un peu de noir animal, et l'on en fait couler la solution concentrée sur des espèces de cannes, où la manne se concrète en longues stalactites. Cette espèce de falsification, si l'on peut l'appeler ainsi, se reconnaît à la plus grande convexité de la surface interne de la larme, qui s'est moulée sur un cylindre de plus petit diamètre que le tronc des arbres.

On a reconnu, dans les mannes, deux espèces de matières sucrées très différentes l'une de l'autre : la première cristallisable et tout-à-fait analogue à la portion cristallisable du miel; elle n'est point susceptible de fermenter; on lui a donné le nom de *mannite*. La deuxième, au contraire, fermente facilement; mais on ne peut l'obtenir à l'état concret. On a profité de ces propriétés opposées pour les séparer l'une de l'autre. Ainsi, pour cela, il suffit, comme l'a fait M. Thénard, de délayer la manne dans une quantité convenable d'eau, de lui faire subir la fermentation alcoolique. On obtient, en évaporant la liqueur fermentée à siccité, et reprenant le résidu par de l'alcool bouillant qui le dissout complètement, mais qui par refroidissement laisse déposer de longues aiguilles blanches, qui ne sont autres que la matière sucrée cristallisable. L'eau-mère fournit, par évaporation, une troisième matière d'une saveur nauséeuse et incristallisable, qu'on n'a pas très bien caractérisée, qui probablement contient le principe purgatif.

Le *fraxinus ornus* n'est pas le seul arbre qui fournisse de la manne; on en récoltait autrefois sur les feuilles d'une espèce de mélèze qui croît aux environs de Briançon, *abies larix*, de L.: on la désignait dans le commerce sous le nom de *manne de Briançon*; elle était en petits grains arrondis, blanchâtres. Il y a encore plusieurs autres arbres qui, à certaines époques de l'année, exsudent un suc sucré fort analogue à la manne, mais qui n'est pas assez abondant pour qu'on en puisse faire la récolte. R.

MANOMÈTRE. (*Arts mécaniques.*) Appareil destiné à donner la tension des gaz et des vapeurs sous des températures données. C'est un ballon de verre (fig. 20, pl. 21), dont l'ouverture est hermétiquement fermée par une plaque ou un col en cuivre muni de deux tuyaux de communication, portant divers robinets. A l'un de ces tuyaux aboutit un long tube de verre dans lequel on enferme un baromètre à siphon : on peut diviser ce tube et le séparer du ballon lorsqu'on le juge à propos. L'autre tubulure sert à faire le vide, soit en la vissant sur le tuyau central de la *Machine pneumatique*, soit en établissant un tube de communication qui se rend à ce tuyau ; bien entendu que ce tube ne doit pas se déprimer par la pression de l'air, lorsqu'on produit le vide. On le fait, le plus souvent, en cuir imperméable, soutenu en dedans par un fil de fer spirale qui règne dans toute sa longueur. Ce tuyau porte d'ailleurs à ses deux bouts des viroles en cuivre, dont l'une se visse sur la machine pneumatique, et l'autre à la tubulure du manomètre.

Cette tubulure a deux robinets R et R′ parfaitement ajustés. Lorsque le vide est fait dans le ballon, à un degré qu'on mesure par la différence des deux colonnes de mercure dans le baromètre : on verse un liquide par la tubulure, dont on a ouvert le robinet supérieur R′, qu'on referme ensuite; on ouvre alors l'inférieur R, et le liquide tombe dans le ballon, où il se résout *subitement* en vapeur. La tension est mesurée par le baromètre, car à l'instant même la colonne de mercure remonte dans la branche fermée, et la différence des niveaux, moins celle qui avait lieu d'abord, est la force élastique développée. Comme on peut saturer l'espace de vapeurs, en réitérant le jeu des robinets, on connaît exactement la tension, et même à diverses températures, en faisant varier celle de l'appareil.

Il est d'une haute importance de connaître la tension des vapeurs développées dans les chaudières de machines à vapeur, surtout lorsqu'elles fonctionnent sous la pression de plusieurs atmosphères. On se sert, pour cela, d'un instrument appelé *manomètre;* c'est simplement un tube de Mariotte (*Voy.* DILATATION), qui est scellé au mur de l'édifice et communique avec la chaudière. Le tube contient de l'air dans sa branche fermée, et une colonne de mercure occupe le coude du siphon pour renfermer cet air (*Voy.* fig. 21): la branche ouverte se rend dans l'intérieur de la chaudière. La tension de la vapeur refoule le mercure, et réduit l'air du tube à un volume d'autant moindre que cette force élastique est plus considérable; et même, pour n'avoir pas à considérer la diminution de l'une des colonnes de mercure, on y pratique une boule servant de réservoir, et dont le niveau ne baisse pas sensiblement lorsque le fluide métallique s'élève dans l'autre branche. Une échelle graduée en parties égales, placée sous la branche à air, permet d'estimer à chaque instant le nombre d'atmosphères sous lesquels la machine fonctionne.

MARGARIQUE. (*Acide.*) Cet acide dont la découverte est due à M. Chevreuil, cristallise en aiguilles entrelacées, très brillantes, fusibles à 60°, insipides, insolubles dans l'eau, très solubles dans l'alcool et l'éther, formant avec les diverses bases des sels qui ont beaucoup d'analogie avec les stéarates.

A l'état de pureté, l'acide Margarique n'a pas d'usage dans les arts, mais uni ou plutôt mêlé avec l'acide stéarique et quelquefois un peu de cire il constitue les bougies dites *bougies margariques, bougies de l'étoile*, etc., etc.

Le mélange de ces deux acides se prépare en saponifiant le suif par un lait de chaux dan une autoclave, décomposant le savon calcaire par de l'acide sulfurique faible, lavant bien la masse, la laissant refroidir et la comprimant ensuite fortement pour la depouiller autant que possible de l'acide oléique.

L'acide Margarique est formé dans les margates de 70 équivalens de carbone, 33 équivalens et demi d'hydrogène et 3 équivalens de carbone, à l'état de liberté, il contient en outre un équivalent d'eau 110. P...z.

MARLI. grosse gaze gommée en fil de Coton, dont ont garnit les chapeaux de dames etc., les mailles sont en lozange que les fils de la chaîne traversent diagonalement; elles sont formées par les fils de la trame qui s'enlacent entre eux et avec les fils de la chaîne à chaque angle du lozange ; de manière que cette gaze n'est élastique que dans le sens de sa largeur ; le fils de la chaîne restant toujours droits. E.M.

MAROQUIN. Le véritable maroquin est de la peau de chèvre tannée et mise en couleur du côté de la fleur. On travaille de la même manière les peaux de moutons qui prennent alors le nom *mouton maroquiné*.

Les maroquiniers de Paris tirent leurs peaux de chèvre des anciennes provinces de l'Auvergne du Poitou et du Dauphiné et quelquefois aussi de la Suisse, de la Savoie et de l'Espagne. Elles arrivent sèches et en poile. On commence par les ramollir dans une eau croupie et on leur donne ensuite une première façon sur le chevalet, afin d'en separer les morceaux de graisse ou de chair que les bouchers y ont laissés, et pour faire disparaître les plis qui ont pû se former pendant la dessication. Après cette première opération, on les retrempe dans de l'eau fraiche pendant 12 heures et quand elles sont égouttées, on les met dans des fosses avec de la chaux délayée dans de l'eau. Le but de cette nouvelle immersion est de dilater assez le tissu réticulaire pour mettre en liberté les bulbes des poils et en permettre une facile extraction. Les peaux retirées de la fosse à chaux sont débourrées par la méthode suivante. On étend successivement les peaux sur un chevalet et à l'aide d'un couteau rond, non tranchant, on fait tomber tout le poil et on cherche ensuite à les débarrasser de la chaux qu'elles peuvent retenir, en les faisant dégorger dans une rivière pendant 24 heures. Trois façons suffisent ensuite pour les purger totalement. La première nommée l'*écharnage*, a pour but d'enlever les dernières portions de chair adherentes à la peau ; la deuxième façon se donne du côté de la fleur avec la *querce*, espèce de schiste pierreux dur et plat, d'une texture fine et serrée. Elle a pour objet d'expulser, par une légère pression, le peu de chaux qui pourrait rester superposée et d'adoucir en même temps la fleur. La peau égouttée, puis comprimée sur le chevalet avec un couteau rond non tranchant est introduite dans le *confit*. C'est un bain qui n'était, suivant Lalande, autre chose que de la matière stercorale de chien délayée avec de l'eau en consistence de bouillie claire et dans la proportion de 25 à 30 livres par huit douzaines de peaux. La plupart des fabricans de maroquins ont supprimé l'usage de la crotte de chien et ils font seulement un confit de son. Ils y laissent les peaux pendant une nuit et un jour et les étalent en suite sur le chevalet pour les nettoyer. Celles qui sont destinées à être mises en rouge, c'est-à-dire les plus belles, sont immédiatement salées pour être conservées jusqu'à ce qu'on veuille les mettre en couleur.

Les peaux destinées à être teintes en rouge étant supposées bien apprêtées, entièrement purgées de chaux et non tannées, on les coud separément par leurs bords, chair contre chair; on les passe ensuite dans une dissolution d'étain, dont l'oxide se combine en partie à la peau et sert de mordant à la matière colorante. Selon Lalande, c'est l'alun, c'est-à-dire l'alumine, qui doit servir de mordant, et il prescrit de prendre 12 livres d'alun de Rome pour huit douzaines de peaux. On fait dissoudre ce sel dans environ 30 pintes d'eau chaude, et c'est dans cette dissolution encore tiède, qu'on immerge successivement les peaux: on les y laisse séjourner seulement pendant quelques instans, ensuite on les met à égoutter, puis on les tord et on les étend au chevalet, pour faire disparaître les plis.

Les peaux étant mordancées par l'une ou l'autre de ces deux méthodes, et quelquefois même par les deux, il ne s'agit plus que de les teindre, et pour cela il faut commencer par préparer le bain de teinture. Voici comment on y procède: on prend par douzaine de peaux environ de 10 à 12 onces de cochenille concassée, suivant la grandeur des peaux; on délaie la cochenille dans une quantité suffisante d'eau, à laquelle on ajoute, soit un peu d'alun, soit un peu de crême de tartre; et l'on soumet le tout à une ébullition de quelques minutes, dans une chaudière en cuivre, puis on passe cette décoction au travers d'un tamis serré, ou mieux d'un linge fin: on partage ensuite le bain en deux portions, afin de pouvoir donner deux couches successives. On introduit la première moitié de ce bain dans un tonneau d'une construction à peu près semblable à celui dont nous avons fait mention pour le lavage des peaux, et l'on en met ordinairement de huit ou dix douzaines à la fois ; là elles sont agitées pendant environ une demi-heure, puis on renouvelle le bain, et l'on procède au deuxième battage pendant le même temps. Lorsqu'elles sont teintes, on les rince et on les met au tannage.

C'est ici le lieu de remarquer que le résidu du bain de teinture, quoique n'étant plus susceptible de rien communiquer, ou du moins que fort peu, aux peaux, n'est cependant pas épuisé de matière colorante, et qu'il en contient encore beaucoup, mais dans un tel état de combinaison que le mordant fixé sur la peau ne peut pas l'enlever aussi facilement, et que la portion qui s'en séparerait encore aurait beaucoup moins d'éclat. Pour tirer parti de ce restant de matière colorante, les maroquiniers ajoutent à leur résidu de bain un excès de muriate d'étain ou d'alun, qui en détermine la précipitation, et ils vendent ensuite cette espèce de laque carminée encore humide, aux fabricans de papiers peints, ou autres qui peuvent en tirer parti. Revenons au tannage.

C'est ordinairement avec le sumac que se fait le tannage des maroquins ; du moins dans les pays où la noix de galle est relativement plus chère, et l'on donne la préférence à celui qui nous vient de Sicile, parce qu'il contient plus de tannin et moins d'une matière colorante fauve que les autres, ce qui est d'un grand avantage, surtout pour les couleurs délicates. On en met ordinairement 2 livres par peau d'une moyenne sorte, et 2 livres et demie et jusqu'à 3 livres pour une plus grande sorte. Cette opération se fait dans un grand cuvier de bois blanc, de forme conique, qui doit avoir, pour huit à dix douzaines de peaux, de 15 à 18 pieds environ dans son plus grand diamètre, sur 5 de profondeur. On concevra que ces grandes dimensions sont nécessaires, lorsqu'on saura que les peaux y sont tendues comme des ballons, et qu'elles ont besoin d'y balancer à l'aise. On emplit cette cuve aux quatre cinquièmes de sa hauteur avec de l'eau de sumac, puis on prend les peaux cousues chair contre chair, et on leur fait une ouverture à l'une des extrémités, pour pouvoir y introduire du sumac et de l'eau de la cuve. On ferme ensuite cette ouverture avec une ficelle, et lorsque toutes les peaux sont ainsi disposées, on les fait balancer dans la cuve par deux hommes, pendant quatre heures de suite. Au bout de ce temps on les enlève et on les pose sur une espèce de pont qui se trouve placé au-dessus de la cuve, et de manière à ce que l'eau qui en égoutte puisse retomber dans cette cuve. On les remplit ainsi, et on les relève deux fois dans l'espace de vingt-quatre heures. Lorsque l'opération a été bien conduite, et que le sumac est de bonne qualité, ce temps est suffisant pour que le tannage soit achevé, et une fois terminé, on découd les peaux, on les rince, on les foule à deux reprises avec des pilons; on les égoutte ensuite sur une table avec une *étire* en cuivre, et enfin on les met au séchoir.

Quelqnes fabricants sont dans l'usage d'aviver encore la couleur de leur rouge, en passant sur les peaux à demi sèches, et au moyen d'une éponge fine, une dissolution de carmin dans l'ammoniaque; d'autres les mouillent avec une décoction de safran, pour leur donner une nuance plus écarlate.

Lorsque les peaux sont tannées, soit par le sumac soit par la noix de galle on les nettoie avec beaucoup de soin, afin que rien ne s'oppose à l'application des couleurs dont on veut les teindre; ainsi, on commence par les bien rincer, puis on les foule au pilon dans un baquet, ensuite on leur donne une façon du côté de la chair, sur le chevalet, et avec le couteau non tranchant. Après cette première façon, on les foule de nouveau dans de l'eau tiède, et on leur donne, du côté de la fleur, une deuxième façon avec la *querce*, afin de bien nettoyer cette surface et de l'adoucir en même temps. Lorsque les peaux sont un peu dures, on est obligé de procéder à une troisième façon et tout semblable à la deuxième.

Au moment de teindre les peaux, on les foule encore une fois dans l'eau tiède, on les ploie en deux, la fleur en dehors. Ordinairement on n'en met que deux à la fois en couleur.

Chez la plupart des maroquiniers, on passe en couleur, le rouge excepté, dans de petites auges longues et étroites, où l'on met le bain de teinture; on les plonge à une température aussi élevée que l'opérateur peut la supporter, et on les y maintient jusqu'à ce qu'on ait obtenu la nuance demandée. Quand on a atteint le degré d'intensité qu'on veut obtenir, on les retire, puis on les rince; on les imprègne ensuite d'un peu d'huile, pour qu'elles ne se racornissent pas à l'air, et on les étend immédiatement dans un séchoir bien aéré, mais où le soleil ne puisse pénétrer, car autrement les couleurs se trouveraient nuancées par l'action de la lumière.

Comme les couleurs autres que le rouge n'offrent aucune difficulté, et que les peaux prennent très facilement la teinture, nous nous bornerons à indiquer sommairement qu'elles sont les matières tinctoriales employées pour obtenir telle ou telle couleur.

Le *noir*, pour le maroquin, se fait à la brosse; on imprègne toute la surface du côté de la fleur avec une dissolution d'acétate de fer, qu'on obtient en faisant digérer des ferrailles rouillées avec de la bière aigrie.

Le *bleu* se teint en cuve par les procédés ordinaires (*V.* Indigo). c'est-à-dire qu'on dissout cette substance colorante par les moyens qui sont employés dans les autres ateliers de teinture; cependant le plus grand nombre des maroquiniers donnent la préférence à la cuve qui se fait avec l'indigo, la coupe-rose verte et la chaux. Leur teinture se fait à froid, et ils donnent plus ou moins de couches, suivant la nuance qu'ils veulent atteindre.

Pour les *violets* et les *pensée*, on donne une ou deux couches de bleu, que l'on glace ensuite en passant ces peaux dans un bain de cochenille plus ou moins chargé, suivant la nuance qu'on veut avoir.

Le *vert* s'obtient ordinairement en passant d'abord dans un bain plus ou moins léger de bleu de Saxe (*V.* Indigo), puis on donne par-dessus une couche de jaune, en trempant la peau teinte en bleu dans une décoction de racines d'épinevinettes hachées, à laquelle on a ajouté un peu d'alun pour lui servir de mordant. Cette même décoction sert pour faire les jaunes ordinaires, et l'on conçoit qu'avec ces couleurs premières et quelques mordans particuliers, on en peut composer beaucoup d'autres, qui résultent de leur union en diverses proportions. Ainsi, pour teindre en *olive*, on passe d'abord les peaux dans une dissolution très étendue de coupe-rose verte (sulfate de fer), et de là dans une décoction d'épine-vinette, à laquelle on a ajouté plus ou moins de dissolution d'indigo, suivant l'intensité voulue.

Pour obtenir des nuances *solitaire*, *La Vallière*, et autres, on mordance également avec la coupe-rose, et de là on passe dans le bain pour le jaune, ce qui produit des couleurs plus ou moins foncées, suivant les proportions relatives de mordant et de matière colorante.

La couleur *puce* se fait avec la décoction de bois d'Inde; il en faut donner deux couches; mais dans le premier bain il est nécessaire d'ajouter un peu d'alun, et le deuxième se donne sans mordant.

Si au deuxième bain de bois d'Inde on en substitue un de bois de de Fernambouc, on produit la nuance *raisin de Corinthe*. On peut obtenir toutes les nuances de gris avec le noir, le bleu d'indigo et le rouge de cochenille, le tout employé dans des proportions convenables, mais toujours très faibles.

Pour toutes les teintures, aussitôt que les peaux sont mises en couleur, on les rince, on les tord, ou mieux on les égoutte sur une table avec une *étire*, puis on leur donne, du côté de la fleur une légère couche d'huile de lin avec une éponge, afin de mieux faire couler la lisse lorsqu'on les soumettra au corroyage, et pour éviter qu'elles se racornissent par une trop prompte dessiccation; puis on les porte au séchoir.

Le dernier travail que l'on donne aux peaux est le corroyage; il sert à en faire ressortir le lustre et à leur rendre leur souplesse première. Cette opération se pratique de différentes manières, suivant l'emploi auquel les peaux sont destinées. Pour le portefeuille et la gaînerie, on les amincit le plus possible du côté de la chair, on les mouille un peu, puis on les étend sur une table avec une étire, afin qu'elles restent bien plates; on les remet sécher de nouveau, puis on les humecte encore, et enfin on les passe trois ou quatre fois au cylindre et en différens sens, pour donner les croisés du grain. Les peaux qui doivent être employées pour la cordonnerie, la sellerie, la reliure, etc., exigeant plus de souplesse, on les corroie différemment. Lorsqu'elles sont amincies, on les lisse encore un peu humides, ensuite on forme le grain du côté de la chair avec la pommelle du tanneurs; on les lisse une deuxième fois pour remonter le lustre que la pommelle a détruit, et enfin on fait reparaître le grain en le relevant très légèrement du côté de la chair avec une plaque de *liége* appliquée sous une pommelle de bois blanc.

R.

MARQUE DU LINGE. La manière la plus ancienne de marquer le linge de ménage consiste à dessiner des lettres par le moyen d'une broderie en fil dont la couleur soit très différente de celle du fond de l'étoffe sur laquelle on l'applique, mais ce moyen peut être remplacé avec avantage par une composition chimique qui résiste aux lessives et aux blanchissages.

Voici la recette la plus répandue :

On mouille, à l'aide d'un pinceau, la partie du linge sur laquelle on veut écrire, avec une liqueur composée d'une partie de carbonate de soude, une partie de gomme arabique, et 8 à 10 parties d'eau, on laisse sécher; on lisse le linge avec un fer légèrement chaud et l'on écrit à la plume, avec une encre composée de 2 parties et demi de nitratre d'argent, 6 parties d'eau distillée et 1 partie de gomme arabique. On laisse ensuite sécher le linge à l'air.

Il paraît que l'on substitue avec avantage l'acétate de manganèse au nitrate d'argent.

MARTEAU. (*Arts mécaniques*). La forme de cet instrument de percussion varie selon l'usage auquel on le destine. On y distingue 1° la tête qui est carrée ou cylindrique, toujours aciérée et trempée à toute sa force.

2° La *panne* qui est le bout opposé, taillé en biseau, quelquefois fourchu, aciéré et trempé. Il y a des cas où la panne est remplacée par une seconde tête.

3° L'*œil*, trou ovale qui perce le marteau pour recevoir le manche; sa forme est un peu conique, c'est-à--dire un peu plus ouvert du côté opposé au manche, pour qu'en y entrant des clous ou des coins de fer, ce manche soit fortement retenu.

4° Le *manche* en bois de frêne, de houx, ou en fer.

L'effet d'un coup de marteau est mesuré par le produit de la masse par le carré de la vitesse. Cette vitesse est due à la chute du corps d'une certaine hauteur, et surtout à l'impulsion que lui donne le bras de l'ouvrier. Comme cette impulsion est très variable et le plus souvent inconnue, cette théorie n'est guère susceptible d'application, si ce n'est quand le marteau tombe librement par son seul poids, car alors la vitesse est connue. *Voy*. CHUTE. FR.

MARTINET. (*Arts mécaniques.*) Dans les grandes usines à fer, indépendamment des gros marteaux et des cylindres forgeurs dont nous avons parlé au mot FORGES, on a de petits marteaux qu'on appelle *martinets*, du poids de 40, 50 à 60 kilogrammes, plus ou moins, suivant leur objet, frappant depuis deux cents jusqu'à cinq cents coups par minute, sous lesquels on étire les barres de fer ou d'acier d'un petit échantillon, qu'on nomme *martiné*, et où l'on bat à froid les pièces ambouties, telles que les faux, les bêches, les poêles, les casserolles, les fonds de chaudière, etc. La tête de ces marteaux, ainsi que celle de leurs enclumes, est de forme diverse, appropriée au travail qu'on exécute.

On fait battre ces petits marteaux par les cames d'un arbre horizontal, que l'eau fait tourner plus ou moins vite, suivant le nombre de coups que le marteau doit frapper par minute. Ces cames sont ordinairement implantées et tenues avec des coins de bois dans des mortaises pratiquées sur le contour d'un très fort manchon de fonte qui embrasse l'arbre A de la roue hydraulique. (*Voy*. Pl. 21, fig. 22.)

B est ce manchon, que nous supposons armé de douze cames *a* tournant dans le sens de la flèche. Ces manchons sont plus ou moins gros, et sont armés d'un plus ou moins grand nombre de cames, suivant la rapidité du mouvement et de la roue motrice et du marteau. Ce rapport de mouvement doit être tel, que la came suivante reprenne le marteau au bond. Ce n'est qu'à l'expérience qu'il appartient de bien régler cette disposition.

C, Manche du marteau, qu'on fait en frêne ou en tout autre bois liant.

D, Poupées en bois de chêne, fortement scellées dans le sol, qui servent de point d'appui et de centre de mouvement au manche du marteau, environ au tiers de sa longueur.

E, Pièce de fonte à travers laquelle passe le manche du marteau, et qui se termine par deux pointes opposées, qui entrent dans des crapaudines fixées en face l'une de l'autre, contre les poupées D, au moyen d'écrous et de contre-écrous.

F, Ressort en bois qui réagit en dessous du manche, pour faire tomber plus rapidement le marteau, aussitôt que la came l'abandonne au point *b*.

G, Marteau en fer forgé pour battre les fers martinés, tels que le carrillon, la tringle, etc.; pour cette dernière, on arme l'enclume et le marteau d'étampes.

H, Enclume également en fer forgé, dont le dessus est égal à la tête du marteau.

Le martineur, placé de côté ou d'autre de l'enclume sur une chaise suspendue en escarpolette, tient avec ses mains la barre, dont il présente le bout chaud en *m*, où le marteau et l'enclume sont façonnés en *panne*. Cette barre étant arrivée à la grosseur convenable, il la place sous la tête unie *n* pour la parer.

Les cordes de l'escarpolette étant attachées au comble du bâtiment, ont de la longueur, de sorte que le martineur peut parcourir un espace de 4 à 5 mètres presque parallèlement au sol, sur lequel, appuyant ses pieds, il se fait aller et venir avec une vitesse convenable au travail qu'il exécute.

Les barres de fer ou d'acier destinées à être martinées, sont chauffées dans des fours à réverbère et apportées au martineur, qui subtitue l'une à l'autre, sans suspendre l'action du martinet.

Les marteaux et enclumes des martinets à emboutir sont faits différemment, et suivant la forme qu'on veut donner aux pièces. Le martineur, assis auprès de l'enclume, dirige le travail du marteau sur les diverses parties de la pièce, qu'il gouverne à la main.

Le bruit que font ces martinets travaillant à froid est tel, surtout s'il en existe plusieurs dans un même atelier, qu'il est impossible de se faire entendre à qui que ce soit, autrement que par signe. EM.

MASQUES. On les fait avec des feuilles de papier collées en forme de carton mince, qu'on introduit dans des moules ayant toutes les proéminences de la figure incrustées en creux. Lorsque les feuilles sont presque sèches, on répare les défauts, on retire des moules et on passe diverses couches de couleurs délayées à la colle, de manière à compléter l'imitation des traits de la figure humaine, ou ceux des figures grotesques qu'on a dessein de reproduire. Quand l'encollage est parfaitement sec, on couvre toute la surface avec un vernis blanc à l'esprit de vin. Il ne reste plus qu'à percer les yeux, la bouche et les narines.

Au lieu d'y employer le carton, on se sert de toile fine et usée. Les couleurs sont délayées à la gomme arabique. Après que le masque est fait et réparé, on le plonge quelques instans dans un bain de belle cire blanche presque bouillante : on laisse égoutter, et on vernit ainsi qu'il a été dit. Ces masques sont dits *de Paris* ou *de Venise;* ceux-ci ne sont pas vernis et sont plus lourds et moins transparens. FR.

MASSICOT. Protoxide de plomb non fondu. *Voy*, LITHARGE, MINIUM et PLOMB.

MASTIC. On appelle ainsi des composés pâteux, ductiles, employés pour clore des joints, s'opposer au passage ou à l'action des gaz ou des liquides.

Les mastics sont en quelque sorte intermédiaires entre les luts et les mortiers, et souvent ont des applications semblables à celles de ces dernières substances.

Mastic de limaille de fer. Il se compose de limaille de fer bien propre et non oxidée, ou tournure de fonte douce pilée, de fleur de soufre exempte de corps étrangers, et de sel ammoniac (*muriate* ou *hydroclorate d'ammoniaque*) en poudre dans les proportions suivantes en poids ;

Limaille.................. 50 parties.
Soufre. 2
Sel ammoniac. 1

On mélange bien exactement ces matières dans un mortier, on y ajoute la quantité d'eau nécessaire pour que le tout soit humecté, et on l'emploie aussitôt.

Ce mastic, ainsi préparé au moment d'en faire usage, est introduit avec force entre les joints des chaudières ou ajutages en fonte ou en tôle, on l'y comprime à l'aide d'une *chasse* ou ciseau à *matter*, qu'on enfonce à petit coups de marteau.

Il se forme entre les particules de mélange un sulfure de fer qui produit une très grande dureté et un gonflement qui remplit très bien tout le vide entre les pièces ajustées : aussi peut-on, avec ce mastic, boucher hermétiquement les joints très ouverts des tubes, ajutages, bouilleurs, et des chaudières à vapeur.

Pour les pièces en fer que l'on boulonne sur des cylindres, tubes ou chaudières, qui doivent être chauffés à la température rouge, on se sert d'un mastic composé de :

Limaille. . . . . 4 parties.
Glaise non pyriteuse. 2
Ciment de tessons. 1

On délaie le tout en pâte consistante, avec une solution saturée de sel marin. Ce mastic, interposé entre les pièces et serré fortement résiste bien et devient presque aussi dur que la fonte.

Mastic pour les garnitures métalliques.

Résine sèche (arcanson), en poids.. 5 parties.
Cire jaune, *id.* 1
Ocre rouge (peroxide de fer alum.). 1

On fait chauffer l'ocre très divisé, afin de le désècher complètement, et on l'introduit par portions dans le mélange de cire et de résine fondues ensemble, on remue en maintenant sur le feu jusqu'à ce qu'il ne se forme plus d'écume, on laisse alors refroidir en agitant sans cesse, afin de tenir en suspension les parties pulvérulentes. Ce mastic sert, comme plusieurs autres, à fixer les ajutages et fermer hermétiquement les joints. A cet effet, il faut le faire chauffer jusqu'au point de le ramollir suffisamment, et l'appliquer sur les objets également chauffés d'avance, afin de les priver d'humidité. Cettte sorte de scellement est très solide, et convient aux appareils pneumatiques et à d'autres qui ne doivent pas être exposés à une température plus élevée que celle de l'atmophère.

Mastic de cire jaune. La cire jaune, fondue et mélangée avec un dixième de son poids de térébenthine commune, peut servir de mastic pour couvrir les bouchons ou fermer les joints d'appareils qui dégagent des vapeurs acides, à la température ordinaire; on l'emploie aussi à enduire l'intérieur des vases en bois que l'on veut préserver de l'action des acides faibles.

Pour faire usage de ce mastic, il suffit de le faire chauffer légèrement, et de l'appliquer sur des corps soigneusement desséchés.

Mastic mou. On nomme ainsi un mélange fait à chaud, de cire jaune, 2 parties, térébenthine, 1 partie, et rouge de Venise, quantité suffisante pour le colorer.

Cette composition refroidie prend une consistance assez ferme; mais elle s'amollit suffisamment entre les doigts pour être étendue sans peine sur les joints à luter.

Le mastic mou est fort commode toutes les fois que, l'ayant sous la main, il s'agit d'arrêter promptement une fuite; il est préférable aux autres dans les circonstances où l'appareil dont il lute les parties doit être transporté, car il cède sans se rompre à des mouvemens qui détacheraient ou feraient fendre la plupart des mastics même les plus adhérens. On se sert avec beaucoup d'avantage du mastic mou pour recouvrir les bouchons des flacons contenant du gaz ou divers liquides, il conserve beaucoup d'adhérence, et n'est pas sujet à se briser par les chocs, come la cire à cacheter.

On doit s'assurer que les parties sur lesquelles on veut appliquer ce mastic sont exemptes d'humidité; on les essuie avec du papier non collé bien sec, ou de linge. Il est très convenable de soutenir les bourrelets qu'on forme sur les bouchons avec ce mastic, en les enveloppant d'une vessie ou morceau de parchemin assoupli à l'humidité, et ficelant le tout fortement avec de la petite ficelle.

Mastic de vitrier. On prépare ce mastic en faisant dessécher au feu de la craie ou *blanc d'Espagne* en poudre, et malaxant à la spatule sur une table en marbre cette substance, avec une quantité suffisante d'huile de lin pour former une pâte consistante, mais ductile.

L'huile de lin doit avoir été rendue préalablement un peu siccative par l'ébullition, avec un ou deux centièmes de *massicot* ou de litharge pulvérisée (oxide de plomb) On ne doit préparer le mastic de vitrier qu'en faible provision, afin d'éviter qu'il ne s'altère avant son emploi : on le préserve du contact de l'air en l'enfermant dans des pots et le couvrant d'une légère couche d'huile de lin; les vitriers, dans le même but, le portent enveloppé dans un morceau de cuir souple.

Chacun sait comment les vitriers appliquent le mastic pour sceller les joints des encadrements dans lesquels il ajustent les carreaux de vitre. On fait encore usage de ce mastic pour *reboucher* les fentes, cavités, trous de chevilles et clous enfoncés, etc., avant de peindre à l'huile diverses boiseries. Cette matière plastique peut en outre servir à obtenir certaines empreintes, à intercepter toute issue entre les brides des ajutages, luter les jonctions des tubes, etc.

Mastic des fontainiers. Il se compose de résine privée d'eau (dite dans le commerce *arcanson*) et de ciment de brique parfaitement sec, dans les proportions suivantes :

Résine 1
Ciment. 2

On fait fondre la résine dans une marmite en fonte, sur le feu, et dès que la liquéfaction est complète, on y ajoute par petites quantités le ciment bien desséché d'avance et encore chaud; on opère le mélange bien intimement en remuant avec une spatule, puis on en forme des pains arrondis, en le puisant avec une cuillère en fer et le posant par portions séparées sur une plaque en fonte ou en tôle unie et huilée.

On emploie ce mastic pour sceller les robinets des fontaines, assembler et lier fortement les tuyaux en grés, etc. On doit pour s'en servir, le concasser en petits morceaux, le faire fondre dans une cuillère ou marmite en fer, en le remuant sans cesse, et l'employer dès qu'il est amené, par la chaleur, à la consistance de pâte molle. Les objets sur lesquels on l'applique doivent être exempts d'humidité et débarrassés de toute poussière, afin de faciliter l'adhérence. On se sert d'un fer chaud pour étendre ou modifierles formes de l'espèce de *soudure* en mastic de fontainiers.

Mastic de Dihl. Ce mastic se compose d'huile de lin *cuite* (dans laquelle on a fait disssoudre de l'oxide de plomb) et de ciment de terre à porcelaine en poudre fine, en quantité suffisante pour donner au mélange une consistance plastique assez forte.

On peut employer du ciment de briques, de tesssons de poteries de *grès*, d'argile calcinée, etc., dans la composition de ce mastic, lorsque la teinte de ces matériaux n'est pas nuisible à l'aspect qu'on se propose d'obtenir.

Le mastic de Dihl à ciment blanc acquiert une nuance de pierre très convenable pour les rejointements des dalles, pierres de taille, dans les endroits exposés à la vue. Pour que cette application réussisse bien, il est nécessaire de nettoyer complètement les joints; on y applique promptement à la truelle le mastic, en le comprimant le plus qu'on peut, et le lissant aussitôt. S'il s'opère des fissures par le desèchement, on les rebouche avec du mastic nouveau, puis on lisse en comprimant à la truelle.

On a fait usage du même mastic avec succès pour *imprimer* d'une première couche les bois exposés à l'air, et surtout leurs joints: à cet effet on doit le délayer dans l'huile de lin siccative mêlée d'essence, et s'en servir comme d'une peinture à l'huile ordinaire.

M. Dihl a pris un brevet d'invention pour appliquer ce mastic sur des toiles métalliques à larges mailles; les plateaux ainsi formés peuvent être cloués sur des terrasses, puis réunis par du mastic introduit dans les joints. Cette méthode, employée pour doubler des bassins, couvrir des auvents, etc., est moins sujette aux inconvéniens des fissures que l'application immédiate du mastic sur les bois, le plâtre, les pierres; mais elle n'en est pas absolument exempte, et devient tout aussi dispendieuse que les doublages en plomb.

MATELAS. Après avoir tendu sur un métier une toile à carreaux bleus et blancs, ou en cotonnade blanche, ayant la grandeur convenable, on étend, par lits, de la laine, qu'on a d'abord battue avec des baguettes, puis travaillée avec des Cardes à main. On recouvre le tout d'une seconde toile; on coud les bords, et on *pique* différens points avec une très longue aiguille et de la ficelle, ces piqûres sont disposées en quinconce, et fortifiées chacune d'un petit tampon de laine ou de crin. Les matelas bourrés en crin prennent le nom de *sommiers*. FR.

MATRICE. (*Arts mécaniques.*) En général, on donne ce nom à tout ce qui sert à mouler, à façonner quelque chose, à faire des empreintes sur les métaux, les bois, etc. Les fondeurs de caractères d'imprimerie appellent *matrice* le moule dans lequel ils coulent ces caractères. Le graveur de médailles, de pièces de monnaie, appelle *matrices* les carrés d'acier fondu sur lesquels il les grave. La médaille ou pièce de monnaie étant faite telle qu'on la désire, mais beaucoup plus épaisse et en acier fondu, le graveur la trempe avec toutes les précautions nécessaires pour qu'elle ne s'altère, ni ne se déforme en aucune manière. Alors, plaçant cette pièce sous un fort balancier, entre les deux carrés dont nous avons parlé, qui sont aussi d'acier fondu, ayant leurs faces bien dressées et parallèles, et ces carrés étant chauffés au degré de rouge-cerise, on donne un ou plusieurs coups de balancier, jusqu'à ce qu'enfin l'empreinte des faces gravées sur les carrés soit parfaite : les deux matrices se trouvent ainsi formées, à quelques légères retouches prés que le graveur y donne.

Les graveurs de poinçons et de molettes, pour la gravure des cylindres et des planches à imprimer les toiles, le papier peint, nomment aussi *matrices* ces poinçons, ces molettes. E. M.

MÈCHE. (*Arts mécaniques.*) Le Charpentier, le Menuisier, et en général tous les ouvriers qui ont besoin de faire des trous un peu plus gros que ceux que peuvent former des vrilles ordinaires, soit dans du bois ou dans des pierres tendres, emploient un outil d'acier, qu'ils désignent sous le nom de *mèche*. Il est formé d'une tige de fer ou d'acier dont une extrémité est carrée, pour entrer dans un trou semblable pratiqué au bout du VILEBREQUIN, où elle doit être solidement arrêtée. L'autre bout est en forme de gouge bien tranchante : cette gouge est d'autant plus grosse, que l'on veut faire un trou plus grand. Cette considération oblige l'ouvrier à se procurer une collection de mèches, en nombre suffisant pour faire des trous de toutes les grosseurs.

Lorsqu'on emploie une mèche ordinaire, pour faire un trou dans une planche, le bois est coupé net dans le sens de son fil, tandis qu'il est plutôt refoulé que coupé dans la direction perpendiculaire au fil. Cet inconvénient est préjudiciable au menuisier en meubles, et surtout à l'ébéniste, qui sont souvent obligés de pratiquer des trous bien ronds pour y loger des pièces qui doivent y entrer juste sans ballottement.

Un Anglais dont le nom n'est pas connu s'attacha à résoudre le problème dont voici l'énoncé :

« Construire un outil tranchant dans le sens perpendiculaire à l'axe du trou qu'on veut former, de manière qu'une partie coupe le bois circulairement, tandis qu'une autre partie du même outil enlève la surface du bois comprise dans l'intérieur de cette circonférence, afin d'avoir un trou parfaitement rond et lisse dans toute son étendue. »

Les mèches que cet ouvrier exécuta, et auxquelles on a donné le nom de *mèches anglaises*, produisent cet effet, et ont résolu le problème. En voici la description.

Cet outil est aplati par le bas et réduit à quelques lignes d'épaisseur, suivant l'effort qu'il doit faire, c'est-à-dire suivant la grosseur des trous qu'il doit produire. Il est de la largeur convenable pour le trou. Ainsi on peut en avoir depuis deux lignes jusqu'à quinze ou dix-huit lignes de large. Lorsqu'on est bien assorti, il faut en avoir dont la largeur croisse de demi-ligne en demi-ligne, et même de moins d'un millimètre.

Au milieu de sa largeur est une pointe, ronde si l'on perce dans le bois debout, et à trois pans si c'est dans le bois de travers. Cette pointe détermine et conserve le centre du trou ; cependant, pour plus de sûreté, on doit percer le bois en entier avec une vrille plus petite que le diamètre de la pointe ; lorsque cela est possible, et bien perpendiculairement à la surface de la planche.

A une des extrémités de la largeur de la mèche, est une autre pointe saillante, mais présentant un tranchant dans le sens où l'on fait tourner le vilebrequin. Entre ces deux pointes, tout l'acier est emporté en demi-cercle, dans la profondeur d'environ 5 millimètres (2 lignes), afin que le bois ne présente aucune résistance à ces deux pointes ; l'autre côté de la plaque offre une saillie tranchante dans le sens où la mèche doit marcher. Cette saillie est en biseau, et forme, avec le corps de la mèche, un angle de 40 à 45 degrés. Cette partie doit être bien perpendiculaire à l'axe de la mèche, afin que le trou soit parfaitement plat au fond, lorsqu'on ne veut pas percer tout-à-fait.

Cela bien entendu, on conçoit que si la pointe du milieu est bien au centre du trou qu'on veut former, la pointe tranchante doit couper le bois circulairement, et que le biseau, faisant l'effet d'un rabot, enlève le bois en tournant dans ce cercle, le coupe net, et donne un trou bien rond, parfaitement droit, et présente de plus sa surface inférieure toujours parallèle au plan de la pièce qu'on perce. FR.

MÉGASCOPE. *Voy.* LANTERNE MAGIQUE. FR.

MÉLASSE. *Voy.* SUCRE.

MERCURE. Ce métal connu dès la plus haute antiquité et considéré par les alchimistes comme de l'argent liquide, du *vif-argent*, est très brillant, d'un blanc-bleuâtre, d'une densité de 13,568 à + 15°. Il bout à 360° en produisant une vapeur incolore dont la densité est exprimée par 6,976. La dilatation du mercure est de $^1/_{5550}$ de son volume à 0°, entre les termes de fusion de la glace et d'ébullition de l'eau. Un froid de — 39°,5 le congèle ; il cristallise alors en octaèdres brillans et malléables dont la pesanteur spécifique est d'un dixième environ plus considérable que celle du mercure liquide.

Le mercure n'a ni odeur ni saveur ; lorsqu'il est pur, il se divise avec la plus grande facilité en globules parfaitement sphériques ; quand au contraire il contient des métaux en dissolution, tels que du plomb, du bismuth, de l'étain, etc., les globules s'allongent, on dit qu'ils *font queue* et on tire de cette propriété un très bon caractère de la qualité du mercure.

Le mercure est bon conducteur de la chaleur et de l'électricité : bien qu'il ne bouille qu'à 360°, il a néanmoins une tension notable à la température ordinaire. Faraday ayant suspendu une feuille d'or dans la partie vide d'un flacon de la capacité d'un litre qui contenait 100 grammes de mercure, trouva au bout d'un certain temps la feuille blanchie et convertie en un amalgame.

Le mercure est insoluble dans l'eau et inattaquable par elle à toute température. Il est inaltérable à l'air à la température ordinaire, mais à une chaleur voisine de celle à laquelle il entre en ébullition, l'air l'oxide peu à peu et le convertit complètement en un oxide jaune appelé *précipité per se*. A quelques degrés au dessus de ce terme, cet oxide se décompose et le mercure est régénéré ; c'est assez dire qu'à cette même température ce métal ne s'oxiderait pas.

Les alcalis n'attaquent pas le mercure. Les acides sulfurique et nitrique le convertissent en sulfate et en nitrate et se décomposent partiellement, le premier en acide sulfureux et le second en deutoxide d'azote.

L'acide hydrochlorique n'exerce aucune action sur lui soit à froid, soit à chaud.

Beaucoup de matières organiques et particulièrement les matières grasses broyées avec du mercure se mêlent intimement avec lui, l'*éteignent* suivant l'expression des pharmaciens et lui font perdre en apparence sa liquidité. Ainsi mélangé avec l'axonge, il constitue la *pommade mercurielle* ou *napolitaine*.

Le mercure ne se combine pas avec l'hydrogène, l'azote, le bore et le carbone ; son union avec le phosphore est mal connue, difficile à effectuer et surtout peu stable. Le chlore, le brôme, l'iode, le soufre ont au contraire une grande affinité pour ce métal.

Le mercure s'allie à un grand nombre de métaux et les combinaisons qu'il forme avec eux portent le nom d'*amalgames*. On a fait l'observation que les métaux les plus faciles à fondre étaient ceux dont l'union avec le mercure était la plus facile et que la plupart des métaux réfractaires ne s'unissaient pas avec lui.

Le mercure forme deux oxides susceptibles l'un et l'autre de saturer les acides et de produire avec eux des sels dont nous allons décrire succinctement les principaux caractères.

Tous ces sels sont volatilisés ou décomposés par la chaleur. Calcinés avec un alcali caustique, avec de la potasse, par exemple, ils laissent dégager du mercure que l'on condense avec facilité et qu'on reconnaît de même, puisqu'il est le seul métal liquide à la température ordinaire. Une lame de cuivre mise en contact avec un sel mercuriel solide ou dissous devient blanche en peu d'instans en se recouvrant du mercure qu'elle précipite à sa surface.

Les sels de mercure au *minimum*, c'est-à-dire ceux formés par l'union des acides avec le protoxide de mercure, sont précipités en noir par les alcalis et en blanc par les chlorures solubles et par l'acide hydrochlorique. Dans le premier cas, le précipité est du protoxide de mercure qui se change rapidement en un mélange intime de mercure et de deutoxide; dans le second, c'est du proto-chlorure ou *calomélas*.

Les sels de mercure au *maximum* ou de *peroxide*, sont précipités en *jaune* par les alcalis et la chaux, mais ils ne forment pas de précipité avec l'acide hydrochlorique et les chlorures.

Le mercure à l'état métallique ou à l'état salin, entre dans la composition d'un grand nombre de médicamens. Son coéfficient de dilatation régulier dans des limites très considérables l'a fait servir depuis long-temps à la préparation des thermomètres. Sa fluidité et sa grande densité le font rechercher pour la construction des baromètres. Le vermillon ou bi-sulfure de mercure est très employé en peinture. Uni à l'étain, le mercure est appliqué sur les glaces pour les mettre au tain. Les mines d'or et d'argent sont presque partout exploitées au moyen du mercure (*voy.* or et argent.) Les chimistes font l'usage le plus fréquent du mercure dans une foule de circonstances et surtout pour recueillir les gaz solubles dans l'eau.

Le mercure existe 1° à l'état natif, 2° à l'état de sulfure, 3° de chlorure, 4° d'amalgame avec l'argent.

Le mercure natif existe dans toutes les mines de mercure sulfuré ; il se rassemble dans des cavités où on le trouve en quantité quelquefois considérable.

Le minerai le plus abondant et le plus riche est le cinabre.

Nous emprunterons à l'excellent ouvrage de M. Héron de Villefosse les détails propres à donner une idée exacte des travaux mis en usage pour obtenir ce précieux métal. Le Palatinat du Rhin, près de Deux-Ponts, Olmaden en Espagne, Idria en Carniole, sont les lieux où l'on extrait la presque totalité du mercure.

Il existe trois sortes d'appareils pour l'extraction du mercure : le *fourneau* dit *galère*, *le fourneau avec aludels* et le grand appareil d'Idria. Chacun d'eux sera décrit successivement.

Fourneau dit *galère du Palatinat.*

La construction de ce fourneau est disposée de manière à contenir quatre rangées *aa'*, *bb'* de grandes cornues dites *cucurbites*, en fonte de fer, dans lesquelles le minerai de mercure est soumis à la distillation ; c'est ce que montre la fig. 1 de la pl. 20 ; elle offre une coupe verticale suivant *ab* du plan (fig. 2). Dans le plan, la voûte *ee'* du fourneau (fig. 1) est supposée enlevée, afin qu'on aperçoive la disposition des quatre rangées de cucurbites au dessus de la grille *c,f,* qui reçoit la houille employée comme combustible. Sous cette grille s'étend un cendrier *d;* la fig. 3, qui offre l'élévation du fourneau, indique ce cendrier, ainsi que l'une des deux portes *c*, par lesquelles on jette le combustible sur la grille *cf.* Des ouvertures *e,e* (fig 1) sont ménagées sur la voûte supérieure du fourneau, afin qu'on puisse diriger convenablement, par leur moyen, le tirage de l'air. La grille de la chauffe règne dans toute la longueur du fourneau, depuis la porte *c* jusqu'à la porte *f*, située à l'extrémité opposée. Le fourneau dit *galère* renferme ordinairement trente cucurbites, et dans quelques usines jusqu'à cinquante-deux. On introduit dans chacune d'elles 70 livres de minerai et 15 à 18 livres de chaux, mélange qui ne remplit que les deux tiers de sa capacité ; aux cols des cucurbites sont adaptés des récipiens de terre cuite contenant de l'eau jusqu'à moitié de leur hauteur. Le feu, d'abord modéré, est poussé ensuite jusqu'à faire rougir les cucurbites. L'opération étant terminée, on verse ce que les récipiens contiennent dans une jatte de bois posée sur une planche au dessus d'une cuve; le mercure gagne le fond de la jatte, et l'eau entraîne dans la cuve le *noir mercuriel;* c'est ainsi que l'on nomme la matière qui tapisse l'intérieur des récipiens, et qu'on regarde comme un mélange de sulfure noir et d'oxide de mercure. Le noir mercuriel retiré de la cuve et desséché, est distillé de nouveau avec beaucoup de chaux. Le résidu des cornues est rejeté comme inutile.

Fourneau avec aludels d'Almaden.

Les fig. 4 et 5 représentent les grands fourneaux avec aludels en usage à Almaden, et anciennement à Idria. Il n'y avait entre les uns et les autres qne très peu de différence.

La fig. 4 offre une coupe verticale *ab* de la fig. 5 qui est le plan de deux fourneaux semblables, réunis en un seul massif de maçonnerie. Sur les deux figures, on remarque les objets suivans : une porte *a* par laquelle le bois est introduit sur un foyer *b*. Celui-ci est percé de trous destinés au passage de l'air; au dessous règne un cendrier *c*. Une chambre supérieure *d* doit contenir les minerais de mercure disposés sur des arceaux à jour, qui forment le sol non continu de cette chambre. Immédiatement sur les arceaux, on place en voûte de gros blocs de roches calcaires, très pauvres en minerai de mercure; au dessus sont posés des blocs d'un moindre volume, puis des minerais d'une faible teneur et des minerais de bocard mêlés avec des minerais plus riches; enfin, le tout est couvert de briques formées d'argile pétrie avec du schlich et avec des menus fragmens de mercure sulfuré. Six rangées d'aludels ou tuyaux de terre cuite f, f', lutés avec soin, sont établis en face de chacun des deux fourneaux, sur une terrasse dont le milieu présente deux goutières *t*, *v*, un peu inclinées vers le mur intermédiaire *m*. Dans chacune des rangées, celui des aludels qui se trouve sur la ligne *t*, *m*, *v* de la fig. 2, c'est-à-dire au point le plus bas (*V. g*, fig. 4), est percé d'un trou; ainsi le mercure volatilisé en *d*, s'il est déja condensé par le refroidissement en *f'*, *g*, peut se rendre dans la gouttière correspondante, puis au point *m*, et de là dans des tuyaux de bois *h*, *h'*, qui le conduisent à travers la maçonnerie de la terrasse, dans des cuves remplies d'eau.

La portion de mercure qui ne se condense pas en *f'*, *g*,, et c'est la plus considérable, se rend à l'état de vapeur dans une chambre *k*; mais, en passant sous une cloison *l*, *l*, une certaine portion se dépose dans une cuve *i* qui est remplie d'eau : la plus grande partie des vapeurs répandues dans la chambre *k* s'y condense, et le mercure se précipite sur les deux plans inclinés qui en forment le sol. Ce qui se maintient encore à l'état de vapeur passe dans une chambre supérieure *k'* par une petite cheminée *n*. Sur l'un des côtés de cette chambre se trouve un volet s'ouvrant à volonté de bas en haut, et au dessous de ce volet une gouttière où se rassemble une quantité notable de mercure : il s'en condense beaucoup aussi dans les aludels. Ces faits prouvent que ce procédé a des inconvéniens auxquels on a eu pour but de remédier par la construction plus vaste et mieux entendue du grand appareil d'Idria. Les fig. 6 et 7 offrent les mêmes objets que ceux des fig. 4 et 5, mais dans des dimensions plus considérables, qui permettent d'en saisir mieux l'ensemble et les détails.

Grand appareil d'Idria.

Avant d'entrer dans les détails de l'usine, il ne sera pas inutile de connaître le classement métallurgique des minerais qui y sont traités. On y distingue, 1° les minerais en gros blocs, fragmens ou éclats, dont le volume varie depuis un pied cube jusqu'à la grosseur d'une noix; 2° les minerais menus, en morceaux dont le volume varie depuis la grosseur d'une noix jusqu'à celle du moindre grain de poussière.

La première classe des minerais *gros* comprend trois subdivisions, savoir : *a*, blocs de rochers métallifères, qui est l'espèce du minerai la plus abondante et la plus pauvre, ne donnant qu'un pour cent de son poids ; *b*, le mercure sulfuré massif, minerai le plus riche et le plus rare, donnant jusqu'à 80 pour cent lorsqu'il est choisi ; *c*, les fragmens ou éclats provenant du cassage et du triage, variant, pour leur valeur, depuis 1 jusqu'à 40 pour cent.

La seconde classe des minerais *menus* comprend : *d*, les fragmens ou éclats extraits de la mine à l'état de menu, donnant de 10 à 12 pour 100 ; *e*, les noyaux du minerai, séparés sur le le crible par dépôt, rendant jusqu'à 32 pour 100 ; *f*, les sables et bourbes dits *schlich* obtenus par le traitement des minerais les plus pauvres, à l'aide du borcard et des tables de lavages ; 100 parties de ce schlich donnent au moins 8 parties.

L'aspect général de l'appareil est indiqué par les fig. 1, 2, 3 de la pl. 21. La troisième en représente l'extérieur, mais seulement une moitié, qui suffit, étant exactement semblable à celle qu'on ne voit pas. On distingue dans ces trois figures les objets suivans : fig. 1, *a*, entrée de la chauffe *b* du fourneau, où l'on brûle du bois de hêtre mêlé d'un peu de sapin ; *c*, entrée du cendrier qui s'étend au dessous ; *d*, espace dans lequel les minerais sont déposés sur les sept voûtes (1 à 7) qu'indique la figure ; *ee'*, conduits en briques par lesquels la fumée du combustible et les vapeurs de mercure se rendent d'un côté dans les chambres successives *f*, *k*, et de l'autre en *f' k'*.

f, *g*, *h*, *i*, *j*, *k*, *l*, et *f'*, *g'*, *h'*, *i'*, *j'*, *k'*, *l'*,

ouvertures qui permettent la circulation des vapeurs, depuis le fourneau *a*,*b*,*c*,*d*, jusqu'aux cheminées II et I'I'. La fig. 1 et la fig. 2 rendent sensible la disposition de ces ouvertures de chaque côté d'un même fourneau, et dans chaque moitié de l'appareil, qui est double, comme le montre la fig. 2, sur laquelle les espaces non affectés de lettres sont en tout semblables aux espaces mentionnés ci-après.

m,*m'*, fig. 2, bassins de réception, disposés devant la porte *s* de chacune des chambres *f*,*k*,*f'*,*k'*. C'est là que se rend le mercure condensé qui s'écoule hors des chambres. *n*,*'n*, rigole dans laquelle on verse le mercure puisé dans les bassins *m*, afin qu'il s'écoule vers une chambre commune *o* suivant l'inclinaison indiquée par des flèches. *o* emplacement de la chambre au mercure reçu dans une cuve de porphyre ; on l'y puise pour l'emballer par portions de 50 ou 100 livres dans des peaux de mouton préparées à l'alun. p,p', (fig. 1), arceaux de voûte sous lesquels on peut circuler autour du fourneau a,b,c,d, au rez-de-chaussée; sur ces arceaux sont établis des planchers q,q', voûtes des étages supérieurs. r,r' (fig. 3) voûtes qui permettent l'accès des conduits $é,é'$ (fig. 1).

s,s' et t,t' (fig. 3), entrées des chambres f,k et f',k'. Ces ouvertures sont fermées pendant la distillation par des portes de bois armées de ferrures et lutées par un mortier d'argile et de chaux. u,u', entrées des voûtes 1 à 7, du fourneau représenté (fig. 1). Ces ouvertures sont hermétiquement fermées, comme les précédentes. v,v' (fig. 1), ouvertures supérieures des chambres; fermées pendant l'opération par des bouchons lutés, on les ouvre ensuite pour faciliter le refroidissement de l'appareil, et pour recueillir la suie mercurielle. x,y,z (fig. 4), planchers qui correspondent aux entrées u,u', des voûtes 1 à 7 (fig. 3); on parvient à ces planchers par des escaliers ménagés dans les diverses parties du bâtiment qui renferme tout l'appareil.

Sur les voûtes inférieures on établit les plus gros blocs de roche métallifère, et par dessus on dispose les fragmens moins volumineux, en terminant par les éclats et morceaux de moindre dimension. Sur les voûtes moyennes, on place des minerais menus, répartis dans des écuelles cylindriques de terre cuite, de 10 pouces de diamètre et de 5 de profondeur. Les voûtes supérieures reçoivent également des écuelles remplies des sables et bourbes dits *schlich*.

En 3 heures, un atelier de 40 hommes vient à bout de charger les deux appareils doubles et de fermer toutes les ouvertures. Cela fait, on allume un feu vif de bois de hêtre; toute la masse étant échauffée, le mercure sulfuré se vaporise; cette substance se trouve alors en contact avec la portion d'oxigène qui n'a pas été absorbée par la combustion; il en résulte que le soufre brûlé se convertit en acide sulfureux, tandis que le mercure, devenu libre, passe avec les autres vapeurs dans les chambres où il se condense, et se précipite à une distance plus ou moins considérable du foyer; les parois des chambres et les planches dont leur partie inférieure est recouverte, se trouvent enduites d'une suie noire mercurielle que l'on traite de nouveau, et qui fournit 50 pour 100 de mercure. La distillation dure de 10 à 12 heures; tout le fourneau est au degré de chaleur qu'on appelle *rouge cerise*. Un chargement complet pour les deux appareils doubles est de 1000 à 1300 quintaux de minerai qui produisent de 80 à 90 quintaux de mercure coulant. Le fourneau exige 5 à 6 jours pour se refroidir, suivant la saison; si l'on ajoute à cela le temps nécessaire pour retirer les résidus et pourvoir à quelques réparations dont le fourneau a besoin, on voit que l'on ne peut faire qu'une distillation par semaine.

Dans l'usine d'Idria, en 1812, 56,686 quintaux 46 livres de minerais de mercure traités, après avoir subi une préparation mécanique très soignée, ont donné 4832 quintaux de mercure coulant, quantité qui représente environ 8 ½ pour 100.

L*****R.

MEULES. (*Arts mécaniques.*) On en distingue de plusieurs sortes. Les *meules* à aiguiser ou à émoudre sont des cylindres en pierre de grès de diverses dimensions, traversés à leur centre par un axe en fer sur lequel ces meules tournent, soit à bras d'homme, à l'aide de manivelles, soit avec une pédale, soit par toute autre méthode, au moyen de poulies et de courroies.

Une meule est réputée bonne, quand elle a partout le même grain, la même dureté, et qu'elle ne s'exfolie point : elle doit tourner rond, et son contour doit être parfaitement uni. Pour cela, quand elle est enarbrée, on la dégrossit au ciseau du tailleur de pierre, et ensuite on la tourne à sec, avec un morceau de fer qu'on présente à sa circonférence.

On donne le nom de *meulard* ou de *meularde* aux grandes et moyennes meules employées dans les usines étendues pour émoudre ou blanchir des objets de quincaillerie, des outils, des limes, etc. Ces établissemens étant pourvus de moteur, on s'en sert pour imprimer le mouvement aux meules : celles-ci tournant très vite (cent tours et plus par minute), volent quelquefois en éclats par l'effet de la force centrifuge. On préserve des dangers que cela ferait courir aux ouvriers émouleurs, en entourant la meule d'un bâti en bois de charpente fortifié par du fer, ne laissant à jour à la partie supérieure, que l'espace nécessaire pour lui présenter les pièces à émoudre. Cet entourage est d'ailleurs nécessaire pour retenir l'eau que la meule, sans cela, projetterait fort loin, et qu'il faudrait remplacer à chaque instant; car une meule doit constamment tourner dans l'eau.

Plus une meule est dure, moins elle a de mordant, mais plus le travail qu'elle exécute est uni. On a pour ébaucher des meules tendres, et pour finir des meules dures, qui disposent très bien les surfaces à prendre le poli.

Les meules, dans beaucoup de métiers, sont des instrumens indispensables, mais de dimensions différentes. Les couteliers, les fabricans de rasoirs, les rémouleurs qui courent dans les rues, ont de fort petites meules, mais qui tournent très vite, au moyen d'une grande roue, pour évider les lames.

C'est avec des meules de tôle de fer et des meules de bois tendre, qu'on taille et polit des Cristaux.

On a découvert dernièrement qu'avec un disque ou une meule de tôle de fer, tournant avec une excessive vitesse, on coupe la fonte la plus dure.

C'est avec des meules d'acier taillées au ciseau qu'on fait la pointe des aiguilles, des épingles, des clous d'épingle.

Les polisseurs se servent de meules de bois, auxquelles ils donnent du mordant avec de la pierre ponce en poudre, de l'émeri, du rouge d'Angleterre, etc.

Les ouvriers en nacre, en ivoire, en os, ébauchent sur la meule les pièces qui ne peuvent se mettre sur le tour : mais le contour de cette meule est sillonné de rainures circulaires, afin de faire arriver à l'endroit du travail une plus grande quantité d'eau.

La plupart des meules sont munies d'un support, sur lequel on appuie les pièces à émoudre, en même temps qu'on les pousse avec les mains contre la meule.

Quelques précautions qu'on prenne, il est impossible d'empêcher une meule, quoique de bonne qualité, de se déformer assez promptement par le travail. N'étant pas d'une matière parfaitement homogène dans toutes ses parties, les plus tendres se creusent et produisent des ressauts qu'on est obligé d'aplanir de temps en temps.

Indépendamment des meules dont nous venons de parler, il existe des *meules* à écraser, à broyer, à moudre. (*Voy*. Moulins.) E. M.

MEUNIER. *Voy*. les art. Mouture et Moulin. Fr.

MICROSCOPE. (*Arts mécaniques.*) On donne ce nom aux instrumens d'Optique destinés à grossir de petits objets, en les offrant à l'œil sous un angle beaucoup plus grand qu'à la vue simple. Il ne sera pas question ici des *microscopes simples* ou à un seul verre lenticulaire, parce que ce sujet a été traité avec toute l'étendue qu'il exige au mot Lentille.

Quelquefois on assemble dans un même tube deux lentilles rapprochées ; on fait en sorte de les disposer sur le même axe partant de l'objet situé près du foyer du verre le plus voisin, qui est l'objectif ; les rayons traversent ce verre, sont réfractés, et il se produit au foyer antérieur une image déja fort agrandie ; après être sortis du premier verre, ils entrent dans la seconde lentile, qui augmente encore la convergence des rayons ; l'œil, qui reçoit ces rayons émergens, voit donc l'objet sous un angle plus ouvert : il juge l'objet plus grand, parce que le témoignage de cette grandeur lui est donné par l'ouverture de l'angle. Du reste, l'objet est vu droit, comme à l'œil nu, parce que la lentille oculaire reçoit les rayons émergens en avant du foyer de l'objectif.

Microscope composé. Cet instrument est formé d'au moins deux verres convexes O et I (fig. 23, pl. 21), comme celui que nous venons de décrire ; mais l'*oculaire* I, ou celui qui est près de l'œil, est placé au-delà du foyer D de l'*objectif* O, ou de la lentille qui est près de l'objet *ab* qu'on veut agrandir. Si l'on a bien entendu la théorie des foyers des Lentilles (*V*. ce mot), on comprendra que si l'objet *ab* est placé un peu plus loin que le foyer F de l'objectif O, il se formera de l'autre côté, à une certaine distance OD qu'on sait calculer, une image AB agrandie et renversée. Le rapport des grandeurs est précisément celui des distances OE, OD, de l'objet et de son image à la lentille O ; et comme plus l'objet *ab* est près du foyer F des rayons parallèles, plus en même temps le point D s'éloigne, on voit que le grossissement de AB devient plus considérable. Il s'accroît encore quand on prend pour objectif une lentille de très court foyer.

On pourrait recevoir l'image AB sur un verre dépoli ou sur un écran, et l'on jugerait ainsi de l'effet qu'on vient d'indiquer; mais on préfère voir cette image à travers une loupe I qui augmente le grossissement.

Un microscope n'est autre chose qu'une lunette renversée à deux verres convexes, c'est-à-dire que l'oculaire a pris la place de l'objectif, et réciproquement. Aussi peut-on toujours changer une lunette astronomique en un microscope, en mettant près de l'œil le verre qui est tourné vers les objets éloignés, et plaçant près du verre opposé l'objet qu'on veut grossir. Mais comme ces deux instrumens ont des destinations spéciales très différentes, ce n'est qu'en théorie qu'on peut réellement changer l'un en l'autre. L'objectif O d'un microscope est toujours une très petite lentille, dont on ne pourrait faire commodément un oculaire; et de même l'oculaire des lunettes ne grossirait pas assez pour en composer un objectif de microscope.

Microscope de Dellebard. L'ancien microscope, dont la fig. 23 représente les effets, consiste dans un système (fig. 6, pl. 20) formé de trois tuyaux verticaux AB, DG, GE, entrant l'un dans l'autre, de manière à pouvoir approcher ou éloigner les verres à volonté; le tube AB est monté sur une tige verticale PL le long de laquelle il peut glisser pour mettre l'objectif O à la distance convenable de l'objet qu'on veut grossir. Cet objet se place sur un verre circulaire retenu dans un anneau S sous lequel est disposé un miroir concave ou plan V, pour jeter de la lumière sur les corps qu'on veut voir par transparence. Les corps opaques sont éclairés par réflexion, à l'aide d'une capsule en argent O dont la concavité les regarde, et qui est percée au centre pour laisser passer les rayons qui vont de l'objet à l'objectif. Le tuyau supérieur GE est le *porte-oculaire*, qui renferme une lentille Q en dessus de laquelle on applique l'œil. Le tube DG porte un diaphragme *f*, et il faut entrer le porte-oculaire dans ce tube, selon la force de cette lentille, jusqu'à ce qu'on aperçoive le bord de ce diaphragme avec netteté. Ensuite, on entre le second tube AB dans le porte-objectif DC, au point où l'image est transmise, après avoir traversé cette lentille O, ce qui dépend aussi de sa force; enfin l'objet est approché de l'objectif O au degré voulu par sa distance focale. On juge que ces conditions sont remplies lorsqu'on voit très clairement l'objet. On a d'ailleurs des objectifs de différentes forces qui sont logés dans de petits tubes, qu'on visse au bout A pour varier les grossissemens, ainsi que des oculaires de rechange.

Les modifications que Dellebard a apportées à ce système consistent en diverses articulations des tubes et du support qui facilitent les manœuvres; en deux verres convexes *intermédiaires n*, *m*, qui brisent les rayons émergens de l'objectif, et en plusieurs oculaires QC réunis dans un seul tube. Nous ne décrirons pas ces pièces, attendu que cet instrument est peu usité depuis qu'on se sert des lentilles achromatiques qui le rendent moins utile.

Les lentilles objectives numérotées de 1 à 5, sont de 2 à 10 lignes de foyer; celle dont le foyer est le plus court est la plus petite, la plus convexe, et grossit davantage; mais elle a l'inconvénient d'être très rapprochée de l'objet, d'ôter beaucoup de lumière, de mal détailler les parties qui ne peuvent toutes occuper ensemble la place où la vision est nette. On préfère souvent employer des lentilles moins fortes, et obtenir le grossissement en plaçant convenablement les oculaires. Le principe général est que, *plus on veut avoir de grossissement, et plus il faut augmenter la distance entre la lentille objective et le second verre intermédiaire n, et aussi plus on doit diminuer l'intervalle entre ce dernier verre et les oculaires* C, Q. Ainsi, il faut enfoncer le tube G*f* dans *f*D, d'autant plus qu'on écartera davantage *n* de *m*, sans toutefois amener le verre intermédiaire *n* dans le foyer des oculaires, ce qui troublerait beaucoup les images.

Microscope d'Euler. Nous avons exposé, au mot LUNETTE, l'effet de la dispersion de la lumière qui traverse des corps transparens à surfaces non parallèles, effet qui a pour objet d'orner les images des couleurs de l'arc-en-ciel, et de donner à chaque couleur un foyer différent. Il en résulte deux inconvéniens : le premier, de rendre les images diffuses, parce que les distances focales qui conviennent à une couleur ne sont pas propres à une autre, et que par conséquent on ne peut jamais avoir des images nettement terminées; le second, de colorer les bords des images, ce qui fatigue l'œil et jette de la confusion sur les objets.

C'est à Euler qu'on doit la théorie de l'achromatisme, qui est d'autant plus nécessaire ici que l'image se trouve rejetée plus loin de l'objectif. Cet illustre géomètre a donc établi l'utilité des verres composés de substances dont la réfringence est différente et se forment une mutuelle compensation, lorsqu'on les dispose selon certaines règles, dans les instrumens de Dioptrique. Il a indiqué les principes de l'art de composer les microscopes achromatiques, et le Mémoire qu'il a publié à ce sujet ne laisse rien à désirer. Mais il est bien difficile d'associer ainsi, sous forme lenticulaire, deux petits verres accolés, l'un en *flint-glass* biconcave, l'autre en *crown-glass* biconvexe, à cause de leurs dimensions exiguës.

Le microscope d'Euler n'est autre chose qu'un assemblage d'un oculaire et d'un objectif achromatique : celui-ci O (fig. 6) est de très court foyer, mais achromatique; l'oculaire Q sert de loupe pour agrandir l'image projetée. Ici les verres intermédiaires *m*, *n*, ne sont plus nécessaires, et diminueraient le grossissement sans utilité : on n'en emploie donc pas. Mais on adapte un oculaire achromatique de Ramsden à deux verres QC, décrit à l'article LUNETTES, qui grossit beaucoup et ne colore pas sensiblement les objets. Le tout est réuni dans des tubes et porté par une monture.

M. Selligue a présenté ce microscope comme étant de son invention ; l'Académie des Sciences en a fait un éloge mérité; mais le rapporteur ignorait qu'Euler avait décrit cet appareil : il y a seulement ajouté des verres intermédiaires. MM. Vincent et Charles Chevalier exécutent très bien cet instrument; mais le prix en est très élevé. Celui que fait M. Trécourt est moins compliqué, moins couteux et du plus bel effet. Deux ou trois lentilles achromatiques superposées forment l'objectif, surmonté d'un premier diaphragme : un second est placé sous l'oculaire à deux verres de Ramsden.

Microscope d'Amici. Le tube est horizontal, formé de deux tuyaux H*g*, BQ (fig. 7), formant un tirage. En H est un oculaire de Ramsden à deux verres *m*, *n*, sèparés par un diaphragme *i* placé au foyer, conformément à la règle donnée au mot LUNETTE. On tire le tube au degré qui convient à la force de l'objectif et au degré de grossissement qu'on veut obtenir. Une grande rondelle AA, en tôle noircie, porte au centre un trou rond; on y entre le bout de l'objectif; cette rondelle opaque sert à détourner toute la lumière étrangére qui arrive aux yeux de l'observateur dans la situation où il se trouve devant la lunette; il obtient en outre cet avantage, de n'être pas obligé de fermer l'œil qui est sans fonction.

Vers le bout antérieur E du tuyau et en dessous, est placé un petit bout de tube taraudé, sur lequel on visse la lentille objective achromatique H; on peut y placer des lentilles de diverses forces, et même en adapter deux ensemble HC quand on veut accroître le pouvoir amplifiant. Une image de l'objet placé un peu en avant de son foyer, est donc rejetée verticalement au-dessus de l'objectif; mais un prisme triangulaire de cristal D, faisant fonction de miroir, renvoie cette image horizontalement; en sorte qu'elle se trouve portée au foyer *g*, où l'oculaire la trouve pour l'agrandir. On voit que le microscope dioptrique d'Amici n'est autre chose que celui d'Euler, dont la lumière, brisée à angle droit par une réflexion, renvoie l'image dans la direction horizontale.

Microscope solaire. Si l'on perce le volet d'une chambre entièrement obscure, la lumière passant à travers l'orifice, formera un faisceau qui déterminera la représentation des objets extérieurs. (*V.* CHAMBRE OBSCURE, où cet effet est expliqué avec détails.) Placez un corpuscule *ii'* en dehors du trou du volet (fig. 5), un peu au delà de la distance focale d'une lentille très convergente *c* (on peut mettre deux lentilles *c* et *c*, pour améliorer l'effet), et vous aurez, à l'intérieur, une image renversée *ff'* et agrandie de l'objet, formée par les rayons qu'il envoie, et qui, après avoir traversé la lentille, s'épanouissent en un cône lumineux. Recevez cette image sur un écran B, et, suivant que l'objet sera plus voisin du foyer de la lentille, l'image sera plus agrandie ; elle le sera encore en éloignant l'écran du volet, parce que vous couperez le cône plus loin du sommet.

Mais cette image agrandie est difficile à distinguer, parce qu'elle n'a pas assez de lumière. Placez en dehors un miroir plan *d* qui réfléchisse les rayons du soleil sur le trou du volet ; fixez à l'entrée une lentille qui réunisse ces rayons et projette une vive lumière sur l'objet *ii'* renfermé entre deux lames de verre, et la représentation A sera à la fois grande et éclairée.

MIEL, substance que l'Abeille prépare en recueillant le suc, d'une saveur douce, qui se trouve dans les nectaires et sur les feuilles de certaines plantes. Ces insectes le déposent ensuite dans les alvéoles des gâteaux qu'ils ont eux-mêmes formés.

On ne sait pas encore d'une manière précise si le miel est tout formé dans le suc des plantes, ou s'il est produit par les abeilles.

M. Huber fils a démontré que la cire résulte de l'élaboration d'une partie des sucs récoltés par les abeilles; ce qui donnerait lieu de penser, par analogie, que le miel est également le produit de la décomposition de ces sucs.

D'un autre côté, si l'on considère que le suc contenu dans les nectaires est sucré et possède la plupart des propriétés du miel, on sera tenté d'admettre que celui-ci est tout formé dans les plantes.

Enfin, comme les abeilles nourries exclusivement de sucre ou de miel produisent une certaine quantité de cire, on peut supposer que le miel est contenu dans les sucs recueillis par les abeilles, et que celles-ci en décomposent seulement une partie pour leur nourriture et pour former la cire.

Le miel se compose de deux sortes de sucre, l'un cristallisable, l'autre incristallisable, en diverses proportions; d'une substance aromatique, d'une matière colorante, d'un peu d'acide et de cire, et quelquefois de *mannite*.

L'extraction du miel est très facile ; il suffit, en effet d'enlever avec la lame d'un couteau les plaques minces de cire qui ferment les alvéoles, et d'exposer les gâteaux ainsi préparés sur des claies, à la température douce d'une étuve, et au dessus de terrines ou de tout autre récipient. Bientôt le miel, liquéfié par la chaleur, s'écoule goutte à goutte, entraînant beaucoup moins d'impuretés que celui obtenu postérieurement par des moyens plus énergiques. La première portion de miel séparée ainsi spontanément se nomme *miel vierge ;* on ne lui fait subir, ordinairement, aucune espèce d'épuration.

Lorsque l'écoulement spontané du miel cesse d'avoir lieu, on sépare les premières portions ainsi obtenues, on brise les gâteaux ; puis, élevant davantage la température, on parvient à faire égoutter une nouvelle quantité de miel d'une qualité inférieure à la première.

Pour obtenir la plus grande partie des dernières portions de miel adhérentes aux cellules des gâteaux brisés, on soumet ceux-ci à l'action graduée d'une forte pression; il convient de les éplucher préalablement des couvains et rougets qui y sont logés. Quelque précaution que l'on prenne, il en reste toujours une partie, et le liquide azoté qu'ils produisent par la pression, se mêlant au miel, altère sa qualité. C'est à la présence de ce liquide que le miel obtenu en dernier lieu, par la plus forte pression, doit le goût putride qu'il acquiert quelque temps après son extraction.

Lorsque l'on a extrait des gâteaux toute la quantité de miel que la pression en pouvait séparer, on les renferme dans des sacs en toile claire, on les soumet, dans l'eau, à la température de l'ébullition; la cire fondue se dégage au travers du tissu et laisse dans l'intérieur des sacs les couvains et autres détritus. La cire refroidie se prend en masse dure; on la traite alors par les procédés indiqués aux articles CIRE et BLANCHÎMENT.

Nous venons de voir quelle influence le mode d'extraction exerce sur les qualités du miel; d'autres modifications sont dues aux différens états de l'atmosphère pendant la saison de sa production, et des propriétés fort remarquables dépendent de la nature des plantes que les abeilles peuvent exploiter. C'est ainsi que les plantes aromatiques de la famille des labiées (le thym, la lavande, le romarin, les menthes, les sauges, etc.), produisent les miels les plus suaves, tandis que le sarrazin ne donne que des miels de goût désagréable, et que l'azalis pontique (*azalea pontica*, L.) détermine la sécrétion d'un miel dont l'usage, dit-on, offre des dangers. Tournefort a reconnu que cette plante cause les qualités vénéneuses du miel des bords méridionaux du Pont-Euxin et des montagnes qui avoisinent Trébizonde.

Le miel le plus renommé pour son arôme et la suavité de son goût, est recueilli sur les monts Hymette et Ida, et dans l'île de Cuba, où les labiées et autres plantes odorantes abondent. Celui qu'on désigne et qu'on trouve plus généralement dans le commerce, sous le nom de *première qualité*, nous vient de Narbonne. On en récolte aussi d'excellent dans le Gâtinais, où des champs de safran et de diverses fleurs aromatiques offrent aux abeilles d'abondantes ressources; enfin, la vallée de Chamouny, toute émaillée de fleurs entre les neiges des Alpes, fournit un miel blanchâtre fort estimé, tandis que celui que l'on expédie de la Bretagne, où le sarrazin couvre de grandes étendues de terrain, est d'une couleur rousse, d'un goût âcre, désagréable; il s'emploie aux usages les plus communs, et sert notamment dans la médecine vétérinaire.

Les miels de bonne qualité contiennent une proportion très grande de sucre cristallisable, qui se montre, quelque temps après leur extraction, sous la forme de petits grains blancs brillans. On parvient aisément à séparer une partie de ce sucre en délayant le miel dans un peu d'ALCOOL, renfermant le tout dans une toile forte, et serrée, et soumettant à l'action graduée d'une presse : le sirop alcoolique contient presque tout le sucre incristallisable. On imprègne une seconde fois le sucre solide avec de l'alcool; on soumet encore à la presse. Si l'on voulait l'épurer davantage, il faudrait répéter une troisième fois cette opération.

Le sucre incristallisable contenu dans le sirop alcoolique est obtenu en évaporant ou distillant celui-ci. On conçoit qu'il doit toujours retenir plus ou moins du sucre susceptible de cristalliser.

Le miel vierge de bonne qualité est fréquemment employé comme médicament alimentaire et dans le traitement de certaines affections. Il est émollient et légèrement laxatif; on le prescrit pour édulcorer les tisanes dans un régime rafraîchissant; on s'en sert de la même manière dans les phlegmasies de poitrine et en gargarisme dans les maux de gorge. Quelquefois on l'applique sur les plaies pour diminuer l'irritation et amener une suppuration de bonne nature.

Les pharmaciens font usage du miel pour un assez grand nombre de préparations, et particulièrement dans la confection des robs, sorte de sirops épais que le miel empêche de candir. Ils préparent, en outre, un genre de sirop dont le miel forme la base, et que, par cette raison, l'on nomme actuellement *mellites*, et parmi lesquels on distingue le *mellite* simple, l'*hydromel*, le *miel rosat*, l'*oximel*, etc. P.

MINIUM. C'est un oxide de plomb intermédiaire entre le protoxide et le peroxide. Il est formé, d'après M. Dumas, de 2 équivalens de protoxide de plomb, et de 1 équivalent de peroxide : sa formule est $2. pbo + pbo^2$.

Le minium est pulvérulent, d'un rouge jaunâtre plus ou moins foncé selon qu'il est plus ou moins pur. L'eau ne le dissout pas sensiblement, les oxacides le transforment en péroxide et en sels de protoxide de plomb; l'acide hydrochlorique produit avec lui de l'eau, du chlore et de chlorure de plomb.

Le minium est employé en grande quantité dans la fabrication du cristal, dans les vernis sur poterie et en peinture.

On suit, pour le préparer, le procédé suivant :

On calcine du plomb dans un fourneau à réverbère, et on l'y tient fondu jusqu'à ce qu'il soit presque entièrement transformé en oxide jaune, en évitant soigneusement que la température s'élève assez pour fondre l'oxide. Le produit de la calcination est broyé entre deux meules, sous un courant d'eau qui laisse le plomb métallique, et entraîne seulement l'oxide qui se dépose en poudre extrêmement fine dans des caisses, d'où on le retire ensuite pour le faire sécher; dans cet état, il constitue le *massicot*.

(Le massicot ne diffère de la litharge qu'en ce qu'il n'a pas subi de fusion; il a la même composition qu'elle.)

Lorsque le massicot a été ainsi obtenu, on en remplit des cuvettes en tôle d'un pied carré sur 4 à 5 pouces de profondeur; on les place pendant la nuit, les unes sur les autres, dans le même four à réverbère qui a servi le jour à préparer le massicot : celui-ci en absorbant de l'oxigène se transforme en *minium. Un seul feu* ne suffisant pas, on replace les cuvettes dans le même four pendant une seconde et souvent une troisième nuit; de là le nom de minium de deux, trois feux, etc.

On connaît sous la dénomination de *mine orange* un minium très divisé, de qualité fort recherchée, qui provient de la décomposition du carbonate de plomb au contact de l'air. Cette espèce de minium est plus pure que l'autre, et ne renferme guère que 3 à 4 centièmes de massicot.

Le minium jouissant de la propriété de perdre de l'oxigène à une température un peu plus élevée que celle à laquelle le protoxide absorbe ce même gaz, on conçoit que cette circonstance rend sa préparation délicate. En effet, si d'une part, le minium étant formé, on le chauffe trop, il redevient *protoxide*, et si, d'une autre part, on ne calcine pas assez le massicot il n'absorbe pas d'oxigène. Aussi l'art du fabricant de minium demande-t-il une grande habitude pour être pratiqué avec succès. P...ZE.

MIRE (*Arts mécaniques.*) Instrument propre au nivellement. La mire (fig. 1 pl. 24) est composée d'une règle verticale *fg* divisée métriquement sur une de ses faces, et d'un *voyant abcd* fixé au bout d'une réglettte glissant avec facilité dans une rainure longitudinale pratiquée sur la règle. En faisant couler cette réglette dans la rainure on peut élever le voyant au dessus de l'extrémité *eg* de la règle, et en doubler ainsi la longueur. Les deux règles sont chacune longues de 2 mètres, et la réglette est aussi divisée en centimètres, mais ses numéros vont en croissant de haut en bas à commencer par 20 décimètres. On comprend que lorsque la réglette occupe toute la rainure longitudinale la ligne *mn* de visée du voyant arase juste le bout *eg* de la règle, et se trouve à 2 mètres d'élévation au dessus du sol; que si l'on monte le voyant, et que la ligne *mn* de visée se trouve, par exemple à 4 décimètres au dessus de l'extrémité *eg* de la règle, sa hauteur au dessus du terrain *f* est 24 décimètres, nombre qu'on lit sur la réglette au niveau de la ligne *eg*. On peut même tracer sur la règle un vernier pour évaluer les fractions de centimètre. Une vis de pression P sert à arrêter la réglette sur la règle, pour donner la facilité de lire la graduation.

Voilà qui permet d'estimer les hauteurs de *mn* depuis 2 mètres jusqu'à 4 : mais si la station *f* est au dessous de 2 mètres, il faudra renverser la mire, et fesant glisser la réglette dans sa rainure, on amenera la ligne *mn* dans la visée, et on lira l'élévation sur les graduations de la règle, dont le système de numérotage tient compte de la demi hauteur *dm* du voyant. V. NIVEAU. FR.

MIROIRS (*Arts mécaniques.*) Nous dirons peu de choses des miroirs courbes en verre dont une surface est étamée pour réfléchir les rayons de lumière; on les façonne à la manière des VERRES OPTIQUES et on les étame comme les MIROIRS et les GLACES. Mais les miroirs métalliques, sont bien préférables, parce que les premiers produisent deux images réfléchies, l'une par la surface postérieure étamée, l'autre, qui est beaucoup plus faible, par la surface antérieure; en sorte qu'on a réellement deux miroirs parallèles dont les surfaces réfléchissent les images des corps; et comme ces deux images se superposent inégalement, elles deviennent confuses. Ce défaut devient sensible et très gênant dans les instruments de catoptrique, où les images sont agrandies par des lentilles; on est donc forcé d'abandonner leur usage. Aussi les glaces et miroirs de verre ne servent-ils que d'ornemens à nos demeures et pour la toilette.

On travaille les miroirs métalliques à la manière de VERRES OPTIQUES, à l'aide bassins et de substances propres à en limer, user, polir et doucir la surface, et à leur donner la forme concave ou convexe moulée sur une sphère.

L'alliage dont on compose les miroirs metalliques n'est pas exactement défini. On y emploie ordinairement 32 parties de cuivre rouge, sur 15 d'étain en grain, et 2 parties d'arsenic qui rend le métal blanc et compacte : on y ajoute quelquefois un peu d'argent. On assure que parties égales de cuivre, d'argent et d'arsenic donnent un miroir parfait sous les rapports d'éclat, de blancheur, de dureté et de pouvoir réflecteur. Enfin voici une recette qu'on regarde comme excellente. On fait fondre dans des creusets séparés 2 parties de cuivre rouge et 1 d'étain en grain ; ensuite on mêle et l'on brasse l'alliage avec une spatule de bois, enfin on coule dans des moules ; la face inférieure sera celle qu'on devra travailler. On a grand soin que les métaux employés soient parfaitement purs.

Quand la masse est fondue, que l'on l'a limée sous la forme et les dimensions que le miroir doit avoir, il s'agit de la travailler en sphère concave ou convexe, et de la polir. On a un bassin d'airain travaillé sur le tour et vérifié dans toutes ses parties avec le plus grand soin, en y promenant une *jauge* circulaire, ou patron, qui doit le toucher en tous les points où on l'applique. Le bassin est fixé solidement à un établi ; on y répand de l'émeri à gros grains pour commencer le travail. Le morceau de métal est cimenté à un manche dorsal que l'ouvrier tient en main, et mouillant l'émeri avec de l'eau, il promène la surface du miroir dans tous les sens, sur le bassin. Lorsqu'il a enlevé par l'usure les parties les plus grossières, il lave le tout pour en ôter l'émeri, et en substitue d'autre plus fin, avec lequel il recommence le travail, jusqu'à ce que la surface du miroir soit devenue uniforme. Il reproduit ensuite la même manœuvre avec de l'émeri de plus en plus fin, en veillant à ce qu'à chaque fois qu'il en change, il ne reste aucune trace du précédent, car ce serait autant de grains de sable qui sillonneraient la surface.

Il reste ensuite à polir le miroir. Pour y parvenir, on recouvre le bassin, préalablement bien lavé, d'une couche de poix très pure et l'on promène sur cette matière un second bassin concave, si le premier est convexe, et réciproquement ; il faut que l'un soit le moule exact de l'autre. A l'aide de la chaleur, on parvient à former un bassin en poix de même forme exactement que le premier. On le saupoudre avec de la Potée d'étain (deutoxide d'étain mêlé à l'oxide de plomb), et l'on recommence à mouvoir le miroir à polir sur le bassin. Au lieu de manœuvrer le miroir à la main il est bien plus commode de se servir d'un appareil de rotation lente et continue, qui conservant au miroir une pression constante sur le bassin, met l'ouvrier à l'aise, de manière qu'il gouverne beaucoup mieux son opération. (*V.* VERRES OPTIQUES.)

Les miroirs plans métalliques se font de même que les courbes; on les travaille sur des platines d'airain parfaitement planes.

Miroirs plans. Les rayons qui émanent d'un corps lumineux F (fig. 8, pl. 21), tels que F*c*, F*d*, qui vont rencontrer un miroir plan A*b*, se réfléchissent à la surface et suivent la route *ca*, *db*. La loi de cette réflexion consiste en ce que, si l'on mène en *c* la perpendiculaire *c*I à la surface, *l'angle* F*c*I, *qu'on nomme d'incidence*, est égal à *l'angle de réflexion* I*ca*, ou, ce qui équivaut, l'angle F*c*A est égal à *ac*B.

Parmi tous les rayons partis du point F qui vont se réfléchir aux divers points de la surface AB, il en est qui se dirigent selon *ca*, *db* vers l'œil *ab* d'un spectateur. Ces rayons vont en s'épanouissant et forment une partie de cône *acdb* dont la base est à l'œil *ab*, et dont le sommet F' est situé de l'autre côté du miroir à même distance que F. Abaissons du point F la perpendiculaire FCF' que nous prolongerons en F' d'une égale quantité, savoir, FC = CF'; l'œil *ab* verra le point F par réflexion, comme s'il était situé en F'. Nous jugeons donc les objets réfléchis par un miroir plan, comme s'ils étaient situés à même distance de l'autre côté de la surface, et sur une perpendiculaire à celle-ci. Si l'objet s'éloigne de la glace, l'image s'éloignera aussi; et voilà pourquoi nous voyons, dans une glace, nos mouvemens se faire en apparence en sens opposés.

Miroirs concaves sphériques. Comme chaque élément d'un miroir courbe peut être regardé comme étant un petit miroir plan, la réflexion de chaque rayon s'y produit en comparant sa direction à celle de la tangente et de la normale au point où ce rayon tombe; ainsi *les rayons réfléchi et incident font des angles égaux avec la normale au point d'incidence.*

Dans ce qui va suivre, nous admettrons que le miroir est de

peu d'étendue, c'est-à-dire qu'il n'est que de quelques degrés du cercle, parce les images n'ont de netteté que sous cette condition.

Supposons d'abord un point lumineux situé à l'infini, envoyant des rayons *om* (fig. 9) parallèles à l'axe AC du miroir : on nomme *axe* la droite qui passe par le centre C de la sphère, de laquelle le miroir fait partie, et par le point milieu A du miroir, lequel est représenté ici par l'arc *m*A*m'* de section suivant l'axe.

Puisque le rayon *m*C de l'arc de cercle A*m* est perpendiculaire à la tangente au point *m*, *om*C est l'angle d'incidence : faisant donc l'angle C*m*F égal à *om*C, on aura l'angle de réflexion, et le rayon *om* se réfléchira selon *m*F ; et puisque l'angle *om*C est alterne interne de l'angle C, on voit que les angles C et F*m*C sont égaux ; on trouve que AF est à fort peu près égal à FC, et le rayon *om* se réfléchit au point F, situé à moitié distance du rayon CA de la sphère dont le miroir fait partie. Si l'on suppose que les rayons émanés de l'objet arrivent parallèles à l'axe AC, ou bien que l'objet lumineux est situé sur l'axe à une distance infinie, il faut en conclure qu'il se rendent tous au point F, qu'on appelle le *foyer principal* ou *des rayons parallèles, point qui est situé au milieu du rayon pris sur l'axe.*

On conçoit comment un miroir concave un peu étendu, présenté au soleil de manière que l'astre soit sur le prolongement de l'axe, peut enflammer une substance placée au foyer F, comme le fait un verre lenticulaire convexe. (*V.* LENTILLE.)

Comme il est très difficile de fabriquer un grand miroir, on peut, avec le père Kircher, disposer une grande quantité de petits miroirs plans dans les inclinaisons convenables pour projeter chacun au même point l'image du soleil. Buffon fit construire un de ces appareils composé de cent soixante-huit glaces étamées, ayant 6 pouces carrés chaque, mobiles sur des axes, à l'aide de trois vis, et qu'il fixait de manière à porter le foyer commun où il voulait. A 200 pieds de distance, il brûlait un morceau de bois ; à 45 pieds, il fondait le plomb, l'argent et le cuivre. Ces expériences portent à croire à la réalité du fait qu'on attribue à Archimède, qui brûlait, de loin la flotte romaine avec des miroirs ardens, quoiqu'il paraisse bien difficile de penser que ce fait soit vrai.

Buffon imagina de faire des *lentilles à échelons* ; elles étaient composées de fragments de verre travaillés tous sur une même sphère, et elles s'ajustaient ensemble pour former une lentille unique. *V.* PHARES et LANTERNE MAGIQUE.

Lorsque le point lumineux P est sur l'axe, le rayon Pm se réfléchit selon mF, en faisant l'angle F m C = PmC ; et comme ce dernier est plus petit que l'angle omC, que fait avec mC la parallèle om à l'axe, on voit que l'autre est moindre que ci-devant, ainsi le point F s'est rapproché du centre C'. Le calcul apprend que les distances AP=D, AF=x, sont liées au rayon AC=r par l'équation $Dr = (2D - r)x$, d'où l'on tire

$$x = \frac{Dr}{2D - r}, \quad \text{ou} \quad \frac{1}{x} + \frac{1}{D} = \frac{2}{r},$$

Et puisque cette relation, qui détermine la distance AF = x, et la position du point F, est indépendante de celle du point m où le rayon incident vient rencontrer le miroir, il sera le même pour tout autre rayon partant du point P. On voit donc que tous les rayons émanés de P, après avoir rencontré les divers points du miroir, se réfléchissent en F, qui est le *foyer* relativement au point P de l'axe ; et aussi, réciproquement, les rayons émanés de F iraient en P qui en est le foyer, parce que notre équation redonne cette distance AP = x, quand on prend AF = D ; ces foyers P et F se reproduisent mutuellement : on nomme ces deux points P et F les foyers *conjugués*.

Plus le point lumineux s'avance vers le centre C le long de l'axe, plus son foyer s'écarte de F pour se rapprocher du centre C, qui est son foyer à lui-même. Et quand le point lumineux, continuant de s'approcher du miroir, dépasse C pour arriver en F, les foyers P... vont en s'éloignant sans cesse. Enfin, si le point lumineux est placé en F, milieu de AC, les rayons réfléchis, tels que mo, sont tous parallèles à l'axe.

Dans tous les cas, l'équation ci-dessus fait connaître la place du foyer, point qu'on trouve aussi par expérience, en exposant le miroir, par rapport au point lumineux, dans les conditions du problème proposé.

Quand enfin le point lumineux est placé plus près du miroir que le point F, l'angle d'incidence surpassant F*m*C, celui de réflexion est plus grand que C*mo*; les rayons réfléchis sont divergens et il n'y a plus de foyer, si ce n'est de l'autre côté du miroir; l'opacité de ce corps ne permet plus de trouver à ce point les propriétés de la convergence de la lumière : c'est, si l'on veut, un *foyer virtuel*, dont cependant on trouve la place, en supposant $D < \frac{1}{2}r$, et par conséquent, en changeant le signe de x dans notre équation.

Enfin, supposons que le point lumineux P soit hors de l'axe AC (fig. 10); on tirera P*m* parallèle à l'axe AC, et *m*F allant au point F, milieu de AC, le rayon P*m* devra se réfléchir selon *m*F. De plus, on mènera la droite PA allant au milieu ou centre A du miroir, et la droite AI faisant l'angle PAC = CAI; PA se réfléchira selon AI. Le foyer conjugué du point P est donc à l'intersection P' de ces deux rayons réfléchis. D'ailleurs, on conçoit que si, par le centre C, on mène la droite PCD, à raison de la forme sphérique, cette ligne peut être considérée comme étant l'axe du miroir AD; les rayons réfléchis iront donc tous se rendre au foyer conjugué P', situé sur cette droite en un lieu que nous savons déterminer.

Soit un corps quelconque PH, placé où l'on voudra devant un miroir concave A*m*, le point P aura pour foyer conjugué P', et le point H, H' : chaque point de PH donnera, par une construction semblable, un foyer conjugué d'où résultera que PH aura pour image renversée P'H', et réciproquement, que PH sera celle de P'H'. D'après cela, on conçoit qu'un objet placé au delà du centre du miroir concave a son image placée en deçà et rapetissée; qu'au contraire, si l'objet est placé entre le centre et le foyer principal F, l'image est agrandie et située au delà du centre : dans les deux cas, l'image est renversée.

Voici donc la série d'effets produits par un verre concave. Qu'on dispose un corps de peu d'étendue, tel qu'une bougie allumée, à une grande distance et presque sur l'axe, et l'on verra une petite image renversée et très brillante de la bougie à la distance d'un demi-rayon en avant de la surface réfléchissante. A mesure que l'on rapprochera l'objet du miroir, l'image s'en éloignera de plus en plus en grandissant. Arrivée au centre, elle se confondra avec l'objet même : en continuant le mouvement vers la surface, l'image de la bougie continuera aussi de grandir en s'éloignant, et lorsque ce corps aura atteint la moitié du chemin entre le centre et le miroir, son image sera à une distance infiniment éloignée. Nous avons fait nos raisonnemens en supposant les miroirs concaves, mais ils s'appliquent de même à ceux qui sont convexes : seulement leurs effets sont peu variés, et l'image n'offrant rien d'utile à connaître nous ne nous y arrêterons pas. La formule qui sert à déterminer la place du foyer quand le point radiant est situé sur l'axe est la même que la précédente, dans le cas des miroirs concaves, en changeant le signe de r, et prenant le foyer du côté opposé. FR.

MOIRE. (*Arts mécaniques.*) Les étoffes moirées sont tissées en soie comme le gros de Tours; mais la trame est en organsin tors et retors, offrant une surface cannelée. Le reflet du moirage consiste en ondulations produites par l'aplatissement des cannelures, qu'on couche par parties, en sens contraires, les unes sur les autres. Cette préparation, perfectionnée par Vaucanson, se fait en passant l'étoffe dans une calandre cylindrique composée de deux rouleaux disposés comme ceux des laminoirs. On plie l'étoffe en long en faisant joindre les deux lisières, et coïncider les extrémités de chaque cannelure; puis on replie l'étoffe ainsi doublée, en zig-zag, de chacun une demi-aune, avec interposition d'une forte toile de coutil. Enfin on passe à la calandre, à laquelle on donne des mouvemens alternatifs, jusqu'à ce que le moirage soit produit. FR.

MOIRÉ MÉTALLIQUE. On a donné ce nom à une cristallisation variée qui se manifeste à la surface du fer-blanc, quand on le décape au moyen d'un acide. Cette cristallisation préexiste, et l'on ne fait que la mettre à nu en dissolvant la légère pellicule d'étain qui la recouvre.

On a indiqué, pour le moiré, un grand nombre de recettes qui, pour la plupart, peuvent également bien réussir, lorsqu'on prend les précautions convenables. Il ne faut pas perdre de vue que l'action de l'acide doit être extrêmement limitée, et qu'elle ne s'étende pas au delà de cette mince pellicule qui a été planée, soit par les cylindres du laminoir, soit par le martelage qu'on a fait subir au fer-blanc après l'étamage.

On a, d'une part, une eau régale faible, composée, par exemple, de 4 parties d'acides nitrique, une du muriate de soude ou d'ammoniaque, et 2 d'eau distillée; de l'autre, on place une feuille de fer-blanc au dessus d'une terrine de grès pleine d'eau, puis, à l'aide d'une petite éponge fine légèrement humectée de la liqueur acide, on imprègne très également toute la surface de fer-blanc, qu'on a préliminairement un peu chauffée; et aussitôt que les reflets du moiré se manifestent d'une manière bien nette, on plonge la feuille dans l'eau, et on la lave, soit à l'aide d'une barbe de plume, soit avec un peu de coton, mais toujours de manière à éviter un frottement capable d'enlever la très petite portion d'étamage qui constitue le moiré.

On conçoit que l'action sera d'autant plus prompte et plus vive, que l'acide employé sera plus concentré et la température plus élevée. On ne peut donc pas limiter d'avance le temps qu'exige chaque opération, et l'on voit qu'il devra varier avec les circonstances influentes : tantôt l'action sera terminée en moins d'une minute, et d'autres fois elle en nécessitera plus de dix.

Il est bien essentiel d'étendre promptement la liqueur acide et de ne pas la verser directement sur la feuille, parce que la beauté du moiré dépend en grande partie d'une action bien égale sur toute la surface; autrement, si elle est plus vive en certains points que dans d'autres, le fer s'y trouve mis à nu, et cela forme des taches noirâtres.

Lorsque le moiré est convenablement développé et qu'on l'a bien lavé de manière à ne laisser aucune portion d'acide, ce qui ne manquerait pas de l'oxider et de le ternir très promptement, on le fait sècher avec précaution, et sans avoir recours à une forte chaleur, car dans ce cas aussi il perd de son éclat; et pour prévenir tout effet ultérieur de l'air, on le vernit immédiatement, soit d'une manière définitive, soit provisoirement, en le recouvrant d'une simple solution de gomme, qu'on peut enlever ensuite au moyen de l'eau.

Les différentes couleurs que l'on donne aux moirés sont dues aux vernis colorés et transparens dont on les recouvre, on a soin seulement de les poncer, afin de les rendre d'une épaisseur moindre, plus égale, et qui laisse par conséquent mieux apercevoir les différens reflets des cristaux.

La trop grande malléabilité des lames minces d'étain de ces sortes de cristallisations, ne leur permet pas de résister au fort martelage auquel on est obligé d'avoir recours pour façonner des objets en creux; aussi n'en peut-on faire avec du moiré, mais seulement des surfaces planes ou légèrement courbes, qui ne nécessitent que le maillet. R.

MOLETTE. C'est en général une pièce tournante dont la surface porte des dessins en creux ou en relief, qui produisent une impression sur une autre surface moins dure, quand on comprime l'une sur l'autre, et qu'on s'aide du mouvement de rotation. C'est ainsi que pour graver les cylindres dont se servent les fabricans de toiles peintes, on emploie des poulies en acier trempé, dont le contour porte des espèces de cordons en creux; ces creux s'impriment en relief sur les molettes par une pression convenable, en pressant contre la poulie qu'on fait tourner.

La molette des peintres est une masse pyramidale en pierre dure, en verre, en porcelaine, dont la base polie et un peu convexe sert à broyer les couleurs, en la promenant sur une table de porphyre chargée de la substance qu'on veut pulvériser.

Le terme de molette a encore d'autres acceptions qu'il est peu utile d'énumérer. Fr.

MOLLETON. Étoffe de laine ou de coton, tissée lisse ou croisée, dont on fait des doublures, des caleçons, des enveloppes de matelas, etc.

L'apprêt de cette étoffe consiste en un brossage, qui a pour objet de couvrir la corde et de donner une direction aux poils, qu'un pressage un peu prolongé entre des plaques de fer chaud, maintient couchés. Ordinairement les molletons se font dans des fabriques de couvertures, et de la même manière, excepté qu'on emploie des fils plus fins. E. M.

MONNAYAGE. (*Arts mecaniques.*) Les Villes de Paris, Lyon, Bordeaux, Lille, Strasbourg et Besançon ont des hôtels où l'on fabrique des pièces de monnaie. C'est à Paris que réside l'administration centrale, composée de commissaires, juges des opérations, du graveur qui exécute les coins, et des essayeurs.

Chaque hôtel des monnaies est composé de chefs qui représentent le prince et surveillent les opérations.

La loi ordonne que toutes les monnaies soient au titre de *neuf* dixièmes de fin, c'est-à-dire qu'un dixième seulement du poids soit en cuivre, et le reste en métal pur. Le poids des pièces est pareillement fixé. On accorde une tolérance de 2 à 3 millièmes sur le titre, et autant sur le poids, tant en plus qu'en moins, sous les noms de *remède d'aloi* et *remède de poids*.

Les pièces de 20 fr. et de 40 fr. sont à la *taille* de 155 et 77 ½ par kilogrammes d'or, et les pièces de 5 fr. à la taille de 40 par kilogrammes d'argent. Le droit est de 10 fr. par kilogramme d'or pur, et 3,33 par kilogramme d'argent pur. On évalue le titre du lingot, et le droit ne frappe pas sur l'alliage : on paie donc 9 fr. et 3 fr. par kilogramme d'or ou d'argent au titre légal de 0,9, à cause de cette retenue.

Le kilog. d'or pur vaut 3434 fr., 4444, au lieu de 3444,4444 :

Le kilog. d'argent pur vaut 218,8889, au lieu de 219 fr. quand le titre est 0,9.

Le kilog. d'or vaut 3091 ou lieu de 3100 fr.

Le kilog. d'argent vaut 197 au lieu de 200 fr.

Il convient de décrire les procédés d'art qui servent à atteindre le résultat prescrit par la loi.

Et d'abord, le directeur qui veut fabriquer les pièces de monnaie compare les titres des métanx dont il peut disposer, pour les fondre ensemble et les amener à 0,9. Ceci n'est qu'un simple calcul, qu'on nomme *règle d'alliage,* qui consiste à savoir quels poids on doit prendre des divers métaux, les uns plus purs, les autres plus alliés que 0,9, pour que la fonte produise juste 0,9.

Les métaux, convenablement divisés en fragmens pour en faciliter la fonte, sont mis dans des creusets à un feu de FOURNEAU *à réverbère;* et lorsque la matière est bien fondue et brassée, l'essayeur *prend la goutte,* c'est-à-dire qu'il enlève une petite partie du métal liquide, pour s'assurer si le titre est dans les limites légales de tolérance. Il ajoute ce qu'il faut pour l'amener à ce point, et il y a un grand art à profiter de toute la tolérance de 2 ou 3 millièmes pour accroître le bénéfice de l'opération.

Cela fait, on coule dans des lingottières, ce sont des vases de fonte très épais, qui s'ouvrent en deux mâchoires, à la manière des appareils à faire des gauffres. Chaque lingottière est creusée d'un sillon longitudinal d'environ 15 pouces de long, dans lequel on verse le métal; l'épaisseur des parois est nécessaire pour que le refroidissement soit régulier, afin d'éviter les soufflures. L'air se dégage et cède la place au métal, à l'aide de rigoles qui font de petites rebarbes le long de la pièce, laquelle a la forme d'une lame épaisse d'environ 3 lignes. On ouvre de suite la lingottière; le métal solidifié, mais encore rouge, tombe à terre. Ordinairement il y a cinq à six lingottières semblables, que deux ouvriers emplissent tour à tour, en y apportant le métal liquéfié; ils se servent d'espèces de cuillères, avec lesquelles ils puisent dans le creuset; et passant successivement d'une lingottière à l'autre, l'opération marche avec vitesse.

Toutes les lames tombées sont enlevées avec des pinces et réunies en un tas ou faisceau, pour les laisser refroidir : on coupe ensuite les rebarbes, et on porte au laminoir. Trois ou quatre laminages réduisent la lame à une ligne et demie d'épaisseur. On *recuit* alors la lame pour rendre du nerf au métal. On lamine de nouveau, on recuit, et enfin on arrive à donner à la lame l'épaisseur strictement nécessaire à la suite de l'opération.

Il faut savoir que, dans le laminage, la pièce de métal ne s'élargit pas sensiblement; elle s'allonge seulement. On a donc eu soin, en la fondant, de lui donner la largeur voulue pour qu'on puisse y tailler la pièce. Trop de largeur donnée à la lame ferait un déchet de fragmens qu'il faudrait reporter à la fonte; trop peu de largeur serait un inconvénient pire, parce qu'on n'y trouverait pas la largeur de la pièce. La lingottière est donc construite en conséquence pour que la lame excède peu le diamètre de la pièce. Cette lame est ensuite blanchie en la plongeant dans une eau acidulée par l'acide sulfurique, et dont on retire de beaux cristaux de sulfate de cuivre ; ensuite on essaie de nouveau le titre.

Comme il est indispensable que la pièce ait une épaisseur bien exactement déterminée, sous peine de former ensuite des monnaies trop légères ou trop pesantes, et que les laminoirs sont sujets en s'échauffant à prendre du mouvement, on a soin de veiller à donner aux cylindres l'écartement nécessaire, à l'aide d'un *tourne-à-gauche*, ou petit mouvement de vis qui change la distance des axes aussi peu qu'on veut.

C'est dans ces lames qu'avec un emporte-pièce on taille les *flans ;* on nomme ainsi les disques métalliques qui feront bientôt des monnaies. Si la lame présente des soufflures, on saute par dessus : on remet ensuite les débris à la fonte.

Dans cet état, chaque flan est pesé avec le poids faible de la tolérance ; tout ce qui est au dessous est rebuté et refondu ; ce qui est au dessus de ce poids est soumis à une autre pesée avec le poids fort. Tout flan qui a résisté à ces épreuves est réputé bon ; ceux qui sont trop pesans sont affaiblis en enlevant un copeau, et soumis de nouveau aux deux pesées comme la première fois.

Il ne reste plus, pour achever la pièce de monnaie, que de la frapper. On la marque d'abord du CORDON, puis on la marque sur ses deux faces, en la faisant frapper par le BALANCIER.

C'est alors que l'on prend quelques pièces au hasard pour vérifier si elles satisfont aux conditions légales de poids et de titre. Les commissaires délégués par le Gouvernement ont suivi toutes les opérations, pour s'assurer si, par fraude, on n'aurait pas mêlé au tas des monnaies quelques pièces qui sont étrangères à la fonte, si l'alliage des métaux s'est fait avec régularité, etc. ; et en éprouvant quelques pièces seulement, on a la garantie que toutes sont dans les mêmes conditions de titre et de poids. Ce sont ces pièces que la commission centrale doit juger, et qu'on lui envoie. Le reste des pièces est soigneusement enfermé, pour n'être répandu dans la circulation qu'après une décision favorable. FR.

MONOCORDE. Instrument dont on se sert dans les cours de physique pour démontrer, par expérience, certains effets des cordes vibrantes. Sur une caisse de 6 à 7 décimètres de long, et 15 centimètres de large, est tendue une corde sonore : deux chevalets placés vers les extrémités, sont l'un fixe (*sillet*), l'autre mobile. La corde, attachée par un bout un peu au delà de ce dernier, est tendue à l'autre bout par une cheville ou par des poids, en sorte qu'on peut changer la longueur et la tension à volonté. En rapprochant le chevalet mobile du sillet, on accourcit la corde sans changer la tension; ou bien, conservant à la corde une même longueur, on change les poids pour faire varier la tension; ce qui permet de vérifier les lois d'acoustique exposées à l'art. CORDES VIBRANTES.

Nous avons expliqué (*Voy.* ACCORDEUR) ce qu'on entend par *tempérament égal*. La théorie démontre qu'en déplaçant le chevalet mobile et le prenant le long du monocorde sans changer la tension, on produit les douze demi-tons de la gamme par tempérament égal, en donnant à la partie vibrante de la corde les longueurs suivantes. Nous donnons 5 décimètres à cette corde pour rendre la tonique *ut;* mais on peut faire varier toutes les longueurs proportionnellement, c'est-à-dire ne prendre que la moitié, le tiers, ou doubler, tripler, etc.

Ut.	500 millim.	*Sol.*	333,70 millim.
Ut ♯, *re b.*	471,94	*Sol* ♯, *la b.*	314,98
Re.	445,44	*La.*	297,30
Re ♯, *mi b.*	420,44	*La* ♯, *si b.*	280,62
Mi. . . .	396,84	*Si.*	264,80
Fa. . . .	374,58	*Si* ♯, *ut.* .	250,00
Fa ♯, *sol b.*	353,56		

Voy. l'art. SON. FR.

MONTRE. (*Arts mécaniques.*) Il ne sera question ici que des montres simples, qui marquent seulement les heures, minutes et secondes; nous nous réservons de parler des mécanismes qui donnent les jours de la semaine, les quantièmes, les phases de la lune, etc., en traitant des Nombres de dents des roues; nous indiquerons aux articles Sonnerie, Réveil, Répétition, les procédés employés pour faire sonner les heures.

On distingue dans une montre plusieurs parties; le ressort moteur, le *spirale*, le régulateur du mouvement ou l'*échappement*, les rouages, qu'on appelle le *mouvement*, la *fusée* et sa *chaîne*, le cadran, enfin la boîte.

1. *Ressort moteur*. Une lame d'acier trempé et revenu au bleu, très élastique et souvent de plus de 2 pieds de longueur, est roulée en spirale et enfermée dans un *tambour* en cuivre, sorte de cylindre creux qu'on nomme Barillet. Les deux fonds sont percés d'un trou central pour laisser passer les bouts d'un arbre d'acier, autour duquel on enroule la lame de ressort. A cet effet, cette lame est percée d'un œil à chaque bout; celui du centre reçoit une dent ménagée à l'arbre, et qui saisit ce bout, entraîne la lame et l'enroule, lorsqu'on fait tourner l'arbre : l'œil de l'autre extrémité de la lame est de même retenu par une dent qui saille sur la paroi interne du tambour, en sorte que lorsqu'on tourne l'arbre, ce bout ne puisse quitter le tambour, et que le ressort s'enroule sur l'arbre quand on maintient celui-ci fixe. Cette disposition est indiquée fig. 3 et 7, Pl. 24.

Lorsqu'on tourne l'arbre à l'aide d'une Clef forée TH qui en saisit le bout travaillé en carré, le barillet F reste immobile, parce qu'il est indépendant de l'arbre : le ressort se serre donc sur l'arbre de plus en plus, et fait effort pour se débander. Remarquez que la lame ainsi bandée tire le tambour pour le faire tourner; mais que celui-ci, retenu par les engrenages dont on va parler, résiste à cet effort, et demeure en repos lorsqu'on *monte* le ressort. Si l'on venait à quitter la clef, l'arbre devrait retourner en sens contraire; mais il est retenu par un Encliquetage dont le Cliquet B est engagé dans la roue à Rochet K. Cette roue est en acier, fixé à l'arbre, et ses dents obliques, au fond desquelles butte le cliquet B, ne permettent la rotation que dans un sens.

Voilà donc la montre montée, et le ressort qui tire avec plus ou moins de force le barillet pour le faire tourner sur son arbre maintenant immobile. C'est cette puissance de développement du ressort qui va mettre les rouages en jeu.

On fait porter au contour du barillet F une denture E, qui engrène avec le rouage, et le mène ; c'est ce mécanisme qu'on appelle un *barillet tournant*, expression impropre, puisque, dans tous les cas, le barillet doit tourner pour suffire au développement du ressort. On fait en général le ressort beaucoup plus long qu'il ne faut, afin qu'il n'ait besoin de se développer que d'une petite portion de sa longueur, et que son action ne produise pas trop d'inégalité dans toute la durée que la pièce doit marcher (environ 30 heures). Quoi qu'il en soit, on ne se sert guère des barillets tournans que lorsque l'échappement est à cylindre, ou à force constante (*Voy.* Échappement), ou dans les horloges dont le régulateur est un pendule. Dans le cas où l'on préfère un échappement à recul, pour remédier à l'action variable du ressort à mesure qu'il se débande, on a imaginé un mécanisme très ingénieux, que nous allons décrire.

2. *Fusée, chaîne.* Les fig. 4 et 9 représentent le barillet A privé de denture, et son arbre K ; la fusée est une pièce de forme conique B, dont la surface est recouverte d'une rampe spirale en plan incliné. Une chaîne BA s'enroule alternativement sur le tambour A et sur la fusée B. La fig. 4 montre l'état des choses quand le développement est à moitié; mais si le ressort vient d'être complètement monté, la surface du tambour est nue, et la chaîne recouvre la fusée de bas en haut. On ne bande plus le ressort, comme dans les barillets tournans en saisissant leur arbre avec la clef; cet arbre est toujours immobile. Mais comme la chaîne est accrochée par l'un de ses bouts au bas de la fusée, et par l'autre sur le barillet, on conçoit qu'en tournant l'arbre I de la fusée avec une clef forée en carré, on force la chaîne à s'enrouler sur la surface, et à tirer le barillet pour l'obliger à tourner sur son arbre, qui est fixe : ainsi, le grand ressort s'enroule autour de l'arbre, puis fait effort pour tirer la chaîne en sens contraire. La fusée tourne donc par cette action, et le rouage est mis en jeu par la roue dentée E. On voit que dans le com-

mencement du mouvement, où le ressort a toute sa puissance, il agit avec le petit bras de levier du diamètre supérieur de la fusée, et qu'à mesure qu'il se développe et que son énergie s'affaiblit, son bras de levier va croissant. Le ressort regagne ainsi la force qu'il perd, par les conditions où son action s'exerce.

Dans le cas où l'on se sert d'une fusée, l'encliquetage que nous avons décrit s'adapte à la fusée, mais on le cache dans son intérieur, pour ménager l'espace. Ainsi, à l'arbre de la fusée tient une roue à rochet (fig. 8) qui permet à cet arbre de tourner dans un sens quand on monte le ressort; mais la pièce conique B (fig. 4) est indépendante de la roue E, qui, engagée dans le rouage, reste immobile; cette roue E porte l'encliquetage qui s'oppose à ce que l'arbre HI, que tirent le ressort et la chaîne, ne puisse tourner en sens contraire, sans entraîner avec lui la roue E, la fusée et le reste du rouage.

Quant à la *chaîne*, c'est une des pièces les plus délicates de la montre : ce sont de petits brins d'acier nommés *paillons*, qu'on taille à l'emporte-pièce, et qu'on perce d'un petit trou à chaque bout. Chaque paillon est une petite lame très mince, deux fois plus longue que large, et imitant la figure de deux cercles accouplés, dont les centres sont percés. Tous ces paillons sont exactement égaux, et voici comment on les assemble pour former la chaîne.

L'épaisseur totale est celle de trois paillons, attendu qu'entre deux, qui sont disposés l'un sur l'autre parallèlement, on glisse le bout d'un troisième, dont l'œil correspond entre les deux yeux des premiers, qu'il sépare; on y entre une goupille qu'on rive aux deux bouts. L'extrémité du paillon du milieu est de la sorte saisie entre ces derniers, mais les dépasse, et c'est ce bout excédant qu'on saisit de même, entre les extrémités de deux autres paillons, l'un dessus, l'autre dessous; et ainsi consécutivement, de manière que la chaîne soit formée d'une suite immédiate de paillons placés bout à bout, entre lesquels sont d'autres paillons aussi bout à bout, mais dont une moitié est saisie entre une paire, et l'autre moitié entre une autre paire.

On commence par polir un plaque d'acier mince, puis un ouvrier, armé d'un poinçon à deux pointes, qui sont écartées d'autant que le doivent être les trous des bouts de chaque paillon, frappe sur la tête du poinçon pour percer la plaque de part en part. Il a d'abord posé la plaque sur un morceau de bois, pour que le poinçon ne s'émousse pas. A chaque coup, il ne perce qu'un seul trou, parce qu'il fait entrer l'une des pointes de l'outil dans le trou qu'il vient de percer; tous ces trous, également espacés, sont à peu près en ligne droite : c'est ce qu'on appelle *piquer la lame.* Tous ces trous ont des rebarbes, qu'on enlève à la lime, en retournant la plaque sans dessus dessous; et comme cette opération les rebouche en partie, on les rafraîchit avec de petits coups donnés avec un autre poinçon à une seule pointe.

On a une matrice en acier solidement établie ; c'est une petite pièce qui est percée d'un trou, moule exact d'un paillon, qui traverse son épaisseur d'une ligne et demie environ, mais qui va en s'évasant un peu en dessous. Le *coupoir,* ou emporte-pièce, est exactement de la forme et de la dimension d'un paillon, imitant deux petits cylindres accolés, dans l'axe desquels est une pointe un peu saillante. Ces pointes étant entrées dans deux trous de la plaque, on la pose sur la matrice au dessus de son pertuis, et l'on frappe un coup de maillet qui détache un paillon et le laisse tomber sous la matrice.

Les goupilles sont des fils d'acier qu'on entre de force dans les trous des paillons, assemblés comme il a été expliqué, et faisant en sorte que les faces qui ont eu des rebarbes se regardent, et que par conséquent les faces extérieures présentent à leurs trous une petite concavité. Le fil d'acier est entré dans les trois trous des paillons qu'il doit unir en forme de charnière; on force le chaînon à entrer davantage sur le fil : on coupe celui-ci au niveau des surfaces des deux côtés, et l'on rive, de manière qu'une tête plate emplisse la petite concavité des trous du côté externe de la chaîne.

Les chaînons des deux extrémités sont terminés en crochet; c'est un paillon de rang intermédiaire, dont l'un des yeux est ouvert en forme de crochet, qui est destiné à saisir le bord du tambour, ou le bas de la fusée. Un trou percé au tambour d'une part, et une fente pratiquée à la fusée et renforcée d'une goupille de l'autre part, sont les parties que saisissent les crochets.

Vient ensuite le tour de la *lime à égayer;* c'est une bande d'acier épaisse de 2 lignes, à surface courbée et non taillée, qu'on maintient horizontalement en serrant le bout dans un étau, et sur laquelle on fait couler la chaîne tendue et enduite d'un peu d'huile; on tire les deux bouts alternativement avec une poignée prise dans le crochet, et l'on augmente de plus en plus l'angle que fait la chaîne avec l'horizon, pour qu'elle frotte plus fort et alternativement sur les deux faces.

Cette bande d'acier est improprement appelée *lime*, puisqu'elle n'a pas de taille; mais on lime ensuite la chaîne, en l'accrochant par un bout sur un bâton de buis, et la maintenant le long de ce bois, en tenant l'autre bout de la chaîne avec la main gauche.

Enfin, on trempe la chaîne, en la roulant dans un trou fait à un gros charbon, et y faisant aller la pointe de la flamme d'une chandelle, qu'on souffle avec un chalumeau. Lorsque cette chaîne est rouge-cerise, on la jette dans de l'huile; ensuite on la fait *revenir*, en l'exposant ainsi huilée à la flamme de la chandelle qui brûle l'huile. Il ne reste plus qu'à la polir, en la passant à la pierre du Levant, et aussi en la frottant avec de la poudre de cette pierre.

Lorsqu'on achève de monter une montre, si l'on tourne la clef avec un peu de force, on casse la chaîne ou le grand ressort; c'est ce qui a fait imaginer les *garde-chaînes*, dont on garnit les montres précieuses pour empêcher cet accident. Il en est de plusieurs espèces : imaginez deux roues portant l'une douze dents et l'autre dix ; la première fera cinq tours quand l'autre en accomplira six ; les arbres sont fixés chacun à un levier qui tourne avec eux, et ces deux leviers se rencontrent et buttent l'un contre l'autre, quand on doit cesser de tourner la clef de remontage. On peut encore se servir d'une roue qui ne porte des dents que sur une partie de son contour : une goupille fait passer une dent de cette roue à chaque tour qu'on fait, et lorsqu'on arrive à l'arc non denté, la goupille butte, et on ne peut continuer de tourner.

On voit, fig. 9, au centre de la fusée une pièce armée d'un bec *a*, qui à chaque tour passe au dessus du levier *im* que retient le ressort *n* : mais la chaîne, en montant sur la fusée, redresse le bout *m* de ce levier qui est mobile en *i* ; en sorte que le bec *a* vient buter sur ce bout *m*, quand la fusée se trouve recouverte par la chaîne, et il n'est plus possible de faire tourner la clef.

3. *Échappement*. Divers appareils servent de régulateurs au mouvement des montres ; comme ce sujet a déja été traité avec étendue au mot Échappement, nous n'y reviendrons pas. Nous dirons seulement qu'en général une roue HK sans dent, ou volant, nommée Balancier (fig. 6), pivote et oscille sur un axe central, auquel est fixé le bout intérieur d'un ressort capillaire *hl* nommé Spirale, à cause de sa forme, et dont le bout extérieur *h* est fixé à la platine. Lorsqu'on met ce balancier en rotation, il serre autour de lui le spirale, qui par son élasticité restitue, en se développant en sens contraire, une force rotative au balancier, puis revient sur lui-même, puis se détend, et ainsi de suite ; et comme l'axe du balancier est chassé par l'action du rouage, il retrouve à chaque coup la force que les résistances lui font perdre, et le mouvement s'entretient avec toute la régularité qu'on doit attendre d'une force constante, agissant sur le spirale, avec une égale énergie et de la même manière.

C'est l'échappement *à verge*, dit *à roue de rencontre*, qui est le plus en usage dans le commerce. Mais dans les pièces soignées, on préfère l'échappement à cylindre ou celui à ancre, ou tout autre dont les effets sont bien plus sûrs, mais qui est plus coûteux. Dans les chronomètres, on a besoin de plus de régularité encore, et l'on emploie l'échappement d'Arnold,

4. *Rouages*. Expliquons le mécanisme qui sert à lier la force motrice au régulateur, et qui est représenté fig. 5 et 9, On voit, entre les deux platines, le barillet *a* entouré de sa chaîne qu'il tire en faisant tourner le tambour, par l'effort du ressort qu'il contient. Cette chaîne tire la fusée *b*, qu'elle fait tourner dans le même sens que le barillet ; la roue de fusée engrène dans le pignon *e* de la roue centrale, nommée *grande roue moyenne C'f ; celle-ci doit, dans tous les cas, faire un tour entier par heure*, parce que c'est

sur son axe prolongé qu'est portée l'aiguille des minutes *y*. Cette roue C′ mène le pignon *g* et la roue *h*, appelée *petite roue moyenne*, laquelle engrène avec le pignon *i* de la *roue de champ k* : celle-ci engrène le pignon *d* de la *roue de rencontre*, laquelle a son axe *n* parallèle aux platines, et porté sur deux pièces nommées *potences*. En *m* est une vis qui serre la grande potence et lui permet un peu de mouvement, lequel suffit pour mettre la roue *d* d'échappement. Enfin, en dessus de la platine est un pont *o* nommé Coq destiné à recouvrir le spiral et le balancier *p*, dont il porte un des pivots.

Puisqu'il faut que la grande roue moyenne *f* accomplisse un seul tour par heure, il faudra proportionner le nombre de dents des diverses roues à la vitesse que doit avoir le balancier, d'après la force du spirale et celle du ressort moteur. Supposons que le balancier doive exécuter 9000 vibrations par heure, ou 150 par minute (c'est-à-dire 5 pour deux secondes, comme cela a lieu ordinairement dans les chronomètres), on proportionnera la vigueur du spirale à cette condition, puis on armera les roues et les pignons de Nombres de dents qui s'accomodent avec cette disposition, savoir, que la roue *f* fasse un seul tour pendant que le balancier accomplira 9000 excursions.

Si je veux que, la grande roue moyenne C′*f* faisant son tour en 1 heure, la roue de champ *k* fasse le sien en 1 minute, c'est-à-dire tourne 60 fois plus vite, je pourrai donner à la roue C′ 60 dents, et 6 au pignon d'engrenage *g*; d'abord *h* marchera 10 fois plus vite que C′ ; ensuite je donnerai 48 dents à la roue *h* et 8 au pignon *i*; *k* tournera 6 fois plus que *h*, et par conséquent fera 60 tours pendant que *f* en fera un seul. Si les axes de ces roues *f* et *k* portent chacun une aiguille, la première marquera les minutes sur un cadran divisé en 60 arcs égaux, et l'autre les secondes sur un autre cadran. Seulement, comme l'échappement à verge recule un peu, avant de tourner, à chaque vibration ; que d'ailleurs on n'obtient pas dans la minute 60 coups secs, mais un beaucoup plus grand nombre ; on dit alors que l'*aiguille trotte les secondes*. Dans les montres à *secondes fixes*, il faut un rouage particulier pour produire cet effet, rouage analogue à celui qui va être décrit pour indiquer les heures et minutes.

Cadrature. Maintenant il s'agit d'indiquer, avec des aiguilles, sur un cadran, les heures et minutes. Entre la platine *ch* et le cadran se trouve ce qu'on appelle la *minuterie.* On evite de se servir d'un cadran particulier pour chaque genre d'indication, en faisant partir les axes de rotation du centre du cadran, divisé en heures et minutes. La *roue de chaussée gi* (fig. 2), solidaire avec l'axe C de la grande roue moyenne, engrène avec la *roue de minuterie gh*, qui a le même nombre de dents qu'elle, et tourne aussi vite en sens contraire, son pignon *k* engrène avec la *roue de canon p*, ainsi nommée parce qu'elle est montée sur un canon *f* ou tuyau creux, que la chaussée de l'axe C*m* des minutes traverse. La roue de canon *p* a 12 fois plus de dents que le pignon *k* de minuterie, et l'on voit qu'elle tourne 12 fois moins vite, dans le même sens que la roue *ig* et que l'axe C de la grande roue moyennne. Ainsi du centre du cadran partiront deux aiguilles *y* et *z*, tournant dans le même sens, allant 12 fois plus vite l'une que l'autre; celle *my* de l'axe décrira son tour en une heure et marquera les minutes, celle *fg* du canon, qui n'est pas solidaire avec l'axe, ne fera qu'un tour en 12 heures, et marquera les heures.

L'axe C*m* de la roue moyenne porte deux roues solidaires entre elles outre le pignon *c*, savoir, *ig* en dessous, et *f* (fig. 5); mais comme ces roues sont séparées par une platine *ch*, on conçoit qu'elles ne peuvent pas être toutes deux soudées à l'axe; car on ne pourrait pas démonter la pièce, lorsqu'elle aurait besoin d'être nettoyée ou réparée. Il suffira de faire porter la roue *gi* (fig. 2) à frottement dur sur l'axe; mais pour qu'il soit facile de remettre la montre à l'heure, en faisant tourner l'aiguille des minutes portée par l'axe C*m* de la grande roue moyenne, on fixe la roue *gi* sur un canon ou tuyau qu'on appelle *Chaussée*, qui serre à frottement cet axe C*m*, et l'enveloppe dans presque toute sa longueur: on y ménage de petites fentes longitudinales, où l'on glisse un peu d'huile. Le canon *f* de la roue des heures est traversé par cette chaussée, dont le bout façonné en carré entre dans l'œil carré de l'aiguille *my* des minutes, tandis que celle *fz* des heures entre à frottement dur sur son canon *f* et est indépendante de la chaussée qui s'y trouve logée et la dépasse par son bout. Ces tiges semblent au premier abord n'en faire qu'une seule au centre du cadran.

On conçoit maintenant que par ce mécanisme la roue *gi* est solidaire avec l'axe de la grande roue moyenne *Cm*, et que cependant on peut tourner la chaussée et l'aiguille des minutes sans déranger cet axe. Les mouvemens donnés à cette aiguille se transmettent par la minuterie à celle des heures; tandis qu'au contraire ceux qu'on donne à cette dernière n'agissent pas sur celle des minutes, parce que la canon reste imobile quand on tourne l'aiguille des heures, qui n'y tient qu'à frottement.

Spirale, avance et retard. Le spirale est un fil d'acier très mince, et plat, imitant un cheveu; on le revient au bleu, et on le contourne en spirale ayant cinq à six circonvolutions. L'une de ses extrémités, celle du centre, entre dans un trou fait à l'axe du balancier, où elle est retenue par une goupille qu'on y fiche; l'autre entre dans l'œil d'un petit *piton*, où une autre goupille l'y maintient. On a soin de laisser dépasser une portion du spirale au-delà du piton, pour pouvoir allonger la partie vibrante comprise entre le balancier et le piton. Il y a un trou à la platine, où l'on fait entrer le piton à frottement dur.

Le nombre de vibrations qu'accomplit le balancier, pour une force de grand ressort donnée, dépend du nerf de l'acier du spirale et de sa longueur: on doit donc l'allonger ou l'accourcir entre ses deux points fixes, jusqu'à ce qu'il accomplisse le nombre de battemens voulu par la denture, afin què la grande roue moyenne fasse son tour juste en une heure.

Ce n'est pas tout encore. Comme l'épaississement des huiles et d'autres causes vont agir pour altérer cette vitesse, il convient de pouvoir accélérer ou ralentir ses vibrations, suivant qu'on s'apercevra que la montre retarde ou avance. On fait passer le grand tour du spirale entre deux goupilles peu écartées, sur lesquelles il vient battre alternativement. Ce peu de gêne change sa marche, et, suivant que ce demi-arrêt se trouve placé en tel ou tel lieu du spirale, la montre prend plus ou moins de vitesse, parce que cela revient à accourcir ou allonger la partie vibrante du spirale. Ces goupilles sont portées sur une pièce en arc denté, appelée *rateau*, qui est concentrique au balancier, et en poussant ce râteau dans un sens ou dans l'autre, on allonge ou accourcit le spirale, on retarde ou avance la montre. Le râteau est denté du côté extérieur et maintenu par un guide du côté intérieur, en sorte qu'il puisse faire un mouvement circulaire en s'appuyant sur ce guide. Il est mû par un pignon dont l'axe tourne avec la clef de la montre; une aiguille, en se promenant sur une portion de cadran, indique l'étendue qu'on fait parcourir au râteau et aux goupilles; et les lettres A et R, placées aux bouts de l'arc, marquent le sens où il faut diriger l'aiguille pour avancer ou pour retarder le mouvement.

Platines. Le mouvement d'une montre est renfermé entre deux disques de cuivre doré, dont le diamètre est proportionné à l'étendue que les rouages occupent. On tient beaucoup à ce que la pièce n'ait pas beaucoup d'épaisseur, mais on est moins gêné sur la largeur; elle atteint quelquefois 6 centimètres et plus : ces disques métalliques, qu'on nomme *platines*, sont percés de trous où roulent les bouts des pivots. On a un outil, qui permet de trouer les platines en des points qui se correspondent avec une telle précision, qu'il semble que ces disques soient une seule et même plaque percée d'abord, et dédoublée ensuite sur son épaisseur.

Cadran. On fait ordinairement les cadrans en émail blanc, sur lequel les chiffres des heures et les divisions de minutes sont peints en noir; le cadran est donc divisé en 60 arcs égaux. L'émail est appliqué sur une feuille de cuivre; les chiffres sont arabes ou romains, selon la mode et le goût. On fait aussi des cadrans en cuivre doré ou argenté, portant les heures et divisions gravées et peintes en vernis noir. Ces cadrans sont plus minces et plus solides que les premiers.

Aiguilles. Les aiguilles sont de petites barres d'acier, de cuivre, d'or ou d'argent, très minces; leur fabrication est un objet de commerce assez étendu. L'acier est travaillé avec des emporte-pièces et divers outils très ingénieusement imaginés; la même aiguille passe par huit ou dix mains, dont chacune lui fait subir sa portion de travail : on la revient au bleu à la flamme d'une lampe. Chacune porte l'œil où doit entrer l'axe, et cet œil est renforcé d'une très petite chaussée ; la pointe est effilée en flèche.

Boîte. Tout l'appareil est renfermé dans une boîte de métal, le plus souvent d'or ou d'argent, portant une queue et un anneau où l'on attache une chaîne ou un ruban : ce sont des ouvriers particuliers qui sont chargés de ce travail d'orfévrerie.

Le mouvement est souvent retenu dans la boîte par une charnière fixée d'une part au bord de la cuvette, et de l'autre à celui de la platine supérieure; ces deux parties de la charnière sont réunies par une longue goupille qu'on ôte lorsqu'on veut retirer le mouvement de la boîte.

Le cadran est percé d'un trou pour le passage du carré de la fusée; dans d'autres, c'est au fond de la boîte que le carré est saillant.

Les montres sont fort grossièrement exécutées dans les fabriqnes où on les fait en grand nombre, toutes sur les mêmes calibres; elles sont livrées à la douzaine en *blanc*, c'est-à-dire complètes quant à leurs parties (fusée, chaîne, spirale, rouages, balancier, etc.), mais non finies. L'art en est venu à ce point de les livrer à 2 fr. pièce dans cet état. L'artiste achève ensuite et finit la pièce pour la faire marcher tant bien que mal : cadran et boîte, tout se fait en manufacture et avec une promptitude qui étonne, et permet de livrer au public à très bas prix des appareils compliqués, qui sont aussi d'élégants bijoux, et que la masse des hommes peut employer à ses usages. C'est surtout à Genève, à la Chaux-de-Font, au Locle, et dans les environs de Neufchâtel, en Suisse, que ces fabrications se font en grand : des lieux autrefois pauvres et inhabités sont aujourd'hui peuplés et dans l'aisance, et offrent la preuve des avantages que produit l'industrie. Fr.

MORDANT. Cette expression est usitée dans plusieurs Arts, pour désigner des substances agglutinatives qui déterminent, par leur application sur des surfaces, l'adhérence de certains corps dont on veut les revêtir. Tel est le nom qu'on donne dans l'art du Doreur à ces espèces de vernis ou de colle dont on se sert pour fixer les feuilles d'or ou d'argent. Dans d'autres ateliers, au contraire, on appelle *mordant* des agens à l'aide desquels, dans un but particulier, on attaque, décape ou corrode des surfaces métalliques, mais en teinture, on attribue à ce même mot une tout autre acception ; il est principalement consacré pour désigner des corps qui jouissent de la double propriété de pouvoir tout à la fois s'unir à la fibre organique et à la matière teignante, d'où résulte une combinaison triple, dans laquelle le mordant sert de lien commun entre la substance colorante et le tissu ; en telle sorte que l'union est beaucoup plus intime et par conséquent moins destructible.

Comme l'emploi des mordans constitue une des bases principales de l'art de la teinture, nous allons entrer dans quelques développemens, pour en mieux faire sentir toute l'importance.

Pour bien apprécier l'utilité des mordans et leur véritable fonction, il faut savoir que les matières colorantes sont en général des principes *sui generis*, qui jouissent de propriétés et d'affinités spéciales ; leurs caractères distinctifs sont en général de n'être ni acides ni alcalines, et néanmoins de pouvoir se combiner avec les corps, et plus particulièrement avec les bases, et de recevoir de chacun d'eux des modifications dans leur couleur, leur solubilité et leur altérabilité. Les matières colorantes organiques pures ont une affinité très énergique pour certains corps, faible pour d'autres, et presque nulle pour quelques uns. Parmi ces produits immédiats, les uns sont solubles dans l'eau pure, et les autres ne le deviennent qu'à l'aide d'agens particuliers. Or, on conçoit, d'après ce que nous venons de dire, que toutes les fois qu'une substance colorante jouira d'une certaine affinité pour la fibre organique, elle pourra s'y fixer, c'est-à-dire la teindre sans l'intermédiaire des mordans, si par elle-même elle est insoluble dans l'eau, et c'est en effet ce qui a lieu pour les matières colorantes du carthame, du rocou et de l'indigo. Les deux premiers sont solubles dans les alcalis : aussi suffit-il, pour les appliquer sur des tissus, d'en faire une solution dans une eau alcalisée, d'y plonger les tissus à teindre, et de précipiter la matière tinctoriale, en saturant l'alcali de la dissolution, au moyen d'un acide. La matière colorante, au moment où elle se sépare de son dissolvant, se trouve dans un grand état de division, et elle est là en contact avec les fibres organiques, pour lesquelles elle a une certaine affinité : elle s'y unit étroitement ; et comme elle est naturellement insoluble dans l'eau, c'est-à-dire qu'elle n'a point d'affinité pour ce véhicule, les lavages subséquens n'ont aucune prise sur cette teinture. Il en est à peu près de même pour l'indigo, bien que sa solubilité dans le bain de teinture ne dépende pas d'une cause semblable, et qu'elle soit due à une modification dans ses principes constituans. Ce qu'il y a de certain, c'est qu'après avoir subi cette modification, elle devient soluble dans les alcalis ; que les étoffes qu'on plonge dans ce bain s'imprègnent de cette solution, et qu'une fois exposée à l'air, la matière teignante reprend en même temps et sa couleur et son insolubilité primitive ; que les lavages ne peuvent soustraire que les portions surabondantes à la combinaison possible, et qui sont simplement déposées sur les fibres du tissu.

Voilà ce qui arrive pour les matières colorantes insolubles, et l'on prévoit déjà qu'il doit en être tout autrement pour celles qui jouissent d'une plus ou moins grande solubilité : celles-ci, en effet, ne possèdent pas en général une affinité pour les fibres organiques, telle que cette combinaison puisse être stable ; par cela même que l'eau a pour la matière colorante une affinité qui balance et souvent surpasse celle du tissu.

C'est surtout dans ce cas que les teinturiers sont obligés d'avoir recours à des corps intermédiaires, qui viennent ajouter leur propre affinité pour la matière colorante à celle que possèdent déjà les molécules organiques du tissu, et augmentent par cette double action l'intimité et la stabilité de la combinaison. Ce sont ces corps intermédiaires qui reçoivent, comme nous l'avons déjà dit, le nom de *mordans*.

Les mordans sont en général pris parmi les bases ou oxides métalliques, et l'on serait tenté de croire, d'après ce premier aperçu, qu'il doit en exister un très grand nombre ; mais si l'on se rappelle qu'il faut qu'ils réunissent la double condition de posséder tout à la fois une forte affinité pour la matière colorante et pour la fibre organique ; si de plus on réfléchit que les bases insolubles sont à peu près les seules à pouvoir former des combinaisons insolubles, alors on concevra que le nombre pourra en être singulièrement restreint. On sait, en effet, que bien que la chaux et la magnésie, par exemple, possèdent une grande affinité pour les matières colorantes, et qu'elles soient susceptibles de former avecelles des combinaisons insolubles; on sait, dis-je, quelles ne peuvent être généralement employées comme mordans, par cela seul qu'elle ne jouissent d'aucune affinité pour la fibre organique.

L'expérience a démontré que, de toutes les bases, celles qui réussissent le mieux comme mordans, ce sont l'alumine, l'étain et le fer oxidés; encore est-il que les deux premières étant naturellement blanches, sont les seules à pouvoir être employées lorsqu'on veut conserver à la matière teignante sa couleur primitive, ou du moins ne lui faire subir qu'une légère modification. Toutes les fois, au contraire, que le mordant est coloré par lui-même, on conçoit qu'il devra nécessairement en résulter une couleur composée tout-à-fait différente de la première.

Si, comme nous l'avons dit, le mordant contracte une véritable combinaison avec le tissu à teindre, il en résulte que l'application du mordant doit être faite dans les circonstances reconnues comme les plus capables de favoriser les combinaisons, et c'est en effet ce qu'on pratique journellement dans nos ateliers. Nous allons entrer dans quelques considérations à cet égard.

Pour qu'une combinaison puisse bien s'effectuer, il faut en général que les corps qui doivent s'unir soient mis en contact, non seulement dans un état de liberté, ou au moins le plus près possible de cet état: mais il est reconnu, en outre, que la combinaison se fait d'autant mieux que les molécules seront plus ténues. Or, les mordans qu'il s'agit de combiner avec les tissus sont, comme nous l'avons vu, insolubles par eux-mêmes, ce qui oblige, pour diviser leurs molécules, à les dissoudre dans un véhicule approprié; mais ce dissolvant exercera pour son propre compte une affinité sur le mordant, qui deviendra un obstacle à son attraction pour le tissu. Ainsi, on devra choisir parmi les dissolvans celui dont l'attraction pour le mordant sera la plus faible : or, de tous les acides qu'on peut employer pour dissoudre l'alumine, par exemple, le vinaigre est celui qui la retiendra avec le moins d'énergie; aussi a-t-on généralement substitué maintenant l'acétate d'alumine à l'alun, parce que l'acide acétique abandonne l'alumine avec une telle facilité, qu'une simple élévation de température suffit pour que le départ de ces deux corps puisse s'opérer. Avant cette substitution de l'acétate, on ne se servait que de l'alun. L'acétate d'alumine se prépare en décomposant 100 parties d'alun par 116 parties d'acétate de plomb, en supposant que ces deux sels soient purs et ne contiennent que l'eau qu'ils doivent renfermer.

La première condition à remplir pour effectuer la combinaison du mordant avec la fibre organique du tissu qu'on veut teindre, c'est que cette fibre soit débarrassée autant que possible de toute matière étrangère. Tel est le motif qui oblige à bien dégorger et nettoyer les étoffes avant de les mordancer. Cela posé, remarquons que s'il ne s'agissait que de mordancer uniformément les deux surfaces du tissu, rien ne serait plus aisé, puisqu'il suffirait alors de l'immerger complètement dans une dissolution de ce mordant; mais il est très rare qu'il en soit ainsi, et le plus ordinairement, au contraire, il ne faut mordancer que des dessins plus ou moins délicats, dont les contours doivent être nettement tracés; or, il serait de toute impossibilité d'obtenir ce résultat avec le mordant tel que nous venons de le décrire, soit qu'on se serve de la planche ou du rouleau, ou de toute autre mécanique connue. Non seulement la trop grande fluidité de ce liquide ne permettrait pas à la gravure d'en retenir une assez grande quantité pour en déposer une proportion convenable sur le tissu; mais en outre, cette fluidité en favoriserait trop l'expansion, et tous les traits du dessin se trouveraient grossis. Pour obvier donc à ce double inconvénient, il a fallu agir d'artifice, et voici comment on y est parvenu : on donne une consistance convenable au mordant, en lui ajoutant une certaine proportion d'un corps visqueux et non susceptible d'altérer la nuance de la matière colorante, ou d'exercer une réaction fâcheuse sur le mordant. Les gommes, les fécules pures ou torréfiées, quelquefois aussi la terre de pipe, sont employées avec succès pour cet objet ; mais on n'y a pas recours indifféremment ; la pratique suggère le choix qu'on en doit faire. On sait, par exemple, que les acides réagissent très énergiquement sur les fécules, et que par conséquent il faut éviter, autant que possible, de mettre ces corps en contact. Toutes les fois donc que ce mordant contiendra un excès notable d'acide, il sera préférable de l'épaissir avec de la gomme : il est d'ailleurs un autre motif qui détermine souvent à accorder la préférence à la gomme, c'est la difficulté qu'on éprouve, lorsque l'action du mordant est produite, à purger entièrement le tissu de toute la fécule, et la petite portion qui reste nuit à l'éclat et à la transparence de la couleur.

A l'avantage que procurent ces corps invisquans, de permettre une impression plus précise et plus nette, est lié l'inconvénient de nuire au contact immédiat des deux corps qui doivent se combiner. Il faut donc, pour atténuer autant que possible ce défaut, n'en employer que la quantité rigoureusement nécessaire ; et ce motif, qui mérite grande considération, doit déterminer à accorder la préférence au corps qui, à poids égal, donnera le plus de consistence. Telle est la raison qui force d'avoir recours, dans quelques occasions, à la fécule pure, à la gomme adragante, et même au salep.

Ces corps auxiliaires présentent souvent encore un autre inconvénient, contre lequel il faut être en garde ; c'est celui d'éprouver, dans certaines circonstances, une trop prompte dessiccation, et d'emprisonner en quelque sorte le mordant avant qu'il ait pu éprouver la modification qu'il doit subir, et qui consiste principalement dans l'évaporation de son acide, auquel il faut laisser un libre cours.

Il ne suffit pas, comme on voit, que le mordant soit convenablement appliqué, il faut en outre qu'il soit mis dans des circonstances favorables à sa décomposition et à la combinaison de sa base avec la matière du tissu, et l'on ne peut atteindre ce but d'une manière vraiment efficace qu'en maintenant pendant un certain temps l'étoffe mordancée, dans un lieu dont la température soit modérément élevée, et dans lequel l'air ait un libre accès. Ce n'est pas tout encore, il faut que cette étoffe soit régulièrement distendue, et que l'air qui circule à sa surface ne soit ni trop sec ni trop humide. C'est en prenant toutes ces précautions qu'on arrive à éliminer uniformément, mais progressivement, l'acide du mordant, et que l'on réussit à combiner intimement l'alumine au tissu. Il est donc de toute nécessité que l'artiste qui dirige ce travail, sache en apprécier toutes les circonstances influentes, afin de s'en rendre maître et pouvoir y suppléer en cas de défaut. C'est ainsi que, par un temps froid et humide, il doit élever la température de son séchoir, afin d'obtenir une évaporation plus décidée; qu'il doit, au contraire, pour une atmosphère trop chaude et trop sèche, y introduire de l'humidité, ou ajouter à son mordant des corps déliquescens, s'il veut prévenir les inconvéniens déja signalés d'une trop prompte dessiccation.

Si nous supposons maintenant que l'application du mordant et sa combinaison avec le tissu aient été bien dirigées, il s'en faut encore de beaucoup que l'opération soit entièrement achevée; et l'on pourrait peut-être dire, avec quelque vérité, que ce qui reste à faire est le plus important et le plus difficile. En effet, rappelons-nous toujours que le mordant n'est pas seulement destiné à se combiner avec la fibre organique, mais qu'il doit ultérieurement se combiner aussi avec la substance colorante, et que par conséquent il faut qu'il soit entièrement mis à découvert, bien décapé, si je puis m'exprimer ainsi, c'est-à-dire complètement débarrassé de toute matière étrangère qui pourrait le revêtir et unir à son contact avec la matière colorante. Tel est le principe et le but des deux opérations auxquelles on donne le nom de *bousage* et de *dégorgeage*.

Si le mordant qu'on a appliqué à la surface du tissu se trouvait complètement décomposé et toute sa base intimement combinée, il est certain qu'un simple dégorgeage à l'eau suffirait pour enlever les corps invisquans qu'on lui a ajoutés, et dont on veut maintenant le débarrasser : mais il n'en est point ainsi, quelque précaution qu'on ait prise; une portion du mordant s'est conservée intacte, et de plus, une partie de la base de la portion décomposée n'est point entrée en combinaison avec le tissu, elle reste libre et en surcharge. Il a donc fallu trouver moyen d'enlever tous ces corps sans qu'il en résultât aucun préjudice. Or, il est évident que si dans cet état de choses on se contentait d'immerger l'étoffe dans l'eau, la portion du mordant qui est restée libre s'y dissoudrait, et qu'elle se combinerait indistinctement avec toutes les parties du tissu non encore mordancées, et qu'on a voulu préserver ultérieurement de l'action de la matière colorante; mais si l'on ajoute dans l'eau de lavage un corps capable de s'emparer du mordant aussitôt qu'il s'y délaie, et de contracter avec lui une combinaison insoluble, il se trouvera ainsi soustrait à mesure, et ne pourra plus exercer aucune influence sur le tissu. Tel est, en effet, le résultat qu'on obtient par l'addition de la bouse de vache : cette substance excrémentitielle contient une assez forte proportion de matières animales solubles et de particules colorantes, qui jouissent d'une grande affinité pour les sels alumineux. La chaleur que l'on donne au bain de bousage accélère cette combinaison, et détermine un coagulum insoluble et parfaitement inerte.

Ainsi, le bain de bousage produit tout à la fois la dissolution du corps invisquant; une union plus intime entre l'alumine et le tissu, en raison de son élévation de température, qui favorise nécessairement cette combinaison; une soustraction efficace de la partie du mordant non décomposée, et peut-être aussi un commencement de séparation mécanique des particules d'alumine, qui ne sont qu'interposées dans les fibres du tissu; séparation qui ne peut d'ailleurs bien s'achever qu'à l'opération du dégorgeage, qui se fait à grande eau, et à l'aide d'un mouvement qui facilite beaucoup l'expulsion des particules étrangères.

A cela se bornent les considérations théoriques qui doivent guider dans l'importante opération que nous venons de décrire; mais on conçoit qu'il est ensuite une foule d'observations pratiques qui n'auraient pu trouver place dans cet article, et qui ne s'apprennent bien d'ailleurs que dans les ateliers, et non dans les livres. R.

MORTIER. Substance plastique susceptible de lier entre eux les matériaux durs employés dans les constructions.

La chaux hydraulique qui donne les meilleurs mortiers, est obtenue des pierres naturelles ; on en approche cependant par des mélanges factices. Les calcaires à chaux hydraulique donnent à l'analyse de 15 à 18 pour cent d'argile, mélangée ou non d'une petite quantité d'oxide de fer, de manganèse et de magnésie. Les pierres à chaux, moyennement hydraulique, ne contiennent que 8 à 12 centièmes d'argile ; enfin les calcaires à chaux, éminemment hydrauliques, en renferment de 20 à 25.

M. Vicat a indiqué les moyens suivans d'essais pratiques :

D'abord on reconnaît la nature de la pierre calcaire à l'aide d'une pointe de fer qui doit la rayer, et d'un acide faible qui doit, par son contact, produire une effervescence.

On réduit les échantillons à essayer en fragmens du volume d'une forte noix, on en remplit une gazette percée de trous, ou un autre vase analogue de terre réfractaire, et l'on place le tout dans la région moyenne d'un four à poterie, à briques ou à chaux, alimenté au bois : au bout de quinze à vingt heures, la cuisson est achevée ; on retire le vase du feu et l'on met la chaux, non encore refroidie, dans un bocal qu'on ferme hermétiquement, pour la conserver *vive* (caustique). Lorsqu'on est disposé à l'essayer, on en remplit un litre, vides compris, on la verse dans un sachet de toile très claire ou canevas ; on trempe le tout dans l'eau pendant cinq ou six secondes, on laisse égoutter un instant, puis on met la chaux dans un mortier de pierre ou de fonte. Nous avons indiqué, et chacun connaît les phénomènes que la Chaux *grasse* présente pendant son extinction : quant à la chaux hydraulique, elle reste, après être sortie de l'eau, de même que la chaux maigre, de cinq à six minutes et jusqu'à une heure avant de s'échauffer, puis dégage de la vapeur et se fendille.

Dès que le fendillement se prononce, on verse de l'eau dans le vase, à côté de la chaux, afin qu'elle soit aspirée spontanément par les portions les plus avancées ; on remue ensuite lentement, et l'on continue d'ajouter de l'eau avec précaution, de peur de noyer le mélange ; enfin, on triture avec le pilon, et l'on amène le tout en forte consistance pâteuse.

La chaux ainsi préparée doit être abandonnée à elle-même

jusqu'à ce que les parcelles non éteintes achèvent de s'hydrater, ce qui dure environ trois heures, et d'ailleurs est indiqué par un refroidissement complet de toute la masse.

On triture de nouveau avec le pilon, en ajoutant de l'eau si cela est nécessaire, pour obtenir une pâte de consistance argileuse, aussi ferme que celle de l'argile prête à être moulée pour les poteries.

On remplit aux deux tiers environ un verre à boire ou un pot en faïence avec cette chaux, on la tasse bien par quelques coups sur le fond, qui lui font prendre un niveau plan ; on étiquette, en notant la date et l'heure, puis on immerge dans l'eau immédiatement.

D'après une étude de quatorze années faite de cette manière, M. Vicat a classé toutes les chaux françaises en cinq catégories : 1°. chaux grasses ; 2°. chaux maigres ; 3°. chaux moyennement hydrauliques ; 4°. chaux hydrauliques ; 5°. chaux éminemment hydrauliques.

Les chaux grasses doublent de volume, et au-delà, par l'extinction ordinaire ; leur consistance ne varie pas dans le cours de plusieurs années d'immersion, et elles sont encore dissolubles jusqu'à la dernière parcelle, par une eau fréquemment renouvelée.

Les chaux maigres, comme celles qui sont hydrauliques, augmentent peu ou point de volume par l'extinction ; mais les premières se comportent ensuite dans l'eau comme les chaux grasses, si ce n'est qu'elles laissent au lavage un résidu insoluble sans consistance.

Les chaux moyennement hydrauliques se prennent en masse après quinze ou vingt jours d'immersion, continuent à durcir, mais de plus en plus lentement, surtout après le sixième ou le huitième mois ; au bout d'un an, leur consistance est comparable à celle du savon sec ; elles ne se dissolvent dans l'eau qu'avec beaucoup de difficulté.

Les chaux hydrauliques sont prises après six ou huit jours d'immersion, et continuent à se solidifier jusqu'au douzième mois ;

alors elles ont acquis une dureté semblable à celle de la pierre tendre, et ne sont plus attaquables par l'eau.

La chaux éminemment hydraulique se prend en masse du deuxième au quatrième jour d'immersion; au bout d'un mois, elles sont fort dures et complètement insolubles; au sixième mois, elles se comportent comme les pierres calcaires absorbantes, dont le parement peut être rayé : les chocs en font jaillir des éclats laissant des cassures écailleuses.

Les oxides de fer et de manganèse paraissent sans influence remarquable dans la solidification des chaux, qui, grasses, maigres ou hydrauliques, peuvent être colorées diversement en brun, gris, fauve, roux, blanc, etc.

On entend que la chaux a fait prise lorsqu'elle porte sans dépression une aiguille à tricot de 12 millimètres de diamètre, limée *carrément* à son extremité et chargée d'un poids de 3 hectogrammes : elle ne peut plus alors changer de forme sans se briser.

A peine connaissait-on, il y a vingt-cinq ans, douze localités en France où se trouvaient des pierres à chaux hydrauliques; on ne peut plus les compter aujourd'hui; on en a rencontré partout où la recherche en a été faite.

Calcaires artificiels à chaux hydrauliques. La meilleure méthode, mais aussi la plus dispendieuse, consiste à mêler 80 parties de chaux grasse avec 20 d'argile sèche. D'après le procédé en usage, bien plus économique, le mélange se compose de 140 de craie sèche pour 20 d'argile. On conçoit, d'ailleurs, que si déja le carbonate de chaux employé contenait une quantité notable d'argile, ou que l'argile renfermât plus ou moins de calcaire, il faudrait modifier leurs proportions respectives en conséquence.

La fabrique de Meudon, près Paris, fondée par MM. Brian et Saint-Léger, emploie la craie de cette localité et l'argile (glaise) de Vaugirard. Voici comment on y opère.

Une meule verticale et une roue à jantes (celle d'une charrette ordinaire), dans la même position, sont liées invariablement entre elles et avec un système de herse et râteau ; elles pivotent sur un axe ; celui-ci est implanté au milieu d'un bassin circulaire de 2 mètres de rayon, dans lequel elles roulent. On jette dans ce bassin 4 mesures de craie pour une de glaise, et l'on y fait arriver l'eau, au moyen d'un robinet. En une heure et demie de manége à deux chevaux, on obtient $1^m,5$ cube de bouillie claire, que l'on évacue par un conduit percé horizontalement au sud du bassin.

La matière s'écoule par un légère pente dans une première fosse, suivie d'une deuxième, d'une troisième, d'une quatriéme et cinquième. Ces fosses, peu profondes, communiquent ensemble par le haut à l'aide d'un déversoir ; lorsque la première est pleine, la nouvelle bouillie qui arrive passe en partie avec les eaux surnageantes dans la deuxième, de celle-ci dans la troisième, puis dans la quatrième et la cinquième, qui déverse ses eaux claires dans un puisard. Un semblable système de fosses échelonnées reçoit les nouveaux produits du manége, pendant que la matière prend dans le premier la consistance utile au moulage.

On moule alors la pâte en forme de prismes. L'ouvrier chargé de cette besogne, à la tâche, fait moyennement cinq mille briquettes par jour, cubant ensemble environ 6 mètres. Ces sortes de briquettes, étendues à l'air libre ou dans de séchoirs abrités, acquièrent en quelques jours le degré de consistance et de siccité nécessaire pour la cuisson.

Les pierres à chaux hydraulique naturelles ou artificielles exigent plus de ménagement dans leur cuisson que la pierre calcaire à chaux grasse ; en effet, celle-ci est infusible, même au rouge-blanc, tandis que le mélange de chaux, silice et alumine est fritté à une température peu différente de celle qui suffit pour en chasser l'acide carbonique. Ainsi agglomérée par un premier degré de fusion, la chaux argileuse s'éteint difficilement ou ne s'éteint pas ; elle tombe après quelques jours en une poudre rugueuse inerte. Si au contraire la cuisson est trop peu avancée, le calcaire argileux, de même que le calcaire à chaux grasse, ne s'éteint pas ou s'éteint mal.

L'habitude peut seule faire connaître le temps utile à la cuisson; une foule de circonstances le font varier, telles que la qualité du bois, sa grosseur, son degré de siccité, la direction du vent, qui accélère ou diminue le tirage. Les chaufourniers se règlent habituellement sur le tassement général, qui doit être d'un sixième à un cinquième de la charge totale. Le feu dure de cent à cent cinquante heures pour un four contenant 60 à 75 mètres cubes; chaque mètre cube de chaux exige, terme moyen, en bois de corde dur, 1st,66; en fagots, 22 stères; en fascines de bruyéres, 30 stères; les genêts et fagots mesurés en grandes piles et sous le volume qui résulte de la pression à laquelle ils sont alors soumis.

Extinction de la chaux destinée à la confection des mortiers. On peut suivre trois procédés différens pour cette opération; nous les décrirons succinctement.

1° La chaux vive imbibée d'eau, et recevant ensuite d'une manière convenable ce liquide par portions successives, se réduit en un temps variable et avec les phénomènes indiqués plus haut, en une bouillie épaisse. La chaux grasse en fournit environ trois fois son volume en cet état, tandis que les bonnes chaux hydrauliques ne rendent communément que 1 ou 1 $^1/_4$, et au plus 1 $^1/_2$; on les nomme alors *chaux fondues*.

2° La chaux plongée sous l'eau pendant quelques secondes, puis retirée, produit d'une façon variable les phénomènes de l'extinction, et en un temps également variable, tombe en poudre: c'est la chaux éteinte par immersion. Cent parties de chaux grasse, en cet état, retiennent seulement 18 d'eau en poids, et donnent 150 à 170 de poudre non tassée, en volume, tandis que les chaux hydrauliques conservent de 20 à 35 d'eau et produisent 180 à 218 de poudre.

3° Soumise à l'action lente de l'atmosphère, la chaux vive se réduit en poudre fine; les chaux grasses augmentent de 40 pour 100 de leur poids, et donnent jusqu'à trois fois et demie leur volume (mesurées en poudre et vives); les chaux hydrauliques ne prennent qu'un huitième d'eau; leur augmentation en volume ne s'élève qu'à 1,75 ou 2,55 au plus.

De ces trois modes d'extinction, lorsque les hydrates restent exposés à l'air, le premier, le mode ordinaire, est celui qui divise le plus les chaux, et qui convient le mieux, puisqu'il multiplie les points de contact; le troisième, foisonnant davantage, est aussi préférable au deuxième pour la chaux grasse. Relativement aux chaux hydrauliques, l'ordre de plus grande dureté acquise par les hydrates est : 1° extinction ordidaire; 2° extinction spontanée ou troisième procédé; et 3° extinction par immersion, ou deuxième procédé. Le troisième procédé est en outre utile pour conserver ou expédier, dans les futailles et sans altération sensible, les chaux hydrauliques.

L'action de l'air sur les hydrates de chaux en pâte dure augmente leur solidité en les carbonatant à une plus ou moins grande profondeur. Cet effet, insuffisant pour les chaux hydrauliques, peut rendre fort dures les chaux grasses; mais le retrait qui résulte de leur dessèchement ne permettrait de les employer ainsi que pour former des corps de petite dimension et non adhérens. P.

MOUFLE. (*Arts mécaniques.*) On sait que lorsqu'une force tire un cordon passé dans la gorge d'une poulie dont l'axe n'est pas fixe (*Voy.* Poulie), l'autre bout du cordon étant fixé, cette force retient en équilibre un poids double qui est porté par l'axe, quand les deux parties du cordon sont parallèles. Plusieurs poulies de ce genre ajustées, comme on le voit fig. 18, 19 et 20, pl. 24, prennent le nom de *moufles* ou *poulies mouflées*. Le cordon passant sur plusieurs poulies alternativement fixes et mobiles, chacune de celles-ci produit l'effet ci-dessus indiqué, en sorte que la force M qui fait équilibre n'est que la moitié, le quart, le sixième, etc., du poids R, selon qu'il y a une, deux, trois poulies mobiles. Celles qui sont fixes ne servent qu'à changer la direction des cordons. Ainsi dans la fig. 19, $R=7M$ parce qu'il il y a 7 cordons *a, b, c, d*... communiquant aux poulies mobiles A, B...; le dernier cordon *e* n'est pas compté. On a $R=6M$ dans l'appareil fig. 18 et fig. 20. Le poids R se distribue par portions égales sur tous les cordons; et puisque tous éprouvent la même tension M, il faut bien que *le poids* R *agissant sur l'axe du moufle mobile, soit égal à la force* M *qui retient le cordon, multipliée par le nombre des cordons qui aboutissent au moufle mobile.* On donne à cette machine les noms de *palans, caliornes*, suivant leur forme et leur usage sur les vaisseaux.

Observez que s'il y a 6 cordons, il faudra que la force M développe 6 fois plus de cordon que le poids R ne parcourra d'espace. C'est le principe des vitesses virtuelles, applicable à toute machine, *Voy.* Mouvement, Machine, et en outre ce théorême ne tient pas compte du Frottement ni de la roideur des Cordes. Aussi ne peut-on accroître le nombre des poulies mobiles au delà de 3 ou 4; et la puissance est-elle bien loin de pouvoir surmonter une résistance aussi grande que l'indique notre théorême. *Voy.* l'art. Poulie pour plus de détails sur ce sujet. Fr.

MOULINS. (*Arts mécaniques.*) Ces utiles machines sont employées à mille usages divers : elles font mouvoir les Foulons des fabriques de Draps ; les pilons qui broient les matières de la Poudre a canon; elles pulvérisent le Tan et les autres substances; elles meuvent les appareils propres à la fabrication du Papier; elles lacèrent les feuilles de Tabac; elles broient les couleurs, débitent les bois en planches, etc. *Voy.* les articles cités, et les mots Glaces, Scieries, Pulvérisation. Mais leur usage le plus ordinaire consiste à réduire les grains en farine. L'impossibilité de donner ici des dévéloppemens suffisans à l'exposition de machines si variées et si nombreuses qu'elles exigeraient un ouvrage spécial très étendu, nous avons cru devoir nous borner à décrire les moulins à farine, à fruits et à huile; ces descriptions suffiront pour faire concevoir les fonctions de tous les autres moulins. Car quel que soit le travail auquel un moulin est destiné, cette machine est toujours composée d'un arbre tournant qui sert à transmettre la force motrice à divers agens combinés pour un effet donné. Tous les moulins se ressemblent par des pièces et des dispositions communes, et ils diffèrent par les appareils fonctionnant pour le travail qu'on se propose de faire; et ceux-ci peuvent même produire l'effet en admettant des combinaisons variées. Outre que les exemples que nous choisissons sont les plus usités, ils nous serviront de types auxquels on pourra rapporter toutes les formes diverses de moulins.

Et d'abord nous remettrons à traiter des moulins à vent à l'art. VENT, parce qu'ils sont établis sur une théorie et avec des dispositions spéciales. La force motrice qui meut l'arbre tournant d'un moulin peut être une chute d'eau, ou une machine à vapeur, ou même des chevaux, et ces sujets seront traités avec étendue aux art. ROUES HYDRAUDIQUES, VAPEUR et MANÉGE. Nous n'aurons donc rien à dire ici de la manière d'appliquer le moteur au moulin; il nous suffira de considérer les fonctions de l'arbre tournant pour l'appliquer au mode de travail qu'on a en vue.

Le MOULIN A BRAS le plus usité se réduit à une *noix* conique, montée sur un arbre vertical, tournant dans un *boisseau* conique aussi, à l'aide d'une manivelle : les surfaces de la noix et du boisseau qui se regardent sont en acier trempé, portent des sillons coupans disposés en sens oblique et inverse. Une trémie placée au dessus contient la substance qu'on veut moudre, et qui descend peu à peu par son poids, dans l'étroit espace qui existe entre la noix et le boisseau, et s'y vient broyer. C'est ainsi que sont construits les moulins à poivre et à café : ces appareils sont trop connus pour exiger une plus ample description.

On a bien tenté de réduire le blé en farine à l'aide de moulins à bras : mais les résultats du travail sont si faibles qu'on n'y recourt que quand on y est forcé. Le meilleur de ces appareils est celui qu'a imaginé Molard jeune. Pour la force d'un homme (12 kilogrammes) et 30 révolutions par minute, avec une meule en fonte de 9 pouces de diamètre, ce moulin donnait, par heure, 10 kilogrammes de farine de froment à la grosse. Les moulins de Ch. Albert, de Cagniart la Tour, et des Américains, donnent moins encore.

Les MOULINS A MANÉGE offrent aussi peu d'avantages; car un seul cheval (force de 7 hommes) ne produit que 55 kilogrammes de mouture par heure. Le vent, la vapeur et les cours d'eau sont certainement les seules forces qu'on puisse employer à mouvoir les moulins, tant pour la régularité du service que pour la grandeur des effets. Prenons donc pour exemple un moulin mu par la force de l'eau.

La chute et la quantité d'eau déterminent l'espèce de roue qu'on doit employer pour mettre à profit toute la force motrice. Nous savons qu'il faut au moins la force de trois chevaux pour chaque moulin du système anglais, et celle de quatre pour nos grands moulins à meules de 6 pieds.

Nous savons aussi que la force d'un Cheval (*Voy.* ce mot) est représentée par 80 kilogrammes d'eau élevée à un mètre par seconde, ce qui revient à dire qu'une chute d'un mètre équivaut en force à autant de chevaux qu'elle fournit de fois 80 kilogrammes d'eau par seconde. (*Voy.* Chute, Écoulement.) Ces connaissances préliminaires étant acquises, il ne s'agit plus que d'exécuter les constructions, soit de la Roue hydraulique (*Voy.* ce mot), soit du moulin.

Nous ne nous arrêterons pas à décrire nos anciens moulins. Nos constructeurs modernes ont appliqué à la construction de ces usines les perfectionnemens de la Mécanique : ils ont substitué aux axes et aux roues de bois, des axes et des roues de fer et de fonte; et par un calcul bien entendu, on n'établit qu'une seule roue hydraulique, qui met en mouvement autant de meules que le permet la force motrice de l'eau dont on dispose. Le moulin moderne que nous allons décrire, et qui sert de type à tous ceux qu'on construit aujourd'hui, est supposé mu par une roue hydraulique dont la vitesse n'est que de 2, 3, 4, 5 ou 6 tours par minute, suivant son diamètre.

Moulin a farine moderne. *Voy.* Pl. 23, fig. 5, où il est représenté en élévation : des quatre tournans qui le composent, on n'en voit que deux; les deux autres sont placés derrière et symétriquement. Le mécanisme occupe le rez-de-chaussez; les moulins, les tire-sacs, sont au premier étage; les magasins à blé sont au dessus et dans les greniers.

A, Beffroy ou bâti, en très fort bois de chêne, qui reçoit le mécanisme et qui supporte sur une plate-forme les meules au niveau du plancher. Le devant du bâti est supprimé dans la figure, afin de mettre le mécanisme à découvert.

B, Axe du moteur des moulins; il est en fer fondu, et reçoit le mouvement, soit d'une machine à vapeur, qui lui fait faire trente tours par minute, soit d'une roue hydraulique, qui lui en fait faire autant, mais par le moyen d'une addition de rouages.

C, Paliers en fonte, garnis de coquilles en cuivre formant coussinets, dans lesquels tourne l'arbre B.

D, Boîte en fonte, formée de deux parties serrées ensemble par des boulons; elle réunit bout à bout les deux pièces dont se compose l'arbre B.

G, Roue d'engrenage d'angle, en fonte de fer, de 4 pieds de diamètre, portant quatre-vingt-quatre alluchons en bois dur, plantés dans des mortaises ménagées à cet effet sur la surface conique de cette roue : elle est fixée sur l'axe B au moyen de clefs.

H, Axe vertical en fonte, placé dans le même plan vertical que l'arbre B; son pivot inférieur est en acier et rapporté.

I, Coupe de la crapaudine qui reçoit le pivot de l'arbre vertical H. Le fond de cette crapaudine est garni d'un dé en acier trempé, et le contour d'un manchon en cuivre qu'on cale avec quatre vis de pression latérale. Cette crapaudine est portée par un support en forme de pont, à cheval sur l'arbre B.

J, Collet à coquilles de cuivre, qui maintient le bout supérieur de l'axe central et vertical H.

K, Roue d'engrenage conique, toute en fonte, de 3 pieds et demi de diamètre, portant soixante-douze dents; elle est fixée à demeure sur l'arbre H, et s'engrène avec la roue G.

L, Grande roue d'engrenage droit, en fonte, portant 8 pieds de diamètre, et percée à jour pour recevoir cent trente-six alluchons en bois dur; elle est fixée à demeure sur l'arbre vertical H, immédiatement au dessus de la roue L.

M, Axes verticaux des meules tournantes, en fer forgé.

N, Roues d'engrenage, en fonte, de 29 pouces de diamètre et de quarante-une dents; elles sont montées sur une partie conique des axes M des meules, et reçoivent le mouvement de la grande roue L, quand elles se trouvent dans le même plan horizontal : mais elles sont disposées de manière à pouvoir les élever au dessus, afin d'en suspendre le mouvement à volonté, sans arrêter le moteur.

O, Mécanisme au moyen duquel on monte ou on descend les roues N; il est représenté dans l'une et l'autre position, c'est-à-dire l'une des roues levée et l'autre baissée. Ce mouvement s'opère à l'aide d'une vis à béquille, dont la tête est logée sous la crapaudine des axes M des meules, et qui, en tournant sur elle-même, fait hausser ou baisser le châssis, sur le haut duquel posent les roues N.

P, Pièces de fonte mobiles dans le sens vertical, sur le milieu desquelles sont placées les crapaudines des axes M des meules; elles pivotent, par un de leurs bouts, autour des points *a*, dans une forte fourchette en fonte, et l'autre bout *b*, soutenu par une vis à béquille O, monte et descend par le moyen de cette vis, de manière à pouvoir régler la distance de la meule tournante à la meule fixe.

R, Disposition des meules. Le moulin de gauche est représenté avec sa boîte ou archure *c*, sa trémie *d*, son auget *e*, son babillard ou agitateur vertical *f*, et la corde g à guinder l'auget. Le moulin de droite en représente la coupe, où l'on voit de plus l'Anille ES et le boitillon FT.

U, Tuyaux en toile qui amènent le blé du grenier dans la trémie de chaque moulin.

V, Axe en fonte du mécanisme au moyen duquel on fait monter les sacs pleins dans le grenier; il est placé parallèlement et dans le même plan vertical que l'arbre principal B, dont il reçoit le mouvement à l'aide d'une courroie et des poulies X, Y, fixées l'une et l'autre dans le même plan vertical.

Z, Poulies montées sur l'axe V, communiquant par simple frottement le mouvement aux poulies correspondantes *a*, fixées sur l'arbre *b*, et par conséquent aux rouleaux de bois *c*, sur lesquels s'enveloppent les cordes *d*, qui, après avoir passé sur des poulies de renvoi placées au grenier, viennent prendre les sacs au rez-de-chaussée. L'axe *b* est porté par des leviers *e* mobiles dans le sens vertical, et pivotent d'un côté, tandis que de l'autre ils sont tirés par des cordages *g* attachés à un treuil, qu'on manœuvre d'en bas à l'aide d'une autre corde. Par là on est maître d'augmenter plus ou moins le frottement des roues de friction *a*, Z, en raison du poids qu'on veut manœuvrer.

h et *i*, Poulies fixées sur l'axe V, au moyen desquelles on fait mouvoir le bluttoir et la machine à nettoyer le blé. (*V.* BLUTTOIR et TARARE.)

j, Coffres en bois contenant les blutoirs ou *sasses*, dans lesquels tombe la farine en sortant des moulins. La partie supérieure du devant, en *k*, est fermée par un rideau en toile qui permet, sans ouvrir de porte, d'introduire la main et de s'assurer que la finesse de la mouture est convenable. Le bas de ce même devant est fermé par des portes à coulisse *l*, qu'on ouvre pour retirer la farine et le son.

Nous avons vu que les diverses roues d'engrenage ont le nombre de dents ainsi qu'il suit, savoir :

G, Première roue, montée sur l'arbre B. = 84 dents.
K, Deuxième roue, montée sur l'arbre vertical H. . . . . = 72
L, Troisième roue, également montée sur l'arbre H. . . . . = 136
N, Quatrième roue, montée sur les axes des meules M. . . . . = 41

Nous aurons pour le rapport de vitesse de l'arbre B, venant du moteur aux meules tournantes des moulins $\frac{84.136}{72.41} = 3{,}87$ environ, c'est-à-dire que l'arbre B faisant un tour, les meules en font 3,87 ; et comme B, dans le cas d'une machine à vapeur, en fait trente à la minute, il s'ensuit que les meules en font 116,10 pendant le même temps. Cette vitesse est celle qu'il convient de donner aux meules de 4 pieds, suivant le système anglais. Dans le cas des meules de 6 pieds, la vitesse ne doit être que d'environ soixante tours, c'est-à-dire la moitié de celle des meules de 4 pieds. Alors les rouages doivent se modifier suivant cette circonstance et suivant l'espèce de moteur qu'on emploie.

Les faces travaillantes des meules, dans le système anglais, sont sillonnées par des rainures angulaires, comme on le voit fig. 6, qui représente le plan de la meule inférieure. Ces rainures *p* sont creusées obliquement par rapport au rayon. La direction des onze plus grandes est déterminée par un cercle de 9 pouces de diamètre décrit du centre, à la circonférence duquel elles sont tangentes. Les autres entailles sont parallèles aux premières, et toutes diminuent de profondeur à mesure qu'on approche de la circonférence, où elle est pour ainsi dire nulle.

La meule tournante est taillée de même, de sorte que les entailles ont entre elles, de l'une à l'autre meule, quand elles sont mises en regard, une obliquité double, qui contribue non seulement à moudre très promptement les grains, mais encore à les chasser, conjointement avec la force centrifuge, vers la circonférence, où la mouture se trouve achevée.

Fig. 7, Coupe des meules suivant *ab*, où l'on voit la forme et les dimensions des rainures pratiquées à la surface des meules. Ces rainures sont faciles à faire dans des meules de matière compacte, comme le granit, la lave, le grès; mais cela est pour ainsi dire impraticable dans nos pierres meulières de La Ferté-sous-Jouarre, à moins qu'on ne les fasse de morceaux rapportés de la même nature, bien jointoyés, parce qu'alors on n'a pas cette inégalité de densité qui existe dans les meules d'une seule pièce, et qui ne permet pas de faire des entailles nettes.

Les meules étant la partie essentielle d'un moulin, on ne saurait apporter trop de soin à les choisir. Il paraît que les meilleures sont celles qu'on tire de La Ferté-sous-Jouarre. Une meule de première qualité, sans défaut, de 6 pieds, coûte 1200 fr.; celle de 5 pieds, 800; celle de 4 pieds, 600.

Il existe en France d'autres carrières de meules de moulins. *Orbec*, dans le département du Calvados; *Bergerac*, dans le département de la Dordogne; les départemens de l'Hérault et de l'Aude ont aussi des carrières de meules de moulin de nature granitique de couleur blanche; le village de Savonnière, sur les bords du Cher, au dessous de Tours, fournit des meules dont la qualité approche de la deuxième espèce de celles de la Ferté.

Toutes les fois que les bords des sillons sont émoussés, le meunier les avive au marteau. Il doit donc enlever la meule courante à l'aide d'un treuil, qui est une partie obligée de son moulin ; et, se servant de plusieurs marteaux appropriés à cette opération, il travaille ses meules. Ce qui va être expliqué mettra à même de bien comprendre ce *rhabillage*.

Pour préparer une paire de meules neuves, déja dégrossies par le fabricant, on les aiguise d'abord avec de l'eau ou du sable sec ; c'est ce qu'on appelle *ribler*. On sépare ensuite les meules, et l'on vérifie avec une longue règle rougie par de l'argile délayée dans l'eau, si elles sont bien planes. Quand la règle touche certains points et y dépose sa couleur, on enlève ces parties au marteau, et l'on recommence le riblage. On continue ainsi jusqu'à ce que la règle touche à la fois toute la surface de la meule.

Les meules seront avant tout ajustées sur l'arbre tournant. On doit donc faire en sorte que l'ANILLE soit exactement perpendiculaire à la meule courante, en calant le fer avec des coins : on fait tourner la meule, et l'on voit, à son mouvement, si l'un des points du contour décrit une circonférence exactement horizontale. Il faut aussi que le poids de cette meule soit tellement équilibré, que son centre de gravité soit dans l'axe. Quand cette condition n'est pas remplie, on coule du plomb sur la meule là où il convient pour qu'elle soit satisfaite. On doit aussi dresser la meule gisante, de manière que sa surface soit horizontale. Dans cet état, la rotation de la meule supérieure doit laisser les surfaces en contact dans tous les points et dans toutes les positions relatives.

Il faut ensuite tracer, sur chaque surface de contact, la place des *rayons*, en lignes noires ou rouges. Les fig. 3, 4 et 6 sont celles des diverses formes en usage. C, C′, C″ représente le *rhabillage central*, et la manière dont les rayons des deux meules se croisent. Chaque sillon est en ligne droite tangente au cercle intérieure O qui forme l'œillard, et ces lignes divergent de manière à couper la circonférence extérieure en arcs égaux.

La forme AA′A″ en lignes parallèles, convient lorsqu'on divise la surface en huit segmens égaux; BB'B'' est le *rhabillage par douzièmes*, etc. On a projeté au ponctué les directions des sillons de la meule supérieure sur la meule inférieure, en sorte que la figure montre comment les sillons des deux meules se croisent et coupent le grain.

Les recherches récentes font préférer la forme de rayons dessinée dans la fig. 4, dont voici l'épure. Supposons que la meule ait 5 pieds de diamètre, tracez deux cercles concentriques l'un *e* de 3, l'autre *b* de 6 pouces de rayon, et dans l'intervalle, trois autres circonférences équidistantes *i*, *c*, *d*; enfin, tracez quatre cercles E, D, C, B, qui divisent le reste de la meule en zones d'égales largeurs. Menez d'un point A du contour extérieur, une tangente A*b* au premier cercle intérieur *b*; du point B de section de cette droite avec la première circonférence, tracez la tangente B*c* au second cercle interne; puis du point C la tangente C*c* au troisième; de D la tangente D*d*; enfin, de E la tangente E*e*, vous avez le contour ABCDE*a*, sur lequel vous taillerez un patron, propre à représenter la forme d'un quelconque des rayons.

Cela fait, vous diviserez le contour de la meule en dix-huit arcs égaux (chacun environ 5 pouces); et par ces points de division, en suivant exactement le contour de votre patron, vous marquerez les sillons ABE, A'B'E', etc., qui formeront dix-huit compartimens. Dans chacun, vous tracerez trois sillons sur le même modèle, mais qui n'iront pas jusqu'à la circonférence *ab*; c'est ce que montre la figure. On trace de semblables sillons sur l'autre meule, et l'on voit en *hi* comment ces sillons croisent les premiers quand les surfaces sont juxta-posées. Le grain se trouve coupé par la continuelle bisextion de ces arêtes, comme entre des ciseaux. L'œillard occupe le petit cercle *ea* de 3 pouces de rayon.

Pour les meules ayant des dimensions différentes de celle qu'on a supposée, on modifiera ce tracé proportionnellement.

Chaque rayon doit avoir pour profondeur l'épaisseur d'un grain de blé, et l'on doit tailler d'autant plus ces sillons que la pierre a moins de pores ou *éveillures* : ces vacuoles multiplient les parties tranchantes sur les bords des sillons. Il ne faut pas que les meules soient trop *ardentes* près de l'œillard, parce qu'elles couperaient le son trop fin.

Le courant de blé qui entre par l'œillard est épais d'un doigt, s'étend ensuite dans tout l'espace entre les meules, et devient de plus en plus mince à mesure qu'il approche du bord : il y serait moins épais qu'un cheveu, s'il ne glissait pas plus lentement à mesure qu'il s'amincit, et si le son n'allégeait pas la meule courante en la tenant écartée. Aussi prépare-t-on les meules de manière à être distantes entre elles, au centre, d'un vingtième de pouce environ, et se rapprochant de plus en plus jusqu'à un pied environ du bord; dans l'espace occupé par cette roue extérieure d'un pied, qu'on appelle *feuillure*, les surfaces de deux meules doivent se baiser exactement.

Les sillons doivent être plus profonds vers le centre, afin d'admettre le blé, lorsqu'il est concassé, et de laisser entrer l'air qui rafraîchit les meules. Le blé coupé par les tranchans et les éveillures des sillons, passe ainsi successivement de dessous la meule dans les sillons, et réciproquement, jusqu'à ce qu'il soit amené dans la feuillure, où il achève de se pulvériser et de sortir. Des deux bords d'un sillon, il n'y en a qu'un qui soit tranchant, d'après le sens où tourne la meule; l'autre est en plan incliné, pour faciliter la sortie. (*Voy.* fig. 7.)

Il y a beaucoup de meuniers qui laissent travailler leurs meules un mois entier sans les repiquer; mais on a toujours de l'avantage à faire le repiquage une ou deux fois par semaine. Cette opération s'exécute avec des marteaux aussi durs et aussi tranchans que possible : on aplanit à la règle rougie; on rend l'arête qui doit couper, vive et tranchante; on repique le fond des sillons; enfin, on opère précisément comme pour préparer une meule neuve, excepté que le tracé des sillons est tout fait. Pour empêcher que, dans ce travail, les étincelles d'acier ne frappent les doigts, on enfile le manche du marteau dans une rondelle de cuir, qui sert de bouclier.

On ne peut mettre des meules en bon bon état sans leur faire moudre un peu de sable, pour aviver les arêtes. Ce riblage se fait sans séparer ni arrêter les meules, avec un quart de litre de sable qu'on verse par l'œillard. On laisse tourner les meules à vide pour moudre et chasser le sable, puis on brosse les surfaces.

Moulins pendans *et* Moulins montés sur bateaux. Les rivières navigables présentant rarement des chutes capables de faire mouvoir des moulins, offrent néanmoins, par le courant de leurs eaux, une force motrice qu'on met à profit au moyen de roues à grandes aubes, construites d'une manière particulière. (*Voy*. Roues hydrauliques.) Ces roues sont ou pendantes, c'est-à-dire susceptibles de s'élever ou de s'abaisser à volonté, suivant la hauteur variable des eaux; ou établies sur bateaux, faisant, dans l'un et l'autre cas, tourner des moulins qui ne diffèrent pas de celui que nous avons décrit; on a seulement égard à l'extrême lenteur de la roue motrice, qui ne fait qu'un et demi à deux tours par minute.

Les moulins pendans, pour ne pas gêner la navigation, sont établis sur le bord de la rivière, où le courant a toujours moins de vitesse qu'au milieu. Leur construction est dispendieuse, par le grand nombre de grosses pièces de bois qu'il faut enfoncer dans la rivière et mettre en travers pour soutenir la roue et le moulin. On peut en voir un qui a été décrit et gravé dans le Bulletin de la Société d'Encouragement pour l'année 1821.

Moulins a turbine *ou* a cuve. Dans le midi de la France et en Espagne, la plupart des moulins sont de cette espèce. La construction en est extrêmement simple ; il n'y entre point d'engrenage. Nous en traiterons à l'art. Turbine.

Moulins a fruits. Pour extraire le jus des fruits, on emploie des meules verticales roulant dans une auge circulaire. Un arbre qui s'élève verticalement au centre de l'auge, tourne, en bas, dans une crapaudine, et sur des collets, en haut: cet arbre porte un bras horizontal, qui d'abord sert d'axe à la meule, et reçoit, sur son prolongement, l'attelage du cheval qui fait tourner le moulin. L'auge, qui est en pierre dure, a 10 à 12 pieds de diamètre; la meule, également en pierre dure n'a que 2 $^1/_2$ à 3 pieds, sur 1 pied d'épaisseur. Les fruits qu'on veut écraser sont mis dans l'auge en petite quantité, et quelques tours suffisent pour réduire en pulpe. Pour faire le cidre, il ne reste plus qu'à mettre la pulpe des pommes et des poires sous le pressoir, et à laisser fermenter le jus. (*Voy.* CIDRE.)

MOULINS A HUILE. Il en est des graines oléagineuses comme des fruits ; on ne peut en exprimer l'huile qu'après les avoir broyées et réduites en pâte la plus fine possible. On se sert de cylindres en fonte disposés comme ceux d'un laminoir, mais dont les axes sont dans un plan horizontal. La longueur de ces cylindres est de 16 à 18 pouces, et leur diamètre de 8 à 9 ; ils sont assujettis par des roues d'engrenage à se mouvoir avec la même vitesse ; ils sont surmontés d'une trémie pour recevoir la graine. Un cylindre de bois, gravé comme ceux des semoirs à blé, placé au bas de la trémie, et qui reçoit un mouvement de rotation, fournit uniformément la graine au laminoir, que des râclettes placées en dessous détachent des cylindres. Une seule machine de cette espèce, tournant même lentement, fournit assez de graines laminées pour alimenter deux paires de meules verticales, comme celles que nous allons décrire, fig. 1.

A, Forte pièce en fonte de fer, fixée par ses bouts contre des colonnes de bois, à une hauteur suffisante pour ne pas gêner le service. Il faut autant de ces traverses qu'on veut faire mouvoir de paires de meules. Sur le milieu de cette pièce est fixé un coussinet B, pour recevoir l'arbre de couche qui vient du moteur : sur le côté de cette même pièce est fixé un autre coussinet C, qui reçoit le bout supérieur de l'arbre vertical D. Le mouvement est communiqué à celui-ci par l'arbre de couche, au moyen de deux roues d'engrenage d'angles égales E, c'est-à-dire avec une vitesse d'environ vingt-six tours par minute. La roue de l'arbre de couche n'est pas figurée. Le bout inférieur de l'arbre vertical est reçu dans une crapaudine de bronze F, ajustée sur le bout d'une pièce de fonte G, qu'on soulève ou qu'on abaisse à volonté, à l'aide de la traverse H, armée à ses deux bouts de vis à caler I. Sous le milieu de cette traverse est un morceau de bois J, qu'on retire avec une corde qui y est attachée, quand on veut faire descendre l'arbre vertical, afin de désengrener les roues E et suspendre le mouvement du moulin. On met la cale J pour empêcher la flexion de la traverse H.

K, Meule gissante placée horizontalement et solidement sur un massif, dans lequel on ménage l'espace nécessaire au jeu de la traverse H ; elle a son centre percé d'un trou cylindrique pour le passage de la pièce G ; au dessous de ce trou est une boîte circulaire en fronte L, fixée avec scellement sur la pierre et garnie d'un couvercle. Cette boîte a pour objet d'empêcher les matières de venir se mettre dans les mouvemens, et de les tenir écartées du centre.

M, Bordure en bois de chêne formant le contour de la meule gissante, dont elle recouvre une partie : elle est cerclée en fer.

N, Entaille rectangulaire pratiquée dans la meule et dans la bordure de bois, fermée par une planche. C'est par ce trou qu'on fait tomber la pâte quand elle est suffisamment broyée.

O, Meules verticales en pierre très dure. On voit qu'elles sont très rapprochées l'une de l'autre, et qu'elles roulent sur le cercle de la meule inférieure, qui n'est pas recouvert de bois. De cette disposition, il résulte que les meules écrasent les graines, non seulement par pression (chacune pèse 3000 kilogrammes), mais encore par froissement, puisque leur contour est cylindrique, et que roulant sur une surface plane, elles sont obligées à chaque instant de pivoter sur le milieu de leur épaisseur : leurs centres, garnis de boîtes de fonte avec des rebords appliqués contre leurs faces, sont traversés par un axe en fer P, qui passe également dans un trou allongé de l'arbre vertical D. Les côtés de ce trou sont garnis de lames d'acier, qu'on remplace quand elles sont usées.

Q, Pièces en fonte fixées parallèlement entre elles sur l'arbre vertical. C'est à travers ces pièces que passent librement les tiges *a*, *a*, *b* et *b*, portant dans le bas les *ramassettes*, qui ramènent constamment la matière sous les meules, et qui la font tomber par la trape N, qu'on ouvre quand elle est suffisamment broyée.

La matière sortant de la première machine est apportée à ce moulin et distribuée le plus également possible sur la ligne circulaire que parcourent les meules verticales. Il faut environ une demi-heure pour qu'une mise de 10 livres soit suffisamment broyée.

Cette pâte, quand il s'agit d'huile fine destinée à être mangée, est portée directement, après l'avoir. légèrement humectée d'eau, au pressoir. C'est ce qu'on appelle *faire de l'huile à froid.*

Mais pour toutes les autres huiles qui n'ont pas cette destination, on fait chauffer la pâte avant de la soumettre à la presse. Le mode en est à peu près indifférent ; cependant on adopte de préférence le chauffage à la vapeur, comme ne communiquant aucune mauvaise odeur à l'huile. Voici l'appareil en usage pour cela. (fig. 2.)

A, Vase circulaire en fonte à double enveloppe, dont le fond est légèrement convexe en dessus. Ce vase porte un rebord extérieurement et tout autour ; au moyen duquel on le fixe avec des boulons sur une plaque inférieure B, que supporte un massif C et une devanture en fonte D.

E, Tuyau à robinet, par lequel on fait arriver la vapeur dans les capacités *a*, *b*.

F, Tuyau également à robinet, qui sert à retirer l'eau condensée.

G, tampon avec lequel on ferme une ouverture latérale *c*, par où l'on retire la matière quand elle est suffisamment chauffée. Il faut qu'on puisse supporter cette chaleur à la main. Cette matière tombe dans le cabas même placé au dessous de l'ouverture *d* ménagée dans la plaque B.

H, Vue de face et de profil de l'agitateur, qu'on place au centre du vase A, et que le moteur fait tourner à l'aide d'une courroie et de poulies. (*V.* Huile, Presse.)

Les moulins à fabriquer le chocolat sont conçus sur les mêmes principes ; seulement on se sert de meules de petit diamêtre, très alongées, et par conséquent de forme conique, pour porter sur toute la surface de l'auge : on en adapte 3 à 4 à l'arbre tournant, ainsi que des raclettes pour ramener la matière sous les meules. On voit dans les boutiques de Paris de ces appareils dont le moteur est une petite machine à vapeur de Maudsley.

Moulins a monder et perler l'orge. Les moulins ordinaires à farine servent à monder l'orge, le froment, etc. On élève au degré convenable la meuble supérieure, et l'on y fait passer les grains préalablement humectés. Quant aux gruaux d'avoine, on les fait bien au même moulin, mais au lieu d'humecter cette graine, on la fait fortement dessécher dans un four.

C'est avec de l'orge mondé qu'on fait l'orge perlé. On emploie pour cela diverses sortes de moulins, dont nous ne donnons ici qu'une idée. Les Hollandais font usage de meules horizontales de la nature du grès, qu'ils rapprochent successivement à mesure que les grains s'arrondissent. Fr.

MOULINAGE DE LA SOIE. (*Arts mécaniques.*) Lorsque le *tirage* est fait, c'est-à-dire lorsque la soie est *grège*, ou a été dévidée du cocon, pour l'employer, il faut lui faire subir des opérations qu'on appelle *moulinage*. (*Voy.* Filage *de la soie.*)

L'*organsin* sert à faire la chaîne des étoffes; c'est la plus belle soie dont chaque fil de 6, 7 et 8 brins est très tordu. La trame faite de 10 à 12 brins est une soie de seconde qualité moins tordue. Le *poil* est composé de qualités inférieures, aussi peu tordues. Il y a des fils depuis 4 jusqu'à 30 brins tordus au degré qu'exige le travail auquel la soie est destinée. On donne le nom de *soie écrue* à celle qui a été moulinée sans avoir été débouillie, et celui de *soie cuite* à celle dont on a dissout la gomme par l'ébullition. On dit que celle-ci a été *décreusée* quand l'opération a été faite à l'eau de savon.

Le travail du moulinage se fait avec une machine que le défaut d'espace ne nous permet pas de décrire, et nous renvoyons au *Grand Dictionnaire* et à l'art. Soie pour plus de détails sur ce sujet. Fr.

MOUTON. (*Arts mécaniques.*) Masse pesante qu'on élève et qu'ensuite on abandonne à la gravité, pour que le choc qu'elle produit, en retombant, fasse entrer en terre les pieux qu'on y veut fixer. Comme l'appareil qui sert à mouvoir les moutons est appelé Sonnette, nous en traiterons en détail à cet article.

Le bélier qu'on prive de la faculté de se reproduire en le châtrant, est appelé *mouton*. C'est le berger qui opère la castration, ou quelquefois des hommes qui vont de ferme en ferme exercer cette profession.

La castration a pour objet de disposer l'animal à s'engraisser ; de procurer à sa chair plus de délicatesse ; enfin, de profiter de la toison et de l'engrais. C'est dans le nord de la France qu'on engraisse la plus grande partie des moutons consommés à Paris ; la Normandie, la Brie, la Sologne, en fournissent aussi beaucoup. Les moutons des Ardennes et ceux de *Prés-salés* sont renommés pour la délicatesse de leur chair.

Les beaux moutons pèsent en général de 35 à 50 livres, et quelquefois 60 et même 70, et plus encore : le poids ordinaire est de 30 à 36 ; les petits moutons engraissés ne pèsent qu'environ 20 à 26 livres. La qualité de la chair exige, pour être bonne, que l'animal n'ait que trois à quatre ans. La chair des brebis est fade et peu estimée ; on en mange beaucoup dans les campagnes : les moutons sont réservés pour les villes, où ils sont mieux payés, et surtout pour Paris, où, le droit d'entrée étant perçu par tête, on a intérêt que les animaux soient pesans et engraissés.

Les moutons s'engraissent, ou dans de bons herbages, ou de *pouture*, c'est-à-dire de fourrages secs donnés au ratelier. Deux ou trois mois suffisent quelquefois pour cela. On évite qu'ils ne se fatiguent, et on les abreuve abondamment ; la luzerne, les navets, l'orge, les choux, les pois, les fèves, etc., sont de très bons alimens comme engrais.

Les toisons et les peaux sont des articles d'un commerce important. Les unes fournissent des LAINES de diverse finesse, les autres servent à doubler les souliers de femme, à faire des housses de chevaux, des chancelières, des gants, du parchemin. La toison des gros moutons pèse 10 à 12 livres ; celle des petits ne pèse que 3 à 5 livres. La tonte se fait en mai et en juin. Les mérinos, très multipliés aujourd'hui, donnent une belle laine, et en assez grande quantité ; celle des moutons de Saxe est plus belle encore. FR.

MOUTURE. (*Arts mécaniques.*) C'est l'opération par laquelle le meunier, à l'aide de *moulins*, sépare, sans les altérer, les différentes parties qui constituent le froment, savoir : la farine très blanche, la farine bise et le son.

Il y a plusieurs modes de *moutures*, mais qui se réduisent dans le fait à deux : la *mouture directe* ou *à la grosse*, et la *mouture économique*. Dans l'une et l'autre, le blé, si l'on veut avoir de belle farine, ne doit être passé au moulin qu'après avoir été séparé des graines étrangères et de la poussière qu'il peut contenir. Pour cela, le moulin est pourvu d'une machine quelconque à nettoyer les grains, soit à brosse, soit à cylindre de tôle piquée. (*Voy.* CRIBLE, TARARE.)

Mouture directe, dite *rustique* ou *à la grosse*. Par cette méthode, le moulage du grain s'exécute en une seule fois. Les meules des moulins doivent être assez rapprochées pour réduire en farine toute la partie friable de l'intérieur des grains, sans néanmoins broyer l'enveloppe qui forme le son, et qui doit rester large et parfaitement dépouillé de farine.

Pour faire cette mouture avec toute la perfection désirable, il faut se servir de bluttoir à brosses, où la farine éprouve un froissement considérable qui achève de dépouiller le son. (*Voy.* BLUTTOIRS.) Cette espèce de mouture est très expéditive.

Cent livres de blé d'élite donnent :

58 livr. farine à pain blanc ;
14 *Idem* à pain bis ;
26 gros et petit son ;
2 déchet.

Mouture économique. Par cette méthode, le moulage du grain s'effectue en plusieurs fois. Le blé bien nettoyé est placé dans l'étage supérieur du moulin, d'où il arrive à la trémie, passe sous les meules peu serrées, et tombe dans un blutteau qui sépare la première qualité de farine. Les gruaux et le son, mêlés ensemble, se rendent dans un autre bluttoir qui sépare les différens gruaux, les recoupettes et les sons ; ou bien l'on opère cette séparation par le moyen de cribles en parchemin. Ces gruaux, ces recoupettes et le son, sont remis séparément au moulin pour en obtenir, par plusieurs moutures successives, différentes sortes de farine : le reste n'est plus que le remoulage et le son parfaitement dépouillé. C'est ainsi que, dans les environs de Paris, on fait travailler quelques moulins, pour avoir la belle farine à l'usage des pâtissiers.

Cent livres de blé d'élite donnent :

Farine blanche 1re dite de *blé*	38,33	65,99
2e dite de 1er *gruau*	19,16	
3e dite de 2e *gruau*	8,50	
Farine bise dite de 3e *gruau*	5,00	8,33
dite de 4e *gruau*	3,33	
Issues, remoulages et recoupes	12,50	23,33
Sons gros et menus	10,83	
Déchets		2,35
Poids du blé		100,00

La mouture économique donne plus de farine blanche, moins de bise et de sons, que la mouture directe; mais le produit de la journée est moins considérable E. M.

MOUVEMENT. (*Arts mécaniques.*) Nous avons expliqué aux art. FORCE et MACHINE que dans tout appareil destiné à faire un travail, l'effet au bout d'un temps T, peut être représenté par un poids P élevé à une hauteur H, et mesuré par le produit $P \times H$. Pour comparer les effets de deux machines, on rapporte ces effets à l'unité de temps en divisant par T, en sorte qu'on a $\frac{P \times H}{T}$, et que, pendant *le temps un*, la mesure de l'effet produit par une force est toujours représenté par *le produit d'un poids multiplié par la hauteur à laquelle il a été élevé, divisé par le temps du travail.* Deux machines, dont l'une élève 120 kilogrammes à 63 mètres en une minute, et dont l'autre monte 360 kilogrammes à 7 mètres en 20 secondes, ont des effets égaux, puisqu'on a $\frac{120 \times 63}{60} = \frac{360 \times 7}{20} = 126$, et qu'elles montent l'une et l'autre 126 kilogrammes à 1 mètre en une seconde.

On se débarrasse ordinairement du diviseur T, en faisant agir les machines dans des temps égaux. Les mécaniciens mesurent donc les effets par un poids de P kilogrammes élevé à une hauteur de H mètres, dans un temps quelconque qu'ils prennent le même pour tous les cas, et ils forment du produit de P par H un certain nombre d'*unités dynamiques*, dont chacune est un kilogramme élevé à un mètre. Le nombre de ces unités, qu'on appelle DYNAMIES, mesure la puissance du moteur.

Les machines sont destinées à faciliter l'action des moteurs, ou à augmenter leur intensité ou leur vitesse; mais il faut surtout remarquer que ces agens doivent toujours laisser le produit PH constant, lorsqu'on fait abstraction des pertes dues aux frottemens, etc. En effet, la puissance P (fig. 7, pl. 21) est rendue décuple lorsqu'elle agit sur le bras du levier AD, qui est dix fois le bras AE, c'est-à-dire qu'elle peut maintenir en repos une résistance R dix fois plus grande qu'elle; mais lorsque le mouvement naîtra, la force P parcourra un espace dix fois plus grand que celui que décrira la résistance R, puisque ces chemins sont dans le rapport des rayons AD, AE, dont le premier est dix fois le second. En prenant tour à tour les diverses machines simples, telles que la poulie, la vis, le treuil, etc., on reconnaît toujours la vérité de ce même principe; et comme toutes les machines ne sont que des composés de machines simples, ajustées ensemble de manière à réagir les unes sur les autres (*Voy.* MACHINES), on en conclut ce théorème fondamental de Dynamique appliquée, que, *dans toute machine, on perd toujours en temps ce qu'on gagne en puissance, et réciproquement.* P est l'intensité de la force, $\frac{H}{T}$ est sa vitesse; le produit de ces deux élémens reste constant; on ne peut accroître l'un sans diminuer l'autre, et l'emploi d'une machine n'est qu'un moyen de faire varier le premier aux dépens du second.

Une machine qui, avec une force 1 surmonte la résistance 4, la fait mouvoir 4 fois moins vite, et la puissance ne devient quadruple que sous la condition de monter 4 fois moins haut dans le même temps; c'est une loi générale, quel que soit l'appareil : on ne peut faire varier l'un des trois nombres P, H, T, qu'autant que $\frac{PH}{T}$ conservera la même valeur; mais il faut pour cela négliger les réactions, etc., qui réduisent souvent l'effet aux deux tiers ou même à moitié de cette valeur. On ne peut, dans une machine, retrouver que la force imprimée, moins les frottemens; elle n'est qu'un dépositaire des puissances qu'on lui confie, et loin de les faire fructifier et de les accroître, elle dissipe une partie du dépôt et ne le restitue qu'infidèlement. Les effets dont le moteur eût été capable sans son secours sont affaiblis; elle fait ainsi payer le secours qu'elle donne, en sorte que ce qu'on nomme l'*effet utile d'une machine*, ou le produit PH qu'elle amène, est différent de celui P'H' que la force est capable d'obtenir sans elle, dans le même temps. La meilleure des machines est celle qui perd le moins; les plus compliquées, les moins bien agencées, perdent plus que d'autres, mais toutes dissipent une partie de la force.

Ce n'est pas à dire pour cela qu'il ne faut pas employer de machines; car ces agens rendent d'immenses services malgré leurs défauts inévitables. Un maçon veut remuer une pierre qu'il faudrait dix hommes pour mouvoir ensemble; il s'arme d'un levier, et suffit seul à son entreprise. Il est vrai qu'il met dix fois plus de temps à l'amener où il veut, et même que, les frottemens faisant éprouver des pertes, il mettra 14 ou 15 fois plus de temps que dix hommes agissant ensemble; mais le résultat n'en a pas moins une grande utilité. Ce service sera payé par une perte de force, mais on n'en aura pas moins tiré parti d'une action qui, sans la machine, eût été stérile.

Ce théorême général, qu'*on ne gagne jamais en puissance sans perdre en temps une valeur égale*, démontre que le *mouvement perpétuel* est impossible à réaliser, même en supposant les matériaux indestructibles par l'usage. Si l'on néglige les frictions et résistances, en vertu de la loi d'inertie, toute machine doit conserver la même puissance; c'est bien là un mouvement perpétuel. Mais les personnes qui font de ce mouvement l'objet de leurs recherches ne se contentent pas de ce résultat impossible à obtenir, à cause des frottemens, elles veulent encore que l'appareil crée de la force, de manière à en obtenir plus qu'ils ne lui en donnent. Ce sera, par exemple, une roue mue par une chute d'eau, qui remontra plus d'eau qu'il n'en a été dépensé pour la faire tourner. Ils veulent donc qu'après l'impulsion donnée, la machine continue à se mouvoir sans cesse, et même accélère d'elle-même ses mouvemens, ou bien conserve un excès de force disponible pour produire de certains effets.

On comprend, d'après ce qu'on vient d'exposer, que cette recherche est absolument vaine, dénote ou l'ignorance des lois de la Mécanique, ou une maladie de l'esprit. Supposer de pareils effets, c'est admettre qu'un poids peut remonter seul, ou en entraîner un plus lourd avec une plus grande vitesse; ce fait, impossible en soi, on l'attend d'une heureuse combinaison d'agens mécaniques, dans l'espoir qu'on rendra la quantité PH du moteur plus forte qu'elle n'est, tandis que nous avons démontré que, par suite des frottemens, on ne peut jamais qu'affaiblir cette quantité, quelle que soit la disposition de l'appareil.

Nous avons montré qu'en négligeant les frottemens, *le produit d'une force par sa vitesse, est toujours égal à celui de la résistance, par la vitesse qu'elle reçoit de la machine.* Cette vérité, qu'on perd précisément d'un côté ce qu'on gagne de l'autre, offre même le plus sûr moyen de juger le pouvoir des appareils. Voulez-vous décider si une machine est capable des effets que vous lui attribuez? réduisez d'abord la question à celle de l'équilibre entre la puissance et la résistance; négligez les frictions, et notre théorème vous indiquera aisément si l'équilibre est possible. Évaluez d'abord les espaces parcourus, tant par la puissance que par la résistance, en supposant que la machine prenne un très petit mouvement. Ces espaces sont des longueurs relatives qui dépendent de l'agencement des parties et de leur dépendance mutuelle; car la vitesse de la résistance résultera toujours nécessairement de celle de la puissance et de son mode de transmission à l'aide de l'appareil. Ces deux vitesses, les mécaniciens les appellent des *vitesses virtuelles*, parce que, dans le cas d'équilibre, les mouvemens sont nuls, et que l'espace décrit n'est alors qu'hypothétique. *Multipliez la puissance par le chemin qu'a décrit son point d'application, faites-en autant pour la résistance, et si ces deux produits sont égaux, l'équilibre existera entre les deux forces; autrement, cet état ne pourra subsister*. Ce théorème, appelé *principe des vitesses virtuelles*, suppose qu'on n'a pas égard au frottement; on fait donc la part de cette dernière résistance (*Voy.* FROTTEMENT), et l'on voit si la puissance est sur le point d'être prépondérante. L'effet utile de la machine s'ensuit, quand l'équilibre est rompu, en examinant les valeurs que prennent les quantités P, H et T pour la résistance vaincue. Ce principe, reconnu par Galilée, mais tiré d'oubli par Lagrange, peut être regardé comme le fondement de toute Mécanique, parce qu'il s'applique à toute machine, quelle qu'elle soit.

Une force donnée en grandeur et en direction est transmise à un corps solide qui, en réagissant sur toutes les parties d'une machine, la met en jeu. L'art du mécanicien consiste à disposer l'appareil de manière à produire un effet demandé, lorsque du moins cet effet est dans les limites de grandeurs dont nous venons de fixer les valeurs; ainsi le moteur produit un *mouvement de translation ou de rotation, continu ou alternatif*, et le but de l'appareil est de changer l'un de ces modes de fonction en quelque autre qu'on veut obtenir. C'est ainsi qu'on change le mouvement circulaire imprimé à une roue, en va-et-vient qui élève ou abaisse le piston d'une pompe. De là ce problème, qui consiste à *changer l'une des quatre espèces de mouvement imprimé à un corps, en un autre qui soit de même espèce ou d'espèce différente*. Donnons quelques exemples de ces transformations.

I. *Changer un mouvement rectiligne continu ou alternatif, en un autre de même espèce.* Le BÉLIER HYDRAULIQUE, les POULIES, les MOUFLES, les RÈGLES appelées *parallèles*, les TREUILS et GRUES, les MULL-JENNYS, sont autant d'appareils où le mouvement rectiligne et continu du moteur est transmis de manière à produire un mouvement de même nature. En voici encore un exemple :

L'ÉQUERRE A (fig. 1, pl. 25) peut glisser le long d'une règle *fd* et sur deux autres règles *cd*, *ef*, fixées perpendiculairement à la première : une autre équerre B est arrêtée par des rouleaux ou des goupilles *g*, *k*, *h* et *i*. On voit que lorsqu'une force pousse l'équerre A le long de la règle *fd*, le corps C se meut dans un sens perpendiculaire à cette direction. Ou bien, si l'on a un tracelet lp perpendiculaire à bs, muni d'une roulette l et retenu entre deux tenons q, o; la progression de l'extrémité p sera la conséquence du mouvement imprimé à l'équerre A. On voit que si le bord bs de cette équerre A est une courbe sinueuse, le bout p du tracelet prendra un va-et-vient. L'application de cet appareil aux machines à diviser (*Voy*. Diviseur), aux pédales des Forté-Piano, etc., est facile à concevoir.

Si le mouvement rectiligne donné est alternatif, et qu'on veuille le changer en un autre de même espèce, on le transformera d'abord en circulaire continu par le problème V, et ensuite celui-ci en rectiligne alternatif par le même problème.

II. *Changer le mouvement rectiligne continu, en circulaire continu, et réciproquement.* Le Treuil et la Manivelle, les Roues dentées, la Chèvre, la Vis sans fin, sont des exemples de cette transformation. L'écrou ne peut descendre sur la Vis qu'en tournant; de même le mouvement circulaire de la manivelle est produit par le mouvement rectiligne de la barre du Cric.

Le Moulin, dont les ailes cèdent à la pression du vent, les roues à aubes et à augets, que le courant de l'eau fait tourner, sont encore des solutions du problème. Une carte circulaire, découpée en spirale et allongée en hélice (fig. 2), qui est suspendue à un axe central ab, près le tuyau d'un poêle, tourne, poussée par le courant ascendant de l'air échauffé. Ce jouet, connu de tout le monde, a donné l'idée des Tourne-Broches que met en jeu la fumée qui s'élève dans une cheminée.

Dans l'ingénieuse machine de M. Cagnard-Latour (fig. 3, C est une vis d'Archimède qu'on fait tourner en sens contraire de celui où elle peut monter l'eau qui remplit un réservoir A; il en résulte que l'air descend par la vis au fond a de ce vase, et remonte en suivant le canal $abdef$, en traversant l'eau; arrivé en f, cet air entre dans les augets d'une roue plongée dans un second réservoir B, dont l'eau est échauffée à la température d'au moins 75° centigrades, ce qui lui fait acquérir une force d'ascension due à la diminution considérable de son poids spécifique. Des engrenages qui font communiquer la vis à la roue établissent une source de mouvement perpétuel dû à la chaleur, mais qui cesse avec elle; la distance de l'orifice *f* au niveau de l'eau en B, doit être moindre que celle de l'orifice *a* au niveau de A. Selon Carnot, une corde qui s'enroule sur l'arbre de la roue peut même élever un poids de 7 ½ kilogrammes, avec une vitesse uniforme verticale de 28 millimètres par seconde, en se servant de la force disponible créée par le calorique..

Dans presque toutes les applications, si l'on prend l'effet pour la cause, on *transformera un mouvement circulaire continu en rectiligne continu.*

III. *Changer le mouvement rectiligne alternatif, en circulaire alternatif, et réciproquement.* Le Balancier monétaire, le Cric et la Crémaillère, l'Archet qui sert à manœuvrer le foret, le Parallélogramme du balancier des machines à vapeur, le Dévidoir ordinaire, sont autant d'exemples du problème proposé ou de son réciproque.

Dans la fig. 4, AB est un levier qu'on fait basculer autour d'un axe C, et qui fait corps avec le demi-cercle DEF. Une courroie attachée par ses deux bouts en D et F à des boucles qui permettent de la tendre, court en sens contraire sur les quarts de cercles EF, ED, pour de là tourner sur les poulies K et G. Le mouvement circulaire alternatif imprimé au levier se change en rectiligne de même espèce au point H de la courroie.

Le *trépan* (fig. 5) est composé d'un fût AB, terminé par un foret C; une traverse *bb* est jointe au sommet par deux cordes *a*, *b*, et laisse au fût un libre passage dans un large trou qui la perce; le mouvement de va-et-vient, qu'on imprime à la traverse dans le sens vertical, produit la rotation du foret, et le Volant ED conserve ce mouvement.

Deux chaînes *ab*, *dc* (fig. 6) sont attachées, l'une en *b*, au haut de la tige AB, qui est mobile entre des brides *e*, *f*, et en *c* sur l'arc *dc*; l'autre l'est en *d* sur cet arc, et *a* sur la tige. La rotation de l'arc *cd* en va-et-vient fait monter et descendre la tige : on peut encore garnir celle-ci et l'arc de dents qui engrènent.

On fait mouvoir la tige AE du piston d'une pompe (fig. 7, pl. 25) à l'aide d'un levier courbé à la partie supérieure AB, et percé d'un trou I, où un axe le retient. En faisant basculer le levier, le bout A monte et descend, et produit la même alternation dans le piston D; la tige est assemblée librement en A par un boulon.

IV. *Pour changer un mouvement rectiligne continu, en rectiligne alternatif, ou réciproquement*, on le transforme d'abord en circulaire (2me problème), et celui-ci en rectiligne.

V. *Changer un mouvement rectiligne continu, en alternatif, et réciproquement.* Nous avons donné des exemples de cette transformation à l'article Crémaillère. La roue dentée E (fig. 7, pl. 11), ne porte de dents que sur sa demi-circonférence; ces dents montent la crémaillère et le pilon *b*, lequel retombe quand, la roue achevant sa révolution, les dents de la crémaillère rencontrent l'arc nu de la roue, et que l'engrenage cesse. Dans la fig. 9, la circulation continue de la roue R transmet, par le secteur EB, un va-et-vient à la crémaillère KH, parce que la cheville *r* coule dans la rainure *m*, qu'elle parcourt en rétrogradant à chaque demi-tour de la roue.

A la tige DC (fig. 8, pl. 25), est assemblée en croix une barre AB, percée d'une fenêtre longitudinale, dans laquelle peut glisser une cheville *i* fixée à la surface de la roue, comme dans le dernier exemple. Quand cette roue tourne, la cheville excentrique *i* se promène dans la fenêtre, et fait monter et descendre CD, qui est retenu dans les brides *h* et *k*.

Sur la roue BD (fig. 9) est fixée une courbe en relief de forme quelconque *efd*; la pointe C d'une tige AC porte sur cette courbe par son poids, ou bien est pressée contre elle par un ressort : les brides *a* et *b* maintiennent cette tige. Lorsqu'à l'aide d'une manivelle, ou autrement, on fait tourner la roue, la tige monte et descend tour à tour.

Une manivelle (fig. 10) qui porte un poids, donne à celui-ci un va-et-vient quand on la fait tourner.

La tige rigide *li* (fig. 11) fixée à la cheville excentrique *i* d'une roue, et à la tige *l*D, donne un va-et-vient à cette tige, parce que les points ou axes *l* et *i* sont des centres autour desquel la barre *li* doit tourner.

La roue AB (fig. 12) a son champ bordé de dents ondées de forme arbitraire, qu'on détermine selon l'objet qu'on a en vue; la verge *ab*, poussée par un ressort, appuie sur ces dents par son extrémité *a*, et prend un va-et-vient lorsque la roue tourne. Cet appareil fort simple est employé dans les lampes de Gagneau (*Voy.* LAMPES) et dans beaucoup d'autres machines.

En prenant la cause pour l'effet, dans ces appareils, on change au contraire le *mouvement alternatif rectiligne, en circulaire continu.*

VI. *Transformer un mouvement circulaire continu, en un autre de même espèce, avec des vitesses données.* Les engrenages de roues dentées, le barillet qui tire la chaîne d'une fusée (*V.* MONTRE), la vis sans fin, l'engrenage à lanterne, et deux roues unies par une corde sans fin (fig. 16), sont des appareils qui résolvent notre problème. En voici un exemple, où la vitesse de circulation de l'une des roues peut varier selon un rapport donné.

On imprime à la roue C (fig. 17), une vitesse uniforme; l'axe de cette roue est engagé dans une fenêtre longitudinale *mn* pratiquée sur une règle fixe AB, et est contraint, par un ressort, à se rapprocher de l'axe A de la roue D cette roue D engrène sans cesse avec C, et tourne en sens contraire. On doit préférer à un engrenage denté, une courroie sans fin, mais élastique, qui, comme dans la fig. 16, s'enroule autour des deux roues, pour ne pas être forcé de rendre les dents trop fines et trop faibles. La roue D peut être elliptique ou de toute autre forme, et les vitesses relatives des roues varient suivant une loi donnée.

VII. *Changer un mouvement circulaire continu, en circulaire alternatif, et réciproquement.* LA PÉDALE qui fait tourner la roue du rémouleur, du ROUET à filer et du TOUR de tourneur, la courbe d'ÉQUATION des pendules, les diverses espèces d'ÉCHAPPEMENS (*V.* ces mots), sont des solutions de ce problème; en voici quelques autres.

Remplacez (fig. 12) la tige *ab* qui porte sur les ondes de la roue AB, par un levier coudé, dont une extrémité presse sur ces dents; l'autre bout prendra un va-et-vient circulaire.

La roue P (fig. 18) est armée de CAMES *a*, *b*, *c*, *d*, qui, lorsque la roue tourne, viennent tour à tour attaquer le manche d'un marteau HAB, mobile sur l'axe I : la masse AB est donc soulevée, puis elle retombe, par son poids, sur l'enclume CD où elle va frapper.

Les roues B, C fig. 13, ne portent des dents que sur une demi-circonférence; la rotation continue de l'arbre DE, produit visiblement la rotation alternative de la lanterne A.

Le volant N (fig. 19) fait corps avec la roue à rochet A; une poulie C tourne à frottement doux sur son axe, et est entourée d'une corde *abcd* attachée au poids P qui la tend. Cette poulie porte le cliquet qui bute contre les dents de la roue à rochet, et la corde QP tient à l'un des bouts du levier RQ. Quand on donne à ce levier un mouvement alternatif de rotation, le volant prend une rotation continue; mais de deux alternations, l'une est seule utile, parce que la descente du poids est employée à dégager le cliquet; on peut remplacer le poids P par un ressort.

Au bout du levier AB (fig. 20) qui bascule autour de l'axe C, est une bielle *cd*, dont l'extrémité *d* porte une roue dentée *e*, laquelle engrène dans la roue F fixée au centre du volant E; ces deux roues conservent une distance constante, parce que leurs axes sont joints par une verge rigide et inflexible *fd*. Le mouvement de bascule du levier se change donc en circulaire continu du volant. On nomme ce mécanisme *la mouche;* il est employé dans certaines machines à vapeur. Quoique les deux roues *d*, F soient égales, le volant E fait deux tours à chaque oscillation du balancier.

Le mécanisme (fig. 21) est le *levier de la Garousse*. Lorsque l'on fait basculer en va-et-vient le levier AB sur son axe, les deux *étriers* IL, MN, mobiles autour des points I, M, sont tellement disposés, que l'un d'eux tire sans cesse à lui le ROCHET LN, tandis que l'autre, échappant à la dent qu'il avait prise, en prend une autre.

La roue CD (fig. 22) tourne sur son axe EF d'un mouvement continu; une partie de son champ, un peu moindre que la demi-circonférence, est armée de dents qui engrènent successivement avec les deux roues II et I, distantes l'une de l'autre de tout le diamètre CD. On voit que lorsque la roue CD engrène avec GH, l'arbre GO, fixé aux deux roues H et I, tourne dans un sens, et que quand l'autre roue OI engrène, cet arbre tourne en sens contraire; il prend donc un mouvement circulaire alternatif.

VIII. *Transformer un mouvement rectiligne continu, en circulaire alternatif, et réciproquement.* On transforme le mouvement donné en circulaire continu (problème II ou VII), et ce dernier en celui qu'on demande. (*V.* le Balancier hydraulique).

Le levier AB (fig. 23) bascule autour de son axe fixe C; en D, D, sont les yeux de deux étriers DF, DE, qui saisissent tour à tour les dents obliques des crémaillères de la barre FG. Ici, comme dans le levier de la Garousse, chaque étrier lâche et prend une dent, et la barre FG a un mouvement rectiligne continu.

IX. *Changer un mouvement circulaire alternatif, en un autre de même espèce.* Les procédés du problème VI peuvent être employés; on peut encore transformer le mouvement donné en circulaire continu (problème VII), et ce dernier en circulaire alternatif.

Dans la fig. 24, la pédale D tient par un bout à la corde *cAa*, qui enroule un cylindre *b*A; la corde va s'attacher ensuite en *a* au ressort B : le mouvement de va-et-vient de la pédale en donne un au cylindre A*b*; tous deux sont circulaires alternatifs. L'usage de ce mécanisme dans le Tour est très fréquent.

Le jeu de *bascule*, appelé *casse-cou*, offre encore une solution du problème. Un madrier est traversé dans son milieu par un arbre sur lequel se fait la rotation alternative, lorsque deux personnes, placées aux deux bouts, descendent et s'élèvent l'une après l'autre, en repoussant la terre avec leurs pieds. L'arbre prend donc aussi un mouvement circulaire alternatif. Le tour à faire des vis, les tenailles à récéper, etc., sont encore d'autres exemples.

Nous sommes sans doute bien éloignés d'avoir épuisé la matière, et chacun des articles de Mécanique de notre Dictionnaire offre quelque invention du genre de celles que nous venons d'énumérer; mais nous renvoyons, pour de plus amples développemens, aux ouvrages cités, et principalement à l'*Essai sur la composition des machines*, par MM. Lanz et Bettancourt. Fr.

MUTAGE. C'est une opération qui a pour but soit de changer

la disposition naturelle à fermenter des liquides sucrés, soit d'arrêter les progrès de la fermentation dans des liqueurs déjà plus ou moins vineuses.

Les substances qui servent au mutage sont l'acide sulfureux et les sulfites alcalins ou terreux. Tantôt on verse une dissolution de ces substances dans les liquides qu'il s'agit de conserver, tantôt on fait brûler des mèches soufrées dans l'intérieur des futailles. Ces opérations s'exécutent pour les sirops de raisin, pour les vins, le cidre, etc. La substitution des sulfites acides de chaux ou de soude aux mèches souffrées est d'autant plus convenable que souvent la combustion de celles-ci n'a pas lieu, en raison de l'acide carbonique dont les futailles sont remplies. P.

N

NACRE DE PERLES, substance secretée dans l'intérieur des coquilles de certains mollusques, et qui même se réunit en grains qu'on nomme PERLES. On ne travaille que les coquilles dont la nacre est épaisse, propriété dont jouit une très grande huître.

C'est à Ceylan et dans le golfe Persique, vers Ormus, que s'en fait la principale pêche; on la trouve aussi au cap Comorin, dans les mers de l'Océanie, etc. On nomme cette espèce *avicula margaritifera*, et *mytilus margaritiferus*. La coquille est assez régulière, brune et très écailleuse en dehors. Des plongeurs sont exercés à aller chercher ces coquilles au fond des eaux de la mer: on mange l'animal cuit, ou même cru. Ces coquilles, sciées et débarrassées des parties qui sont privées de nacre, sont envoyées en Europe par le commerce.

La nacre est très dure, elle présente beaucoup de difficultés pour la travailler. On commence par tracer sur la nacre les contours de la figure que l'on a intention d'exécuter, ensuite, à l'aide d'excellentes petites scies, on enlève le superflu; on approche du dessin avec de très bonnes limes; on perce les endroits qui doivent être à jour avec des forets et de l'acide sulfurique affaibli. On le cisèle, s'il est nécessaire, après avoir fait agir le même acide pour hâter l'ouvrage, que l'on termine avec de petits ciselets bien trempés, et de bonnes petites limes. Lorsque l'ouvrage est terminé ou à peu près, on l'achève et on le polit avec de l'émeri, et l'on termine par la potée rouge. FR.

NAPHTE. C'est un liquide incolore, d'une odeur bitumineuse, presque sans saveur, soluble en toutes proportions dans l'alcool absolu et dans l'éther, insoluble dans l'eau et d'une densité de 0,753. Il bout à 85° et produit une vapeur incolore, très inflammable, dont la densité est de 2,833. Le naphte ne contient pas d'oxigène; il est formé de 3 équivalens de carbone et de 2 1/2 équivalens d'hydrogène.

Le naphte dissout en toutes proportions le pétrole, les huiles fixes et les huiles essentielles. Il dissout aussi, mais en quantité beaucoup moindre, le soufre, le phosphore, l'iode, la gomme labue et le copal, mais il est sans action sur le succin. Mis en contact à froid avec le caoutchouc, il le gonfle au point de lui faire prendre un volume trente fois plus considérable que son volume primitif.

Le naphte est employé pour conserver le potassium et les autres métaux très oxidables; il sert quelquefois à l'éclairage et à la préparation de quelques vernis.

Le naphte est un produit naturel qu'on trouve dans un assez grand nombre de pays. Il en existe dans le village d'Amiano, près de Parme, une source très abondante qui sert à éclairer cette ville. Au moment ou le naphte sort de terre, il n'est jamais pur. On l'obtient tel, en le soumettant à trois ou quatre distillations successives et prenant soin de ne recueillir que les premiers produits. P.

NATRON. *Voy.* SOUDE. P.

NATTES, tissus de paille de jonc, de roseau, de sparte... On tresse ces substances sous mille formes diverses, après les avoir humectées et battues. On en fabrique aussi des tapis de pied, et même des ouvrages légers et élégans. Comme ce travail consiste en tours de main particuliers, de longs détails sont superflus.

Les paillassons de jardinier ne sont pas tressés; la paille de seigle la plus longue est enlacée, par petites poignées, dans les contours de ficelles tendues parallèlement. La paille sert de trame, et les ficelles, de chaîne, à ce tissu grossier. Fr.

NAVETTE (*Arts mécaniques.*) Instrument qui sert à passer la duite, ou fil de trame, dans le pas ouvert de la chaîne d'un tissu quelconque.

Les navettes les plus importantes sont celles des tisserands ordinaires, tant pour toile que pour draperie; leurs formes et leurs dimensions varient en raison des tissus qu'on fabrique. Mais en général, c'est un parallélépipède de 8 à 10 pouces de long, un pouce d'épaisseur et 16 à 18 lignes de largeur, terminé par ses deux bouts en pointes arrondies et obtuses, correspondantes à la ligne de centre. Le milieu, dans une longueur d'environ 4 pouces sur 1 pouce, est évidé, et reçoit une broche en fer ou en cuivre, qui a la faculté de se tenir dans la direction de l'axe et de se relever en équerre. C'est sur cette broche qu'on fixe, en l'y entrant avec un peu de force, la bobine a une seule tête, dont la tige porte le fil à trame. Cette bobine, quand la branche est réunie dans la direction de l'axe de la navette, ne doit point en dépasser la surface inférieure et supérieure. Vis-à-vis la pointe de la broche, est un crochet ou barbin en cuivre, dans lequel on fait d'abord passer le fil, qu'on conduit à travers un trou, percé dans le côté de la navette qui est opposé au peigne du métier. Pour que ce trou, qu'on appelle la *duite*, ne s'agrandisse pas si vite, on le garnit d'un grain de verre ou de cuivre.

Afin de diminuer autant que possible le frottement de la navette, dans son trajet à travers la chaîne du tissu, on arme le dessous de deux petits rouleaux en cuivre, logés presque à fleur de bois, dont les axes ne sont pas tout-à-fait parallèles, mais légèrement fermés du côté qui chemine le long du peigne. Cette disposition est nécessaire pour que la navette s'y tienne appliquée.

Quelques navettes, au lieu de rouleaux sont tout simplement garnies de deux baguettes de fer à moitié incrustées dans les bois et bien polies; mais ces baguettes, ainsi que la navette elle-même, présentent une légère courbure dont la cavité est du côté du peigne, et cela pour remplir le même objet que les rouleaux, de l'y tenir appliquée.

Navette volante. Elle ne diffère point de celle que nous venons de décrire, quant à sa forme et à sa dimension ; seulement les pointes sont armées de fer, parce qu'étant chassée par des taquets, au lieu de l'être par la main du tisserand, ces pointes seraient de suite émoussées. On l'appelle *navette volante*, parce que l'ouvrier n'y touche pas, et que son mouvement est pour ainsi dire continu : assis vis-à-vis le milieu de sa pièce, quelle qu'en soit la largeur, il fait passer la navette à travers, sans pour ainsi dire se déranger, par un simple mouvement du poignet d'une de ses mains, tandis que de l'autre et des pieds, il fait agir le battant et les pédales. Quand le fil est de bonne qualité et ne casse point, le tisserand passe quatre-vingt duites par minute ; il n'en passait, en lançant la navette à la main, que la moitié, en éprouvant deux fois plus de fatigue.

Navette *du rubannier*. Le fil à trame pour ruban se roule sur une petite bobine à deux têtes, et se dévide par le travers, au lieu de se tirer en long, comme dans les navettes précédentes. Cette petite bobine chargée de fil se place dans une lunette demi-circulaire, percée dans un morceau de buis ayant extérieurement la même forme, où elle a la faculté de tourner très librement sur ses tourillons, étant néanmoins bridée par un faible ressort ; un trou percé au milieu du côté qui figure le diamètre, et qu'on garnit d'un grain de verre ou de cuivre, reçoit le fil.

Navette *du passementier, du fabricant de filet, de toile métallique*, etc. C'est une latte plus ou moins mince ; plus ou moins longue, dont un des bouts est façonné en fourche et l'autre en pointe peu aigue. Près de la pointe est percée une ouverture parallélogrammique, laissant dans son milieu et dans le sens de sa longueur, une broche dont la pointe est dirigée vers celle de la navette, mais n'y tient pas, et laisse même entre elle et le côté opposé un certain espace.

C'est avec des navettes analogues, mais dans des proportions infiniment plus petites, qu'on *spouline* les cachemires. E. M.

NICKEL. Ce métal signalé pour la première fois dans le *kup-*

fernickel ou *faux cuivre*, possède un éclat assez vif, une couleur d'un blanc argentin, une tenacité et une ductilité très-grandes. Sa cassure est fibreuse; sa densité spécifique qui est 8,279 lorsqu'il n'a été que fondu, s'élève jusqu'à 8,666 quand on l'a forgé. Le nikel est magnétique à un haut degré.

Il ne se fond qu'à une température excessivement élevée et se volatilise en quantité sensible au feu de forge.

Le nickel se combine en deux proportions avec l'oxigène: il forme un protoxide qui seul est susceptible de s'unir aux acides et un sesquioxide. Le premier est composé de 1 équivalant de nickel = 369,75 et d'un *Eq.* d'oxigène = 100, le deuxième renferme, pour la même quantité de métal, 1 1/2 *Eq.* d'oxigène = 150.

L'eau est décomposée par le nickel à un température rouge. Les acides sulfurique et hydroclorique faibles le dissolvent avec dégagement d'hydrogène. L'eau régale et l'acide nitrique l'attaquent avec une grande vivacité avec formation de chlorure et de nitrate de nickel.

Les sels que le nickel forme avec les différens acides ont une couleur verte plus ou moins foncée, quand ils sont en dissolution ou qu'ils renferment de l'eau de cristallisation; ils présentent au contraire une couleur jaunâtre quand ils sont desséchés. Leur saveur est sucrée, puis âcre et métallique. La potasse et la soude y produisent un précipité vert-pomme, insoluble dans un excès d'alcali. Avec l'ammoniaque on obtient une liqueur bleue très belle: les sels de nickel, rendus légèrement acides, ne sont précipités par aucun métal. Le nickel entre dans la composition de plusieurs alliages employés dans les arts. Le *cuivre blanc* ou *cuivre chinois* est composé d'après M. Fyle, de 25,4 de zinc; 40,4 de cuivre, 31,6 de nickel et 2,6 de fer. Le *packfongg argentan* ou *maillechort* est formé de 2 parties de cuivre, 1 de zinc et 1 de nickel.

Le nickel fait partie constituante de presque toutes les pierres météoriques. On l'extrait du minéral connu sous le nom de *Kupfer nickel*, minéral qui renferme tout à la fois du nickel, du cobalt, de l'arsenic, du soufre, du fer, et quelquefois de cuivre, de l'antimoine et du manganèse.

NITRATES. Genre de sels dont toutes les espèces résultent de la combinaison de l'acide nitrique avec une base particulière; ils sont tous solubles dans l'eau et jouissent de la propriété de fuser lorsqu'on les projette sur des charbons incandescens : l'acide sulfurique en degage des fumées blanches, épaisses, d'acide nitrique : mis en contact avec l'indigo, les nitrates n'en détruisent pas la couleur, mais quand on ajoute au mélange de l'acide sulfurique, ou mieux encore lorsqu'on verse un nitrate dans une solution sulfurique d'indigo très acide, la matière colorante bleue se change sur le champ en une matière d'un jaune sale. Les nitrates mêlés avec de la limaille de fer, d'étain ou de cuivre et chauffés avec de l'acide sulfurique, laissent dégager des vapeurs rutilantes d'acide hyponitrique. La chaleur les décompose tous en laissant pour résidu tantôt l'oxide pur, tantôt le métal à l'état de liberté. C'est ainsi qu'en calcinant le nitrate de barite, on obtient de la barite caustique et qu'en chauffant fortement le nitrate d'argent, on a de l'argent métallique.

Nitrate d'argent. Ce sel s'obtient en faisant dissoudre une partie d'argent fin de coupelle dans 2 parties d'acide nitrique pur. Le tout se met dans un matras, et on l'expose à une légère chaleur de bain de sable ; la réaction est subite : une partie de l'acide se décompose le métal s'oxide et se dissout, et cette dissolution est accompagnée d'une vive effervence de deutoxide d'azote, qui, avec le contact de l'air, se transforme en vapeurs nitreuses rutilantes.

Si l'argent est pur, et que la réaction ait été vive, la dissolution obtenue est incolore. Si l'argent contenait du cuivre, elle aurait une teinte bleuâtre d'autant plus intense que l'alliage serait plus considérable. Il est bon de dire cependant qu'une teinte bleue-verdâtre se manifeste parfois sans qu'elle soit due à la présence du cuivre, mais uniquement à la dissolution d'une certaine quantité de gaz nitreux dans le nitrate d'argent liquide ; phénomène qui n'a lieu que dans le cas où la réaction a été lente et sans le secours de la chaleur.

Lorsque l'argent contient de l'or, ce qui arrivait assez fréquemment autrefois, il demeure dans le liquide sous la forme d'une poussière noirâtre très ténue, qu'on peut séparer par simple décantation ; on la réunit dans un verre conique, on la lave à l'eau distillée à diverses reprises, puis on la soumet à l'action d'une légère chaleur ; l'or, en s'agrégeant un peu reprend aussitôt sa couleur naturelle.

Nous avons prescrit de prendre de l'acide nitrique pur, parce que celui du commerce contient ordinairement de l'acide muriatique, qui précipiterait une portion de l'argent à l'état de chlorure insoluble, d'où l'on pourrait à la vérité retirer l'argent, mais qui viendrait inutilement compliquer l'opération et en diminuer le résultat.

Il n'est pas non plus de rigoureuse nécessité d'employer de l'argent de coupelle pour obtenir du nitrate d'argent pur ; seulement l'opération n'en est que plus prompte et plus facile. On peut également réussir avec de l'argent de monnaie ou de vaisselle ; mais il faut prendre la précaution de faire cristaliser le nitrate d'argent, qui par ce moyen se sépare aisément du nitrate de cuivre, en raison de la grande solubilité dont ce dernier jouit. On lave les cristaux égouttés avec un peu d'eau distillée, qu'on réunit ensuite aux eaux-mères ; on les concentre, on fait cristalliser de nouveau, et l'on reitère ainsi jusqu'à ce que le cuivre devienne prédominant, ce qu'on aperçoit à l'intensité de la couleur bleue. Arrivé à ce point, on étend les eaux-mères d'une certaine quantité d'eau, et l'on y plonge des lames de cuivre bien décapées l'argent se précipite sous forme d'une poudre grenue et brillante. Quand l'action est terminée, on la sépare du liquide, on la lave soigneusement, puis on la fait dissoudre dans une nouvelle quan- d'acide nitrique, si l'on veut la convertir en nitrate d'argent.

Il est bon d'observer ici qu'un excès d'acide nitrique favorise beaucoup la cristalisation du nitrate d'argent, et à tel point que lorsqu'il arrive qu'une dissolution d'argent suffisamment concentrée refuse de cristalliser, on peut la faire prendre en masse en y ajoutant de l'acide nitrique.

On pourrait aussi séparer une grande partie du cuivre en évaporant la première dissolution jusqu'à siccité, et même en faisant légèrement liquéfier la masse desséchée, presque tout le nitrate de cuivre se décompose par l'action de la chaleur, tandis que celui d'argent n'en éprouve pas d'altération sensible. On reprend par l'eau qui dissout le nitrate d'argent; on laisse déposer l'oxide de cuivre, on décante et l'on fait évaporer de nouveau.

Il sera toujours facile de mettre en évidence la présence du cuivre dans l'argent, à l'aide de l'ammoniaque, qui, versée en léger excès dans la dissolution, lui communique une teinte bleue d'autant plus prononcée, qu'elle contiendra davantage de cuivre.

On emploie le nitrate d'argent sous deux formes différentes, soit à l'état de cristaux, qu'on obtient comme je viens de l'indiquer; ce sont de larges plaques rhomboïdales ou hexaédriques, qui sont plutôt translucides que transparentes, d'un blanc bleuâtre, d'une saveur styptique et métallique des plus désagréables; soit à l'état de cylindres (*pierre infernale*), qui ont été fondus et coulés dans une lingotière. Une des propriétés les plus tranchées du nitrate d'argent, c'est celle de noircir les substances organiques qu'on soumet à son contact; il y produit d'abord une tache grisâtre, puis bleue, et ensuite noire, qui résiste à tous les agens : on en a tiré parti pour imprimer sur des tissus une marque indélébile. On l'a mis également à profit, et depuis fort long-temps, pour noircir la chevelure. Le nitrate d'argent fait la base de cette liqueur que vendent à un très-haut prix les coiffeurs et les parfumeurs, sous le nom d'*eau de Chine*.

Il est le réactif le plus sûr que l'on puisse employer pour reconnaître dans un liquide quelconque la présence de l'acide hydrochlorique ou d'un chlorure et cela en raison de la grande insolubilité du chlorure d'argent qui en résulte, de sa facile solubilité dans l'ammoniaque et de la propriété qu'il possède de devenir violet à la lumière.

Le zinc, le fer et principalement le cuivre, précipitent l'argent à l'état métallique de sa dissolution dans les acides et cette propriété est mise à profit soit pour argenter le métal précipitant, soit pour séparer l'argent de quelques métaux auxquels il pourrait être uni.

Nitrate de barite. Il cristallise en octaèdres ou en tétraèdres qui sont transparents sur les bords et presque opaques dans leur ensemble; ils sont solubles dans 12 parties d'eau à 16o, et ils en exigent seulement 3 à 4 d'eau bouillante. Il est anhydre et décrépite quand on le chauffe.

Le nitrate de barite est employé pour reconnaître la présence de l'acide sulfurique et des sulfates. C'est en le calcinant dans des cornues de grès ou de porcelaine, que l'on prépare la barite caustique. Les artificiers s'en servent pour modifier la couleur de certaines flammes, auxquelles il communique un ton jaunâtre. On le prépare soit en décomposant le carbonate de barite naturel par l'acide nitrique faible, soit en calcinant au blanc le sulfate de barite avec le quart de son poids de charbon, lessivant la masse, la saturant par de l'acide nitrique, filtrant et évaporant jusqu'à cristallisation.

Nitrate de bismuth. Il cristallise en gros prismes transparents et applatis, terminés par des pyramides : l'eau le décompose et précipite un sous-nitrate insoluble, qui bien lavé et séché, n'est plus qu'une poudre d'un beau blanc mat, très-douce au toucher mais qui possède la fâcheuse propriété de se noircir par les moindres émanations sulfureuses. Cette matière est employée soit comme *blanc de fard*, soit pour étendre des couleurs sans altérer la pureté de leur ton, tel que le rouge de carthame. Les fabricants d'émaux ajoutent du bleu de bismuth dans quelques unes de leurs compositions pour en faciliter la fusibilité.

On le prépare en faisant réagir directement l'acide nitrique sur le bismuth.

Nitrate de cuivre. Il cristallise en beaux parallélépipèdes allongés, très déliquescents, d'un bleu-clair, qu'on obtient en mettant en contact des planures de cuivre rouge avec de l'acide nitrique étendu de quatre à cinq parties d'eau, afin d'éviter une trop vive réaction, décantant la liqueur, l'évaporant et l'abandonnant à elle-même quand elle a acquis une consistance sirupeuse.

Le nitrate de cuivre est employé dans quelques fabriques de toiles peintes, comme rongeant. Les chimistes, en le décomposant par une chaleur rouge, en retirent du deutoxide de cuivre pur dont ils se servent pour les analyses des substances organiques.

NITRATE DE FER (*trito-*). Pour obtenir cette combinaison, on fait bouillir de l'acide nitrique étendu, sur de la rouille de fer, jusqu'à ce que la dissolution ne précipite plus par le ferrocyanure rouge de potassium.

M. Vauquelin a obtenu ce sel sous forme de prismes blancs quadrangulaires, terminés par des biseaux. Ces cristaux sont très déliquescents, et fournissent une dissolution rouge dans l'eau distillée.

Le trionitrate de fer est employé en teinture pour donner au coton la couleur du nankin.

M. Remond, de Lyon, l'a recommandé comme étant susceptible de fournir le plus beau bleu de Prusse qu'on puisse obtenir ; mais d'autres praticiens contredisent cette assertion.

NITRATE DE MERCURE (*proto-*). Comme il existe deux oxides de mercure, il y a aussi deux nitrates, et qui sont l'un et l'autre employés : nous allons donc indiquer les moyens de les obtenir. Il est très difficile, pour ne pas dire impossible, de ne produire à volonté que du protonitrate, et cependant c'est celui dont on a le plus fréquemment besoin ; mais, comme ces deux sels diffèrent beaucoup de solubilité, on parvient assez aisément à les séparer par cristallisation. On prend donc 1 partie de mercure, 3 d'acide nitrique étendu à 20 ou 22° ; on met le tout dans un matras, et l'on fait chauffer pour faciliter la réaction. A mesure que le mercure se dissout, on en ajoute encore, afin de maintenir la dissolution au *minimum* ; après un temps suffisant, on laisse refroidir. On voit se déposer au fond du vase de beaux polyèdres irréguliers, à facettes très brillantes, qui jouissent parfois d'une certaine opacité et deviennent de plus en plus volumineux.

Quand on a besoin d'obtenir immédiatement une grande quantité de protonitrate de mercure, le moyen que nous venons d'indiquer est trop long pour être mis en usage, parce que la réaction est lente, et qu'elle dépasse souvent la limite qu'on veut atteindre ; alors on est obligé d'employer celui auquel on a recours dans les fabriques, quand on peut toutefois tirer parti des résidus ou eaux-mères. Ainsi on met sur 1 kilogramme de mercure, 1500 grammes d'acide nitrique ordinaire, et l'on répéte cette dose, mais dans des vases séparés, proportionnellement à la quantité qu'on veut obtenir de protonitrate. On fractionne ainsi pour éviter la trop vive réaction qui aurait lieu en réunissant des masses considérables.

La dissolution est ordinairement achevée en peu d'heures, elle contient un mélange de proto et de deutonitrate de mercure. Du soir au lendemain, il se forme dans chaque vase une certaine masse de cristaux, quelquefois gros et consistans, mais le plus ordinairement en longues aiguilles prismatiques, qui sont entièrement formées par du protonitrate; on décante toute la portion liquide, on égoute bien les cristaux, puis on les réunit pour les dissoudre de nouveau dans une eau légèrement acidulée. C'est avec cette liqueur qu'on prépare le *protochlorure de mercure* ou *précipité blanc* des anciens, et quelques autres compositions qui nécessitent le protonitrate.

Quant aux eaux-mères de la première dissolution, on les fait évaporer à siccité, puis on soumet le résidu à la calcination dans des vases de verre, pour obtenir le Peroxide de mercure, ou Précipité rouge.

Le protonitrate de mercure est peu soluble dans l'eau; cette dissolution constitue ce qu'on appelle l'*eau mercurielle* des pharmacies. Cependant on donne aussi le même nom à de l'eau simplement bouillie sur du mercure, qu'on administre aux enfants, comme anthelmintique.

Le protonitratre de mercure, surtout les cristaux les moins serrés, s'altèrent promptement à l'air; il jaunit à sa surface et se convertit en sous-deutonitrate.

La solution de protonitrate mercuriel précipite en noir par la potasse et la soude caustique, et en gris noirâtre par l'ammoniaque. Ce dernier précipité est un sel double, connu sous le nom de *mercure soluble d'Hahnemann*.

Le deutonitrate ne s'emploie dans son état de pureté que comme réactif, et le plus sûr moyen de l'obtenir pour cet usage, est de combiner directemment le deutoxide avec l'acide nitrique. Ce sel, beaucoup plus soluble que le protonitrate, cristallise en petites aiguilles; sa solution précipite en jaune par les alcalis caustiques:

l'ammoniaque n'est cependant pas de ce nombre, parce qu'elle forme un sel triple insoluble qui est blanc.

Le deutonitrate, délayé dans une grande quantité d'eau chaude, se décompose en sous-deutonitrate qui est jaune, *turbith nitreux* des anciens, et en nitrate acide, qui reste en dissolution. Cette liqueur ne précipite ni par l'acide hydrochlorique, ni par les hydrochlorates.

Dans presque tous les emplois du nitrate de mercure, on fait usage du mélange des deux sels qui résultent de l'action directe de l'acide nitrique ordinaire sur le mercure. C'est ce qui a lieu pour la préparatien de l'Oxide rouge de mercure, de la Pommade citrine, de la liqueur mercurielle employée par M. Poutet de Marseille, pour reconnaître la pureté de l'Huile d'olives; de celle usitée pour le sécrétage des poils employés dans la fabrication des Feutres.

Nitrate de plomb. On a fabriqué, depuis quelques années, beaucoup de nitrate de plomb, qui a été consommé dans les manufactures de toiles peintes, pour les jaunes de chrôme. On l'obtenait d'abord avec l'acétate de plomb; mais, malgré la différence de prix, on n'a pas tardé à donner la préférence au nitrate qui fournit des résultats bien plus satisfaisans, sous le rapport de la nuance.

Pour obtenir le nitrate de plomb, on commence par étendre de l'acide nitrique ordinaire de 2 ou 3 parties d'eau chaude à 60 à 70°; on place ensuite ce mélange sur un bain-marie, dans une terrine de grès, et l'on ajoute peu à peu de la litharge pulvérisée, jusqu'à ce qu'on ait atteint une complète saturation. Arrivé à ce point, on laisse déposer la liqueur pendant quelques instants, puis on la décante dans une jarre en grès préalablement échauffée. On réitère cette opération autant qu'il est nécessaire pour employer la quantité de litharge qu'on veut convertir en nitrate. Toutes les liqueurs étant réunies dans la même jarre, on abandonne jusqu'à complet refroidissement, ce qui exige un temps plus ou moins long, selon la masse du liquide et la température régnante. A cette époque, on décante le liquide à l'aide d'un siphon en plomb, on fait une première levée de cristaux ; on lave avec des eaux-mères claires, ceux qui sont salis par le dépôt qui se forme ordinairement dans la partie inférieure du vase. On met d'une part les cristaux à égoutter dans une trémie, et de l'autre on fait évaporer les eaux-mères dans des terrines en grès placées au bain-marie, ou mieux dans une chaudière de platine, quand on en a à sa disposition : mais il faut éviter l'emploi des vases en plomb, parce que, bien que les liqueurs soient neutres, elles réagissent néanmoins sur ce métal, et il se forme un hyponitrite de plomb qui est jaune, et qui communique cette couleur à tous les cristaux de nitrate de plomb ; inconvénient qui nuit à la vente, parce que le consommateur exige que ce sel soit d'un très beau blanc.

Après avoir ainsi obtenu plusieurs venues de cristaux, les eaux-mères deviennent vertes, attendu que nos litharges de France contiennent une assez grande quantité de cuivre. On parvient à en séparer une grande partie en les laissant en contact avec des lames de plomb pendant plusieurs jours, mais à froid. Malgré cette précaution, le nitrate qu'on obtient de ces eaux-mères n'est jamais beau, et l'on est contraint de le redissoudre pour le faire cristalliser de nouveau.

On a proposé de faire usage du nitrate de plomb pour préparer des mèches d'artifice, parce qu'il s'y conserve mieux que le nitrate de potasse.

Nitrate de potasse, nitre, sel de nitre, salpêtre, azotate de potasse. C'est le plus employé et le mieux connu de tous les nitrates. Il se forme spontanément dans différentes contrées, telles que l'Espagne, l'Égypte, et surtout l'Inde, où l'on en pourrait récolter en assez grande abondance pour suffire à l'approvisionnement de toute l'Europe. Dans d'autres pays, tels que le nôtre, le salpêtre s'y rencontre plus rarement dans son entier, mais son principe essentiel s'y produit également, et il ne reste que peu de choses à faire pour accomplir le travail. Enfin, il en est d'autres encore où le sol, moins favorable à la création de ce sel, n'en présente pour ainsi dire aucune trace ; et comme l'indépendance est un des principaux besoins de chaque peuple, là, les naturels, pour subvenir eux-mêmes à leur propre défense, ont été contraints de réunir artificiellement les matériaux jugés nécessaires à la production du salpêtre.

Dans l'Inde, dans l'Amérique méridionale et dans quelques contrées de l'Espagne, où les terres sont naturellement salpêtrées, on voit, en certaines saisons, ce sel surgir à la surface du sol sous forme de petites houppes soyeuses ou de cristaux prismatiques plus ou moins consistants. Ce phénomène se fait surtout remarquer lorsque des chaleurs assez vives et continues se manifestent après des pluies abondantes; et cela se conçoit aisément, car en supposant le sol imprégné de salpêtre, il est certain que l'eau pluviale, qui peut-être aussi contribue à sa formation, le dissoudra pour l'entraîner plus tard à la surface du sol, lorsqu'une chaleur soutenue forcera l'humidité à se réduire en vapeurs.

Ces efflorescences salines sont ordinairement récoltées à l'aide de simples balais ou houssoirs, et de là vient la dénomination de *salpêtre de houssage*, qui leur a été donnée. Ce nitre naturel est d'autant plus précieux, qu'il est presque pur; les bonnes qualités déchoient à peine de 3 à 4 pour 100 à la liqueur d'épreuve. Nous décrirons plus bas la méthode d'essai usitée à cet égard.

En France, ce n'est point le nitrate de potasse que nous trouvons ainsi tout formé, ou du moins on le rencontre si rarement et en si petite quantité, que cela ne peut entrer en ligne de compte; mais ce sont des nitrates à base de chaux et de magnésie, qui, beaucoup plus solubles, et par conséquent bien moins susceptibles de cristalliser, demeurent dans les terrains salpêtrés, toujours pourvus d'une assez grande quantité d'humidité pour les retenir en dissolution. Au reste, il est facile de substituer la potasse à ces bases naturellement combinées à l'acide nitrique, et d'obtenir par conséquent de véritable nitrate de potasse. Nous allons indiquer ce qu'il convient de faire pour atteindre ce but, et nous commencerons par observer que l'opération, qui paraît d'abord fort simple, est cependant assez compliquée, en raison des autres sels qui se rencontrent également dans nos matériaux salpêtrés, et dont l'élimination offre plus ou moins de difficultés, suivant leur abondance et leur proportion relative : ainsi, ce ne sont pas seulement des nitrates de potasse, de chaux et de magnésie que nous présentent ces matériaux, mais bien encore des hydrochlorates de ces mêmes bases; et de plus, du sel marin, du sulfate de chaux, des matières colorantes, etc. Il faut donc faire une sorte de départ de tous ces produits, et par conséquent entreprendre une série d'opérations que nous allons décrire, et dont l'ensemble constitue chez nous l'art du salpêtrier.

Le premier soin du salpêtrier est de reconnaître la richesse des matériaux qu'il se propose d'exploiter, afin de savoir s'ils en méritent la peine, et en cela il n'a d'autre guide que son habitude. Il n'a recours à aucune expérience précise ; il se contente de goûter les matériaux salpêtrés, et il juge de leur richesse à leur saveur salée, amère et piquante, plus ou moins prononcée. Il serait cependant aisé d'acquérir plus de certitude à cet égard, en en lessivant une petite portion, et s'assurant par le produit de l'évaporation de la quantité de substances salines contenues. Au reste, quelle que soit la méthode employée pour apprécier cette richesse, lorsqu'elle a été constatée, on procède au lessivage des matériaux ; mais on conçoit que ce lessivage se fera avec d'autant plus de facilité que les matériaux seront plus divisés. On commence donc par pulvériser les plus grossiers, soit à bras d'hommes, soit à l'aide de mécaniques, et l'on passe le tout à une claie assez serrée. Lorsque la provision est suffisante, on la distribue dans des tonneaux ordinairement disposés sur trois rangées. Ces tonneaux, dont le fond supérieur a été enlevé, et qui sont placés verticalement, doivent être garnis, à leur partie inférieure, de quelques douves transversales, sur lesquelles on pose un lit de paille; on ajuste ensuite une chante-pleure à la partie la plus basse; on en fait autant pour chaque tonneau, et l'on s'arrange de manière que toutes les chante-pleures puissent se déverser dans une même rigole qui communique à un réservoir commun. Quand tout est ainsi disposé, on remplit comble les tonneaux de matériaux salpêtrés, puis on verse de l'eau sur tous ceux qui composent la première rangée ou bande, et l'on en met autant qu'ils en peuvent contenir. Après douze heures environ de macération, on ouvre les chante-pleures, et le liquide s'écoule dans le réservoir. On ferme de nouveau, et l'on procède de la même manière à un deuxième lessivage ; mais on ne laisse séjourner l'eau que trois ou quatre heures : enfin, on fait encore deux autres lessivages, mais on les reçoit dans un deuxième réservoir, puis on remplace les matériaux lessivés par des matériaux neufs.

Quand on a épuisé ainsi la première bande, on passe à la deuxième ; mais au lieu d'employer de l'eau pure, on se sert des deux premières lessives, qui sont réunies dans le premier réservoir ; on les passe ainsi successivement sur des matériaux neufs, jusqu'à ce qu'elles marquent de 12 à 14 degrés à l'aréomètre, et c'est alors seulement qu'elles sont assez riches pour être évaporées ; on prend toujours, pour leur succéder, celles qui les suivent pour leur richesse. On distingue les lessives entre elles sous trois dénominations différentes : on nomme *eaux de cuite*, celles qui sont susceptibles d'être évaporées, et qui doivent marquer, comme nous l'avons dit, de 12 à 14 degrés ; viennent ensuite les *eaux fortes*, qui doivent porter au moins 4 degrés ; et enfin, les *petites eaux*, qui ne marquent que de 1 à 2 degrés ; en telle sorte qu'une fois l'exploitation en train, les premières lessives se font toujours avec des eaux fortes, les deuxièmes avec des petites eaux et ce n'est que pour les derniers lessivages qu'on emploi de l'eau pure. Cette méthode est également usitée dans tous les cas de ce genre.

Nous avons dit que la majeure partie des nitrates contenus dans nos matériaux salpêtrés étaient à base de chaux et de magnésie, et qu'on était obligé de leur substituer de la potasse ; mais il y a plusieurs manières d'y réussir. La plus simple et la plus directe, qui est souvent aussi la plus dispendieuse, consiste à ajouter dans les eaux de cuite du sous-carbonate de potasse, qu'on se procure soit en lessivant des cendres, soit en prenant de la potasse du commerce. La chaux et la magnésie se combinent à l'acide carbonique pour former des sous-carbonates qui, étant insolubles, se précipitent, et la potasse les remplace dans leur combinaison avec l'acide nitrique. Cette opération étant supposée bien faite, il ne reste plus qu'un seul nitrate, et qui est à base de potasse.

Le prix relatif du salpêtre et de la potasse ne permettant souvent pas d'avoir recours à ce moyen, l'on est obligé d'en chercher de plus économique. Celui qui paraît ensuite de plus facile exécution consiste dans l'emploi du sulfate de potasse, qu'on trouve maintenant à très bas prix, attendu qu'on l'obtient comme résidu dans les fabrications d'acide sulfurique et d'acide nitrique; mais il est à remarquer que ce sel ne remplit pas tout-à-fait la même indicatoin, parce qu'il ne décompose que le nitrate de chaux, et que son action sur le nitrate de magnésie est comme non avenue, puisque le sulfate de magnésie qui en résulte, est soluble; on est donc contraint, pour se servir de ce procédé, à convertir d'abord le nitrate de magnésie en nitrate de chaux, en ajoutant dans la lessive assez de chaux pour en séparer toute la magnésie, puis on ajoute la dissolution concentrée de sulfate de potasse, en ayant soin, relativement à la quantité d'alcali qu'il contient, d'en mettre 100 parties, alors qu'il n'en eût fallu que 79,3 de sous-carbonate de potasse, et il se produit du sulfate de chaux, moins insoluble, et par conséquent moins facile à séparer que le sous-carbonate de chaux.

Comme le sulfate de potasse qui provient des fabriques d'acide sulfurique et d'acide nitrique contient un léger excès d'acide, il est indispensable, pour cet objet, de le saturer préalablement avec un peu de chaux.

On met encore en usage un troisième moyen, et qui revient au même que le précédent, mais qui a l'avantage d'utiliser des sels dont on est souvent embarrassé dans les fabriques. On fait un mélange de 93 parties d'hydrochlorate de potasse et de 89 de sulfate de soude : il se produit alors du sulfate de potasse et du muriate de soude; et comme ces deux sels sont l'un et l'autre solubles, il n'y a rien d'apparent. Cependant, quand on ajoute ce mélange à l'eau de cuite, dans laquelle on a mis d'abord de l'eau de chaux, comme dans le cas précédent, les choses se passent comme si l'on y eût versé simplement du sulfate de potasse, avec cette seule différence, qu'il y a du muriate de soude de formé et qui reste dans la dissolution.

Lorsque les eaux de cuite sont ramenées à ne contenir d'autres nitrates que celui de potasse, alors on les soumet à l'évaporation dans une chaudière en cuivre, dont le fourneau est construit de manière à ce que l'excédent de la chaleur vienne chauffer un bassin dans lequel on met une autre portion des mêmes eaux de cuite, destinée à alimenter la chaudière ; opération qui se fait d'elle-même, au moyen d'un robinet adapté au bassin, et qu'on laisse couler proportionnellement à l'évaporation produite. D'un autre côté, on fait également arriver dans le bassin autant d'eau de cuite qu'il s'en écoule dans la chaudière.

On pousse l'action de la chaleur jusqu'à déterminer l'ébullition, et aussitôt qu'elle se manifeste, on voit se former des écumes, qu'on a soin d'enlever et de déposer dans un baquet placé au dessus de la chaudière, et muni à sa partie inférieure d'une chante-pleure, au moyen de laquelle les écumes s'égouttent. A mesure que l'évaporation fait des progrès, il se dépose des carbonates de chaux et de magnésie, si l'on s'est servi de sous-carbonate de potasse, ou bien du sulfate de chaux, si l'on a employé du sulfate de potasse. La majeure partie de ce dépôt est reçue dans un chaudron placé au fond de la chaudière, et qu'on peut retirer à volonté à l'aide d'une corde et d'une poulie, disposées à cet effet : on l'enlève donc toutes les fois qu'on le juge rempli ; mais on cesse de le remettre aussitôt que l'on s'aperçoit que le muriate de soude commence à se déposer. Comme ce sel a la propriété de ne pas être plus soluble à chaud qu'à froid, il continue à se cristalliser pendant toute la durée de la concentration ; on l'enlève au fur et à mesure, à l'aide d'écumoires, et on le dépose dans un panier qui est placé au dessus de la chaudière, afin qu'il puisse s'égoutter. Lorsque la liqueur a atteint 80 degrés de l'aréomètre, on retire le feu et on laisse déposer la liqueur pendant plusieurs heures, puis, au moyen d'un siphon en plomb, dont la plus petite branche ne plonge pas jusqu'au fond de la chaudière, on décante dans une cuve en bois; on transvase ensuite cette liqueur dans des bassins en cuivre ou en fer, qui sont tenus dans un lieu frais, afin de favoriser la cristallisation. Lorsqu'elle s'est effectuée, et que le refroidissement est complet, on décante les eaux-mères, on fait égoutter les cristaux, on les lave en les aspergeant avec un peu d'eau froide, et dans quelques ateliers on place le nitre brut dans des trémies en bois, où on lui fait subir un lavage successif avec de petites quantités d'eau froide. Il se dépouille ainsi de la majeure partie des sels étrangers qu'il contient, et qui tous sont plus solubles que lui à froid. L'effet inverse a lieu à une température plus élevée, et cette différence de solubilité à chaud permet de retirer la petite quantité de nitre que retient le muriate de soude qui a été séparé pendant la concentration. Cette quantité s'élève assez ordinairement à 2 pour 100; on la sépare en faisant dissoudre ce sel marin, qui est toujours mêlé d'un peu de muriate de potasse, dans environ un quart de son poids d'eau chauffée à 50°. Quand on a bien brassé ce mélange, on fait égoutter, et dans ce cas presque tout le nitre est retenu en dissolution; mais il entraîne près d'un cinquième de son poids de sel marin. Toutefois, ce lavage est encore réuni aux eaux de cuite.

On fait rentrer les premières eaux-mères et les eaux de lavage dans les eaux de cuite, et l'on ne cesse d'en agir ainsi que lorsqu'elles deviennent trop colorées et assez visqueuses pour s'opposer à la cristallisation du nitre.

Telle est, en somme, la marche qui a été proposée en 1820 par le Comité consultatif des poudres et salpêtres de France; mais, comme chacun est maître de suivre la méthode qui lui convient, et d'employer les procédés qui lui sont suggérés par son expérience, ses besoins ou son intérêt, et que, d'un autre côté, le gouvernement, qui s'est réservé le monopole de la purification de ce sel, veut se garantir des mauvaises fabrications, l'administration a été obligée de chercher les moyens de ne tenir compte aux salpêtriers que de la quantité réelle de nitrate de potasse contenu dans le salpêtre brut qu'ils livrent au Gouvernement, et pour cela on a proposé différens procédés. Le plus généralement connu est celui qui a été proposé par M. Riffaut, et qui est fondé sur la solubilité dans l'eau saturée de nitre pur, des sels qui accompagnent le salpêtre brut. Voici de quelle manière il faut opérer.

On prend du salpêtre pur et pulvérisé, on le broie avec une partie et demie d'eau à 30° ; on laisse refroidir complètement, et l'on obtient ainsi une liqueur saturée de nitre à la température ambiante ; mais il faut faire en sorte que cette température reste la même tant que dure l'épreuve. On verse ensuite dans un vase 400 grammes du salpêtre qu'on veut titrer, et l'on y ajoute un demi-litre d'eau saturée de nitre ; on agite pendant quinze à vingt minutes, puis on décante la liqueur dans un entonnoir muni d'un filtre de papier. On verse de nouveau sur le salpêtre 2 décilitres et demi d'eau saturée de nitre ; on agite de même pendant un quart d'heure, et l'on verse le tout sur un filtre. On laisse bien égoutter, puis on prend de la main droite l'entonnoir par la douille, et l'on en frappe doucement l'extérieur du pavillon, dans la main gauche, pour faire détacher le filtre de l'entonnoir, et le faire se reployer sur lui-même. Quand on a ainsi effectué cette légère secousse sur toute la circonférence du pavillon, on en pose doucement le bord supérieur sur une feuille de papier brouillard ployée en quatre, puis, par un mouvement horizontal et brusque en arrière, de la main qui tient toujours la douille, on en fait sortir le filtre, qui se trouve ainsi posé sur le papier ; on l'enroule aussitôt dans cette feuille et dans plusieurs autres doubles, afin de soustraire promptement l'humidité : on renouvelle ces doubles jusqu'à ce qu'ils cessent de s'humecter ; alors le nitre est assez raffermi pour qu'on puisse le développer sans risque de le briser ; on l'étale donc sur une nouvelle feuille de papier, et on le laisse sécher dans cet état, pendant vingt-quatre heures environ, après quoi on l'enlève soigneusemont de dessus le filtre, et on le dépose dans un bocal de verre taré, qu'on place ensuite sur un bain de sable. On chauffe légèrement, et lorsque le nitre est assez sec pour ne plus adhérer au verre, on prend le poids du bocal, et l'on en déduit la tare ; la différence donne le poids du nitre pur, et en retranchant cette différence du poids primitif du nitre brut employé, on a pour reste la perte subie dans la liqueur d'épreuve ; mais il faut ajouter à cette perte 2 pour 100 ou 8 grammes, pour compenser et la portion de nitre pur que l'eau saturée y laisse, et aussi quelques matières insolubles qui se rencontrent dans le salpêtre brut.

Cette méthode exige une certaine habitude de la part de ceux qui l'emploient, autrement ils s'exposent à commettre des erreurs souvent très préjudiciables aux parties intéressées. Ainsi, par exemple, il faut être parfaitement certain de l'exacte saturation de la liqueur d'épreuve, si l'on veut éviter qu'elle n'enlève aucune portion de nitre au sel soumis à l'essai; et c'est une faute que l'on commet assez souvent dans le commerce, parce que l'on regarde comme une solution parfaitement saturée, celle qui séjourne depuis un temps plus ou moins long sur un excès de nitre, sans faire attention que par un abaissement de température ou par la seule attraction maléculaire, cette liqueur a pu s'appauvrir au dessous de ce qu'exige la température actuelle. Il est donc indispensable de ne la faire qu'au moment de s'en servir, et de l'employer dans un lieu qui ne soit point sujet à varier de température, et c'est encore une chose à laquelle, en général, on ne porte point d'attention. Un autre point de difficulté, c'est celui qui consiste à enlever la solution dont le sel reste imprégné, sans permettre qu'elle puisse, par son évaporation, déposer une portion de celui qu'elle contient. Enfin, le degré de dessication auquel il convient de s'arrêter mérite une grande attention, car les salpêtres bruts de l'Inde, par exemple, doivent être reçus de l'acquéreur avec une certaine portion d'humidité, dont il ne serait pas juste de le *bonifier*. On doit donc commencer par déterminer l'humidité contenue dans l'échantillon qu'on veut essayer.

C'est pour obvier à tous ces inconvéniens, que M. Gay-Lussac a adopté une autre méthode d'essai, qui consiste à transformer le nitre en sous-carbonate de potasse, en le calcinant avec du charbon, et à déterminer ensuite, au moyen de l'Alcalimètre, la quantité de potasse contenue dans le résidu de la calcination. Comparant ensuite le titre donné par le produit de la calcination d'un nitre pur avec celui que fournit l'échantillon soumis à l'essai, on en conclut la proportion de salpêtre pur qu'il contient.

M. Gay-Lussac prescrit de mélanger 10 grammes de nitre pur avec 5 grammes de noir de fumée calciné ou de charbon très fin, puis d'ajouter à ce mélange 40 grammes de sel marin *pur* et sec, afin d'éviter une trop vive déflagration. Le mélange étant fini, on le fait fuser dans une cuillère de fer très propre, qu'on pose sur des charbons ardens. On recouvre le tout d'un cône en tôle, pour donner issue aux vapeurs, et n'en pas être incommodé. Quand la déflagration est achevée, on remue avec une baguette de fer, et lorsque le tout est en fusion tranquille, on retire du feu. Après refroidissement complet, on ajoute environ 150 grammes d'eau, on fait chauffer pour faciliter la solution, et il ne reste plus qu'à la saturer par la liqueur d'épreuve ordinaire. (*Voy.* ALCALIMÈTRE.)

Dans cette méthode d'essai, on ne procède pas immédiatement à la complète saturation, et l'on s'arrête aussitôt que l'effervescence devient moins tumultueuse. Alors on filtre la liqueur et on lave le résidu, puis on achève la saturation, ainsi qu'il a été indiqué à l'article cité. Cette marche a pour but de séparer les carbonates terreux, qui proviennent de la calcination des nitrates de chaux et de magnésie. On pourrait sans doute les éliminer d'abord en filtrant la liqueur avant d'y ajouter aucune portion d'acide; mais dans ce cas il faudrait pousser les lavages trop loin pour enlever tout l'alcali retenu dans le résidu charbonneux.

Il est cependant un inconvénient contre lequel il est bon d'être en garde, c'est celui qui provient de la présence des muriates terreux dans le nitre; car alors, comme ils sont décomposés par le carbonate de potasse, la quantité de celui-ci se trouve d'autant diminuée, et par suite celle du nitre, lorsqu'on sépare par le filtre les carbonates terreux qui en proviennent. A la vérité ces muriates terreux retiennent dans les dernières eaux-mères une certaine quantité de nitre qu'on ne peut obtenir, et il se produit ainsi une sorte de compensation, qui cependant se trouve mal à propos à la charge du vendeur. Au reste, comme les nitres bruts sont toujours soumis à un lavage préliminaire avant d'être mis dans le commerce, il est rare qu'ils retiennent une quantité notable de ces sels déliquescens.

Nous devons encore observer, d'après M. Gay-Lussac, que, pour avoir des résultals bien comparables, il est essentiel d'opérer toujours dans les mêmes circonstances, et d'agir sur une quantité de nitre brut qui contienne environ 10 grammes de nitre pur, ce qui est toujours facile, puisqu'on connaît d'avance, à très peu près, le titre de chaque salpêtre, et au lieu de 40 grammes de sel marin, on n'ajoutera que la quantité nécessaire pour compléter, en les réunissant à ce qui en existe déja dans l'échantillon.

Le nitrate de potasse, jouit, quand il est pur, des propriétés suivantes : il cristallise en longs prismes hexaèdres, terminés par des pyramides à six faces, mais qui sont rarement réguliers et transparents ; le plus ordinairement il s'en agglomère un grand nombre les uns aux autres et alors ils paraissent comme cannelés ou striés. Ces prismes acquièrent parfois une si grande dimension, qu'on les nomme *nitre en baguette ;* mais comme on préfère, pour les besoins habituels des Arts et pour la facilité des transports, l'avoir en masses plus serrées, alors on trouble la cristallisation, et l'obtient en gros pains qui prennent, comme le sucre, la forme des vases où la concrétion s'en opère. La saveur du nitre est fraîche, salée et piquante, et il excite fortement la sécrétion de la salive; il est trés soluble dans l'eau, mais beaucoup plus à chaud qu'à froid. M. Gay-Lussac a déterminé le degré de solubilité de ce sel de 5 degrés en 5 degrés du thermomètre centigrade, et a il dressé la table suivante.

TEMPÉRATURE.	QUANTITÉ de nitre dissous dans 100 parties d'eau.	TEMPÉRATURE.	QUANTITÉ de nitre dissous dans 100 parties d'eau.
0°,0	13,32	55,0	97,70
5,0	16,60	60,0	110,70
10,0	20,55	65,0	124,51
15,0	25,49	70,0	137,60
20,0	31,75	75,0	154,10
25,0	39,85	80,0	170,80
30,0	45,90	85,0	187,90
35,0	54,35	90,0	205,05
40,0	63,80	95,0	225,60
45,0	73,95	100,0	246,15
50,0	85,00		

Malgré cette grande affinité du nitre pour l'eau, il n'en contient cependant pas sensiblement lorsqu'il est bien sec.

L'alcool pur n'en dissout que des traces.

Soumis à l'action de la chaleur, le nitre entre en fusion tranquille, et après avoir perdu la petite quantité d'eau interposée qu'il pourrait retenir, il constitue, lorsqu'il est coulé en plaques, ce qu'on nommait autrefois *cristal minéral*. Quelques praticiens y ajoutaient un peu de soufre avant de le couler, et il se formait alors une petite portion de sulfate de potasse, qui restait intimement mélangé au nitre.

Une température rouge le transforme en nitrite de potasse; si la chaleur est blanche, tout l'acide est détruit et il ne reste plus que de la potasse qui attaque constamment le vase dans laquelle l'opération a été faite.

Le nitre est un des oxidants les plus énergiques que l'on connaisse. Chauffé avec le soufre, le charbon, le phosphore, le sélénium, le bore, l'arsenic, la plupart des métaux, il les transforme en oxides ou en acides. Son mélange avec le charbon et le soufre constitue la poudre de guerre et celle de chasse. Traité par l'acide sulfurique il donne l'acide nitrique dont la chimie et les arts se consomment des quantités considérables. Calciné avec le minerai de fer chrômé, il donne lieu à du chrômate de potasse qui sert à préparer toutes les autres combinaisons de chrôme. Le nitre enfin est employé en médecine comme un des meilleurs diurétiques connus.

Nitrate de soude, *nitre cubique*. Ce sel a été découvert, il y a peu d'années, au Pérou, sous de l'argile, en couches d'une épaisseur variable, mais d'une étendue de plus de cinquante lieues. On le substitue avec avantage au nitrate de potasse, dans plusieurs emplois, mais principalement dans la fabrication de l'acide sulfurique. Il se forme dans la nature, lorsqu'en présence de l'air, de l'eau, d'une matière animale et sous l'influence d'une certaine température, il se rencontre des sels de soude.

Il a une saveur fraîche, piquante et amère, une solubilité dans l'eau très considérable. Il affecte la forme de prismes rhomboïdaux qui attirent l'humidité beaucoup plus rapidement que le salpètre et qui sont par cela même moins propres à la fabrication de la poudre. Ses propriétés générales sont d'ailleurs les mêmes que celles de ce dernier sel.

Nitrate de Strontiane. Ce sel est anhydre quand il cristallise à chaud et il renferme 5 équivalents d'eau lorsqu'il s'est déposé d'une dissolution froide. Il est âpre, piquant, trés soluble dans l'eau, décomposé par la chaleur en oxigène, en acide hyponitrique et en un résidu de strontiane. Il colore en pourpre la flamme d'une bougie, ce qui le fait distinguer facilement du nitrate de barite qui n'en change pas sensiblement la couleur. On le prépare de la même manière que le nitrate de barite.

Les artificiers s'en servent pour produire des flammes rouges. R.

NIVEAU. (*Arts mécaniques.*) L'eau dormante qui est contenue dans un vase ou réservoir ouvert, a sa surface horizontale, parce qu'elle est également pressée en tous ses points par l'atmosphère. La même chose a lieu dans le vide où cette pression est nulle sur toute la surface. Les niveaux dont nous allons parler sont établis sur cette propriété. L'appareil suivant exige un examen spécial.

Tube de mariotte. C'est un vase AB (fig. 17, pl. 24), contenant de l'eau, et percé d'un petit orifice C par lequel elle s'écoule : ce vase est bouché hermétiquement; seulement un tube *mn* communique de dehors en dedans. Quand le bout inférieur *n* est au dessus de l'orifice C, voici ce qui arrive. L'atmosphère presse autant en *n* qu'en C, et la couche horizontale *pq*, éprouvant cette pression, cette force doit faire équilibre à la tension de l'air intérieur, plus au poids de la colonne d'eau *rn*. L'écoulement en C n'est donc dû qu'au poids de la colonne *q*C, et par conséquent *sa vitesse est constante.* A mesure que le vase se vide, la hauteur *rn*, et la tension de l'air intérieur diminuant, l'air extérieur pénètre par petites bulles le long de *mn* pour rétablir l'équilibre entre la pression atmosphérique, et le poids de la nouvelle colonne d'eau *rn* joint à la tension de l'air intérieur dilaté. Et lorsqu'enfin le niveau du réservoir est descendu en *pnq*, l'air communiquant librement par *mn*, la tension est la même dedans et dehors, l'écoulement continue en C comme dans un vase ouvert, c'est-à-dire que la vitesse n'est plus constante, mais bien graduellement décroissante comme la hauteur de la colonne d'eau. Le tube de mariotte est un moyen de se procurer les effets d'un niveau constant dans un vase qui se vide, du moins dans la limite de hauteur *rn*.

Niveau de maçon ou *à perpendicule.* AC, BC (fig. 10), sont deux règles ayant environ 3 centimètres (1 pouce) d'épaisseur et 1 pied de longueur, plus ou moins; elles sont assemblées, à leur extrémité C, à rainure et languette, solidement chevillées, et forment ensemble un angle arbitraire, qu'ordinairement on fait droit ou de 90 degrés, pour que le même instrument puisse en même temps servir d'ÉQUERRE. Pour maintenir les côtés de cet angle à distance constante, on les sépare par une troisième règle I ou traverse, qui va s'assembler vers les bouts des deux branches. La figure ACB est celle d'un triangle isocèle rectangle. Enfin, quelquefois on consolide le tout par une quatrième règle CI, qui joint le sommet C à la traverse.

Lorsque cet instrument est posé debout sur ses deux branches, comme il est représenté dans la fig. 10, le triangle ACB étant rectangle isoscèle et la règle I parallèle à la ligne AB, un fil-à-plomb CP suspendu au sommet C de l'angle droit, ou passé dans un petit trou vers ce sommet, va battre librement en un point I de la règle transversale, marqué au milieu de celle-ci, quand AB est horizontale. En retournant l'instrument bout pour bout, plaçant en A l'extrémité B, et en B l'extrémité A, dans cette nouvelle position, le fil-à-plomb doit battre au même point I, du moins si la droite AB est horizontale, ce qui donne à la fois le moyen de s'assurer si cette condition est remplie et si le niveau est juste.

Le niveau à perpendicule est celui dont se servent presque tous les artisans, maçons, charpentiers, etc.; il est suffisamment exact pour les travaux qu'ils entreprennent.

Niveau d'eau. Un tube de fer-blanc ou de laiton MM' (fig. 11), léger et très mince, d'environ 3 à 4 pieds, est recourbé aux deux bouts, où l'on ajuste deux fioles parallèles de verre FF', qui y sont lutées avec de la résine; l'eau qu'on a versée dans ce tuyau tenu à peu près horizontal, s'élève et apparaît dans les deux fioles; ces fioles étant ouvertes, la pression de l'air permet au liquide de s'y établir de niveau; seulement, elles sont un peu étranglées en haut, pour que l'eau s'en échappe moins facilement dans les mouvemens brusques qu'on peut faire, et pour qu'on puisse les boucher avec le doigt ou un bouchon quand on veut transporter l'instrument. Vers le milieu de la longueur du tube, on soude une Douille P propre à recevoir le pivot d'un pied à trois branches B, B', B''; à l'aide de ce pied, on peut fixer le niveau où l'on veut, et disposer le pivot presque vertical, même sur les terrains en pente rapide. La douille ne doit pas ballotter sur le pivot; quand elle est trop large, on entoure le pivot d'un matelas de linge ou de papier, pour qu'il soit juste de calibre.

Deux étuis ou tubes de fer-blanc ou de laiton s'ajustent en dessus des fioles et les recouvrent, pour les enfermer et en protéger la fragilité, lorsqu'on transporte l'instrument.

Voici comment on se sert de ce niveau. Le tube MM' étant, comme on l'a dit, à peu près horizontal, et l'eau s'élevant environ aux deux tiers des fioles, on fait pirouetter le tout sur le pivot pour amener ces fioles dans la direction à niveler. On a soin qu'aucune bulle d'air ne reste engagée dans la liqueur, et l'on est certain que le plan déterminé par les deux surfaces de l'eau est parfaitement horizontal. On place un œil en arrière de l'une des fioles, à une petite distance, et dirigeant le rayon visuel tangentiellement aux parois extérieures, selon les lignes qu'y tracent les surfaces liquides, ce rayon prolongé marque au loin des points de même niveau.

Quelquefois on colore l'eau pour la rendre plus visible ; mais on obtient le même effet par un moyen très simple. On a imaginé de fixer dans les fioles deux petites lames de cuivre verticales, qui sont peintes en vernis noir. Cette couleur se reflète dans l'eau, et la fait paraître comme de l'encre, ce qui facilite beaucoup la vision. Les fioles, le tube, le pied, peuvent même être démontés par pièces, de manière à rendre l'appareil portatif et de peu de volume, quand on n'en fait pas usage.

Observez que si le pivot du pied n'est pas exactement vertical, la ligne des surfaces liquides n'en est pas moins horizontale, et le nivellement peut encore se faire.

Niveau à bulle d'air. On prend un tube de verre de 8 à 16 centimètres (3 à 6 pouces) de long, sur 1 à 2 de large ; ces dimensions varient d'ailleurs beaucoup, selon l'usage qu'on veut faire du niveau. On emplit ce tube d'esprit de vin, à l'exception d'un petit espace simulant une bulle d'air oblongue, qui s'étend le long du tube quand il est horizontal. On introduit ce tube dans un autre en cuivre qui en protège la fragilité ; ce tube de cuivre est fermé par les bouts à l'aide de deux petits couvercles, et porté sur une sorte de base ou *patin*, qui est une règle à peu près parallèle à son axe. (*Voy*. fig. 12.) On ménage une fenêtre allongée à la surface, qui laisse apercevoir les mouvemens de la bulle, et l'on roule sous le tube de verre un papier rouge qui colore la liqueur et la rend facile à voir.

Il s'agit maintenant de régler le niveau de manière que quand le patin pose sur un plan horizontal, la bulle soit exactement au milieu de la fenêtre, entre des divisions d'égal numéro ; car le bord de cette fenêtre est divisé en millimètres, le zéro au milieu, et portant des chiffres de 5 en 5, tant du côté droit que du gauche. On se contente même d'y mettre deux barettes, qui indiquent les bouts de la bulle, dans le cas où le patin est horizontal. On pose le patin sur une règle qu'on suppose être horizontale à peu près; puis marquant sur la règle, avec un crayon, les lignes qui limitent le patin, et notant les chiffres entre lesquels la bulle est comprise, on retourne l'instrument bout pour bout. Si la règle est horizontale, la bulle devra se remettre entre les mêmes repères; autrement, il faudra hausser l'un des bouts de la règle pour faire cheminer la bulle d'une moitié de la différence. Quelques essais amèneront la règle à être exactement horizontale, ce qu'on reconnaît en voyant revenir la bulle entre les deux mêmes termes après le retournement. Cela fait, il ne reste plus qu'à pousser de petites cales de carte sous un bout du tube de verre, pour lui faire prendre, dans sa monture, la situation qui amène la bulle à répondre à des numéros égaux de part et d'autre du zéro marqué au milieu.

Les ouvriers prennent ordinairement toute espèce de tube de verre pour faire leurs niveaux; ils se contentent d'essayer sur quel sens le petit cylindre doit être posé pour faire un niveau ; car si le tube est exactement cylindrique au dedans, il est presque impossible de faire rester la bulle au milieu : l'instrument a *trop de sensibilité*, et ne peut être d'aucun usage. Mais comme il est rare que le tube ne soit pas plus ou moins irrégulier en dedans, on profite de ce défaut pour choisir la partie où il est facile de faire rester la bulle, sans qu'elle soit ni trop mobile, ni trop paresseuse.

Ces niveaux suffisent pour dresser des tables de billard et les autres ouvrages de menuiserie, serrurerie, maçonnerie, les plus délicats. Mais ces instrumens seraient trop grossiers pour les nivellemens et les observations d'astres : il faut alors que les tubes soient *rodés* à l'intérieur, c'est-à-dire travaillés en arc de cercle selon leur longueur, dans le sens d'une des génératrices du cylindre.

Niveau à lunette de Chézy. Cet instrument, d'une extrême précision, est celui dont on se sert dans tous les nivellemens soignés, soit pour diriger les eaux, les conduites, les aqueducs, soit pour faire les projets de canaux, ou indiquer les courbes d'égal niveau, ou de pente plus rapide, dans les cartes topographiques bien composées. Outre le pied à trois branches que nous n'avons pas marqué dans la fig. 13, il y a trois parties principales, savoir : la lunette KX, le niveau à bulle d'air N, et enfin la monture *e*ALB*f*, qui permet d'ajuster le tout convenablement.

Il faut d'abord que les axes du niveau et de la lunette soient rigoureusement parallèles, de manière qu'en visant à un objet éloigné, on soit sûr que l'axe optique est horizontal, quand la bulle est au milieu du tube entre ses repères. La Lunette est, comme celle qu'on appelle *astronomique*, formée d'un *objectif* K et d'un ou deux *oculaires* H, ayant à leur foyer commun un *réticule* formé de deux fils à angle droit; et lorsqu'on regarde dans la lunette par l'oculaire, que les verres sont bien ajustés, et à la distance convenable du réticule, on voit les fils en croix se peindre sur les objets éloignés.

Le canon ou tuyau de cette lunette doit être parfaitement cylindrique, et porté sur des collets circulaires *e*, *f*, de même calibre; et il faut qu'en faisant pirouetter le canon sur les collets, la croisée des fils se peigne au loin sur un même point, sans déplacement apparent. Un demi-anneau *fg* recouvre le canon et serre la lunette sur son collet, pour qu'elle y reste fixée : en *e*, il y a une semblable disposition.

La tige CT du pied s'assemble avec la règle AB qui porte les collets, et cette réunion se fait par un axe horizontal C, qui permet à la règle de basculer, lorsqu'en tournant la vis sans fin S, qui engrène avec l'arc denté LL', on fait mouvoir lentement la monture ALL'B. Ce mouvement de bascule a lieu dans un plan vertical. Le mouvement horizontal est produit en faisant tourner la tige mobile C*q* sur le plateau *qy*, ce qu'on peut produire, soit par une action vive, soit par un mouvement lent; car en tournant une vis de pression, qui serre la pièce contre l'axe et rend le tout immobile sur le plateau *mp*, on peut ensuite tourner la vis tangente *y*, qui engrène sur le contour d'un bourrelet *qy* creusé en gorge, et force tout l'assemblage supérieur à tourner sur le plateau *mp*.

Pour rendre l'instrument propre à niveler, il reste à rendre l'axe de la lunette parallèle à celui du niveau. On amènera d'abord la bulle au milieu de son tube, en faisant basculer la règle AB autour de l'axe horizontal C, à l'aide de la vis sans fin S; puis enlevant doucement la lunette de ses supports, sans rien déranger à l'instrument, on l'y rétablira en sens contraire et bout pour bout, c'est-à-dire en faisant porter en *e* la partie *f* du tuyau, et en *f* la partie *e*. Si la bulle revient alors au milieu du tube entre ses repères, l'axe optique est horizontal ainsi que le niveau; le parallélisme est obtenu : mais le plus souvent il n'en sera pas ainsi; alors on ramènera la bulle au milieu, en partie par le mouvement du niveau *cl* tournant autour d'un axe *l*, et en partie par la bascule de la vis S; et remettant la lunette dans sa position primitive, on verra si la bulle revient au milieu, puis on l'y ramènera par le même moyen.

Nivellement. Supposons qu'on veuille trouver la différence de niveau entre deux points peu écartés B et C (fig. 14): on plantera le niveau en A vers le milieu de l'intervalle, et si de ce point on peut apercevoir nettement les deux extrémités B et C, l'opération sera faite par une seule station. Un aide se place en B; il est muni d'une longue règle BE, qu'il tient verticalement, et le long de laquelle il fait glisser un *voyant*. On nomme ainsi une petite planchette carrée, ordinairement divisée en deux moitiés par un trait horizontal; l'un des espaces est peint en noir, l'autre l'est en blanc. L'aide élève ou abaisse le voyant, selon l'ordre qu'il en reçoit, par un geste convenu que fait l'observateur qui vise avec le niveau selon OE; et lorsque la ligne de foi est exactement dans la ligne des surfaces liquides des fioles, l'aide marque avec un crayon un trait sur la grande règle au point où le voyant a été monté. Il se transporte ensuite à l'autre extrémité C, et l'observateur se retourne vers l'autre branche du niveau ; une opération semblable, faite selon OD, donne un second trait D sur la règle : la différence DE entre ces traits est celle des niveaux des points B et C. Deux *coups de niveau* ont suffi pour terminer le nivellement. (*V.* Mire.)

Il n'est pas nécessaire que le niveau soit placé sur la ligne droite BC qui joint les deux stations, quoique cela soit commode ; mais quand on veut s'en dispenser, on peut faire la station A latéralement, et l'on tourne le niveau sur sa douille, pour viser en B, puis en C, comme il a été dit.

Si les deux points B et C étaient peu distans, on pourrait se contenter d'une seule observation, en plaçant le niveau à un bout et le voyant à l'autre. On mesure alors la hauteur de la surface liquide des fioles au dessus du sol, et l'on retranche cette hauteur de celle du voyant, ou réciproquement, pour avoir la différence de niveau.

Mais supposons que le nivellement doive être fait sur une grande étendue, il faut alors réitérer l'opération ci-dessus décrite. On partage l'espace en plusieurs parties à peu près égales, et qui n'excèdent pas la portée de la vue, et l'on y plante des piquets, que nous désignerons ici par les nos 1, 2, 3, 4. Le niveau est fixé au no 2, et l'on porte tour à tour le voyant aux nos 1 et 3 ; puis l'on transporte le niveau à 4, et l'on pointe de nouveau vers le voyant 3 ; on porte celui-ci au no 5, et l'on y vise ; ensuite on porte le niveau au no 6, et ainsi de suite. On voit qu'on transporte tour à tour le voyant et le niveau dans l'ordre des numéros croissans, le voyant occupant les numéros impairs ; et le niveau les numéros pairs ; on donne le *coup de niveau d'arrière*, on transporte le voyant, on donne le *coup de niveau d'avant*, on transporte le niveau, et l'on répète la même suite d'opérations autant de fois qu'il est nécessaire. On fait la somme des hauteurs de la mise au dessus du sol tant aux stations *arrière* qu'aux stations *avant*, la différence de niveau est celle de ces deux sommes. *V.* ma Géodésie.

Fr.

NOMBRE DE DENTS DES ROUES (*Arts mécaniques.*) Deux roues qui engrènent peuvent être considérées comme deux cylindres tangens, dont les dents ont leurs sommets saillans, et les bases excavées pour livrer passage au sommet de la dent en contact. Ainsi, les dents sont formées de deux parties, l'une saillante au dehors de la surface d'un cylindre, l'autre en excavation : le cercle du cylindre est ce qu'on appelle la *circonférence primitive ;* le point de pression commune est censé sur la circonférence primitive, en sorte qu'on puisse faire abstraction des dents, et supposer que les deux cylindres frottent l'un sur l'autre. Mais en réalité le point de contact de deux dents qui se pressent change à mesure que la rotation s'opère. Les effets de ces pressions exercées à distances variables des axes, et sous différentes inclinaisons, seraient donc aussi variables, si l'on ne façonnait les dents en leur donnant une figure courbe tellement conçue, que si le moteur conserve son intensité, le mouvement engendré soit uniforme. (*V.* Dents des roues)

Les dents de deux roues ne peuvent engréner ensemble qu'autant qu'elles sont égales et également espacées; mais comme les rayons sont différens, et que les circonférences sont dans le rapport de ces rayons, les nombres de dents sont aussi inégaux. Il est clair que le contour entier doit porter d'autant plus de dents qu'il est plus grand ; d'où l'on voit que *les nombres de dents de deux roues d'engrenage sont entre eux comme les rayons de ces roues*, ou de leurs circonférences primitives. Pour qu'une roue de 40 dents engrène avec un pignon de 8 ailes, il faut que le rayon de la roue soit cinq fois celui du pignon ; en sorte que de ces deux diamètres, il n'y en a qu'un d'arbitraire, quand les dentures ou les vitesses sont déterminées.

Les vitesses des parties d'un rouage dépendent de leurs dentures, et nous pouvons aisément les calculer. Si la roue A (fig. 15, pl. 25) a 60 dents, et *mène* la roue B qui en porte 10, à chaque tour de B, il n'y aura que 10 dents passées, et il faudra 6 tours de la roue B pour que les 60 dents de A aient été mises en jeu, c'est-à-dire pour que la roue A ait accompli un tour entier ; B fait donc 6 tours quand A n'en fait qu'un seul, vitesses précisément dans le rapport inverse des nombres de dents 60 et 10 ; A fera, par exemple, son tour en 60 minutes, et B le sien en 10.

Plus généralement, que A ait 20 dents et B 9; après 9 tours de A, cette roue aura engrené 9 fois 20 dents, aussi bien que B après 20 tours; d'où l'on voit que 9 tours de A sont exécutés pendant que B en fait 20 : si B fait un tour entier en 9 minutes, A fera le sien 20. Donc les *nombres des dents portées par les contours de deux roues qui engrènent, sont réciproquement comme les vitesses de circulation, ou comme les nombres de tours effectués en même temps.* Par le mot *vitesse*, nous entendons ici le nombre de tours que la roue accomplit.

On peut encore dire que *les nombres de dents des deux roues sont comme les temps qu'elles emploient à faire une révolution complète.*

Nous écrirons ainsi ces propositions :

Vitesse de circulation de A : *vitesse de* B
: : *le nombre* b *de dents de* B : *nombre* a *de dents de* A;

A *fait* b *tours pendant* B *en fait* a;

Temps α *de la révolution de* A : *temps* β *de révolution de* B
: : *le nombre* a *de dents* A : *nombre* b *de* B;

$$\alpha : \beta : : a : b, \ \beta a = \alpha b.$$

D'après ces principes, si je veux qu'une roue B fasse 17010 tours, tandis que A en fera 1440, je pourrai donner réciproquement 17010 dents à la roue A, et 1440 à B : mais comme ces nombres ne sont ici les élémens des vitesses que par leur rapport, on peut les remplacer par d'autres qui soient dégagés de leurs facteurs communs. En divisant par 90, il vient 189 et 16; ainsi la roue A portant 189 dents, et B 16 dents, rempliront la condition imposée pour leurs vitesses relatives. A fera 16 tours quand B en fera 189; en admettant que B emploie 16 minutes à tourner, A en mettra 189.

C'est une règle générale de la théorie qui nous occupe, qu'on peut ôter ou admettre un facteur commun aux nombres de dents de deux roues d'engrenage, sans changer leurs vitesses relatives. Si je veux que A fasse 2 tours quand B en fait 9, prenant 4 fois ces nombres, je pourrai donner 8 dents à la roue B et 36 à la roue A. L'expérience a montré qu'un engrenage n'a de précision qu'autant que les roues ont au moins 6 dents, lorsqu'elles sont menées; c'est la limite des nombres d'ailes de pignons, à moins qu'ils ne mènent le rouage.

Ce qu'on vient d'exposer s'applique principalement au cas où les vitesses, ou bien les durées des révolutions, sont données en nombres fractionnaires, parce qu'on les ramène à des entiers par la multiplication. Pour qu'une roue fasse $\frac{3}{4}$ de tour quand une autre en fait $5\frac{2}{3}$, multipliez ces deux quantités par 12, nombre qui pourrait leur servir de dénominateur commun, et vous aurez A qui fera 9 tours et B 68; ainsi, ces deux roues auront les vitesses demandées si A porte 68 dents et B 9; ou bien si A porte 136 dents et B 18, etc.

Il est évident que dans la proportion $\alpha : \beta :: a$ et b, on peut se donner les dentures a et b, et en conclure les temps α et β des révolutions; ou réciproquement, se donner ces temps α et β, et en conclure les nombres a et b de dents. La règle consiste toujours à faire en sorte que les rapports soient égaux.

$$\frac{\textit{Temps } \beta \textit{ de révolution de } \mathrm{B}}{\textit{Temps } \alpha \textit{ de révolution de } \mathrm{A}} = \frac{\textit{nombre } \mathrm{b} \textit{ de dents de } \mathrm{B}}{\textit{nombre } \mathrm{a} \textit{ de dents de } \mathrm{A}}$$

Prenons maintenant un rouage plus composé. Supposons trois roues A, B, C, dont les dispositions et les dentures soient réglées selon les indications de la fig. 15 *bis*. Il suit de ce qu'on vient de dire que

A fait 37 tours quand B en fait 73;
B fait 19 tours quand C en fait 48.

Je multiplie par 19 les deux nombres de la première ligne, ainsi que cela est permis, et par 73 ceux de la deuxième : alors la roue intermédiaire B se trouve, dans les deux cas, faire 19 × 73 ou 1387 tours : ainsi

A fait 37 × 19 tours, pendant que C en fait 73 × 48,

Donc *les deux nombres* 37 *et* 19 *de la première colonne produisent par leur multiplication le nombre relatif à la vitesse de la première roue* A *et le produit ceux de la seconde, savoir*, 73 *et* 48, *se rapportent à la vitesse de la troisième roue* C. *La roue* A *fait donc* 703 *tours pendant que* C *en accomplit* 3504.

Si C porte un pignon engrenant avec une quatrième roue D, en plaçant sous le résultat qui vient d'être obtenu, les nombres correspondans de tours de C et D, on trouvera de même des produits qui, d'après la règle qu'on vient de donner, représenteront les vitesses de A et D. Par exemple,

A fait 37 × 19 tours, et C 73 × 48;
C fait 26 tours, et D 39

Dont on en tire que

A fait 37 × 19 × 26 tours, pendant que D en fait 73 × 48 × 39.

De là résulte ce théorème :

Écrivez sur une première colonne tous les nombres de dents des circonférences qui mènent, faites le produit a *de ces nombres : sur une seconde colonne, notez tous les nombres des circonférences menées, formez-en un autre produit* b. *Les produits* a *et* b *représenteront les nombres de tours exécutés dans le même temps par les deux roues extrêmes ;* savoir *a*, produit des circonférences motrices, indiquera le nombre de tours de la dernière roue menée, et *b*, produit des circonférences menées, indiquera le nombre de tours de la première roue motrice; réciproquement; *le premier mobile* A *fait* b *tours, quand le dernier* B *en accomplit* a.

Observez qu'il y a toujours une roue de plus que notre théorème ne contient de facteurs, soit dans *a*, soit dans *b*; il n'y avait ci-dessus que trois facteurs de chaque coté et 4 roues. De plus, s'il y a quelque roue sans pignon, au lieu de faire entrer son nombre de dents des deux parts, comme étant à la fois menée et motrice, on supprime ce nombre. Cette roue est comme si elle n'existait pas, et tient lieu d'une poulie de renvoi pour changer le sens de la rotation des roues menées qui la suivent.

Concluons encore de tout ceci que le mouvement est transmis de la première roue motrice à la dernière par l'intermédiaire des autres, et que les vitesses de ces deux roues extrêmes sont les mêmes que si elles existaient seules, pourvu qu'*on suppose au premier mobile* A *la quantité de dents marquée au produit* a *de toutes les circonférences motrices, et au dernier mobile* B *la denture donnée au produit de toutes les circonférences menées*. Quelque compliqué qu'il soit, le rouage se trouve ainsi réduit, par la pensée, aux deux roues qui font le sujet du problème proposé, et dont on a ainsi les vitesses relatives. Donc

Le produit a *des nombres des circonférences motrices,*
est au produit b *des nombres des circonférences menées,*
comme le temps α *de la révolution de la roue motrice*
est au temps β *de la révolution de la roue menée.*

Tout cela est presque sans difficulté. On fait de nombreuses applications de cette théorie aux dentures employées en horlogerie; et l'on pourra beaucoup varier ces quantités, en observant qu'elles ne sont soumises qu'à la seule condition d'être telles, que la grande roue moyenne ne fasse qu'un seul tour en une heure: on y considère la verge du balancier comme une roue à deux dents, dont la vitesse doit être modérée par les vibrations d'un spirale dont l'énergie est convenablement choisie pour cet effet.

Le problème inverse de celui que nous venons de résoudre présente de bien plus grandes difficultées. Il ne consiste plus à assigner les rapports des vitesses de deux roues, lorsque les nombres de dents de tous les rouages intermédiaires sont connus, mais au contraire, à trouver ces nombres lorsque les vitesses relatives sont données. Supposons qu'on demande que la roue C (fig. 15 bis) fasse 3504 tours, dans le temps qu'une autre A n'en ferait que 703. A moins que les circonférences ne fussent très grandes, on ne pourrait construire 3504 dents sur la roue A, et 703 sur C, et faire engrener directement ces deux roues ensemble. Voyons comment, à l'aide d'une troisième roue B intermédiaire, on pourra produire le même effet.

On décomposera les nombres donnés chacun en deux facteurs, savoir $703 = 19 \times 37$, $3504 = 48 \times 73$; et il ne s'agira plus, ainsi qu'on l'a vu précédemment, que de donner 73 dents à la roue A, qui mènera B de 37 dents ; et faisant porter à B une autre roue de 48 dents qui mènera C de 19, les roues extrêmes A et C auront les vitesses relatives demandées.

On voit, d'après cela, qu'*après avoir décomposé les deux quantités données* a *et* b, *qui expriment les nombres de tours accomplis en même temps par les deux roues extrêmes, chacun en autant de facteurs qu'il y a de roues moins une, on prendra pour les circonférences qui mènent, les facteurs de* a, *et pour celles qui sont menées, les facteurs de* b ; ce seront les nombres de dents demandés, *a* étant la durée de la révolution de la roue motrice, et *b* celle de la roue menée ; ou bien *a* étant le nombre de tours que fait la roue menée pendant que la motrice en effectue *b*.

On disposera d'ailleurs ces facteurs dans tel ordre qu'on voudra ; on pourra les multiplier ou diviser par un nombre pris à volonté, pourvu que leur rapport conserve la même valeur ; introduire dans le système des *roues de renvoi* sans pignon et ayant telle denture qu'on voudra, pour changer le sens de la rotation.

Rien n'est plus facile que l'application de notre principe, toutes les fois que les deux nombres qui expriment les vitesses données sont décomposables en facteurs simples : mais que fera-t-on lorsque l'un de ces nombres sera *premier?* c'est-à-dire n'aura aucun autre diviseur que lui-même et l'unité. C'est ici qu'est la vraie difficulté du sujet. Il faut alors mettre les deux nombres sous la forme de fraction, et chercher une autre *fraction plus simple,* sinon égale à la première, ce qui est impossible, du moins qui en diffère si peu, qu'on puisse négliger la différence et la regarder comme nulle. Il faut observer, à ce sujet, qu'il n'y a pas de rouage dont le mouvement soit tellement précis, qu'il n'en résulte pas quelque erreur à la longue; et l'horlogerie, art si admirable et si perfectionné, ne nous permet pas encore de compter sur une précision telle, qu'après un an, il n'y ait pas quelques secondes d'erreur dans les pendules les plus exactes. Ainsi, la substitution d'un rapport à un autre qui ne lui est pas rigoureusement égal, donnera lieu à une petite faute qui se perdra dans d'autres erreurs plus grandes et inévitables.

Par exemple, je veux que la roue C (fig. 15 bis) fasse un tour en $2^j\,{}^1/_2$, tandis que A n'accomplira le sien qu'en $29^j\ 12^h\ 44'$, durée moyenne du retour des phases lunaires. Ces durées, réduites en minutes, donnent 3600 et 42524, ou, en prenant le quart, 900 et 10631. Il faut donc que C fasse 10631 tours pendant que A en fait 900. Or, le premier de ces nombres n'est pas décomposable en facteurs; je les remplace par 8304 et 703, attendu que les fractions $\frac{703}{8304}$ et $\frac{900}{10631}$ sont à fort peu près égales, et que la première a ses deux termes susceptibles d'être décomposés en facteurs $703 = 37 \times 19$, $8304 = 173 \times 48$; la roue A aura 173 dents et mènera le pignon de la roue B de 37 ailes; cette roue B aura 48 dents et mènera la roue C de 19. On compose donc le rouage qui remplit si bien l'objet qu'on se propose, que l'erreur n'est pas d'une demi-minute par an.

C'est par ce procédé qu'on réussit à faire indiquer à une horloge les phases de la lune et son âge. On peut même prendre la fraction $\frac{16}{189}$ au lieu de $\frac{703}{8304}$, et l'erreur n'ira pas à trois minutes par an. Ainsi, deux roues suffiront à l'objet proposé (fig. 15), la roue B aura 16 dents, et mènera A de 189; si la première fait son tour en $2^j\,{}^1/_2$, la deuxième s'accordera avec les phases de la lune.

Ainsi, toute la difficulté consiste à réduire une fraction donnée à une autre, qui lui soit presque égale, mais dont les termes soient décomposabes en facteurs simples. Cette question ne peut être résolue sans le secours de l'Algèbre, et je vais exposer la méthode que j'ai trouvée pour y parvenir.

Supposons qu'on veuille remplacer la fraction $\frac{900}{10631}$ par une autre $\frac{x}{y}$; en réduisant au même dénominateur, la différence $\frac{900y-10631x}{10631y}$, par supposition, doit être une très petite quantité, qu'on peut représenter par $\frac{\alpha}{10631y}$, α étant un nombre entier quelconque, positif ou négatif, mais assez petit comparativement au dénominateur $10631y$; on a donc

$$900y - 10631x = \alpha.$$

Cette équation est du nombre de celles qui admettent pour les entiers x et y un nombre infini de solutions, même quand α est donné; on appelle ces questions *indéterminées*, mais l'Algèbre n'en donne pas moins la solution (*Voy.* mon Cours de Mathématiques, n° 118 et 565) : on trouve, par le calcul, que

$$x = 229\alpha + 900t,$$
$$y = 2705\alpha + 10631t.$$

On prend pour t un nombre entier quelconque, positif ou négatif, aussi bien que pour α, si ce n'est que α doit être peu considérable par rapport au produit du coefficient de t, et de la valeur de x ou de y : on aura de la sorte une multitude infinie de valeurs correspondantes de x et de y, parmi lesquelles on choisira celles qui, étant décomposables en facteurs, rempliront l'objet qu'on se propose avec le moins d'erreur possible. Par exemple, si l'on prend $\alpha = 7$ et $t = -1$, on trouve $x = 703$ et $y = 8304$, nombres que nous avons employés précédemment. En faisant $\alpha = 4$ et $t = -1$, on trouve $x = 16$ et $y = 189$, autre solution du problème, mais moins exacte que la première. FR.

NOIR D'IVOIRE. C'est du charbon animal dont il existe plusieurs qualités différentes. Les matières premières du noir d'ivoire de première sorte sont les rognures d'ivoire mises au rebut par les tabletiers. Le noir que l'on en obtient est sans contredit le plus beau de tous, soit par son intensité, soit par les tons veloutés qu'il donne en peinture, soit enfin par l'extrême division à laquelle se prêtent ses particules tenues et homogènes; il est aussi le plus coûteux, en raison du prix élevé de la matière qui le fournit.

Le noir d'ivoire de deuxième sorte se fabrique avec des os de pieds de mouton, bien propres et dépouillés de toutes substances musculaires ou tendineuses.

Le noir d'ivoire de troisième qualité est obtenu d'os divers bien nettoyés, mais dont la contexture moins régulière ne permet pas d'obtenir par leur calcination un noir aussi homogène dans toutes ses parties.

Enfin, la quatrième qualité se prépare avec les mêmes matières que le précédent; il n'en diffère que par une ténuité moindre, résultant du broyage moins prolongé qu'on lui fait subir.

Noir de Fumée. C'est du carbone dans un état de division extrême et presque chimiquement pur. On le prépare dans les Landes en brûlant du brai sec et en général des matières résineuses, dans une chambre de bois de sapin, tapissée de grosses toiles. On place le brai sec dans des pots en terre ou dans des marmites en fonte; on y met le feu et l'on tient la chambre fermée tant que dure la combustion. Cette combustion qui est et doit être très imparfaite, produit une fumée épaisse, qui en passant à travers les mailles des toiles, dépose sur celles-ci le noir de fumée que l'on enlève de temps en temps.

NORIA. (*Arts mécaniques.*) On donne ce nom à une machine hydraulique (fig. 14, pl. 25) composée d'un treuil A, sur lequel est portée une corde ou chaîne sans fin : le long de cette chaîne sont attachés des seaux ou augets qui forment une continuité de petits réservoirs mobiles, depuis le fond où ils vont puiser l'eau, jusqu'à la partie supérieure où le liquide est élevé. En imprimant un mouvement de rotation au tambour, la chaine est entraînée, et les seaux d'un côté sont tous pleins et ascendans, tandis que ceux de l'autre côté sont vides, descendans, et ont leur ouverture renversée en bas.

Le mouvement de rotation est communiqué à l'arbre, soit en

y adaptant une roue B, dans laquelle engrène le pignon C d'une manivelle D tournée à bras d'hommes, soit par un manége, ou de toute autre manière.

Le tambour est hexagone et porte six bras égaux, sur lesquels la corde se plie. Il faut que la distance entre les orifices supérieurs des augets soit égale à celle des extrémités de ces bras, et par conséquent à leur rayon, compté de cette extrémité au centre de rotation. Si la corde est remplacée par une chaîne, les charnières de flexion doivent être distantes de ce même rayon. Dès que l'un des seaux arrive au bout du bras sur lequel la chaîne se plie, le seau s'incline, et l'eau s'extravase dans un réservoir destiné à la recevoir. D'ailleurs, lorsque les seaux descendans arrivent en bas à la source, ils sont inclinés et se remplissent aisément.

Les dimensions des norias varient avec la profondeur de l'eau, la force qui les meut, le nombre et la grandeur des augets ou pots, etc. Mais, dans tous les cas, le nombre des seaux de la machine est absolument arbitraire; il en faut seulement proportionner le volume à la force qu'on destine à la manœuvrer. Cette force porte le poids de l'eau qu'on élève, et surmonte en outre le frottement des diverses parties. Il est donc bien facile de calculer ce volume, d'après le poids que doit avoir chaque seau, et la hauteur à laquelle on veut l'élever. On regarde les norias comme très convenables à employer quand la source n'est qu'à 8 ou 10 mètres de profondeur. Les poids des seaux et des chaînes se font équilibre des deux parts : s'il y a trente seaux, savoir, quinze de chaque côté, contenant chacun 20 litres d'eau, le poids à élever est de 300 kilogrammes; et mettant 100 pour le frottement, la force motrice doit être capable de porter 400 kilogrammes; et si l'on veut que la puissance d'un homme suffise à cet effort, il faudra donner des dimensions convenables à la roue et à la manivelle. Par exemple, le rayon de la roue étant quatre fois celui des bras du tambour, et le rayon de la manivelle décuple de celui du pignon, l'effort ne sera que de 10 kilogrammes, qu'un homme peut exercer long-temps sans fatigue.

Lorsqu'on a une chute d'eau, on peut employer cette force à monter le liquide, en faisant porter deux chaînes de seaux à l'arbre du tambour ; les uns puisent le liquide et l'élèvent comme on vient de l'expliquer ; les autres reçoivent une partie de l'eau de la source, et est rendus plus pesans, par ce poids additif, descendent et forcent le treuil à tourner. Ce dernier poids est alors la force motrice, et il est inutile de dire que tous ces derniers seaux descendans étant pleins, ils doivent former un poids total plus considérable que celui de l'eau des seaux qu'on veut élever, puisqu'ils doivent équilibrer ce dernier poids et surmonter les frottemens. (*Voy*. la fig. 14 bis.) Fr.

NUMÉROTAGE. En multipliant par 1000 le numéro par lequel on distingue une espèce de fil de coton, on a le nombre de mètres de longueur dont le poids est un demi-kilog. (une livre). Le n° 60 indique donc que 60 mille mètres de fil pèsent une livre. L'échevette est formée de 100 fils d'un mètre ; l'écheveau a 10 échevettes, en tout mille mètres de long. Ainsi, dans l'exemple cité, 60 écheveaux pèsent une livre. (*Voy*. Dévidage.) On voit que le fil est d'autant plus fin que le numéro est plus élevé. Fr.

O

OBUS. (*Arts mécaniques.*) Projectile creux en fonte, qu'on lance avec une bouche à feu appellée *obusier*. C'est une petite bombe sans anses, qu'on tire à ricochet ; elle produit le même effet que le boulet du canon sur la troupe, et remplit en même temps l'office de la bombe.

Les obus se coulent comme les Bombes ; elles doivent être rondes et parfaitement unies à leurs surfaces ; la lumière est alésée et mise de calibre à froid. Il y a des obus de 6 et de 8 pouces. Dans les premières, on met 12 onces de poudre, et dans les secondes 16 onces, pour les faire éclater. L'œil ou la lumière est bouché par un tampon de bois blanc tourné, percé à son centre d'un petit trou dans le sens de l'axe, qu'on remplit de matière inflammable, dans laquelle on enfonce l'étoupille, qui y met le feu au moment du départ.

L'obus de 8 pouces passera librement dans une lunette de 8

pouces 2 lignes de diamètre, et non dans celle qui aurait 8 pouces 1 ligne. L'obus de 6 pouces passera librement dans une lunette de 6 pouces une demi-ligne, et non dans celle qui aurait 5 pouces 11 lignes et demie.

Les *obusiers* ont leurs tourillons placés à peu près comme le canon, c'est-à-dire un peu au delà du centre de gravité, pour que la culasse soit prépondérante. On les monte sur des affûts de campagne, comme les pièces de bataille, avec cette différence que la semelle de pointage est mobile, pour qu'en l'ôtant, on puisse pointer à 45°.

Il y a deux sortes d'obusiers, celui dont l'ame a 8 pouces 3 lignes, et celui de 6 pouces 1 ligne et demie. Les obus ont 2 lignes de moins pour le vent : on les pointe, pour avoir des ricochets, sous l'angle de 6, 10 et 15 degrés.

L'intérieur de l'obusier est, comme celui du mortier, composé de l'ame et de la chambre à poudre. La jonction de ces deux cylindres de diamètres différens, ayant le même axe, se fait par une portion hémisphérique du même diamètre que l'ame, dans laquelle se place l'obus immédiatement sur la poudre qui occupe la chambre. La lumière est percée comme dans le canon, et le feu s'y met de même. La charge de l'obusier de 8 pouces à chambre pleine est de 28 onces; celle de l'obusier de 6 pouces est moindre. Le premier, pointé à 45°, porte l'obus à 1600 toises, et le second à 1193 toises. Pointé à 6°, l'obusier de 6 pouces porte l'obus du premier bond à 400 toises, et va en ricochant jusqu'à 600.

En bataille, on charge l'obusier de 6 pouces avec des cartouches à balle, qui font un grand effet à 200 toises. La charge est de 61 balles de fer battu de 17 lignes de diamètre.

L'obusier de 8 pèse 1050 livres, celui de 6 pèse 500. Il faut cinq hommes pour la manœuvre, qui peuvent tirer 6 à 7 coups par minute. E. M.

OCRES ou OCHRES. Mélanges terreux formés de silice, d'alumine, d'oxide de fer qui les colore, et accidentellement d'un peu de chaux et de magnésie.

Selon que l'une ou l'autre de ces substances domine dans ces mélanges, on a divisé les ocres en argileuses, siliceuses et ferrugineuses. L'oxide de fer est si abondant dans quelques unes, qu'on pourrait les ranger parmi les minerais de fer.

Les mines d'ocre se rencontrent dans la nature sous la forme de couches de quelques pieds d'épaisseur ; elles sont presque constamment au dessus du calcaire oolitique, ou chaux carbonatée globuliforme, recouvertes par des grès, des sables quartzeux plus ou moins ferrugineux, et accompagnées par des argiles plastiques grises, jaunâtres ou rougeâtres, toutes substances qui paraissent contribuer, chacune pour sa part, à leur formation. Quelques naturalistes sont portés à croire que les ocres pourraient bien être des dépôts formés par les eaux thermales.

Les ocres varient par leur couleur, qui est jaune, jaune-orangée, rouge ou brune. Après avoir procédé à leur extraction, qui ne présente pas plus de difficultés que celle des argiles ordinaires, on les soumet à un traitement qui a pour but de les séparer des matières, soit étrangères, soit grossières qu'elles renferment, ou d'opérer le changement de leur couleur. Dans le premier cas, on emploie le lavage. On broie l'ocre ou on l'écrase, on la délaie dans l'eau, on agite et l'on décante le liquide après quelques instans de repos, en le faisant passer à travers un tamis de crin ou de soie : les parties les plus fines sont entraînées par l'eau, de laquelle elles ne se déposent qu'au bout d'un certain temps. Dans le second, on grille l'ocre dans des fours, où elle prend une couleur plus foncée et plus vive que celle qu'elle avait auparavant. Les Hollandais ont été long-temps seuls en possession de l'art fort simple de convertir en ocres rouges les ocres jaunes, au moyen de la calcination. Aujourd'hui on le pratique en France, et l'on construit à cet effet des fours sur le lieu même de l'exploitation de la mine. Après le lavage avec une quantité d'eau suffisante, et la décantation du liquide, on place l'ocre lavée sur des papiers-joseph, et lorsqu'elle a acquis la consistance pâteuse, on la divise en morceaux, que l'on fait dessécher à l'air.

Les ocres naturelles ou préparées comme on vient de le dire, se distinguent par un grand nombre de caractères : elles sont douces au toucher et comme savonneuses, sèches, ternes, opaques, friables, devenant luisantes par le frottement d'un corps poli; elles happent à la langue et exhalent, quand on les humecte légèrement, une odeur particulière qu'on a nommé *argileuse*; elles absorbent l'eau avec avidité et forment une pâte; elles se délaient dans une plus grande quantité de ce liquide.

Les ocres rouges sont peu abondantes dans la nature; la plupart du temps, elles sont le produit de l'art, et ne sont autre chose que des ocres jaunes qui ont été calcinées; en même temps qu'elles perdent leur eau, le fer oxidé qu'elles contiennent passe à l'état de peroxide, et elles acquièrent par là une couleur plus ou moins vive.

Les ocres rouges dont on fait le plus d'usage sont: 1° l'ocre rouge ou bol d'Arménie, anciennement employée en médecine, après avoir été soumise à l'opération du lavage. La portion la plus fine réduite en trochisques, était considérée comme astringente et très efficace dans le cas de diarrhées, dans les affections dyssentériques, pour arrêter les crachemens de sang; le bol d'Arménie entrait aussi dans quelques préparations officinales. 2° L'ocre rouge d'Afrique, tirée du pays des Cafres, et dont les naturels se servent pour peindre le corps. 3° L'ocre rouge de l'île d'Ormuz, dans le golfe Persique; cette ocre est celle que l'on emploie avec le plus de succès en peinture.

On exploite en France trois mines d'ocre jaune: l'une à Vierzon, département du Cher; l'autre à Pourrain, près Auxerre (Yonne); la troisième à Saint-Amand (Nièvre). L'ocre jaune de *Vierzon* est la plus estimée, à cause de sa belle couleur, qui est le véritable jaune d'ocre: on l'emploie telle qu'elle est en peinture, et elle n'est pas du nombre de celles que l'on calcine pour en faire de l'ocre rouge.

M, Berthier l'a analisée, et l'a trouvée composée de

Argile mêlée de la moitié de son poids de silice. .	69,5
Peroxide de fer.	23,5
Eau.	7

L'ocre jaune de Pourrain a aussi une belle couleur, mais seulement dans sa partie la plus friable, et qu'on en sépare d'abord par le tamis immédiatement après qu'on l'a broyée. Ce qui reste sur le tamis n'est pas, à beaucoup près, d'une aussi belle couleur, et l'on ne peut en faire usage qu'après l'avoir converti par le grillage en ocre rouge; c'est celle qu'on connaît dans le commerce sous le nom de *rouge de Prusse*. Cette ocre est formée, d'après l'analyse qu'en a faite M. Berthier, de

Argile contenant plus de moitié de silice. .	80
Peroxide de fer.	12
Eau.	7,6

L'ocre jaune de Saint-Amand est très inférieure aux deux premières, et comparativement de mauvaise qualité : aussi est-elle pour la plus grande partie calcinée sur le lieu même de l'exploitation, et convertie en ocre rouge,

On fait aussi un grand usage, dans les Arts, de l'ocre jaune ou *terre de Sienne*. Par le grillage qu'on lui fait subir en Italie, d'où elle est tirée, elle prend une nuance de rouge particulier, dont les artistes se servent spécialement pour imiter la couleur du bois d'acajou. Quand elle a été grillée, elle porte dans le commerce le nom de *terre de Sienne brûlée*.

Dans les peintures à fresque et dans la peinture sur porcelaine, on emploie fréquemment une ocre brune ou *terre d'ombre*, qu'il ne faut point confondre avec la *terre d'ombre de Cologne*, qui n'est qu'un lignite ou bois très altéré. Cette ocre est très fine et donne une couleur de bistre. Cette couleur ayant l'avantage de ne point s'altérer à une forte chaleur, on s'en sert pour donner à la porcelaine une couleur roussâtre ou d'écaille. Le nom qu'elle porte a fait croire qu'elle était tirée de la province d'Ombrie, dans les États romains; mais ce n'est qu'une conjecture, que rien jusqu'à présent ne réalise.

Klaproth a examiné la terre d'ombre, et la trouvée formée de

Oxide defer.	48
Oxide de manganèse.	20
Silice.	13
Eau.	14

Les ocres jouissant de la propriété de s'unir aux huiles, ainsi qu'aux matières gommeuses, sont propres à la Peinture en général, et sont principalement employées à cet usage; les plus communes servent dans la peinture que l'on nomme *à la détrempe*, pour mettre en couleur rouge ou jaune les carreaux des appartemens, ou pour peindre l'extérieur des bâtimens. Avant de s'en servir, on les mêle avec une plus ou moins grande quantité de blanc d'Espagne, ou de craie lavée et séchée, telle qu'on la prépare aujourd'hui à Meudon. On emploie aussi les ocres pour la fabrication des papiers de tenture. Quant aux ocres les plus fines, et dont la couleur est nette et vive, elles sont réservées pour les peintures les plus délicates.

Une partie de ces détails a été empruntée à l'article *Ocre*, rédigé par M. Brard, dans le Dictionnaire des Sciences naturelles.

L*****R.

OEUFS (*Conservation des*). Les divers modes proposés pour conserver les œufs, consistent tous à les préserver de l'accès de l'air extérieur. Toutes les fois en effet que l'oxigène ou l'air qui en renferme les 21 centièmes de son volume, est en contact dans les conditions ordinaires d'humidité et de température, avec une substance animale, celle-ci entre en putréfaction après un temps en général fort court et cesse alors de pouvoir être employée comme aliment.

Réaumur s'est beaucoup occupé de la conservation des œufs. Il résulte de ses expériences que le vernis le plus commun, une couche d'un corps gras, telles que l'huile, la graisse de mouton ou la cire liquéfiées, suffisent pour garantir les œufs de toute altération et remplir le double but qu'on se propose, celui d'empêcher l'air de pénétrer à travers la coquille et celui de s'opposer à l'évaporation des liquides qu'elle tient renfermés.

En plongeant un panier d'osier, tel qu'un panier à salade, dans un baquet rempli d'eau de chaux, le retirant et l'exposant ensuite à l'air pendant quelque temps, répétant plusieurs fois la même opération, les œufs se recouvrent d'une couche de carbonate calcaire qui en bouche parfaitement les pores et les préserve de la putréfaction. On arrive encore au même résultat en immergeant pendant environ une demi-minute les œufs dans l'eau bouillante qui coagule les parties albumineuses placées près de la coquille, de telle sorte que ces parties solidifiées préservent les autres de la corruption.

Dans tous les cas, quelque soit le moyen employé, il faut opérer sur des œufs du jour qui sont parfaitement pleins, tandis que lorsqu'ils sont plus anciens, ils ont laissé suinter de la matière aqueuse à travers les pores de leur coquille et contiennent assez d'air pour que la fermentation puisse se développer. On doit aussi faire choix d'œufs qui n'ont pas été fécondés.

OLÉIQUE (*Acide*). Il est liquide, incolore ou légèrement jaunâtre, presqu'insipide, insoluble dans l'eau, soluble au contraire en toutes proportions dans l'alcool, d'une densité de 0,898 à 16°. A quelques degrés au dessous de zéro, il prend la forme d'aiguilles blanches indéterminées. La chaleur en volatilise une partie et détruit l'autre. Il s'unit aux différentes bases, et forme avec des alcalis des sels ou *savons* moins consistans que ceux produits par les acides stéarique et margarique.

L'acide oléique est formé de $C^{35} H^{30} O^{2} \, {}^{1}/_{2}$ et d'un équivalent d'eau = HO.

Depuis quelque temps on l'emploi à la fabrication des savons mous, en le faisant bouillir avec une dissolution de carbonate de potasse. Il provient, dans ce dernier cas, de la saponification du suif par la chaux. Le savon calcaire, décomposé par l'acide sulfurique faible, donne une masse solide composée d'acides stéarique, margarique et oléique. On soumet ce mélange à l'action d'une presse qui en sépare une substance liquide qui n'est autre chose que ce dernier acide retenant une proportion assez considérable des deux premiers. En l'abandonnant à lui-même, pendant plusieurs semaines, dans un endroit frais, tel qu'une cave, il se dépouille de la plus grande partie des acides solides. C'est dans cet état qu'on l'emploie aujourd'hui à la fabrication des savons mous. P...ZE

OLÉO-SACCHARUM. Les médecins prescrivent fréquemment, soit comme médicament, soit comme aromate, des huiles essentielles dans des véhicules aqueux, et le peu d'affinité qui existe entre ces corps rend le mélange tellement imparfait, qu'il a fallu avoir recours à une sorte d'artifice pour obtenir une union plus intime. Ce moyen consiste à verser l'huile essentielle sur un morceau de sucre, et à le broyer ensuite pendant un certain temps, et c'est là ce qui constitue l'*oléo-saccharum*. Le sucre sert ici, non-seulement à diviser les molécules de l'essence, mais encore à former une sorte de combinaison qui se délaie facilement dans l'eau et l'y maintient uniformément en suspension, du moins pour tout le temps que doit durer le médicament. On se sert aussi de cette méthode pour aromatiser des liqueurs, des crêmes, du punch, etc. Ainsi l'on frotte un morceau de sucre sur une écorce de citron, d'orange, ou on le broie directement avec quelques gouttes d'huile essentielle, ou bien avec de la vanille, etc., puis on délaie cet *oléo-saccharum* avec le liquide qu'on veut aromatiser. R.

OLIVIER. Cet arbre craint beaucoup les gelées; il aime les sols secs et caillouteux. On le multiplie par boutures, marcottes, rejets, éclats de racines.

Le tronc peut s'élever à 20 pieds de hauteur; mais on ne lui laisse pas cette facilité, parce que les vents auraient trop de prise et que la récolte serait plus embarassante à faire et moins productive : on taille donc toujours les vieilles branches. La distance entre les arbres doit être de 6 à 8 toises. On cultive, dans les espaces intermédiaires, des céréales ou d'autres produits. Les labours et les engrais qu'exigent ces travaux s'étendent jusqu'au pied des oliviers, ce qui suffit pour faire prospérer ces arbres.

Lorsque le fruit est arrivé à maturité, et même un peu avant (vers le mois de novembre, en France), il devient noirâtre. Le plus souvent, on abat les olives avec des gaules. On treille cette récolte en séparant les olives belles et saines de celles qui sont gâtées ou tombées naturellement : celles-ci ne donnent qu'une huile médiocre, propre à l'éclairage ou à faire du savon. Les olives sont amassées dans un grenier ou sous des hangars, où elles achèvent leur maturation; mais on doit arrêter promptement cet effet, qui n'est propre qu'à augmenter la quantité d'huile, en lui donnant un goût rance et échauffé. Souvent on laisse les fruits en tas durant un mois entier, et l'on sacrifie ainsi la qualité à l'abondance du produit. On peut regarder comme très convenable de conserver les olives en tas durant trois à quatre jours, en les aérant avec soin ; mais lorsqu'on destine l'huile à faire du savon ou à l'éclairage, il est avantageux de pousser à la quantité, en tardant le plus possible à envoyer les olives au MOULIN. Nous renvoyons à cet article et au mot HUILE pour les renseignemens relatifs à cette fabrication.

L'olive est détestable au goût ; elle ne paraît sur nos tables qu'après avoir subi une préparation qui lui enlève la saveur acerbe et repoussante qui lui est naturelle. On la cueille alors encore verte, et on la conserve quelque temps dans l'eau. On baigne ensuite les olives dans une faible solution alcaline, puis on remplace cette liqueur par de la saumure. FR.

OPIATES. Dans les officines, on distinguait primitivement sous cette dénomination des espèces de conserves ou électuaires dans lesquels il entrait de l'opium ; depuis on l'a étendue à d'autres médicamens de consistance de pâte molle, qui sont généralement composés, de poudres de pulpes, d'extraits, de miel ou de sucre, et dont l'opium ne fait pas partie. *L'opiate dentifrice* est de ce nombre. R.

OPIUM. On nomme ainsi dans le commerce l'extrait brut qu'on obtient du pavot blanc (*Papaver somniferum*, de L.), plante que l'on cultive, principalement pour cet objet, dans tout l'Orient, en arabie et en Perse, mais qui, dans ces diverses contrées, fournit, soit relativement à l'influence du climat, soit par rapport au mode d'exploitation, des produits de qualités différentes, et qui ne sont pas estimés à la même valeur dans le commerce de la droguerie.

D'après des voyageurs dignes de foi, l'opium dont on fait le plus de cas chez les Orientaux, est celui qu'on obtient par incision des capsules mêmes du pavot. On les exploite alors qu'elles sont encore très succulentes, et avant qu'elles ne jaunissent ; c'est à cette époque de leur maturation qu'on y pratique des incisions peu profondes, d'où l'on voit découler un suc laiteux et épais, d'une odeur vireuse et d'une saveur amère, qui se colore et acquiert de plus en plus de consistance par son contact avec l'air et qui, après dix à douze heures d'exposition, se trouve entièrement solidifié. On enlève cette première récolte, et l'on procède à de nouvelles incisions, qu'on réitère ainsi jusqu'à ce qu'on ait épuisé toute la périphérie des capsules.

L'opium qui se produit ainsi spontanément est très recherché des naturels, et nous n'en recevons point dans le commerce de de cette première qualité, à laquelle les Turs donnent le nom d'*affion* ou de *mère-goutte*, parce qu'on le divise assez ordinairement par petites portions, sur des papiers légèrement huilés, où il prend, en s'étalant en peu, la forme de gouttes ou de pastilles.

Il ne paraît cependant pas que tout cet opium de premier choix soit consommé dans le pays; du moins on affirme généralement qu'une partie est réservée pour ajouter dans celui de qualité inférieure, afin de lui donner cette odeur vireuse qui forme un des caractères essentiels du bon opium. Ainsi, aussitôt que l'exploitation des capsules est terminée, on récolte les tiges, on les pile avec les capsules, et l'on en extrait le suc, qu'on met à part, puis on délaie le marc dans une certaine quantité d'eau, on en fait une décoction qu'on passe au travers d'un tissu serré, et qu'on soumet ensuite à une évaporation ménagée. Lorsque la décoction est réduite des deux tiers environ, on y ajoute le suc obtenu par expression, et l'on fait évaporer de nouveau jusqu'à ce qu'on ait atteint la consistance d'extrait et c'est alors seulement qu'on y incorpore l'extrait naturel qui prévient des incisions. On forme avec l'extrait ainsi préparé de petites masses arrondies, qu'on saupoudre avec des feuilles de pavot grossièrement pilées, ou avec des débris de quelques autres végétaux, et principalement des semences d'un rumex, dont on on incorpore même quelquefois une assez grande quantité dans la masse; enfin, on achève la dessiccation de cet extrait au soleil. Voilà à quoi se réduit ce qu'on a dit jusqu'à présent de plus raisonnable et de plus probable sur la fabrication de l'opium oriental.

On doit choisir l'opium en petites masses bien sèches et d'une cassure nette et homogène, d'une couleur brune-rougeâtre et d'une odeur vireuse sans mélange d'empyreume. Lorsqu'il est de bonne qualité, il se ramollit facilement en le pressant entre les doigts ; il est susceptible de s'enflammer par l'approche d'une lumière, mais le meilleur moyen qu'on puisse ajouter à tous ces caractères pour s'assurer de sa qualité, c'est de déterminer, par expérience, la proportion de matière soluble qu'il contient.

Chacun sait que l'opium est un des médicaments les plus précieux que nous possédions; c'est le calmant par excellence; il forme la base fondamentale de tous les remedes anti-spasmodiques, et l'on est obligé d'y avoir recours dans presque toutes les affections nerveuses.

Les orientaux en font usage journalier, mais sous un autre rapport; ils le prennent à plus haute dose, afin d'en obtenir cette sorte d'ivresse ou de délire qui les excite à la gaieté et les fait méconnaître les dangers; mais une fois ce premier effet produit, ils tombent dans un accablement qui est toujours suivi de faiblesse et d'ennui, dont ils ne se délivrent qu'en prenant une nouvelle dose d'opium, ou en buvant du café.

Les Chinois le fument en le mélangeant avec du tabac; mais on assure qu'avant de l'employer, ils le dépouillent de son principe vireux en le soumettant à une légère torréfaction, après lui avoir fait subir une nouvelle solution et évaporation lente. Ils reprennent par l'eau l'opium torréfié, et ils l'évaporent encore une fois mais à grand feu d'abord, puis en modérant la chaleur ils en font un extrait mou. On prétend que l'opium purifié par cette méthode est moins nuisible, et l'on donne pour preuve le témoignage de Marsden, observateur très judicieux, qui affirme avoir vu des Malais qui ne pouvaient rester un jour sans fumer de l'opium, et qui néanmoins jouissaient d'une très bonne santé; tandis que, d'après le rapport de quelques autres voyageurs dignes de foi, ceux qui font abus de l'opium dans la Turquie et la Perse conservent, hors l'instant du délire, un état de stupeur de corps et d'esprit qui les rend comme des brutes.

L'opium a été l'objet des travaux d'un très grand nombre d'habiles chimistes qui y ont trouvé une foule de substances que nous ne ferons que nommer ici, nous réservant de parler, dans des articles spéciaux, de celles d'entre ces matières, qui présentent de l'intérêt.

Ces substances sont la morphine, la codéine, la narcotine, la méconine, la narcéine, la para-morphine ou Thébaïne, la speudo-morphine, le caoutchoux, un acide noir mal déterminé, l'acide méconique et les sels à base alcaline et terreuse qu'on trouve dans la plupart des matières organiques.

Il résulte des expériences de M. Pelletier, que l'opium recueilli en France dans le département des Landes, est plus riche en morphine que l'opium d'Asie, qu'il contient aussi de la codéine, mais qu'il est privé de narcotine.

OR. (*Arts chimiques.*) L'or, signe représentatif de toutes les valeurs commerciales, et par conséquent de la richesse des peuples, jouit d'un grand nombre de propriétés particulières qui le rendent extrêmement précieux : sa belle couleur, sa ductilité, sa malléabilité, sa tenacité, son inaltérabilité à l'air humide ou aidé de la chaleur, sa résistance à l'action immédiate du soufre, des alcalis et de presque tous les acides, l'ont fait considérer de tout temps comme le premier, le plus parfait des métaux; aussi les alchimistes, dont l'usage était de tout personnifier, l'avaient-ils surnommé le *roi des métaux.*

Un métal aussi peu disposé à la combinaison doit exister à l'état natif, aussi n'est-ce qu'à cet état qu'on le rencontre dans la nature, ou seulement allié à un petit nombre de métaux, tels que l'argent, le cuivre, le fer, l'antimoine, l'arsenic, l'étain et le tellure : il se présente rarement en morceaux isolés, de forme ovoïde pesant depuis une once jusqu'à un marc, et nommés *pépites;* quelquefois sous forme de rameaux, ou régulièrement cristallisé en cubes ou en octaèdres, le plus souvent en fils déliés et contournés, en grains plus ou moins gros, occupant des filons qui traversent des roches primitives, ou en lamelles disséminées dans une gangue quartzeuse de la variété qu'on nomme *quartz gras*, ou adhérant, soit à de la baryte sulfatée, soit à la chaux carbonatée. L'or se trouve surtout abondamment disséminé sous forme de paillettes dans les terrains de transport ou d'alluvion, dans le lit des fleuves ou des rivières, tels que le Rhin, le Rhône, l'Arriége, le Gard, etc. Enfin, l'or est encore disséminé en particules imperceptibles dans des substances que l'on nomme *aurifères*, telles que le sulfure d'argent, le fer sulfuré, le cuivre pyriteux.

L'or en paillettes des terrains d'alluvion, ou mêlé au sable des rivières, en est séparé mécaniquement et au moyen du lavage. C'est en France l'unique occupation d'hommes que l'on nomme *orpailleurs*, et des nègres ou négresses, en Afrique, en Amérique, au Brésil. Ils se servent à cet effet de tables à cannelures inclinées et recouvertes d'étoffe de laine, ainsi que de sebiles à à main, qu'ils font mouvoir avec beaucoup d'adresse. On assure que l'or en paillettes est plus pur que l'or en roche.

Les minerais d'or en roche sont bocardés et lavés pour en séparer la gangue plus légère; le métal obtenu par ce moyen est fondu avec partie égale de plomb, et l'alliage est soumis à la coupellation; c'est le procédé par *imbibition*.

Lorsque l'or est disséminé dans la gangue en particules si ténues, qu'on ne peut les isoler par le lavage des substances qui l'accompagnent, on s'y prend d'une autre manière. On profite de l'affinité si remarquable que l'or a pour le mercure; on pétrit avec ce métal le minerai d'or réduit en poudre fine; le mercure s'empare des parcelles d'or les plus petites, et l'on obtient ainsi un amalgame d'or. On lave cet amalgame dans une eau courante, pour en séparer les matières de la gangue; on l'exprime ensuite dans des chausses de laine, pour en ôter l'excès de mercure, puis on le distille dans des cornues de fonte; le mercure passe dans le récipient, où il se condense au moyen de l'eau, et l'on a pour résidu l'or, que l'on calcine pour le priver des dernières portions de mercure qu'il pourrait retenir. C'est le procédé le plus usité, le plus sûr, le plus expéditif, et qui donne l'or le plus exempt des métaux étrangers, attendu que le mercure ne s'amalgame qu'avec l'or et l'argent; on le nomme *procédé par amalgamation*.

Quant aux pyrites aurifères, qui ne renferment l'or qu'en petite quantité et mêlé à un grand nombre d'autres substances, on les soumet à des grillages et à des fusions réitérés, tant pour en séparer le soufre et l'arsenic, que pour concentrer l'or sous un moindre volume; lorsque les mattes sont devenues suffisamment riches, on les fond avec du plomb, et l'on traite ce plomb d'œuvre aurifère, par la coupellation.

Les matières d'or ne sont jamais employées pour la fabrication des monnaies, ni livrées au commerce, sans qu'au préalable le titre n'en ait été déterminé, puisque de ce titre dépend leur valeur réelle. Il existe trois sortes d'essayeurs légalement autorisés, et connus sous les dénominations d'*essayeurs des monnaies, du commerce et de garantie*, qui sont chargés de faire l'essai de ces matières, et tenus de les marquer de leurs poinçons. L'essai est l'ensemble des opérations nécessaires pour s'assurer de leur valeur. On se sert de petits vases ou coupelles fabriquées avec la poudre des os calcinés, dans lesquelles on fait fondre la portion d'or soumise à l'essai, après y avoir ajouté les quantités d'argent et de plomb nécessaires. C'est la raison pour laquelle on a donné à cette opération le nom de *coupellation*. Comme on trouvera aux articles Essai, Essayeur Coupelle, Coupellation, tous les détails que l'on peut désirer sur les moyens de reconnaître le titre des matières d'or et d'argent, nous nous dispenserons d'en parler ici, pour ne point faire un double emploi.

Dans les essais d'or au moyen de la coupellation, on agit toujours sur 1 gramme ou ½ gramme, ou 2 décigrames au moins de la matière; mais quand il faut déterminer le titre de bijoux très délicats, à jour ou en creux, et dont le poids est à peine de quelques grains, on a recours à autre mode d'essai, qu'on nomme *essai par le touchau*. Le touchau est un petit barreau ou prisme d'or à quatre pans, un peu aplati; chaque touchau représente un des titres établis par la loi. On avait imaginé de leur substituer de petits cylindres de fer ou d'acier terminés par des boutons d'or au même titre que les touchaux, et réunis en forme d'étoile comme celles dont se servent les horlogers pour monter leurs montres, et dont chaque branche porte un carré de calibre différent: mais on a reconnu que ces touchaux ont l'inconvénient de n'être point solides. La pression les use promptement, les boutons d'or s'en détachent souvent, et les essayeurs continuent à préférer les barreaux pour l'usage journalier.

On a autant de touchaux que la loi reconnaît de titres : ces titres, au nombre de trois, sont exprimés par les dénominations de 750, 840 et 920 *millièmes de fin*, et répondent exactement aux valeurs désignées autrefois sous les noms d'*or à* 18, 20 *et* 22 *carats*.

Pour faire l'essai d'une pièce, on l'appuie et on la frotte sur la pierre de touche, assez fortement pour y laisser une trace pleine, on agit de la même manière avec le touchau portant le titre que la pièce doit avoir, puis à l'aide d'un tube de verre dont on plonge le bout dans une liqueur acide, on étend également sur les deux traces métalliques la petite portion d'acide qui est restée au tube. L'essayeur juge de suite par la nuance que prend le métal soumis à l'essai, si son titre est inférieur à celui du touchau, et lorsqu'il a l'habileté que donne une longue expérience, il est rare qu'il n'apprécie pas la différence qui existe entre les traces comparées des deux métaux, quand même cette différence ne serait que de 15 millièmes ou d'un tiers de carat. La liqueur acide dont l'essayeur fait usage se compose de 3 parties d'acide nitrique et d'une partie d'acide muriatique ou hydrochlorique.

Les bijoux qui n'ont point été *mis en couleur* ont toujours une couleur rouge ; pour changer ce rouge en jaune pur, couleur naturelle de l'or, les orfèvres les plongent, et même les font bouillir pendant quelques instans dans un mélange à parties égales de nitre, de sel marin et d'alun dissous dans l'eau. Il paraît qu'à l'aide de l'eau régale très faible qui se forme par la réaction mutuelle de ces sels, le cuivre est enlevé de la surface, où l'or resté seul et pur, reprend sa couleur. C'est ce que les orfèvres appellent *mettre les bijoux en couleur*.

On conçoit que les bijoux non mis en couleur doivent être à un titre un peu supérieur à celui qu'on exige, pour n'être pas jugés défavorablement, et qu'au contraire les bijoux mis en couleur seraient appréciés trop favorablement si l'on en jugeait seulement par la surface, où l'or est plus pur qu'à l'intérieur : dans ce dernier cas, on fait fondre une portion de la pièce en un petit bouton qu'on essaie au touchau. L'essayeur prend la même précaution lorsqu'il s'agit d'ouvrages en creux ou à jour, offrant de la difficulté pour reconnaître les surcharges en soudures ou en matières étrangères qu'on a pu introduire dans l'intérieur des bijoux; il coupe une pièce et la fait fondre en grain, qu'il essaie au touchau, et il s'assure par ce moyen si la matière réunie en masse a le titre prescrit.

L'or ne jouit complètement des propriétés qui le caractérisent, notamment de sa ductilité et de sa malléabilité, que lorsqu'il est parfaitement pur. L'argent seul, doué d'une malléabilité presque égale à la sienne, ne s'opposerait pas à ce qu'on pût le réduire en feuilles aussi minces que celles qui sortent des mains du batteur d'or : mais la différence si considérable qui existe entre la valeur de l'or et celle de l'argent exige qu'on les sépare avec la plus grande exactitude, et c'est le but qu'on se propose dans l'opération nommée Affinage.

L'or pur est d'un beau jaune; il n'a ni odeur, ni saveur; sa ductilité est telle, qu'on peut le réduire en feuilles de 0,00009 d'épaisseur : 0^{gr},065 d'or suffisent pour couvrir une surface de 3^{m},068 carrés, et 31 grammes pour dorer un fil d'argent de 200 myriamètres de longueur. (*Voy.* aux mots Batteur d'or, les procédés en usage pour réduire ce métal en lames et en fils.) Un fil d'or du diamètre de 2 millimètres peut supporter sans se rompre un poids de 68^{k},216, tant est grande sa ténacité; sa densité est de 19,3 à 5; il est bon conducteur du calorique et du fluide électrique. Une feuille d'or très mince, placée entre l'œil et la lumière, paraît d'un bleu verdâtre. L'or est fusible à 32° du pyromètre; on facilite sa fusion au moyen d'une petite quantité de nitre ou de borax.

Soumis, sous la forme de lame mince ou de fil, à l'action d'une forte décharge électrique, il se réduit en une poussière purpurine, que Van Marum considérait comme un oxide, et qui, suivant plusieurs chimistes, n'est que l'or divisé. Si lorsqu'il est fondu et refroidi à sa surface, on décante la portion restée liquide au centre, comme l'a fait M. Mongez, on peut l'obtenir cristallisé en pyramides quadrangulaires, ou portions d'octaèdre.

Plus l'or est pur, et moins il a de consistance ; il se ploie facilement lorsqu'il n'a pas beaucoup d'épaisseur ; on l'allie au cuivre pour augmenter sa dureté ; la monnaie d'or, en France, contient un dixième de cuivre ; l'or employé à la fabrication des bijoux en contient encore davantage : la loi reconnaît trois sortes d'alliages d'or, qu'on appelle *titres de l'or*. Le premier est formé de 920 d'or et de 80 de cuivre ; le second de 840 d'or et de 160 de cuivre ; le troisième de 750 d'or et de 250 de cuivre. Ainsi la monnaie d'or est au titre de 900 millièmes, et les ouvrages d'orfévrerie à l'un des trois titres de 920, 840 ou 750 millièmes de fin : l'or pur est à mille millièmes de fin. L'alliage d'or et de cuivre est le plus employé dans les Arts. L'or s'allie encore à l'arsenic, à l'étain, au fer, au zinc ; l'alliage d'or et d'arsenic a une couleur grise, celui d'or et de fer une couleur grise-jaunâtre. Ce dernier, plus fusible que le fer et l'acier, est employé pour souder ces substances. L'alliage d'or et de zinc est blanc ; Hellot l'avait proposé comme propre à la fabrication des miroirs de télescope. L'or peut servir à souder le platine.

L'or ne s'oxide point directement ; on prépare l'oxide d'or en mêlant à la dissolution de ce métal une substance alcaline ; la potasse ne précipite que difficilement et très incomplètement l'or de sa dissolution, même en employant l'action de la chaleur. Suivant M. Pelletier, la magnésie délayée dans l'eau et ajoutée à la dissolution d'or, en opère beaucoup mieux la précipitation ; le précipité qu'on obtient est toujours mêlé de magnésie, que l'on sépare en traitant le précipité par de l'acide nitrique, qui dissout la magnésie et n'exerce aucune action sur le peroxide d'or. Ce peroxide bien lavé est jaune : il est facilement décomposé par la chaleur, qui en dégage l'oxigène ; il est formé de 12 parties d'oxigène pour 100 de métal. Cette composition concorde parfaitement avec le sulfure d'or, que l'on obtient en faisant traverser la dissolution d'or par un courant d'acide hydrosulfurique, et qui est formé de 24 parties de soufre pour 100 de métal. Quelques chimistes admettent un deutoxide pourpre et un protoxide vert ;

mais leur existence a besoin d'être constatée par de nouvelles expériences.

Les acides employés isolément n'ont aucune action sur l'or. Le chlore liquide a de l'action sur l'or en feuilles très minces et les dissout ; ce n'est point par cette action directe que l'on prépare le chlorure d'or, mais au moyen d'un mélange d'acides hydrochlorique et nitrique : 4 parties du premier à 22°, et une partie du second à 32°, sont les proportions qu'on emploie de préférence pour dissoudre l'or. Ce mélange, connu anciennement sous le nom d'*eau régale*, à cause de sa propriété de dissoudre le roi des métaux, et nommé aujourd'hui *acide hydrochloro-nitrique*, est le meilleur dissolvant de l'or. Lorsque ce métal est divisé, la dissolution s'opère à froid ; on n'a recours à la chaleur que qnand l'or est en morceaux ou en grenailles. Ce qui se passe pendant la dissolution de ce métal peut s'expliquer de deux manières : ou l'or oxidé par l'acide nitrique se combine à l'acide hydrochlorique et forme un hydrochlorate de ce métal, ou bien le chlore de l'acide hydrochlorique mis à nu par l'action de l'oxigène de l'acide nitrique sur son hydrogène, s'unit à l'or pour former un chlorure soluble. La dissolution de chlorure d'or a une couleur jaune tirant sur l'orangé quand elle est concentrée ; sa saveur, légèrement styptique, n'a point l'âcreté des dissolutions de cuivre et d'argent ; soumise à une évaporation bien ménagée pour chasser l'excès d'acide, elle fournit un résidu qui, redissous dans l'eau, est susceptible de cristalliser en petites aiguilles ou lames de la même couleur que la dissolution. Le chlorure d'or est soluble dans l'eau, l'alcool et l'éther. En distillant le chlorure d'or à une chaleur modérée, on le convertit en protochlorure ; si on le chauffe plus fortement, on en dégage tout le chlore, et l'on a pour résidu de l'or à l'état métallique.

Tous les alcalis et la magnésie séparent du chlorure d'or liquide une portion quelconque d'oxide de ce métal. D'où provient l'oxigène de cet oxide ? De l'alcali lui-même, si l'on considère sa dissolution comme un chlorure ; ou bien de l'eau décomposée, dont l'hydrogène s'unit au chlore, dans le cas où l'on admet que l'alcali est dissout à l'état d'hydrochlorate.

Lorsqu'on verse de l'ammoniaque dans la dissolution d'or étendue d'eau, il se forme sur-le-champ un précipité de couleur jaune, qu'on lave et que l'on dessèche pour le conserver. Ce précipité est formé d'or oxidé et d'ammoniaque; c'est un *ammoniure d'oxide d'or*, ou bien encore un *orate d'ammoniaque*, selon M. Pelletier, qui pense que le peroxide d'or peut remplir avec les alcalis les fonctions d'un acide. Quoi-qu'il en soit; ce composé d'oxide d'or et d'ammoniaque est l'*or fulminant*, découvert par Berthollet; il détone fortement par la chaleur, par le choc et par un frottement long-temps prolongé. La décomposition subite des deux corps d'où résulte de l'or métallique, de l'eau, de l'azote, et surtout le passage rapide de ces derniers à l'état de gaz, dans lequel ils occupent un espace considérable, sont là cause de la détonation.

Quelques gouttes de protochlorure d'étain versées dans la dissolution d'or étendue d'une grande quantité d'eau, y forment sur-le-champ un précipité léger floconneux d'un beau rouge, qui porte le nom de *précipité pourpre de Cassius*. On n'est point d'accord sur la nature de ce composé, dont on se sert avec beaucoup de succès pour produire les belles couleurs pourpres et violettes dans la fabrication des porcelaines de prix. Berzélius le regarde comme formé de peroxide d'étain et de deutoxide d'or, et Proust le croyait composé d'étain et d'or métallique.

Le moyen le plus exact et le plus expéditif pour séparer l'or de sa dissolution dans l'eau régale, consiste à verser dans cette dissolution privée d'acide autant que possible, du protosulfate de fer. Il paraît que dans cette opération l'eau est décomposée : son oxigène suroxide le fer, et son hydrogène s'unit au chlore pour former de l'acide hydrochlorique; l'or se dépose à un grand état de division, et entraîne ordinairement une certaine quantité de fer, que l'on en sépare aisément par de l'acide hydrochlorique faible : il ne s'agit plus que de mêler l'or ainsi-divisé à un peu de borax, pour le fondre et le réunir en culot.

La dissolution d'or tache la peau en pourpre violâtre; ces taches ne disparaissent qu'avec l'épiderme; elle colore de la même manière les substances organiques végétales et animales, telles que le papier, le bois, les os, l'ivoire, etc. Elle est décomposée par toutes les substances qui tendent à absorber de l'oxigène; le charbon, l'hydrogène, le phosphore, aidés de la chaleur de l'eau bouillante, un grand nombre de métaux, l'éther, les huiles essentielles, les acides phosphoreux, hypophosphoreux, nitreux et sulfureux, en opèrent la décomposition, et par suite de l'action de ces corps, l'or est réduit et se précipite. Dans l'hypothèse de l'existence de l'hydrochlorate d'or, on pensait que les métaux s'emparaient à la fois de l'oxigène de l'or et de l'acide hydrochlorique, et que les autres corps se suroxidaient ou s'acidifiaient également aux dépens de l'or; mais en considérant la dissolution d'or comme un chlorure, il faut admettre que, dans tous les cas de décomposition ci-dessus cités, l'eau se décompose, que son oxigène se porte sur les corps mis en contact avec la dissolution, et que son hydrogène s'unit au chlore pour former de l'acide hydrochlorique; l'or, deveuu libre par suite de cette double action, se dépose.

L'or est fréquemment employé dans les arts à couvrir la surface d'un grand nombre de corps. On applique ce métal sur le bois, le plâtre, le carton, le papier, le cuir, sur les métaux et certains alliages, tels que le fer, l'acier, le cuivre, le bronze, etc. Cette application porte le nom de *dorure*, et l'on nomme *doreurs* les ouvriers chargés de la faire. Les procédés dont on fait usage diffèrent selon les corps que l'on veut dorer. La forme sous laquelle on emploie l'or est également différente : tantôt ce sont des feuilles d'or que l'on applique sur les surfaces des corps après les avoir enduites d'un mordant capable de les fixer; tantôt c'est un amalgame d'or, formé d'un tiers d'or et de deux tiers de mercure, que l'on applique sur les métaux que l'on a décapés et plongés à plusieurs reprises dans une dissolution de nitrate acide de mercure; puis on fait chauffer le métal recouvert de l'amalgame, pour en séparer le mercure, qui se volatilise. Dans quelques circonstances on dore les métaux au moyen d'une dissolution de chlorure d'or dans l'éther sulfurique, que l'on étend à leur surface après les avoir fait chauffer; au moment de l'application, l'éther se vaporise, l'or reste, et il ne s'agit plus que de le polir et brunir.

On emploie souvent aussi l'or en poudre, en cendres, l'or en drapeau, que l'on se procure par la combustion de linges qui ont été plongés dans une dissolution d'or : on applique cet or à l'aide d'un pinceau sur une surface convenablement préparée à le recevoir. Quelques préparations d'or sont employées en médecine.

L....R.

ORANGER. Cet arbre est cultivé comme ornement et pour ses fleurs et ses fruits qui sont un objet de commerce important. L'infusion des feuilles d'oranger est une boisson calmante, aussi bien que l'eau distillée des fleurs. L'écorce d'orange est amère et entre dans diverses préparations pharmaceutiques : on en fait une liqueur appelée *curaçao*, en l'infusant dans l'alcool; mais on préfère pour cet usage les bigarades ou oranges amères.

Le bergamotier est recherché des parfumeurs. L'écorce vidée de sa chair sert à faire de petites boîtes d'une odeur agréable et persistante.

Le limonier, originaire de l'Inde au dela du Gange, produit des fruits très acides, nommés *limons* ou *citrons*.

Le cédratier produit des fruits très gros; ceux qu'on nomme *Poncires* pèsent quelquefois 25 à 30 livres; on en fait d'excellentes conserves, en les confisant dans le sucre.

La culture de l'oranger dans les pays chauds, où il croît en pleine terre, ne fera pas le sujet de nos observations, parce qu'elle est analogue à celle de nos orangeries, et présente seulement moins de difficultés : disons seulement quelque chose de cette culture dans les environs de Paris. On sème les graines, et particulièrement celles de citrons, parce qu'elles produisent des sujets plus robustes; le fruit doit être tellement avancé en maturité, qu'il commence à se pourrir. Le semis se fait dans des pots, en févriers et en mars, La terre d'oranger est un mélange de moitié terre franche et moitié fumier bien mûr : chaque pot ne contient qu'une seule graine, ou, s'il y en a plusieurs, elles doivent être écartées de 3 pouces. On place ces pots sur une couche chaude, sous châssis ou sous cloche : on arrose légèrement, puis on rend l'air à la jeune plante quand la saison le permet.

On rentre en orangerie du premier au quinze octobre. L'oranger peut supporter un froid de 2 à 3 degrés sans souffrir; mais il craint beaucoup plus l'humidité, et surtout les gelées dans un air humide. On fait du feu dans l'orangerie dès que le thermomètre y descend à zéro. On sort les orangers en avril ou mai : c'est peu après qu'on greffe les jeunes sujets. Il faut rempoter tous les deux ans, en changeant la terre et augmentant l'étendue de la caisse. Fr.

ORCINE. Cette substance a été découverte par M. Robiquet dans le *variolaria dealbata*, l'une des plantes avec lesquelles on prépare l'orseille. L'orcine a principalement cela de remarquable que n'étant pas colorée par elle-même, elle prend une teinte d'un rouge violet magnifique, sous l'influence de l'ammoniaque et de l'oxigène ou de l'air. C'est à cette réaction qu'est due la formation de la matière colorante des diverses sortes d'orseille.

L'orcine pure est incolore, d'une saveur sucrée et un peu nauséabonde, très soluble dans l'eau et dans l'alcool, cristallisable en beaux prismes quadrilatères, sans action sur les papiers-réactifs, inaltérable à l'air, se volatilisant sans décomposition aucune quand on la soumet à l'action d'une température modérée. L'acide nitrique la détruit et la convertit en acide oxalique, en produisant un dégagement de deutoxide d'azote.

Pour préparer l'orcine, on traite la variolaire par l'alcool bouillant; on filtre la liqueur qui par le refroidissement laisse déposer une matière résineuse; on la distille et on l'évapore jusqu'en consistance d'extrait. On délaie cet extrait dans un mortier avec de l'eau qu'on renouvellle jusqu'à ce qu'elle sorte sans saveur. Les liqueurs réunies sont réduites par la concentration en consistance sirupeuse, et abandonnées à elles-mêmes dans un lieu frais ; il s'en dépose au bout de quelques jours, de longues aiguilles radiaires d'orcine brute qu'on soumet à la presse, qu'on redissout dans l'eau à laquelle on ajoute un peu de charbon animal pour décolorer la liqueur. On concentre celle-ci convenablement et l'orcine s'en dépose par le refroidissement. Les cristaux obtenus de la sorte, sont encore légèrement jaunâtres; pour les avoir tout-à-fait incolores, on précipite leur dissolution aqueuse par de l'acétate de plomb basique (extrait de saturne), on lave bien le dépôt et on le décompose par l'hydrogène sulfuré. La liqueur filtrée et concentrée, laisse déposer l'orcine parfaitement pure.

P...ZE.

ORFÉVRE (*Arts mécaniques.*) Comme les orfèvres confectionnent une multitude d'objets différens, il faudrait un traité spécial pour décrire les divers procédés de leur art. Nous nous bornerons à la vaisselle et aux couverts; ces exemples suffiront pour l'intelligence générale du sujet.

Les orfèvres emploient des soudures de quatre sortes pour l'argent; *au tiers*, *au quart*, *au sixième et au huitième*, c'est-à-dire que l'alliage contient du cuivre rouge dans ces proportions, et le reste en argent. Plus il y a de cuivre, et plus l'alliage est fusible. Quand une pièce exige plusieurs soudures successives, on emploie d'abord la moins fusible, afin que, dans les opérations suivantes, les parties qu'on a jointes ne se dérangent pas.

La soudure pour l'or est composée d'or au même titre que la pièce, auquel on ajoute de l'argent, pour augmenter la fusibilité. On *déroche* cet alliage, en le faisant bouillir dans l'eau alunée, et on le forge ensuite en lame très mince. Il y a des soudures à 10, à 8, à 6, au quart et au tiers, qu'on emploie selon les cas.

Pour fabriquer un plat d'argent, on forge en plaque un lingot de poids convenable à l'objet, puis on l'envoie au contrôle. On forge ensuite sous forme et grandeur voulues. La moulure est soudée tout au tour; elle se fait au banc à tirer. (*V.* TRÉFILERIE). On *ébarbe*, on lime, on enlève au burin la soudure excédante et les bavûres. C'est le planeur qui *forme le marli*, avec des marteaux sur des tas polis : on appelle *marli* la matière qui borde la moulure du côté intérieur de la pièce, et compose un filet en talus parallèle à la moulure.

L'orfèvre répare la moulure avec le *burin*, *l'échoppe* et le *rifloir*; il envoie le plat à la polisseuse qui se sert de la pierre à polir, de pierre ponce broyée à l'huile, et de petits bâtons. Elle termine la moulure avec de la pierre ponce délayée dans de l'eaude-vie, qu'elle passe en frottant avec une brosse ou de la peau de chamois. Le planeur met enfin la dernière main, en façonnant le fond du plat avec des marteaux polis.

La vaisselle montée se fait en assemblant plusieurs pièces travaillées à part, qu'on réunit par des soudures. On emploie la *retreinte*, pour éviter les soudages autant que possible. Les artistes savent composer de la sorte des pièces aussi élégantes que compliquées, qui sont souvent un objet d'admiration, tant pour la pureté des formes, que pour la délicatesse du travail.

La fabrication des couverts d'argent est une des opérations les plus ordinaires de l'orfévrerie. Il y a des couverts unis et d'autres à filet : la façon de ceux-ci est un peu plus couteuse. Le métal est d'abord forgé à l'aide d'un calibre ; on soumet ensuite la pièce à l'action d'un Balancier qui lui donne la forme et les dimensions demandées, les filète et les termine. Il ne reste plus qu'à réparer et à brunir. Fr.

ORGANSIN, fils de soie travaillés pour faire la chaîne des étoffes. (*V.* Moulinage). Fr.

ORGUE (*Arts mécaniques*). C'est le plus vaste des instrumens de musique, celui dont les chants sont les plus étendus, les sons mieux nourris et plus variés. L'orgue des églises est surtout remarquable par la majesté des effets d'harmonie qu'il produit; on lui fait imiter le son de la flûte, le cri aigu du flageolet, le ton des haut-bois et des bassons, le bruit des trompettes, les effets de l'écho, et enfin, la voix humaine.

L'organiste est placé devant un *clavier*, qu'il touche comme il ferait un Forté-Piano ; il attaque avec ses pieds des *pédales* qui modifient les effets; et le vent, chassé par un soufflet, fait résonner divers tuyaux sonores disposés verticalement, dont chacun rend un son de nature et d'intonation différente. Plusieurs de ces tuyaux sont à 4 faces, en chêne ; ils sont formés de quatre planchettes, assemblées à rainures et languettes, collées ensemble ; d'autres sont cylindriques, en étain ou en plomb.

Le buffet d'orgue est un ouvrage de menuiserie, dont les parties saillantes et arrondies s'appellent *tourelles*; le *sommier* est une grande caisse de bois horizontale hermétiquement fermée, où le vent des soufflets arrive par des *porte-vent*. Les tuyaux de l'orgue sont verticaux, et s'abouchent avec le sommier par des trous qui le percent par-dessus; chaque trou est fermé par une soupape que fait ouvrir la touche à laquelle ce tuyau correspond; c'est ce qu'on appelle une *soufflerie*. On ouvre ou ferme des *registres* pour livrer ou intercepter le passage au vent, dans le sommier, pour chacun des jeux de l'orgue.

Les tuyaux à *bouche* sont travaillés à peu près comme un sifflet; ils ont une bouche ou trou latéral pour laisser passer l'air : la partie qui est sous cette ouverture est aplatie et inclinée d'environ 22° et demi avec la ligne verticale; c'est la *lèvre inférieure*, la partie opposée, placée au dessus de l'orifice latéral, est rentrée de même; c'est la *lèvre supérieure*, contre laquelle se brise la colonne d'air. Le pied du tuyau est un cône creux renversé, par lequel il porte sur le sommier; ce cône est ouvert au sommet inférieur pour laisser passer le vent comprimé dans le sommier, et il est fermé à sa base par un disque de métal placé transversalement en diaphragme, mais qui, privé d'un petit segment, laisse, près de la lèvre inférieure, un petit espace libre nommé *lumière*, qui sert de passage à l'air. Le bord de la lame qui aboutit à cet intervalle est taillé en tranchant, on l'appelle le *biseau*. L'air du soufflet arrive par le porte-vent dans le sommier, et, lorsqu'une soupape se trouve levée, il enfile le canal ouvert dans le pied du tuyau, et s'échappe par la lumière, pour se briser contre la lèvre supérieure. L'air du tuyau entre en vibration, quand les parties sont convenablement disposées, ce qui exige qu'on modifie la disposition des lèvres jusqu'à ce que le son soit pur.

Il y a d'autres tuyaux d'orgue qui n'ont pas d'ouverture latérale, et dont l'appareil sonore est une ANCHE : comme nous l'avons décrit avec détail, nous ne reviendrons pas sur ce sujet. Qu'il nous suffise de dire qu'une lame de métal, mince et élastique, placée au bout inférieur du tuyau, est rencontrée à son extrémité libre par le courant d'air qui la fait vibrer, et que celle-ci réagit sur l'air du tuyau, qu'elle fait vibrer à son tour. Ces tuyaux à anche sont ouverts aux deux bouts, tandis que les premiers peuvent être ouverts ou fermés au bout supérieur : dans ce dernier cas, on les appelle des *bourdons*.

Les jouets appelés *harpes d'Éole* sont composés d'anches qu'on fait résonner avec le souffle.

L'orgue est en usage dans les églises ; ses sons pleins et nerveux conviennent à l'étendue de l'édifice et à la solennité des cérémonies. Celle de nos temples est composée de deux corps principaux : le plus grand, qu'on appelle *grand orgue* ou *grand buffet*, est au fond de la tribune où l'instrument est placé; le bas est à 12 ou 15 pieds au dessus du sol de la tribune. Le plus petit qu'on appelle *positif*, ou petit buffet, est placé en saillie sur le devant, et un peu au dessous du plancher. Chacun de ces deux corps est garni de tuyaux d'étain, sur une façade appelée *montre*, et composée ordinairement, dans le grand orgue et dans le positif, d'une partie des jeux qu'on nomme *bourdon* et *prestant*. Les claviers sont en forme de gradins au bas du grand orgue; il y a jusqu'à cinq claviers, outre le clavier pédale qui est à ras de terre, pour les pieds. Le plus bas des cinq claviers est celui du positif, lequel a souvent dix à douze registres ou changemens de jeux. Le deuxième clavier en a quinze ou seize ordinairement; il est placé un peu au dessus du premier; c'est celui du grand orgue.

Le clavier du grand jeu ou de *bombarde* est au troisième rang; il a quatre à cinq registres. Le deuxième et le troisième clavier peuvent être avancés ou reculés, suivant qu'on veut se servir d'un seul, de deux ou de trois claviers à la fois; ils ont chacun quatre octaves, depuis l'*ut* grave jusqu'à l'*ut* aigu ; ce qui fait quarante-neuf touches, en comptant les dièzes ou bémols.

Le quatrième clavier n'a que deux octaves, et ne sert guère que pour la main droite; c'est le clavier de *récit*, il n'a que deux registres. Le cinquième clavier, le plus élevé de tous, est celui *d'écho*, il a trois octaves, et cinq à six changemens très doux, qui imitent l'écho des autres claviers, dont les jeux sont plus forts. Enfin, le clavier de pédale est composé de deux octaves et demie, et il a quatre à cinq registres. Ainsi les grandes orgues sont composées de beaucoup de jeux différens, dont chacun est lui-même composé d'une suite de quarante-neuf tuyaux propres à rendre les sons des quatre octaves, ce qui produit une variété prodigieuse d'effets.

Les jeux de *flûte* ou de *mutation* sont formés de tuyaux à bouche. Les bourdons sont les plus graves de l'orgue, parce qu'étant bouchés en haut, ils rendent l'octave grave au-dessous de ceux de même longueur qui sont ouverts aux deux bouts ; un tuyau de 4 pieds bouché sonne le 8 pieds ouvert, le 8 bouché sonne le 16 ouvert ; enfin, le 16 bouché sonne le 32 pieds ouvert, qui est l'*ut* le plus grave que notre oreille puisse apprécier. Les bourdons des deux octaves inférieures sont en bois et quadrangulaires.

Le jeu de *prestant* est en étain ; ses tuyaux sont de 4 pieds toujours ouverts ; ainsi il rend l'octave au-dessus du bourdon : c'est le principal jeu de l'orgue.

Le *nasard* est à la quinte, et la *doublette* à l'octave du prestant; la *tierce* est à la tierce de la doublette ; le *larigot* à l'octave du nasard. Les tuyaux de ces quatre jeux sont faits comme ceux du prestant. La *flûte* est à l'unisson du prestant, mais ses tuyaux sont bouchés, et la qualité du son est différente.

Au deuxième clavier, il y a un bourdon de 4, 8, 16 et même 32 pieds; il y a aussi un nasard, une doublette, etc., comme au prestant.

Tous ces jeux ont leurs tuyaux à bouche. Le principal jeu d'anche est appelé *trompette ;* il a 8 pieds de long, et est à l'unisson du bourdon de 4 pieds. Il y a une trompette au positif, une au grand orgue, une au récit, une pour le grand jeu, et enfin, sur ce même clavier, une cinquième qu'on nommme *bombarde*, qui est à un une octave plus bas que les précédentes. Les tuyaux de ces jeux de trompettes ont la figure d'un cornet très allongé. Le jeu nommé *clairon* n'a que 4 pieds, c'est l'octave au-dessus de la trompette : il y en a un au positif, un au grand orgue, et un troisième au clavier du grand jeu.

Le *cromorne* est à l'unisson de la trompette ; quoiqu'il n'ait que 4 pieds, parce que ses tuyaux sont cylindriques et non pas allongés en cône :

La *voix humaine* ou *régale* est cylindrique, sur 9 pouces de haut, et à tuyaux à demi bouchés ; elle est à l'unisson de la trompette et du cromorne. Il y en a au positif et au grand orgue : elle imite un peu la voix humaine.

Il y a pour le clavier de pédale, un bourdon de 4, 8 ou 16 pieds, une flûte, une trompette, un clairon et une bombarde.

Il faut au moins quatre souflets pour donner le vent à un orgue de 16 pieds, et 6 quand il y en a un positif. Ces soufflets sont construits à la manière accoutumée (*Voy.* ce mot), il ont ordinairement 6 pieds de long sur 4 de large.

L'*orgue de Barbarie* ou *vielle organisée* est un coffre, qui contient de petits tuyaux d'orgue, ayant deux à trois octaves d'étendue; une manivelle saillante sur le côté sert à manœuvrer le soufflet qui chasse le vent dans les tuyaux, et à faire tourner un Cylindre noté (*Voy.* ce mot), lequel met en jeu divers petits leviers; ceux-ci bouchent et débouchent les tuyaux de l'orgue, d'où résulte une succession de sons. FR.

ORPIMENT ou ORPIN (*Arts chimiques.*) Noms donnés au sulfure jaune d'arsenic. Cette combinaison de soufre et d'arsenic existe naturellement dans plusieurs pays, surtout dans le voisinage des volcans; le plus souvent elle est le produit de l'art. Le sulfure jaune d'arsenic natif se rencontre en masses d'un beau jaune, formées de lames très brillantes, tendres, flexibleset qu'il est facile de séparer les unes des autres. Haüy a reconnu que la forme primitive des cristaux très rares de ce sulfure est une prisme romboïdal oblique.

Celui que l'on trouve en Perse, et qui est le plus recherché dans le commerce, est en masse d'un jaune éclatant; son tissu est lamelleux, et il porte le nom d'*orpin doré*; celui de Chine est en morceau d'un jaune compacte et de structure écailleuse; il est moins estimé que le premier. On trouve aussi du sulfure jaune d'arsenic en Hongrie, en Transylvanie, en Géorgie. La densité du sulfure natif est de 3, 44 à 45; il est volatil au chalumeau; en répandant une odeur d'ail et de soufre. Chauffé dans les vaisseaux fermés, il se volatilise et se condense en un sublimé jaune; il est insipide, inodore, insoluble dans l'eau et plus fusible que l'arsenic; il acquiert par le frottement l'électricité résineuse.

L'orpiment ou sulfure d'arsenic artificiel est en grande partie fabriqué en Saxe, en sublimant dans des cucurbites de fonte recouvertes d'un chapiteau conique de la même matière, un mélange de soufre, d'arsenic blanc ou acide arsenieux : il est ainsi obtenu en masses jaunes, compactes, opaques et d'un aspect vitreux, sa poudre est d'une couleur jaune-pâle ; il est souvent mêlé en fraude avec l'orpiment naturel. M. Guibourt ayant remarqué que la densité de ce sulfure s'élevait jusqu'à 3,60 à 3,64 tandis que celle du sulfure naturel n'est que 3,45, a fait, pour reconnaître la cause de cette différence, des expériences dont les résultats sont très importants. Il a constaté que souvent ce prétendu sulfure artificiel n'est presque autre chose qu'un oxide d'arsenic mêlé d'une très petite quantité de sulfure ; 10 grammes d'un sulfure artificiel se sont dissous dans l'eau bouillante, à l'exception de 0,6 décigrammes, et se sont comportés de la même manière que l'oxide blanc d'arsenic. Il ne faut pas s'étonner, d'après cela, que ce sulfure soit un violent poison. On doit en conclure aussi, non seulement qu'il est très différent, par sa composition et ses propriétés, des sulfures jaunes natifs et de ceux qui sont préparer par la voie humide, mais qu'il ne peut être employé en teinture comme corps désoxigénant.

On peut préparer du sulfure jaune d'arsenic par la voie humide en faisant passer un courant d'acide hydrosulfurique, soit dans de l'acide arsénique, soit dans de l'acide arsénieux, soit dans un arséniate alcalin.

Quelques chimistes pensent même que, par cette voie, on peut obtenir deux sulfures jaunes très différens par leur composition, savoir : un persulfure ou *sulfure arsenique*, corresqondant à l'acide arsénique par sa composition, et formé de 48 parties d'arsenic et 51,92 de soufre. On prépare ce persulfure en faisant passer un courant d'acide dydrosulfurique dans une dissolution d'acide arsenique, ou, ou d'une manière plus expéditive, en versant un excès d'acide hydrochlorique dans la dissolution d'un mélange d'arseniate de potasse et de sulfure de potassium ; il se précipite sur le champ des flocons abondans d'un jaune citrin, c'est le persulfure ; il est volatil et se fond en une matière de couleur brune-foncée, qui passe au jaune rougâtre par refroidissement.

Le second sulfure jaune, qu'ils nomment *sesqui-sulfure d'arsenic*, ou *sulfure arsenieux*, parce qu'il se rapproche par sa composition de l'acide arsenieux, peut être également obtenu en distillant à sec un mélange de soufre et d'arsenic, ou en faisant traverser une dissolution d'acide arsenieux par un courant d'acide hydrosulfurique. Ce sulfure artificiel renferme les mêmes proportions de soufre et d'arsenic que les sulfures natifs, d'après les analyses de MM. Berzélius et Laugier, c'est-à-dire 38,09 de soufre et 60,92 d'arsenic.

Le sulfure jaune d'arsenic est employé dans plusieur Arts : ceux de Perse et de Chine, les plus estimés, servent dans la Peinture ; les autres, plus communs, sont un des ingrédiens qu'on introduit dans les cuves d'indigo, comme propres à le désoxigéner. Tout récemment encore, M. Braconnot a le premier fait connaître qu'il pouvait servir comme matière colorante et susceptible d'être appliquée sur les tissus. M. La Billardière en a fait depuis peu l'application à l'impression des toiles.

Le sulfure jaune d'arsenic, mêlé à de la chaux et du savon, sous forme de pâte, est employé comme depilatoire ; c'est un usage anciennemement pratiqué chez les Orientaux.

Une propriété remarquable du sulfure d'arsenic, est de se dissoudre aisément dans les alcalis, la potasse, la soude, et surtout l'ammoniaque. Il paraîtrait, d'après M. Berzélius, que dans ce cas le sulfure d'arsenic joue le rôle d'un acide. L...R.

ORSEILLE. C'est une matière tinctoriale, très usitée dans nos ateliers de teinture, et qu'on trouve dans le commerce de qualité et à des prix très divers. La plus estimée vient des îles, et surtout des Canaries ; on en reçoit aussi des Açores, du Cap-Vert, de Madère, de la Corse et de la Sardaigne. On en prépare de moins bonne en France ; mais il paraît que la différence tient plutôt à des matières terreuses qui s'y trouvent accidentellement mélangées qu'à la nature de la substance même qui sert de base à ce produit tinctorial, et qui résulte du mélange de plusieurs espèces de lichens qui croissent sur nos montagnes des Pyrénées, des Alpes, de l'Auvergne et de la Lozère. Suivant quelques auteurs, c'est principalement le lichen connu sous le nom de *parelle*, qui sert dans nos contrées à fabriquer la plus belle orseille ; mais d'après M. Cocq, cette parelle n'est pas le *lichen parellus* de Linné, et elle s'en éloigne beaucoup, puisque c'est une variolaire (*variolaria orcina*), dont on distingue plusieurs variétés en Auvergne, sous les noms de *varenne*, de *pucelle* et de *parelle maîtresse*, suivant qu'elle est plus lisse et à glomérules moins proéminens, comme celle qui croît sur les granits ; ou que, peu développée encore sur des laves, on la recueille pour la première fois ; ou enfin, alors qu'elle a subi tout son accroissement, après 5 à 6 ans de végétation.

Nous rapporterons, d'après M. Cocq, la manière dont on fait cette récolte en Auvergne.

« Les habitans de la campagne se servent, pour cet objet, de « petites lames de fer très mou, qu'on ne fabrique qu'à Saint-« Flour ; ces lames ont habituellement 1 mètre de long sur 13 « à 14 millimètres de large ; leur épaisseur est celle d'une lame « de couteau. Ceux qui les emploient les recoupent en cinq ou « six lames de 2 décimètres environ de longueur, et donnent à « l'une de leurs extrémités la courbure et le tranchant qui con-« viennent à l'usage auquel ils les destinent. On y procède à peu « près comme fait le faucheur avec sa faux.

« Les instrumens sont un marteau verticalement aplati, et un « tas de fer implanté dans un billot de bois. On commence par for-« ger l'extrémité de la lame sur une longueur d'environ 3 centimè-« tres, de manière à étendre cette extrémité et à l'amincir sur les « bords. Les bords ainsi amincis, on les aiguise, puis on « courbe toute cette partie en crochet demi-circulaire, ce qui « s'opère en frappant à coups très mésurés sur l'arête de la par-« tie aiguisée. Enfin, on ajuste la lame ainsi préparée à un manche « de bois, où elle est reçue dans une rainure, et retenue dans « toute sa longueur par des tours redoublés de ficelle, qui l'assu-« jettissent et l'empêchent de plier dans la main de l'ouvrier.

« On conçoit que la partie recourbée est la seule dont on se sert « pour racler la parelle. Lorsque le premier côté est émoussé, on « le retourne ; quand le second ne peut plus servir, on replace « une nouvelle lame. Ordinairement les ouvriers ont deux poches

« en cuir attachées à leur ceinture : dans l'une, ils mettent les « lames hors de service, et dans l'autre ils conservent celles dont « ils n'ont pas fait usage. Pendant une journée bien employée, « ils en émoussent jusqu'à trente. Le soir ils redressent la partie « circulaire, la frappent de nouveau, l'aiguisent et lui redonnent « le tour.

« Pour recevoir le lichen raclé, les ouvriers emploient une pe- « tite poche dont l'ouverture est armée, d'un côté, d'une lame de « fer légèrement courbée, qui s'applique immédiatement à la « pierre. Aux deux bouts de cette lame, ils adaptent un demi- « cercle en bois qui tient toujours ouverte l'autre partie du petit « sac, dans lequel ils font continuellement tomber la matière « qu'ils ramassent.

« Les hommes, les femmes et les enfans s'occupent à ce genre « de travail pendant l'hiver et dans les temps de pluie ; alors la « parelle adhère peu à la pierre, et l'outil dont on se sert pour « la ramasser s'use beaucoup moins. L'ouvrier le plus habile n'en « recueille que 2 kilogrammes par jour.

« Les personnes habituées à cueillir la parelle se contentent du « coup d'œil pour déterminer leur choix ; ceux qui l'achètent « l'essaient, afin de s'assurer de sa qualité. Il suffit, pour cette « épreuve, de mettre un peu de lichen dans un verre, de l'ar- « roser avec de l'urine, et d'y ajouter un peu de chaux éteinte. « Le lichen propre à la teinture se rembrunit, tandis que l'autre « prend une couleur jaune ou verte, suivant son espèce (1). « Cette épreuve, en faisant connaître la proportion de parelle de « bonne qualité, permet à l'acquéreur d'en apprécier la valeur « relative et d'en fixer le prix. Il faut avoir le soin de la grabler « dans un crible, afin d'en séparer le gravier, qui en augmente « le poids. Quelque précaution que l'on ait employée en recueil-

(1) Comme cet effet résulte évidemment de la réaction alcaline, il serait préférable, à notre avis, d'employer pour cette épreuve de l'ammoniaque faible, parce que la liqueur n'étant pas troublée par la chaux, permettrait de mieux apercevoir les variations de couleur.

« lant la parelle, il s'y est presque toujours mêlé une certaine « quantité de mousse. Il convient de l'en séparer, parce que cette « mousse absorberait inutilement une partie de l'alcali, qui doit « développer les principes colorans de la parelle. Les ouvriers « emploient un moyen fort simple et assez expéditif; ils étendent « le lichen et passent dessus, à plusieurs reprises, un morceau « d'étoffe de laine dont le poil est assez long pour happer la « mousse. En répétant plusieurs fois cette opération, ils viennent « à bout de l'en débarrasser presque entièrement. »

La principale récolte de la parelle se faisant pendant l'hiver (1), les fabricans ne peuvent s'en approvisionner qu'à cette époque; et pour pouvoir la conserver jusqu'au moment propice à sa préparation, il faut avoir soin de la faire sécher en l'étendant en couche très mince dans des greniers bien aérés. C'est surtout aux approches du printemps qu'il faut chercher à la préserver de toute humidité, qui à cette époque pourrait déterminer un mouvement de végétation ou de fermentation susceptible de détruire ou au moins d'altérer la matière colorante, assez fugace, que contient la parelle.

Voici, et toujours d'après le même auteur, la préparation qu'on fait subir à la parelle pour la rendre apte à l'emploi pour la teinture :

« On prend ordinairement environ 100 kilogrammes de parelle « bien préparée et débarrassée, autant que possible, de sub- « stances étrangères. On verse le tout dans une auge de bois « beaucoup plus longue que large, et évasée par le haut; ses « dimensions sont communément 2 mètres de long sur 6 à 7 « décimètres de profondeur; elle se réduit par le bas à 4 décimè- « tres. A cette auge est adapté un couvercle qui ferme très exac-

(1) D'après les renseignemens qui m'ont été adressés par M. Coder, pharmacien à Perpignan, c'est au printemps que cette récolte se fait dans les Pyrénées; l'échantillon que je dois à son obligeance était presque entièrnment composé de la *variolaria dealbata*; Dec., Fl. fr.; *lichen dealbatus*; *acharius*, et il ne contenait pas un fragment de la *patellaria parella*, Dec.

« tement. On arrose cette parelle avec 120 kilogrammes ou 8 « mesures d'urine. Si la parelle n'est pas d'excellente qualité, « cette quantité est plus que suffisante, mais si la parelle est « fortement nourrie, on peut l'augmenter sans inconvénient. On « brasse le tout, afin de bien tremper le lichen, et pendant deux « jours et deux nuits ce travail doit être répété de trois heures en « trois heures; le troisième jour on ajoute 5 kilogrammes de « chaux éteinte et tamisée, un quart d'arsenic bien pilé et autant « d'alun de roche. Il faut, afin d'opérer le mélange de toutes ces « matières, relever la parelle des deux côtés de l'auge, placer « dans le milieu la chaux, l'alun et l'arsenic, et, ramenant la « parelle de droite et de gauche, remuer avec précaution, afin de « diminuer l'évaporation de l'arsenic, qui pourrait nuire aux ou- « vriers. Lorsque cet accident n'est plus à craindre, on brasse « vivement toute la matière. Les mêmes opérations se renou- « vellent un quart d'heure après, et successivement toutes les « demi-heures, si la fermentation est prompte; si au contraire « elle est lente, il suffit de brasser d'heure en heure; en un mot, « il faut diriger ce travail de manière à prévenir la formation « d'une croûte qui, pendant le repos, s'établirait à la superficie « du mélange, arrêterait trop vite la fermentation, et s'oppose- « rait par conséquent au développement des principes colorans.

« On place la parelle de manière qu'elle n'occupe que la moitié « de l'auge, et pour la brasser il suffit de la passer d'un côté à « l'autre, en la broyant avec la pelle.

« Au bout de quarante-huit heures, la fermentation s'établit; « pour la ranimer, on peut y ajouter 1 kilogramme de chaux, « et alors il suffit de remuer d'heure en heure. En général, il « faut proportionner le travail à la force de la fermentation, et le « diminuer à mesure qu'elle se ralentit. Ordinairement le cin- « quième jour on brasse de deux en deux heures; le sixième, de « trois en trois; le septième, de quatre en quatre; et le huitième, « on obtient une couleur assez vive, dont le teint n'a pourtant « pas acquis la solidité ni l'intensité dont il est susceptible; on « continue encore pendant quinze jours à remuer de six en six « heures; alors la couleur qu'elle produit est vive; mais pour

« que tous les principes colorans soient développés, il faut em-« ployer un mois entier à cette préparation. Lorsque le lichen « mis en œuvre est de bonne qualité, l'orseille ainsi préparée est « mise dans des tonneaux, où l'on peut la conserver pendant « plusieurs années, elle est même meilleure au bout d'un an; « mais la troisième année sa qualité commence à s'altérer. Il faut « avoir soin de l'humecter de temps en temps avec de l'urine ré-« cente, afin qu'elle ne se dessèche point; et en laissant évaporer « l'alcali volatil qui s'est formé, l'orseille prend une odeur « agréable de violette. »

L'orseille est employée fréquemment dans la teinture en bleu sur drap, dans l'intention d'économiser la proportion nécessaire d'indigo pour arriver à la nuance voulue; et comme on commence par le bain d'orseille, on appelle cette opération *donner un pied d'orseille*. Les étoffes ainsi teintes sont ensuite plongées dans la cuve d'indigo pour obtenir et la nuance et la solidité de cette matière colorante.

On distingue dans le commerce plusieurs espèces d'orseilles : elle est ou mouillée ou sèche; dans ce dernier état, les Anglais la désignent sous le nom de *cud-beard*.

On indique comme un des meilleurs moyens d'apprécier la bonne qualité des orseilles en pâte, d'en appliquer un peu sur le dos de la main, de l'y laisser sécher, et de laver ensuite à l'eau froide. Si cette tache y reste seulement déchargée d'un peu de couleur, on juge que l'orseille est bonne et qu'elle fournira une bonne teinture. R.

OUATE. (*Arts mécaniques.*) Ce produit qu'on obtenait autrefois en travaillant les filamens des capsules de l'*Asclepias syriaca*, ne se fait plus maintenant qu'avec du coton. On s'en sert pour doubler des vêtemens, ou pour placer entre des pièces dont on veut empêcher le frottement. Dans le premier cas la ouate doit être soumise au collage.

On fait d'abord subir au coton les mêmes préparations que pour le FILAGE, c'est-à-dire qu'on l'épluche à la main, on l'ouvre, on le bat avec des baguettes sur une claie d'osier ou de fil de fer, afin d'en chasser les ordures; puis on le passe à la machine à CARDER pour en former une nappe mince et carrée d'environ 2 pieds de côté, ayant un poids qui varie d'une demi-once à une once. Cette nappe est étendue sur une claie et *bordée* par un tour de main particulier; on appuie cette nappe entre deux espèces de coussins, afin qu'elle éprouve une sorte de feutrage par un mouvement de vibration. On plie en trois ou quatre dans un sens, puis par le milieu, et ces nappes ainsi pliées et réunies en tas sont mises sous presse.

La colle de peau de lapin dont on se sert doit être chargée de 6 pour cent d'alun; assez liquide d'ailleurs pour passer à travers un linge, et ne pas se prendre en gelée quand elle est refroidie. Sa consistance est celle du blanc d'œuf. Elle est contenue dans un baquet nommé *gommoir*.

Les moules sur lesquels on colle les ouates sont des planches d'environ 2 mètres sur 5 décimètres, à angles arrondis. On place ces moules entre des chevilles plantées horizontalement tout autour des murs de l'atelier; ils sont placés debout sur des planches inclinées le long desquelles la colle surabondante s'écoule dans des vases. En appliquant sur un de ces moules une des nappes de coton déja préparées comme il a été dit, puis en en disposant une seconde par dessus, on forme une sorte de sac en réunissant les bords. Puis avec une brosse à poils de sanglier longs et flexibles, l'ouvrier couvre le coton de colle.

La planche étant disposée verticalement entre deux chevilles, on laisse sécher; puis enlevant les ouates de dessus les moules, on leur donne le dernier apprêt qui consiste à rendre leur surface laineuse, imitant une peau de mouton couverte de sa laine, effet qu'on obtient à l'aide de la chaleur. Fr.

OURDISSAGE. (*Arts mécaniques.*) *Ourdir une chaîne*, c'est disposer les fils qu'on destine à former la chaîne d'une pièce d'étoffe, de manière que, par une division alterne qu'on désigne sous le nom d'*enverjure*, ou d'*encroix*, sur une longueur donnée, ces fils puissent être montés facilement sur le métier du tisserand, et être passés avec facilité dans les lisses et dans le peigne, soit que l'étoffe qu'on se propose d'obtenir doive être unie, soit qu'on veuille la faire rayée uniformément ou irrégulièrement. L'*ourdissage* est donc la première opération qu'on doit faire subir aux fils avant de tisser la pièce.

Il existe encore dans les manufactures deux sortes d'*ourdissoirs; l'ourdissoir long* et l'*ourdissoir rond;* et quoique ce dernier soit le plus commode et le moins fatigant pour l'ouvrier, cependant son usage n'est pas généralement adopté, surtout par les petits fabricans.

L'*ourdissoir long* est formé de quatre fortes pièces de bois d'environ 6 pieds de hauteur, placées verticalement et assemblées à tenons et mortaises dans deux autres fortes pièces horizontales, de la longueur environ de 10 à 12 pieds. Les quatre premières pièces sont assemblées avec les dernières dans l'ordre suivant : deux sont assemblées aux deux extrémités, et les deux autres à égale distance entre elles, de sorte que cet assemblage présente trois espaces vides égaux.

Les deux pièces verticales extrêmes sont percées chacune de 20 trous portant chacun une cheville de bois dur tourné et poli. Les deux intermédiaires ont chacune deux rangs de trous, au nombre chacun de 20. Tous ces trous sont placés dans le même alignement horizontal. Deux chevilles semblables à celles qui sont fixées dans les deux montans extrêmes, se placent dans le même alignement sur l'un des montans intermédiaires, et fixent la longueur de la chaîne, selon qu'elles sont placées plus haut ou plus bas, sur le premier ou sur le second de ces montans.

Cet ourdissoir est placé contre le mur, ou bien il y est scellé, et ne tient presque pas de place; c'est peut-être la raison pour laquelle les petits fabricans en ont conservé l'usage, quoiqu'il soit très fatigant. En effet, en supposant une chaîne de 3600 fils et la portée de 40 fils, l'ourdisseur doit faire 90 fois l'allée et la venue de la longueur de l'ourdissoir, que nous avons supposé de 2 toises de long; il aura fait une promenade de 180 toises.

On place à une certaine distance de l'ourdissoir un *cannelier*, dont on verra bientôt l'usage.

L'*ourdissoir rond* n'oblige pas l'ourdisseur à se déplacer; il peut être toujours assis en faisant tourner l'ourdissoir à l'aide d'une manivelle.

Cette machine, que le défaut d'espace nous empêche de figurer, est décrite dans le Dict. techn. C'est un grand dévidoir vertical de 6 pieds de haut et 3 pieds de diamètre, que l'ourdisseur fait tourner à l'aide d'une manivelle et de poulies liées par une corde sans fin. C'est sur ce dévidoir que sont enroulés, en forme de cordons spiraux, les faisseaux de fils qui doivent former la chaîne. La machine est en bois sec, dur et poli. Deux cadres verticaux mobiles nommés nommés *giette*, supportent chacun une série de fils parallèles en fer portant chacun un œil pour y passer un fil : supposons 40 de ces fils de fer, pour 40 fils dans la *portée*. En faisant tourner la manivelle, on meut non seulement le dévidoir, mais on fait monter et descendre la *giette* par un mécanisme très simple.

Derrière la *giette* est posé le *cannelier*, dans lequel on place horizontalement autant de bobines au moins que l'on veut mettre de fils à chaque *portée*. Nous disons au moins, afin que l'ourdisseur ne soit pas obligé de se déranger chaque fois qu'une bobine est dépouillée de tout son fil ; il y supplée par celle qui était sans action.

Tout cela ainsi disposé et bien entendu, voici comment l'ourdisseur opère, en supposant qu'il doive avoir 40 fils à la *portée*. Avant d'aller plus loin, il est convenable d'expliquer ici ce que l'on entend par *portée*. Lorsque la longueur de la chaîne est déterminée, on donne le nom de *portée* à l'allée et à la venue du cordon ou du ruban de fils qui parcourt toute la longueur que doit avoir la chaîne. Ainsi, si la *portée* doit avoir 40 fils, il ne prend que 20 bobines, il passe chaque fil dans un anneau de verre qui est placé au dessus, 10 sur le derrière et 10 sur le devant du *cannelier* ; de là il les place dans dix trous successifs de la *giette*, il les rassemble et les fait passer sous un crochet qui les rassemble en faisceau ; puis les tire au devant, les noue par le bout, les sépare en élevant avec la main le cadre mobile de la *giette*, et les accroche ainsi séparés sur la première cheville du bout de l'ourdissoir. Il croise à la main ces deux rubans, et il les place ainsi croisés sur la seconde cheville. Cela fait, il dégage le cliquet ; le demi-cadre retombe, et alors prenant la manivelle, il la tourne dans le sens nécessaire pour faire descendre la *giette*, jusqu'à ce qu'il est parvenu à la cheville d'en bas, où il croise les fils de la même manière qu'il l'a fait en haut, en élevant le demi-cadre mobile de la *giette*, qu'il dégage lorsqu'il a opéré.

Aussitôt il tourne la manivelle en sens contraire, et il remonte de même qu'il est descendu. A chaque extrémité, il croise de la même manière.

Lorsque l'ourdisseur a ourdi sa chaîne, il la plie pour la livrer à l'encolleur. Il y a deux manières de faire ce pliage : 1° sur un bâton tourné, plus gros dans le milieu de sa longueur. Il l'attache par le bout inférieur, et la roule en serrant fortement et tenant le bâton par ses deux bouts en croisant continuellement; il attache avec de la ficelle les *encroix* ou enverjures, afin que les fils ne se mêlent pas. 2° Il fait une boucle, il passe la main dedans, prend les fils à pleine main et les tire en dehors pour faire une seconde boucle, puis de même une troisième, etc., jusqu'à ce qu'il soit arrivé au bout qu'il passe dans le dernier anneau et qu'il serre. On l'étend facilement en dégageant le dernier bout et tirant tout le reste à soi. Cette manière de pliage ressemble à une *chaîne*, d'où cet assemblage de fil a tiré son nom. FR.

OUTRE-MER. (*Voy*. BLEU D'OUTRE-MER.)

OXALATES. Genre de sels qui résultent de la combinaison de l'acide oxalique avec les différentes bases. Ce genre ne renferme qu'un très petit nombre d'espèces usitées; le sur-oxalate de potasse est même la seule dont on fasse quelque usage dans les Arts. Dans les laboratoires de Chimie, on se sert des oxalates de potasse, de soude ou d'ammoniaque, pour séparer la chaux de différentes dissolutions. Enfin, on a tiré parti de certains oxalates métalliques pour obtenir facilement leur base à l'état radical, parce que la proportion d'oxigène que contient l'acide oxalique est assez considérable, non-seulement pour brûler tout son hydrogène, mais encore une grande portion de son carbone et que le léger excès de ce dernier suffit, dans certains cas, pour réduire complètement l'oxide métallique qui sert de base à l'oxalate. C'est ce qui a lieu particulièrement pour les oxalates de nickel et de cobalt, qui, par une simple calcination en vaisseaux clos, se réduisent en nickel et en cobalt métallique, mais pulvérulent, ou, comme on le dit, à l'état de *mousse*.

Les autres oxalates ont aussi, comme tous les sels végétaux, la propriété de se décomposer par la chaleur; mais le produit de la calcination, eu égard à la grande proportion d'oxigène contenu dans l'acide, n'est point en général mélangé de résidu charbonneux. Ce résidu est presque entièrement formé de carbonate pour tous les oxalates dont la base est de très difficile réduction.

On sait que les acides sont susceptibles de se combiner en plusieurs proportions avec les bases, et qu'en général le nombre de ces combinaisons ne s'élève pas au delà de trois : l'une, qu'on nomme *neutre*, parce qu'aucun des deux élémens ne s'y trouve en excès; une deuxième, où l'acide est en moindre proportion; c'est le *sous-sel*; et enfin, le troisième, où l'acide est en excès, ce qui donne le sur-sel. Si l'on prend l'unité pour représenter la proportion d'acide qui constitue la neutralité, les deux autres seront en général représentés par les nombres $1/2$ et 2. L'acide oxalique offre, mais avec la potasse seulement, un degré de combinaison de plus, qui est représenté par 4, et à laquelle on donne par ce motif la dénomination de *quadroxalates*, proposée par Wollaston, auteur de cette intéressante observation. Mais dans les oxalates neutres, la quantité d'oxigène de l'oxide est à la quantité d'acide : : 1 : 5,568; il s'ensuit qu'il suffira de diviser ce dernier nombre par 2, pour avoir la proportion relative d'acide du sous-oxalate, et de le multiplier au contraire par 2 ou par 4, pour obtenir la relation du sur-oxalate ou du quadroxalate.

Les oxalates offrent, comme les tartrates, ceci de remarquable c'est que les espèces neutres et solubles deviennent moins solubles lorsqu'on les convertit en sur-sels; ce qui est contraire à ce qu'on observe dans la plupart des autres genres.

L'acide oxalique tient fortement à ses combinaisons avec les différentes bases, et sans doute par le même motif, et il est peu d'acides minéraux capables de les lui enlever. Souvent même toute leur puissance se borne, pour les oxalates solubles, à lui soustraire la portion de base qui les constitue à l'état de neutralité; mais une fois qu'ils sont devenus sur-sels, la réaction s'arrête.

Les bases, rangées d'après leur ordre d'affinité pour cet acide, se trouvent dans l'ordre suivant : chaux, baryte, strontiane, potasse, soude, ammoniaque, etc.

L'affinité de la chaux pour l'acide oxalique est telle, et l'insolubilité de cette combinaison si grande, qu'on tire continuellement avantage de cette propriété dans les analyses, pour séparer cette terre des différentes solutions dont elle fait partie : aussi suffit-il de verser dans ces solutions calcaires de l'oxalate de potasse, de soude ou d'ammoniaque, pour transformer immédiatement la chaux en oxalate insoluble qui, une fois recueilli, lavé, séché et calciné, donne exactement le poids de la chaux qui était contenue dans le liquide.

Pour ne point enfreindre la loi que nous nous sommes imposée, de ne décrire que les combinaisons déja utilisées, nous ne ferons mention ici que des trois espèces suivantes : le sur-oxalate de potasse, l'oxalate d'ammoniaque, l'oxalate de soude.

Le *suroxalate de potasse* ou *sel d'oseille* n'est point un produit de l'art; on le trouve tout formé dans plusieurs végétaux, mais on le retire plus particuliérement de l'*oxalis acetosella*, et du *rumex acétosa foliis sagittatis*, où il se rencontre en plus grande abondance.

En Suisse, où l'on s'occupe beaucoup de cette extraction, on cueille la plante encore jeune, mais lorsqu'elle est bien développée; on la pile, on en exprime le suc, puis on lui fait jeter un léger bouillon pour le clarifier; on le filtre ensuite et on le soumet à l'évaporation, jusqu'à ce qu'il ait acquis la consistance de sirop clair. On distribue ce liquide dans des terrines en grès, et l'on abandonne au repos pendant environ six semaines, temps nécessaire pour que la cristallisation, qui ne se fait que très lentement, puisse s'opérer.

On est dans l'usage, dit-on, de recouvrir le liquide concentré d'une très légère couche d'huile, pour éviter qu'il puisse se moisir pendant ce long séjour dans les terrines ; mais il est vraisemblable que cette moisissure deviendrait plus favorable que nuisible au succès de l'opération ; car il est assez probable que le sel résisterait davantage à cette altération que le mucilage et la partie colorante de la plante, en sorte qu'on se débarrasserait ainsi des corps qui donnent de la consistance au liquide et qui s'opposent à la cristallisation : du moins ce résultat s'observe dans plusieurs cas analogues. Quoi qu'il en soit, les cristaux qu'on obtient par la méthode suivie sont très colorés, et l'on ne parvient à les obtenir bien blancs qu'après les avoir fait redissoudre et cristalliser plusieurs fois.

Dans la Souabe, et principalement dans le canton que l'on désigne sous le nom de *Forêt-Foire*, on prépare une assez grande quantité de ce sel; mais on suit une méthode un peu différente. On pile la plante dans de grandes auges ou mortiers en bois, formés par des madriers réunis au moyen de forts cercles en fer. Une porte exactement close est pratiquée sur l'un des côtés de ce mortier; les pilons, également en bois, sont formés de deux pièces, une perpendiculaire et l'autre presque horizontale; ils sont disposés de manière à être mis en mouvement au moyen d'une roue.

Lorsque la plante est suffisamment pilée, on arrête la roue, on ouvre la porte du mortier pour laisser égoutter le jus, puis on soumet le marc à la presse; on le délaie ensuite avec une petite quantité d'eau, et l'on pile de nouveau ; on réitère cette manœuvre une deuxième fois, et lorsque l'extraction du suc est achevée, on réunit le tout dans un même cuvier, et l'on y délaie environ 20 livres de terre argileuse blanche pour 1200 pintes de suc ; on abandonne au repos pendant vingt-quatre heures, puis on décante le liquide, on filtre le dépôt. Le suc ainsi dépouillé d'une grande partie de sa matière colorante, est ensuite soumis à l'évaporation dans des chaudières étamées. Quand le liquide commence à faire pellicule, on le distribue dans des terrines, qu'on abandonne pendant tout le temps nécessaire à la cristallisation, et l'opération s'achève comme dans le cas précédent.

Le sel d'oseille du commerce est d'un blanc opaque, mais il conserve toujours une petite teinte verdâtre ; son acidité a quelque chose d'acerbe ; il cristallise en parallélépipèdes à plans rhombes. On y mélange quelquefois, par fraude, de la crème de tartre.

Tout le monde connaît le fréquent usage qu'on fait de ce sel pour enlever les taches d'encre; il doit cette propriété à son acide, qui détruit le gallate de fer pour former avec l'oxide de ce métal une combinaison soluble et peu colorée. On se sert aussi du sel d'oseille pour faire ce qu'on nomme la *limonade sèche*, qui n'est autre qu'un mélange de ce sel avec du sucre en poudre et quelques gouttes d'essence de citron. Les pastilles contre la soif ont une composition analogue; on ajoute au précédent mélange, du mucilage de gomme adragante, pour en faire une pâte qu'on divise en pastilles au moyen d'un emporte-pièce.

Lorsque le prix de l'acide nitrique était très élevé, celui de l'acide oxalique l'était nécessairement aussi, et l'on trouvait avantage à se servir du Sel d'oseille pour en extraire cet acide; mais à présent que l'eau-forte est à très bas prix, on fabrique au contraire du sel d'oseille avec l'acide oxalique, et l'opération est toute simple. On commence par faire une solution à froid de potasse du commerce, on la sature exactement par de l'acide oxalique; en ayant soin de tenir compte du poids employé; on a ainsi en solution l'oxalate neutre, que l'on convertit en sur-sel, en doublant la dose de l'acide oxalique. On filtre la liqueur, et l'on fait cristalliser.

L'*oxalate de soude* n'offre aucune difficulté. On n'emploie que l'oxalate neutre; il est peu soluble; on le fait en saturant une dissolution de sous-carbonate de soude pur par l'acide oxalique: il est blanc, grenu et cristallin.

L'*oxalate d'ammoniaque* est plus fréquemment employé, et il s'obtient en saturant directement l'ammoniaque par de l'acide oxalique. On filtre la liqueur, et l'on évapore jusqu'à pellicule. Ce sel, peu soluble, cristallise facilement en longues aiguilles minces et rigides, très blanches et brillantes. Pour l'avoir bien neutre, on on est obligé d'ajouter sur la fin un peu d'ammoniaque, parce qu'il y en a toujours une portion qui se dissipe pendant le cours de l'évaporation.

L'acide oxalique dissout si facilement divers oxides, et principalement celui de fer, qu'il les enlève avec la plus grande promptitude sur tous les vases soumis à son contact; aussi faut-il, pour la préparation des oxalates, ne se servir que de vases excessivement propres; autrement ces sels se colorent. R.

OXIDES. (*Arts Chimiques.*) Ce sont des composés binaires qui résultent de la combinaison de l'oxigène, avec les corps combustibles, et qui n'ont point la faculté de rougir les couleurs bleues végétales.

Les oxides se divisent naturellement en non métalliques et en métalliques, selon que le corps simple combiné à l'oxigène est ou n'est point un métal. Les oxides non métalliques sont peu nombreux comparativement aux autres, et s'en distinguent en ce qu'ils ne se combinent point aux acides et ne les saturent pas de manière à former des sels. Les uns sont liquides, comme les protoxide et deutoxide d'hydrogène, à la température ordinaire de l'atmosphère; il en est de solides, comme l'oxide de phosphore; les autres existent à l'état gazeux, comme les oxides de carbone, de sélénium, les protoxides et deutoxides de chlore et d'azote.

Les oxides métalliques sont en grand nombre; chaque métal en fournit un au moins, souvent deux, quelquefois trois et même quatre. Plusieurs d'entre eux ramènent au bleu le papier de tournesol rougi par un acide, et brunissent le papier de curcuma; tous se combinent plus ou moins facilement aux acides en les neutralisant, et donnent naissance à des sels, propriété qui leur a fait donner le nom de *bases salifiables*.

Parmi les oxides métalliques, un certain nombre existent dans la nature, tels que les oxides de fer, de manganèse, de zinc, de cuivre, etc.; ce sont ceux en général que l'on exploite de préférence, et dont on tire le plus de parti dans les Arts.

Le plus souvent on prépare les oxides artificiellement, ou on les extrait des combinaisons qui les renferment, et pour cela on fait usage de plusieurs procédés. On emploie fréquemment la calcination, qui consiste à exposer le métal au double contact de la chaleur et de l'air, et à en renonveler continuellement les surfaces: l'oxigène de l'air se fixe sur le métal et l'amène à l'état d'oxide; c'est par ce moyen qu'on prépare, par exemple, les oxides de plomb, comme on peut le voir aux articles MASSICOT et MINIUM. Souvent, au lieu de calciner le métal lui-même pour le convertir en oxide, on soumet à la calcination un sel qui contient l'oxide qu'on veut avoir; ainsi, on expose à une forte chaleur, soit dans des fours disposés à cet effet, soit dans un creuset ou un tube, la pierre à chaux, ou mieux du carbonate de chaux pur : l'acide se dégage, et l'on a pour résidu la chaux ou l'oxide de calcium. On peut obtenir de la même manière la magnésie ou l'oxide de magnésium, les oxides des métaux de la première classe, en un mot, les bases de tous les carbonates décomposables par le feu, à moins que ces bases ou oxides ne soient susceptibles de perdre ou d'absorber une portion d'oxigène, ce qui en changerait la nature.

Il y a quelques oxides, comme ceux de barium, de strontium, de lithium, que la plus forte chaleur ne peut séparer de l'acide carbonique avec lequel ils sont combinés; on a recours, pour les obtenir, au procédé mis pour la première fois en usage par M. Vauquelin, et qui consiste à calciner les nitrates de ces bases dans un creuset de platine. A la chaleur rouge, l'acide nitrique se décompose en oxigène, en azote, en acide nitreux, et les oxides restent au fond du vase où l'on a opéré la calcination; on procède de même pour avoir l'oxide rouge de mercure.

On profite de la facilité avec laquelle l'acide nitrique cède son oxigène aux métaux, pour préparer certains oxides qui, comme ceux d'antimoine et d'étain, ne sont point solubles dans cet acide. Il suffit de verser sur ces métaux, réduits en poudre ou en grenaille et introduits dans une fiole, de l'acide nitrique qui, à froid ou à l'aide dune douce chaleur, réagit sur eux en leur fournissant tout l'oxigène dont ils ont besoin pour passer à l'état d'oxides; lorsque leur transformation en oxides est totalement opérée, on chasse l'excès d'acide, on calcine légèrement, on lave le résidu blanc, qui est l'oxide, et on le fait sécher. On parvient au même but en faisant un mélange du métal et de 3 parties de nitre, que l'on calcine au rouge dans un creuset de terre : l'acide du nitrate opère l'oxigénation du métal, qui à la vérité se combine en partie à la potasse, mais que l'on sépare aisément au moyen d'une petite quantité d'acide nitrique.

Quelques métaux opposent à l'action de l'acide nitrique, et même de l'eau régale, une résistance telle, que, pour les amener à l'état d'oxides, il faut avoir recours aux alcalis; à la potasse, par exemple, aidés d'une température élevée. C'est par ce moyen qu'on se procure les oxides d'iridium, d'osmium et de columbium.

Avant l'importante découverte de l'*eau oxigénée*, due à M. Thénard, on ignorait l'existence d'oxides qu'on ne peut obtenir que par l'action de ce deutoxide d'hydrogène. Il suffit de mettre l'oxide que l'on veut surcharcher d'oxigène, dissout ou en gelée s'il n'est pas soluble, en contact avec un excès d'eau oxigénée. C'est par ce moyen que l'on prépare les deutoxides de strontium, de calcium, de zinc, le deutoxide de cuivre, etc.

Le procédé le plus simple et le plus fréquemment employé pour obtenir le plus grand nombre des oxides, consiste à les extraire des sels dont ils font partie; on dissout dans l'eau à froid, ou à chaud si cela est nécessaire, le sel dont on veut séparer la base ou l'oxide; on filtre la dissolution, et l'on y verse peu à peu de l'eau de potasse, ou de soude, ou d'ammoniaque, en ayant soin de préférer l'alcali dans lequel l'oxide n'est point soluble. A mesure que l'alcali s'empare de l'acide, l'oxide devenu libre et insoluble dans le mélange, se dépose au fond du vase où l'on opère la précipitation. On décante le liquide surnageant, on le remplace par de l'eau pure, que l'on décante également, on en ajoute de nouvelle et jusqu'à ce qu'elle en sorte parfaitement insipide. On recueille le précipité sur un filtre, on le lave une dernière fois, on le fait sécher à l'air, ou dans une cornue s'il est de nature à s'altérer à l'air, et on le conserve dans un vase bouché. On peut obtenir ainsi les oxides des quatre dernières sections et ceux de la première; mais ce moyen n'est point applicable aux oxides de la seconde section, à cause de leur grande solubilité dans l'eau, et de la difficulté de séparer quelques uns d'entre eux à l'aide de la potasse et de la soude, autrement qu'à l'état d'hydrates cristallisés, comme ceux de baryte et de strontiane.

Les oxides qu'on peut se procurer par un des procédés ci-dessus décrits sont nombreux; il n'est presque aucun métal qui n'en fournisse deux, ou même ou plus grand nombre, comme on l'a dit plus haut. M. Davy, par son importante découverte, en a encore accru le nombre, en prouvant que les corps désignés précédemment sous les dénominations d'*alcalis* et de *terres*, n'étaient autre chose que des oxides ; il a réalisé par là les conjectures que l'illustre Lavoisier avait depuis long-temps émises sur la nature de ces composés.

Les idées si ingénieuses de M. Dalton sur la composition des corps, appliquées par M. Berzélius à celle des oxides, ont ajouté aux connaissances déja acquises sur ces corps, une précision qu'on n'avait pas même soupçonnée avant ce célèbre chimiste. Il a démontré que la composition des oxides était soumise à des lois dont la constance est chaque jour confirmée par l'expérience ; tandis que dans les divers oxides du même métal, la quantité de ce métal reste toujours la même, les quantités de l'oxigène seul varient, mais de manière à conserver des rapports constans, et tels que les quantités contenues dans les deuxième, troisième et quatrième combinaisons, ou, ce qui revient au même, dans les deutoxide, tritoxide et peroxide du même métal, sont des multiples par un nombre entier de la quantité d'oxigène que la première combinaison ou le protoxide de ce métal renferme. Souvent lorsque le protoxide renferme une quantité d'oxigène égale à 1, celle que renferme le deutoxide est égale à 2. Plus souvent encore, les quantités d'oxigène du protoxide, du deutoxide et du peroxide du même métal sont dans le rapport de 1, 1 $^1/_2$ et 2.

Les oxides métalliques se distinguent par plusieurs propriétés physiques : ils ont plus ou moins de solidité ; réduits en poudre, ils ont l'aspect terreux ; aussi leur avait on donné autrefois le nom de *chaux métalliques*. Ils sont plus pesans que l'eau, mais chacun d'eux pèse moins que le métal qui en est la base ou le radical ; il faut en excepter ceux du potassium et du sodium, dont la densité, inférieure à celle de l'eau, est par conséquent bien différente de celle des autres métaux. Le plus souvent ils sont insipides ; quelques uns cependant, comme ceux de la deuxième section, et les oxides d'arsenic et d'osmium, ont une saveur très prononcée : tous sont dénués d'odeur, à l'exception de l'oxide d'osmium. La plupart ont une couleur blanche ; les autres, diversement colorés, sont noirs, bruns, verdâtres, jaunes ou rouges, comme les oxides de manganèse, de cuivre, de nickel, d'urane, de plomb, de mercure, etc. Le plus grand nombre est insoluble dans l'eau; quelques uns y sont très solubles, comme ceux de la deuxième section et l'oxide d'osmium; deux ou trois y sont un peu solubles, comme l'oxide d'arsenic et l'oxide rouge de mercure.

Quant à la manière dont les oxides se comportent relativement aux principaux agens avec lesquels ils peuvent se trouver en contact, ou, ce qui est la même chose, quant à leurs propriétés chimiques générales, elles sont extrêmement nombreuses. Les détails immenses qu'elles exigeraient pour être traitées à fond ne pourraient trouver place que dans un traité de Chimie : aussi nous bornerons-nous à indiquer, et d'une manière abrégée, les plus importantes de ces propriétés.

L'action de la chaleur n'est pas la même sur tous les oxides : elle ne réduit point ceux des troisième et quatrième sections; quoiqu'elle opère le dégagement d'une portion de l'oxigène de quelques uns d'entre eux, comme le tritoxide d'antimoine, les tritoxide et peroxide de manganèse, et n'altère nullement les oxides des deux premières sections.

Les oxides d'osmium et d'arsenic sont les seuls volatils; tous les autres, à l'exception de ceux que la chaleur décompose, sont fusibles à une température plus ou moins élevée.

Tous les oxides, excepté ceux de la première section, légèrement humectés et soumis à l'action de la pile voltaïque, sont décomposés; l'oxigène se porte au pôle positif, et la base au pôle négatif. Le mercure placé dans une petite capsule faite avec l'oxide lui-même réduit en pâte au moyen de l'eau, favorise la décomposition en se combinant au métal à mesure qu'il est mis à nu.

Quelques protoxides, au lieu de se désoxider, se suroxident et passent à l'état de deutoxides ou de peroxides par le contact de l'oxigène et de la chaleur. Le protoxide de barium introduit dans un tube de porcelaine chauffé au rouge, et à travers lequel on fait passer un courant de gaz oxigène, devient deutoxide. Du protoxide de manganèse nouvellement précipité, délayé dans de l'eau et introduit dans un flacon rempli d'oxigène, passe promptement à l'état de deutoxide et à celui de peroxide.

Le gaz hydrogène n'a aucune action à froid, ni à chaud, sur les oxides de la première section et sur les protoxides de la deuxième; mais à la chaleur rouge-blanc, il réduit les oxides des quatre autres sections : lorsqu'on le fait passer dans un tube de fer où l'on a introduit ces oxides, il se forme de l'eau qu'on peut recueillir, et le métal est mis à nu.

Le charbon est le corps qu'on emploie de préférence pour séparer l'oxigène combiné aux métaux; il réduit tous les oxides à l'aide de la chaleur, à l'exception de ceux de la première section et des oxides de barium, strontium, calcium et lithium. On obtient pour résultat de cette opération, qui peut se faire dans une cornue ou dans un creuset, le métal, et des gaz acide carbonique ou oxide de carbone : le premier de ces gaz, lorsque le métal est facile à réduire, que la chaleur est peu considérable et que l'oxide est en excès; le second ou gaz oxide de carbone, lorsque le charbon domine, que la chaleur est très forte, et que l'oxide est de réduction difficile.

Le soufre réduit aussi les oxides, excepté ceux de la première section, à une température très élevée; il forme, avec les oxides de la deuxième section, des sulfures métalliques et des sulfates. Les sulfates ne sont que le quart du résidu, et les sulfures en forment les trois autres quarts, selon M. Berzélius. Les oxides métalliques des quatre autres sections, chauffés avec le soufre, donnent lieu à de l'acide sulfureux et à des sulfures.

Si l'on fait passer un courant de chlore desséché par le chlorure de calcium, à travers un tube de porcelaine rougi dans lequel on a introduit un des oxides des cinq dernières sections, on obtient du gaz oxigène et un chlorure métallique. La décomposition sera plus facile et plus prompte si l'on mêle du charbon avec l'oxide; mais, dans ce cas, au lieu de gaz oxigène, on aura pour produit de l'acide carbonique ou du gaz oxide de carbone.

Des oxides métalliques chauffés avec les métaux dont l'affinité pour l'oxigène est supérieure à celle des métaux bases de ces oxides, doivent être décomposés. Cette décomposition peut avoir lieu de trois manières : ou elle est totale, et dans ce cas c'est un oxide qui est substitué à un autre ; ou elle est partielle, et il peut arriver qu'il se forme, soit un oxide et un alliage des deux métaux, soit deux oxides qui tendent à se combiner. On doit admettre, en général, qu'un métal appartenant à l'une des sections décompose les oxides des sections suivantes. Ainsi le potassium et le sodium appartenant à la deuxième section, décomposent les oxides des quatre dernières sections ; il peut cependant y avoir des exceptions à cette règle générale, puisqu'il est certain qu'à une température, à la vérité très élevée, le fer, qui appartient à la troisième section, réduit complètement les protoxides de potassium et de sodium, qui font partie de la seconde.

Proust a le premier observé que les oxides métalliques, au moins pour la plupart, jouissent de la propriété d'absorber et de solidifier une certaine quantité d'eau. Chez les uns, une portion adhère au point que la chaleur rouge ne peut la séparer ; les autres, chez lesquels cette eau a peu d'adhérence, lui doivent leur couleur, puisque celle-ci disparaît à mesure que l'eau se dégage, et qu'en la leur rendant, ils reprennent leur couleur. Les protoxides de potassium et de sodium sont du nombre des premiers ; le deutoxide de cuivre et généralement les oxides métalliques colorés, au nombre des seconds. Proust a donné à ces combinaisons plus ou moins permanentes le nom d'*hydrates*. M. Berzélius a conclu de ses propres expériences sur les hydrates, que dans ces combinaisons l'eau et l'oxide sont en proportions définies et telles, que dans les deux corps la quantité d'oxigène est rigoureusement la même. Les hydrates de potasse et de soude se forment d'eux-mêmes, en retenant après leur fusion la quantité d'eau qui les constitue. On prépare les hydrates de baryte, de chaux et de magnésie, en mettant les oxides de ces bases dans un creuset de platine, en ajoutant assez d'eau pour les réduire en bouillie, et en chauffant le mélange à peu près jusqu'à la chaleur rouge ; l'eau en excès se dégage et l'hydrate se fond. Une température élevée dégage l'eau des hydrates de chaux et de magnésie, mais non des hydrates de baryte, de potasse et de soude. Ce n'est que par la combinaison de ces oxides avec des corps qui ont pour eux plus d'affinité que l'eau, que celle-ci peut en être séparée. En fondant des quantités données de ces oxides, avec de la silice pure, par exemple, ou de l'acide borique vitrifié et réduit en poudre, on peut parvenir à les priver d'eau, dont on détermine la quantité par le poids comparé des matières avant et après l'opération. Les hydrates d'oxides blancs ou colorés récemment, précipités de leurs dissolutions par les alcalis, ainsi que les hydrates qui se déposent en cristaux de leurs solutions saturées, comme ceux de baryte et de strontiane, ne diffèrent vraisemblablement des hydrates proprement dits, que parce qu'ils contiennent une plus grande proportion d'au, et sont, si l'on peut s'exprimer ainsi, des *sur-hydrates*. On pourrait aussi, jusqu'à un certain point, regarder les dissolutions des alcalis dans l'eau comme des hydrates unis à ce liquide en proportions indéfinies. Quoique l'eau dans les hydrates à proportions définies ne neutralise point les propriétés caractéristiques des oxides alcalins, on peut la considérer comme agissant sur eux à la manière des acides.

Trois oxides seulement, les protoxides de fer, d'étain et de manganèse, jouissent de la propriété de décomposer l'eau; mais cette décomposition n'a lieu qu'à la température rouge : l'hydrogène est dégagé, et ces oxides passent à l'état de deutoxides. Quelques autres oxides, au contraire, sont décomposés par l'eau; ce sont les deutoxides de potassium, de sodium, de barium, de strontium et de calcium, produits par l'action de l'eau oxigénée, et dont l'état d'oxidation est peu permanent. Il suffit pour en séparer l'oxigène ajouté et ramener les trois derniers à l'état de protoxides, de les introduire dans une fiole remplie d'eau ordinaire, et de les porter à l'ébullition. Ceux de potassium et de sodium sont décomposés par le seul contact de l'eau sans le secours de la chaleur.

Ces oxides métalliques, aidés d'une chaleur convenable peuvent exercer les uns sur les autres des actions variées, qui dépendent, soit de leur affinité respective pour l'oxigène, soit de leur tendance à se combiner entre eux dans tel ou tel état d'oxidation.

Un oxide de la quatrième section, non saturé d'oxigène, peut réduire complètement un oxide des deux dernières sections. Le deutoxide de fer réduit le deutoxide de mercure et passe à l'état de peroxide ; ce qui se conçoit d'autant plus facilement, que la chaleur rouge opère seule la réduction du second et ne peut opérer celle du premier. Deux oxides du même métal réagissent quelquefois l'un sur l'autre pour prendre un état d'oxidation intermédiaire et plus stable ; ainsi les protoxide et peroxide de fer exposés à la chaleur, passent à l'état de deutoxide, et dans ce cas l'un gagne ce que l'autre perd en oxigène.

Si tel oxide est disposé à repasser à un degré inférieur d'oxidation, dans lequel sa base tient plus fortement à l'oxigène, on accélère sa désoxidation en le chauffant avec l'oxide d'un autre métal qui ait de la tendance à se combiner avec lui, dans cet état de désoxidation partielle. On peut citer pour exemples le deutoxide de potassium et l'oxide de silicium : ce dernier, qui ne s'unit point au deutoxide de potassium, mais qui se combine parfaitement à son protoxide, favorise le dégagemsnt de l'oxigène en excès.

En général, les oxides sont susceptibles de s'unir intimement et de donner lieu à des composés solides, pour l'ordinaire insipides, inodores, plus pesans que l'eau, tantôt colorés, tantôt incolores, et en général d'une fusibilité plus grande que leurs composans. Quelques-uns même, et ce sont surtout ceux qui contiennent de l'oxide de silicium, sont capables de se vitrifier.

Il est remarquable que le plus grand nombre des oxides, séparément exposés au feu, ne peuvent se fondre, et que leur mélange, au contraire, acquiert plus ou mois de fusibilité. La silice par exemple, la chaux, l'alumine, la magnésie, et autres oxides de la premiè section, isolément soumis à l'action du feu le plus violent, lui opposent la plus grande résistance, tandis que réunis deux à deux, trois à trois, surtout sur la silice en fait partie, ils se ramollissent, et se réduisent en matières vitriformes. L'addition d'oxides qui, chauffés seuls se fondent aisément, comme ceux de potasse, soude, baryte et strontiane, accroît encore la fusibilité de ces mélanges.

Il en est de même de la solubilité dans l'eau, que les oxides solubles dans ce liquides communiquent à ceux qui ne jouissent pas de cette propriété. Par exemple, les oxides de la deuxième section tous plus ou moins solubles dans l'eau, surtout la potasse et la soude, rendent solubles dans ce liquide les oxides de silicium, d'aluminium, de glucinium, de zinc, d'étain, d'antimoine, de plomb et de tellure. Cette solubilité est proportionnelle à la quantité des oxides qui composent le mélange; elle augmente par la prédominance des oxides solubles, et diminue par celle des oxides insolubles.

L... R.

OXIGÈNE. Corps simple, gazeux, que le froid le plus vif, les pressions les plus fortes ne font pas changer d'état; sans couleur, insipide, inodore, d'une densité de 1,1026. L'eau en dissout seulement les 3 centièmes et demi de son volume; quantité presque insignifiante, quand on l'exprime en poids. Comprimé avec force et rapidité dans un corps de pompe, l'oxigène devient lumineux. C'est de tous les corps celui qui active le plus la combustion; une allumette récemment éteinte et ne présentant plus qu'un point rouge, se rallume tout-à-coup et brûle de l'éclat le plus vif, quand on la plonge dans une atmosphère d'oxigène. Un seul autre gaz, le protoxide d'azote, partage avec lui cette propriété, bien qu'à un moindre degré.

La plupart des chimistes rapportent les poids des équivalens et des atomes de tous les corps à celui de l'oxigène qu'ils prennent pour unité (*Voy.* ÉQUIVALENS). Considéré sous le rapport scientifique, l'oxigène est certainement de toutes les substances simples ou composées la plus importante. Son rôle, dans les phénomènes de la combustion suffirait pour le faire considérer comme tel. L'oxigène fait partie de l'immense majorité des substances minérales qui composent la croute de notre globe; il constitue les 21 centièmes de l'air atmosphérique dont il est l'élément le plus utile. L'eau, ainsi que nous l'avons déja dit, est composée de 88,91 d'oxigène et de 11,09 d'hydrogène. Presque toutes les matières végétales et animales renferment des quantités considérables d'oxigène.

Il existe un très grand nombre de procédés pour le préparer. Le plus simple, et en même temps le plus économique, consiste à introduire du peroxide de manganèse dans une cornue, à adapter à celle-ci un tube en verre recourbé qui s'engage dans une éprouvette remplie de mercure ou d'eau, et à porter peu à peu la cornue au rouge. Le peroxide de manganèse se décompose, perd les deux tiers de son oxigène qui se dégage et laisse un résidu d'oxide rouge. S'il est pur, la réaction que la chaleur détermine entre les élémens du manganèse est la suivante : $mno^2 = mno^{4/3} + \frac{2}{3}O$. Cependant le peroxide de manganèse naturel est quelquefois mêlé de carbonates qui se décomposent en même temps que lui par l'action de la chaleur. Dans ce cas, on lave le gaz avec un peu d'eau alcaline qui fait disparaître l'acide carbonique. Il est inutile de dire que les premières portions de gaz qui se dégagent contenant l'air atmosphérique de la cornue et du tube doivent être rejetées : l'oxigène peut être considéré comme pur quand il fait disparaître le double de son volume d'hydrogène.

On obtient encore facilement l'oxigène à une température moins élevée, en calcinant le chlorate de potasse. On a alors : $kocho^5 = kch + 6{,}o$, c'est-à-dire que d'un équivalent de chlorate de potasse, on en retire un de chlorure de potassium et 6 d'oxigène. Il existe encore une foule d'autres méthodes pour préparer l'oxigène ; mais les deux précédentes sont les plus généralement suivies. P...ZE.

OXIMEL. Préparation médicamenteuse qui se trouve rangée au nombre de *mellites*, espèces de sirops où le miel remplace le sucre. L'oximel est composé de la manière suivante :

R. Miel blanc. . . . . 2 kilogr.
Vinaigre de vin blanc. . . . 1

Faites cuire à feu doux, dans un vase d'argent ou de faïence, jusqu'à consistance de sirop, et passez.

En remplaçant le vinaigre ordinaire par du vinaigre scillitique, ou du vinaigre colchique, on obtient ce qu'on nomme dans les officines *oximel scillitique*, *oximel colchique*, pour les distinguer de la préparation qu'on appelle *oximel simple*. R.

FIN DU QUATRIÈME VOLUME.

www.ingramcontent.com/pod-product-compliance
Ingram Content Group UK Ltd.
Pitfield, Milton Keynes, MK11 3LW, UK
UKHW021902260726
13966UKWH00006B/142